中国铝酸盐水泥生产与应用

编著　张宇震
审核　王建军

中国建材工业出版社

图书在版编目 (CIP) 数据

中国铝酸盐水泥生产与应用 / 张宇震编著. —北京:
中国建材工业出版社,2014.1
ISBN 978-7-5160-0662-7

Ⅰ.①中… Ⅱ.①张… Ⅲ.①硫铝酸盐水泥-研究-
中国 Ⅳ.①TQ172.72

中国版本图书馆 CIP 数据核字(2013)第 286726 号

内 容 简 介

本书是一部系统阐述铝酸盐水泥生产与应用的技术专著。它是我国铝酸盐水泥五十多年生产经验和科技探索历程的经典总结,也是从事铝酸盐水泥科研、生产、教育和技术管理工作的数以千计科技人员辛勤劳动成果的汇总,更是作者几十年潜心研究与生产实践的工作结晶。

本书主要包含下列内容:(一)我国铝酸盐水泥的发展史及其在国民经济中的地位与作用;(二)铝酸盐水泥从原料、燃料的选择到产品出厂全过程的工艺技术、过程控制、质量检验和重点生产管理的关键技术等;(三)铝酸盐水泥的各种生产方法的介绍与对比;(四)铝酸盐水泥的理论基础、物理化学性能及其应用;(五)目前世界上铝酸盐水泥的生产现状、技术发展的基本趋势和国外检验方法的介绍。

本书可作为从事铝酸盐水泥专业的科技人员、管理人员、技师等有关人员的工作实践指导用书,同时亦可作为大中专院校、科研设计单位相关专业的教学、设计参考用书。

中国铝酸盐水泥生产与应用

编著 张宇震

审核 王建军

出版发行：中国建材工业出版社

地 址：北京市西城区车公庄大街 6 号
邮 编：100044
经 销：全国各地新华书店
印 刷：北京雁林吉兆印刷有限公司
开 本：787mm×1092mm 1/16
印 张：18.75
字 数：462 千字
版 次：2014 年 1 月第 1 版
印 次：2014 年 1 月第 1 次
定 价：**65.00 元**

本社网址：www.jccbs.com.cn
广告经营许可证号：京西工商广字第 8143 号
本书如出现印装质量问题,由我社发行部负责调换。联系电话：(010)88386906

序　言

　　和硅酸盐水泥不同，铝酸盐水泥是以铝酸钙为主要矿物的胶凝材料，我国有时也把它称作第二系列水泥，和硅酸盐水泥（第一系列）、硫铝酸盐水泥（第三系列）并立为三大水泥系列。铝酸盐水泥具有快硬、早期强度发展快和耐高温的特性，因此是在制备耐火混凝土或耐火制品中不可缺少的胶粘剂，其耐火温度至少可以达到 1580℃，同时还具有高温体积稳定性、热震稳定性和高温抗侵蚀性等。在铝酸盐水泥中加入适量的硫酸（H_2SO_4）或盐酸（HCl）可以净化污水。此外，铝酸盐水泥还可以制作洗涤剂原料；作转炉炼钢除硫造渣剂。现在，铝酸盐水泥可与普通水泥混合用于建筑防水、防渗漏的材料；现代建筑的装饰装修、地下管网、抗硫酸盐侵蚀的化学建材，可见铝酸盐水泥的用途是很广泛的。

　　1913 年法国拉法基（Lafarge）公司首次将铝酸盐水泥商品化，当时的生产工艺是熔融法。

　　20 世纪 50 年代以前我国没有铝酸盐水泥，1954 年，当时的南京工学院化工系聘请了前苏联门捷列夫化工学院水泥专业副教授 А. М. Кузнецов（A. M. 库茨涅佐夫）协助建立硅酸盐专业和水泥专门化，同时培养研究生。他本人曾经在高炉熔融生铁时调整熔剂的配方，使排放的熔融体（高炉矿渣）符合高铝水泥的组成和要求，因而获得前苏联的奖励。当水泥研究院的工程师们来南京向他请教有关高铝水泥的生产问题时，他建议采用回转窑烧结法工艺生产铝酸盐水泥，而以左万信工程师为首的铝酸盐水泥研制小组在实验室试验成功的基础上，于 1965 年 5 月对我国第一条，也是世界上第一条，采用烧结法工艺、年产高铝水泥 2.9 万吨的 $\phi2.5m\times78m$ 回转窑进行了投料试车，并获得成功。该项目因此荣获我国第一次科技大会奖。

　　本书的作者张宇震 1978 年自南京化工学院（现南京工业大学）水泥专门化毕业后即分配到郑州高铝水泥厂，从一线生产岗位直到工厂的领导岗位，近 30 年的实践使他积累了丰富的生产和管理经验。

　　全书共 13 章，就铝酸盐水泥的发展历史、多种生产方法和工艺、铝酸盐水泥的品种、性能及改进、应用及标准都作了较详细的介绍。尤其是对铝酸盐水泥的多种生产工艺都一一作了详细的介绍并给予一定的评述。尤其难能可贵的是作者将亲身参与的对回转窑生产高铝水泥的各种改进的工艺和改进过程也都作了详细的介绍，如果没有亲身经历是不可能达到的，这也正是本书的特点和价值所在。本书还有一个特点就是当作者在介绍某一个工艺或改进技术时，还细致地介绍了在操作中的要点和注意事项，这就更显示了作者将丰富的实践经验和理论相结合的特点，而这也正是我们目前所应该积极提倡的。

现在水泥、混凝土科学及其生产领域相关的书籍主要是硅酸盐水泥方面的，另外有王燕谋、苏慕珍和张量著的硫铝酸盐水泥，而没有关于铝酸盐水泥方面的专著。这是第一本系统介绍铝酸盐水泥的书，可以认为它是介绍我国三大系列水泥丛书之一。

综上所述，本书对从事水泥行业的同行们、研究生和学生们是很好的参考书，甚至也是耐火材料行业工程技术人员在应用时有益的参考。

南京工业大学教授　杨南如

2013.5.28

致作者的一封信

张宇震：

　　你撰写的《中国铝酸盐水泥生产与应用》一稿我看了，你用很多时间下了很大的工夫，我很钦佩你为此做出的努力。

　　在此之前我国还没有一本专门撰写铝酸盐水泥的专业论著，铝酸盐水泥只是特种水泥中的一种，所以，过去能看到文字的论述，除了有少量专业杂志发表的论文之外，只能在教科书上找到少量的篇幅，尚还不够具体也不够全面系统。你为我们长期从事该专业的人员做了件好事，这本书可供从事铝酸盐水泥专业的人员参考。

　　我认真审阅之后有几点想法不知对否，供你参考：一是写这样的专业论著，一定不要忘记中国开发铝酸盐水泥的专家们，尤其像中国建筑材料科学研究总院的左万信先生及其相关人员，他们是中国铝酸盐水泥的开拓者，左万信在上世纪 60 年代曾发表的专业论文，你应当再认真阅读一次，他的文章还是很有参考价值的；二是铝酸盐水泥的命名，对我们年纪大些的人，可能不习惯，需要在文章中有个说明，在以前的教科书中，用得也不多，在物理化学相图中好像也没有用铝酸盐水泥，不知现在的国家标准是否就叫铝酸盐水泥；三是我们厂的发展过程就是我们国家铝酸盐水泥的发展过程。首先是矾土（高铝）水泥（厂标、部标、国标），第二是耐火水泥，第三是矾土膨胀水泥，第四是耐火混凝土块，第五是耐火骨料，第六是自应力水泥，第七是 $\alpha\text{-}Al_2O_3$（煅烧氧化铝）（耐火骨料、耐火混凝土我们只生产没订标准，而技术指标达到或超过原标准）。我们厂对以上产品国家标准的产生，起了决定性的作用，这也是我厂对以上产品的研制试生产到生产的全过程，也是探索发现以上产品性能的全过程。膨胀水泥从自应力水泥、耐火水泥混凝土到矾土水泥混凝土砌块，到整体浇灌是一个探索发展成功推广的过程。如果文章中把铝酸盐水泥的发展与性能紧扣标准的产生变化来写说服力强而清晰。对于铝酸盐水泥就是耐火水泥这话我感不妥，不知现在的标准是怎么说的。

　　中国长城铝业公司水泥厂是中国铝酸盐水泥的发源地，它不仅凝聚了中国建筑材料科学研究总院的老一辈科学家的心血，也凝聚了水泥厂历年来广大专业技术人员和广大职工的心血，从建厂开始我尽管在那里工作了二十多年，我只是水泥厂广大从事铝酸盐水泥生产的一员，你应记住水泥厂广大技术人员是好样的，不管哪个专业的人员，工作是很出色的，我很想念他们，包括一些老工人、老领导。

　　祝你一切顺利

原中国长城铝业公司党委书记　唐善昌

2013 年 3 月 8 日于北京

前　言

铝酸盐水泥自 1913 年在法国由拉法基（Lafarge）公司首次实现商业生产以来，至今已有一百年的历史。目前，世界上铝酸盐水泥的生产规模和工艺技术已发生了很大的变化，生产企业已遍布世界各地，但拉法基（现名为凯诺斯铝酸盐水泥公司）在世界铝酸盐水泥的生产技术与商业化运作水平方面仍然发挥着一定的作用和影响。

中国铝酸盐水泥自 20 世纪 60 年代问世以来，其生产技术与产品产量得到了迅速发展，目前已成为世界上生产能力最强的国家。进入 21 世纪以来，中国铝酸盐水泥及铝酸盐相关产品产量已达到 170 万吨以上，占世界生产能力的 75% 左右，产品品种也是当今世界最齐全的。改革开放以来，尤其是近年来，在中国市场经济发展的强力推动下，中国原材料基础工业技术得到进一步创新和发展，铝酸盐水泥生产技术与生产控制水平正以全新的姿态展现在世人面前。

铝酸盐水泥是耐火材料行业中一种不可缺少的水硬性黏结剂，在国民经济发展中发挥着极其重要的作用，特别在冶金、化工、电力、建材等行业的高温窑炉耐火材料配制中，是一种十分重要的基础性原材料。由于科技的不断创新与进步，它的应用领域在不断地向冶金辅料、化工应用、污水净化、新型建筑材料方向迅速拓展。

本书阐述了中国铝酸盐水泥工业的创建与生产技术的发展，以及中国铝酸盐水泥品种的改进与提高。全书以中国铝酸盐水泥工业发展为主线，以多年大量的生产实践数据为依据，全面地讲述了中国烧结法生产铝酸盐水泥的原材料选择，生产中的工艺设计，烧结与粉磨的工艺特点，并重点阐述了铝酸盐水泥的技术特性与应用特性及其不断开发的新的应用领域等。为了使读者进一步了解世界同类产品技术进步和生产技术的发展方向，全书还系统地介绍了国外铝酸盐水泥的原料、生产、配料和检验等技术。

中国长城铝业公司水泥厂是我国最早商业化生产铝酸盐水泥的企业。自 1958 年开始筹建工厂，到 1965 年大规模生产以来，从生产技术到产品品种的开发，一直在中国建筑材料科学研究总院的指导下不断走向成熟。五十多年来，中国长城铝业公司水泥厂一代代的专业技术人员，根据中国铝矾土及相关原材料的特点，不断摸索铝酸盐水泥生产技术的科学规律，找到了烧结法生产铝酸盐水泥的一套成熟生产技术。本书作者就是基于中国长城铝业公司水泥厂的生产技术与几代科技人员的生产经验，汇集成生产实践的文字体现，供广大从事铝酸盐水泥及产品生产应用者参考。

中国缺少熔融法生产铝酸盐水泥的成熟技术，本书中有关国外熔融法生产铝酸盐水泥的章节，有的是来自国外相关期刊的专业技术论文或报道，有的是由作者到国外考察或国外同行到中国工厂访问时的技术交流资料整理而成。例如以下部分章节既有技术交流的整理资料，也有（大部分）引自英文原著或书面报道的中文译稿。如第四章中铝酸盐水泥的矿物组成，第七章中烧结法生产铝酸盐水泥熟料，第八章中熔融法生产铝酸盐水泥，第十章中铝酸盐水泥的技术特性，第十二章中铝酸盐水泥的应用，第十三章中铝酸盐水泥的检验。

全书以介绍国内回转窑烧结法生产铝酸盐水泥为主，并简要地介绍了熔融法生产铝酸盐水泥和国外铝酸盐水泥的检验，本书还介绍了铝酸盐水泥的应用等技术问题。

在本书的编写过程中，参阅了国内曾发表过的同类专业技术论文，水泥行业的专著以及耐火材料方面的技术专著、期刊、技术交流资料，特向有关作者致谢。同时，承蒙中国第一代开辟生产铝酸盐水泥的专家，许多同行知交，给予了大力的支持与鼓励。

在本书编写过程中，本人访问并获得了新中国成立初期曾到前苏联进行专业技术培训的铝酸盐水泥的开辟者，现已90岁高龄的原中国长城铝业公司水泥厂化验室主任王新勤先生的指导。

南京工业大学资深教授杨南如女士是我国水泥专业的知名教授之一，20世纪50年代初期曾亲自参加与前苏联专家就中国铝酸盐水泥的生产技术交流，本书中的许多专业技术观点得益于她的更正与指导，并为本书作序。

曾多次指导中国铝酸盐水泥标准起草工作的中国建筑材料科学研究总院水泥科学与新型建材研究所教授级工程师张大同先生，以及参与标准起草工作的高级工程师张秋英女士给予本人许多专业技术帮助。

原中国长城铝业公司党委书记，第一代参与中国铝酸盐水泥生产技术开发的教授级工程师唐善昌先生给予了大力支持。

原中国长城铝业公司水泥厂生产技术厂长，教授级工程师王建军先生不仅是专著中的英文翻译，还对全书文稿进行修订；原河南建材研究设计院高级工程师张凤芝女士也参与了大量的文字整理与校订。

还有多年从事铝酸盐水泥生产技术、市场开发、产品检验的谢国刚、刘子恒、景林蛟、王广举、刘永旭、路海旺、丁炎云、廖明平、王建强等各位同仁提供了许多宝贵的技术资料及有关信息。

在此谨向上述铝酸盐水泥生产技术的前辈、老师，以及作者的挚友、同行、朋友们，表示最诚挚的感谢！

希望本书能对中国铝酸盐水泥的发展与技术进步有所帮助，能对广大读者有所裨益，将是作者的最大欣慰。

本书力求简明实用，但书中仍有不足之处，敬请同行及各位读者不吝赐教。

张宇震

2013.9.12

目　　录

中国建材工业出版社
China Building Materials Press

我们提供

图书出版、图书广告宣传、企业/个人定向出版、设计业务、企业内刊等外包、
代选代购图书、团体用书、会议、培训，其他深度合作等优质高效服务。

编 辑 部	图书广告	出版咨询	图书销售	设计业务
010-88385207	010-68361706	010-68343948	010-68001605	010-88376510转1008

邮箱：jccbs-zbs@163.com　　　网址：www.jccbs.com.cn

发展出版传媒　　服务经济建设

传播科技进步　　满足社会需求

第一章　铝酸盐水泥在国民经济中的地位和作用

第一节　铝酸盐水泥的发展史

一、铝酸盐水泥的诞生

水泥在国民经济中是一项重要物资，是国家建设和人民生活中不可缺少的重要建筑材料。改革开放三十多年来，中国水泥工业发生了翻天覆地的变化，2010年我国水泥产量达20亿吨，已成为世界第一水泥生产大国。

水泥按工业建设的用途不同分为硅酸盐水泥和特种水泥。硅酸盐水泥是一种广泛应用于普通工业建筑和民用建筑的建筑材料；特种水泥是用于特殊使用环境的由水泥制造商专门生产的一种建筑材料。目前我国生产的特种水泥主要有用于大坝建设的大坝水泥、用于油井开发建设的油井水泥、用于道路建设的道路水泥和用于建筑装饰的（彩色）白色硅酸盐水泥等。特种水泥按其化学成分又分为硅酸盐特种水泥、铝酸盐水泥、硫铝酸盐水泥和铁铝酸盐水泥等。本文主要论述的是铝酸盐水泥，亦称"耐火水泥"。

谈及铝酸盐水泥必然首先说到铝矾土。1821年法国地质学家皮埃尔·贝蒂埃（Pierre. Berthier），在法国东南部普罗旺斯（Provence）的一个村庄 Les Baux 找到了一种含铝量很高的矿石，将其命名为"bauxite（铝矾土）"。1832年被封为爵士的皮埃尔·贝蒂埃（Pierre. Berthier），在图尔斯（Tours）建立了贝蒂埃（Berthier）地质博物馆，铝矾土"bauxite"在此得到了展出。

铝矾土与石灰按一定的比例被破碎、混合后经烧制熔融，磨成细粉所制成的铝酸钙水泥（Calcium Aluminate Cement——CAC）于1865年在法国出现，而在19世纪末以前，一种"石灰石矾土水泥（limestone bauxite cement）"的专利已在英国注册发布。不过，此种类型水泥胶粘剂的首次商业生产是1913年在法国由拉法基（Lafarge）公司实现的，之后，其生产方式一直作为铝酸钙水泥的主要制造手段。

二、铝酸盐水泥的特性

1913年，法国的拉法基公司（Lafarge）首次进行了这种水泥的商业性生产，其生产方法是以熔融法为代表的铝酸盐水泥生产工艺，此项技术至今仍未发生根本性的改变。铝酸盐水泥由于能够使混凝土具有很高的早期强度和优良的耐火性能，较普通水泥更具有优越性，其1d的早期强度比普通水泥28d后的强度还要高。此后，人们还发现用铝酸盐水泥配制的混凝土具有抗硫酸盐和弱酸侵蚀的能力。铝酸盐水泥的缺点在于比普通水泥的价格高4～5倍。但20世纪70年代人们发现用铝酸盐水泥配制的混凝土后期强度倒缩而被禁止用于耐久性混凝土的制作。铝酸盐水泥以其良好的耐火性能被广泛地应用于耐火材料行业，所以人们通常又将铝酸盐水泥称作"耐火水泥"。

1

第二节　铝酸盐水泥在国民经济中的地位和作用

铝酸盐水泥是耐火行业中一种不可缺少的水硬性胶粘剂，在国民经济发展中发挥着极其重要的作用，特别在冶金、化工、电力、建材等行业高温窑炉的耐火材料配制中，是一种十分重要的原材料。

应当指出铝酸盐水泥并不是最终产品，它不能直接为生产建设所应用，而必须制成耐火混凝土或其他耐火制品才能加以应用。水泥无论是在耐火骨料中，还是在耐火混凝土中，其占的比重都只是很少的一部分，但它却起着重要的胶结作用，能将耐火骨料和耐火细粉（微粉集料）胶结在一起，在高温状态下形成人工石。铝酸盐水泥的这种优异性能，使它成为各种工业窑炉中的一种极其重要的耐火胶结材料。由此而制成的各种规格类型的耐火材料是一种能够在高温环境中满足使用要求的无机非金属材料，其耐火度至少大于 1580℃。它的基本性能是具有较好的耐高温性、高温体积稳定性、热震稳定性和高温抗侵蚀性等。

现代工业与高科技的迅猛发展，离不开新材料、新技术的广泛应用与开发。随着材料研究逐步由经验型认识提高到科学规律型的认识，由宏观现象的观测探索到微观本质上的深入研究，人们掌握了材料的组成、结构、工艺、性能之间的变化规律，从而利用原子、分子结构理论来预测材料的性能，并从被动应用材料向主动选配新材料进行转变，彻底改变了过去依靠经验"排列组合"、"配方炒菜"等手段进行筛选确定最佳成分配比和生产工艺的落后确认方法，逐步过渡到按所需材料性能利用电子计算机在原子、分子尺度上设计开发新材料的阶段。铝酸盐水泥在各种高温工业窑炉上的广泛应用已充分证明了这一点。例如钢铁厂的生产流程"烧结—高炉—转炉"的大型化、规模化，使炼铁高炉容量已达到 5500m³，炼钢转炉容量已达 300～350t，如果没有高性能的耐火材料——铝酸盐水泥胶粘剂的应用，是根本无法实现的。同样，炼铁技术的发展对耐火材料的要求也越来越高，从而推动了钢铁冶金用耐火材料的发展与进步。世界上最好的炼铁高炉运行时间已达 20 年以上，我国的高炉运转炉龄也已超过 15 年以上，炼钢转炉最好水平已突破万次大关。

随着科技的发展，耐火材料的用量会逐步减少，而对耐火材料质量的要求越来越高。发达国家钢铁行业的吨钢消耗耐火材料已降到 10kg 左右，也就意味着我国耐火材料的质量、品级必须进一步提高。高质量、多品种、施工性能好的耐火材料胶粘剂必须适应耐火材料耐久性的需求，这是耐火材料行业发展的必然趋势。浇注料是铝酸盐水泥在耐火材料市场中的主要应用领域，同时整体浇注型耐火材料正在逐步替代定型耐火制品。铝酸盐水泥的良好适应性，促使耐火材料技术由简单的传统喷补料和浇注料，发展到按配方生产施工制作，这样能够显著提高整体浇注型耐火材料的性能和使用寿命，比如低水泥、超低水泥、高致密度、自流、泵送和无定形浇注材料等。所以，铝酸盐水泥的发展不仅是要满足市场的需求量，更重要的是产品质量和性能的大幅度提高。

科技的进步与发展带动了铝酸盐及其铝酸盐产品在不同行业中的广泛应用。中国铝酸盐产品大多采用的是烧结法生产工艺，即以适量的矾土与石灰石经破碎后磨成细粉、再经回转窑中烧制成以铝酸钙为主要矿物的再制品或产成品。铝酸钙的化学性能呈弱碱性（pH 值 8 左右），其熟料中的 Al_2O_3 含量在 50% 以上。近年来世界范围内加大对环境的治理，尤其是中国政府对水污染的治理要求越来越高，选择质优价廉的污水处理净水剂是许多中小企业面临的重大课题。在铝酸盐水泥中加入适量的硫酸（H_2SO_4）或盐酸（HCl）可生成具有净化污水作用的聚合硫酸铝[$Al_2(SO_4)_3 \cdot nH_2O$]和聚合氯化铝[$Al_2(OH)_mCl_{6-m}$]$_n$，因此铝酸盐水泥近十多年来在污水治理方面，作为净水剂应用的主要原材料得到了广泛应用。同样原理，铝酸钙还可用于制作洗涤工业应用的洗涤剂原料。

20世纪的90年代初期，日本炼钢企业在制造高品质纯净钢时，钢铁厂的工程师研究发现，利用铝酸钙熟料作为转炉炼钢造渣剂具有较好的除硫作用。由于铝酸盐熟料具有熔点低、黏度小、流动性好等特点，可用来吸附钢液表面的夹杂，实现脱硫、脱磷的目的，在炼钢的精炼过程中是一种效果较好的外加剂，目前已得到国内外许多大型钢铁企业的广泛应用。

铝酸盐水泥的另一个重要特点是与普通水泥混合应用，可用于建筑工程地下防水以及民用建筑房顶的防水防渗漏材料。铝酸盐水泥的主要矿物铝酸钙（$CaO \cdot Al_2O_3$）与普通水泥中的石膏作用所形成的水化产物，可弥补建筑工程中混凝土的干燥收缩问题，使混凝土的致密性提高，从而达到防渗漏的效果。

据2013年5月27日出版美国的《国家科学院学报》报道，一项关于水泥变触摸屏的科技创造，几乎媲美古代的炼金术。美国能源部下属的阿贡国家实验室与来自日本、芬兰、德国的科学家合作，用激光对液体矾土水泥进行处理，使其变成了能导电的半导体。水泥能被用来制造计算机芯片、触摸屏等，这项技术的创新性突破有望改变计算机行业。

总之，科学技术的发展与进步，使得铝酸盐水泥的应用范围越来越广泛，已逐步成为国民经济发展中越来越重要的物资。中国铝酸盐水泥不仅在现代化程度越来越高的具有中国特色的经济建设中得到了广泛应用，同时随着中国铝酸盐生产技术与生产量的不断提高，产品正不断走向国际市场。面对国内外市场的需要，积极大力发展铝酸盐水泥这一特种水泥工业，始终是具有中国特色社会主义经济建设的重要任务之一。

我国的铝酸盐水泥工业在资源、成本及发展环境方面都具有得天独厚的优势。中国有丰富的高品质铝土矿资源，这为我国迅速发展铝酸盐水泥工业创造了基本条件。进入21世纪以来，在钢铁、建材、有色金属、化工、电力等高温工业发展的积极促动下，我国耐火材料工业迅速发展，这必然带动铝酸盐水泥生产工艺、技术、装备水平不断提升，产品质量不断提高，产品品种不断增加，并逐渐得到了国际市场的认可。据不完全统计，铝酸盐水泥及相关产品总量已超过170万吨以上，产销量已多年稳居世界第一。随着我国经济实力的整体提高，我国铝酸盐水泥工业在世界同类产品行业的地位也不断提高。目前，铝酸盐产品的品种和总量不仅满足了国内高温工业、清洁水源处理等关系国计民生的需求，而且铝酸盐产品的出口量也逐年递增，市场遍及东南亚和美洲、欧盟、俄罗斯等几十个国家（地区）。我国铝酸盐水泥工业从小到大、从弱到强，已成为世界铝酸盐行业的主要生产和消费大国。

随着我国铝酸盐水泥工业产业结构的调整、优化、重组和淘汰落后产能步伐的进一步加快，一些具有实力的国外大型企业看到了中国经济迅速发展的大好机遇，纷纷在我国组建大型铝酸盐水泥企业集团，目前他们在资金和生产技术装备上已拥有了强大的实力。国内一些大型民营企业在我国经济快速发展的推动下，也在迅速增加产能和规模。未来几年，我国铝酸盐水泥及相关产品将占有更大的国际市场份额，成为名副其实的世界铝酸盐产品制造中心。

总之，铝酸盐水泥已成为国民经济发展中不可缺少的一种重要工业原材料，在多种行业中得到广泛的应用，并且将大批量走向全世界。

参考文献

[1] 张宇震. 中国铝酸盐水泥的生产与发展[J]. 水泥. 2003.5.
[2] 张宇震. 国外铝酸盐水泥施工性能的检验方法介绍[J]. 水泥. 2003.6.
[3] 徐殿利. 认清形势，克服困难，确保耐火材料行业健康发展[J]. 耐火材料. 2011.5.

第二章　中国铝酸盐水泥的生产与发展

第一节　中国铝酸盐水泥的开拓创建

新中国成立前，落后的中国建材工业是没有多品种水泥的，更没有铝酸盐水泥。新中国成立以后百废待兴的祖国到处兴建起一座座大型工业基地，为适应当时国民经济的全面发展，原中国建材科学研究院水泥室的年轻专家们抱着对建设祖国的满腔热忱，于 20 世纪 50 年代中期组建成铝酸盐水泥专家组，积极开发中国的多品种水泥，并派出专家组到前苏联学习铝酸盐水泥的生产技术。

河南省巩县（现在的巩义市）是新中国成立后最早发现铝土矿的地区之一。1953 年重工业部钢铁工业管理局华北地质勘探公司地质队首次对河南省巩县小关矿区进行勘探，次年地质部中南地质局 417 队再行勘探，发现了铝土矿的丰富矿床，并由地质部矿产储量委员会确认了巩县—偃师、陕县—渑池—新安、密县—禹县及临汝—宝丰四大铝矾土成矿带，总储量在 2.3 亿吨以上。国家在制定第二个五年发展计划时，决定开发利用河南丰富的铝土矿资源，建设中国第二个铝工业基地。1956 年 1 月，原重工业部有色金属工业管理局组成的选厂工作组，确定在具有资源、能源、交通优势的河南省原荥阳县马固镇进行建设。1957 年 11 月，周恩来总理亲自签发河南铝业公司设计任务书。1958 年 8 月 20 日河南铝业公司破土动工（先后更名为：郑州铝业公司、冶金部 503 厂、郑州铝厂、中国长城铝业公司、中国铝业公司河南分公司）。根据河南铝矾土的有利条件，1957 年建材部决定在郑州建设高铝水泥厂，工厂选址设在河南铝业公司的北侧。由于开发郑州铝厂弃赤泥综合利用项目，1966 年决定建设硅酸盐水泥生产线，经国家计委协商将郑州水泥厂并入冶金部 503 厂（先后更名为：荥阳高铝水泥厂、建设部 551 厂、郑州水泥厂、郑州铝厂水泥分厂、中国长城铝业公司水泥厂）。

新中国成立初期，我国根本没有生产铝酸盐水泥的技术，即使是刚建立的科研院所，也缺少相关的技术资料。中国要发展经济，建设大型工业设施，必须尽快实现原材料工业化。根据河南发现大型高品位铝土矿的相关资料，我国决定在河南建设高铝水泥产品生产工厂。由于当时中国与苏联处于友好时期，前苏联曾派出大批各方面的技术专家到中国帮助发展经济。原中国建筑材料科学研究院水泥室的年轻专家们，在获得国家立项研究高铝水泥初期，曾到南京请求前苏联专家帮助技术指导。据南京工业大学杨南如教授回忆，1954 年当时的南京工学院化工系聘请了前苏联门捷列夫化工学院水泥专业副教授 А. М. Кузнецов（А. М. 库茨涅佐夫）协助建立硅酸盐专业和水泥专门化。他本人曾经在高炉熔融生铁时调整熔剂的配方，使排放的熔融体（高炉矿渣）符合高铝水泥的组成和要求而获得前苏联的奖励。但是他不满意这个方法，而提出应该也用硅酸盐水泥熟料生产的烧结法，但在前苏联未能实现。南京工学院的专家教授们据此开展了"固相烧结高铝水泥"的科学研究，并在 1956 年南京工学院第一次科学研究会议期间作了报告，之后曾在"矽酸盐"（硅酸盐学报前身）创刊号上，由时钧、杨南如联名发表了《低温煅烧矾土水泥的研究》（矽酸盐第一卷，第一期，1957 年），这篇报道是我国第一篇关于铝酸盐水泥的专业技术论文（附录一参考文献 1）。

1956 年党中央吹响了"向科学进军"的号角，我国广大科技人员积极响应党中央的号召，坚持自主创新，建设创新型国家。当时中国建筑材料科学研究院水泥室的工程师们，在缺少烧结法生产高铝水泥的技术条件下，根据苏联水泥专业副教授 A. M. Кузнецов（A. M. 库茨涅佐夫）未实现的设想，采用硅酸盐水泥烧结法煅烧水泥熟料的工作思路，用来生产高铝水泥熟料的科学探索，积极开展大量科学实验与生产现场的实际研究。在实验室研究的基础上，自 1957 年开始先后在北京琉璃河水泥厂作了多次工业性试验，1961 年之后在苏州光华白水泥厂 $\phi 1.17/0.914\times 21$m 干法回转窑作了大批量工业化试验，1963 年根据苏州厂生产矾土水泥的实际技术数据，制订了我国第一部矾土水泥标准《矾土水泥》（GB 201—1963）。1964 年北京科技讨论会（国际会议）上第一次发表《回转窑烧结法制造矾土水泥》论文，这是由左万信、王幼云等四人联名发表的我国最早以实际生产数据为依据，回转窑烧结法生产铝酸盐水泥的专业技术论文（附录一参考文献 2）。

由于当时苏联采用电炉生产法（熔融法），为了学习铝酸盐水泥的生产技术，1955 年还是决定派出专家组到前苏联的莫洛托夫地区巴士亚镇的一家电熔高铝水泥厂实习。由哈尔滨水泥厂抽调两位年轻、具有一定专业技术知识的王辛勤、孙国才，经国内的短期语言培训后，自 1955 年 10 月至 1956 年 12 月在前苏联的生产工厂实习，他们两位一个学习水泥的检验，一个学习熟料的烧结。原计划的实际操作学习一年，因为原中国建筑材料科学研究院水泥室的专家组已获得了回转窑烧结法生产铝酸盐水泥的方法，命令他们提前完成实习期回国。

原中国建筑材料科学研究院的年轻科学家们，经过几年的试验与探索，已基本上掌握了烧结法生产铝酸盐水泥的相关技术。1957 年经建材部报请国家计委批准，由建材部水泥设计院设计。1958 年 7 月，水泥设计院完成《荥阳高铝水泥厂初步设计》，设备也由国内供应。采用烧结法生产工艺，年产高铝水泥 2.9 万吨，无水石膏高铝水泥 0.5 万吨，石膏矾土膨胀水泥 1.2 万吨，不透水不收缩水泥 0.6 万吨。1958 年 9 月国家建材部批准《荥阳高铝水泥厂初步设计》，12 月份破土动工。建设中因国民经济的不断调整（三年自然灾害原因的缓建），直至 1965 年 5 月我国第一条 $\phi 2.5$m$\times 78$m 回转窑半干法煅烧铝酸盐水泥熟料的规模化生产线才进行投料试车，至此开始了我国大批量生产铝酸盐水泥的历史。

1981 年我国根据郑州高铝水泥厂的大批量生产实际，在原中国建筑材料科学研究院水泥专家们的指导下，再次修订并颁布我国铝酸盐水泥的国家标准《高铝水泥》（GB 201—1981）。此前由于铝酸盐水泥后期强度倒缩的问题未得到充分的认识，1966 年之后铝酸盐水泥用于大型土建设施的建筑工程较广，它的长期强度下降问题日益引起有关方面的密切注视，为此原中国建筑材料科学研究院的专家们以强度变化为主要参数进行了大量水化热养护法快速试验和长期性能试验。实验结果表明用 50℃水养护 7d 和 14d，取其中的一组值乘以环境条件系数作为设计强度，从自然条件下混凝土的长期强度看是安全的。由张汉文、陈金川等四人联名发表于 1980 年的《硅酸盐学报》的第 8 卷第 3 期《矾土水泥混凝土强度下降问题的研究》，这是我国最早研究铝酸盐水泥混凝土强度问题的专业论文（附录一参考文献 3），为国家标准《高铝水泥》（GB 201—1981）提供了建筑工程应用的依据。

第二节　中国铝酸盐水泥的发展

　　世界上以法国为代表的铝酸盐水泥大多采用熔融法进行生产。我国含铝量50%以上的铝酸盐水泥采用半干法回转窑煅烧工艺，20世纪50年代尚属世界首创，该项目1965年国家科委颁发了"干式回转窑制造矾土水泥工艺"国家发明奖，并荣获1978年我国第一次科技大会奖。原中国建筑材料科学研究院水泥室的专家左万信先生，20世纪50年代曾以"向科学进军"的先进科技工作者受到毛泽东主席的接见。

　　回转窑烧结法生产铝酸盐水泥的投产，经过十几年多次的技术改造和生产工艺系统的调整，生产工艺及产品品种才趋于成熟与稳定。投产初期，由于缺乏生产技术和生产经验，铝酸盐熟料烧结过程中出现的"熟料窑结圈"等技术问题，曾一度严重影响回转窑的正常生产。铝酸盐水泥熟料在煅烧过程中，因烧结温度低、烧结范围窄（仅有50℃左右），烧结时易结圈、结大块，严重制约了回转窑的运转率。为解决这一技术难题，曾在生产工艺系统中进行了多次、多方案的技术改造，包括原料的精选与加工，回转窑两端喂料，压缩空气打圈机等，但都未取得明显效果。1970年将原$\phi2.5m\times78m$回转窑改造成为$\phi3.3/2.5m\times78m$，经过这次改造缓和了煅烧过程中的结圈、结块问题，提高了产量，台时产量由改造前的6t增加到8.2t，提高了36.7%。1989年"预加水成球"技术在铝酸盐水泥回转窑上得到了应用，一些新兴电子控制技术进入了铝酸盐水泥行业，又进一步解决了熟料在烧结过程中的结圈、结块现象，使得台时产量又有了一定程度的提高，熟料质量也有了较大的改善。

　　随着我国对外经济的开放，在与国外同行业进行生产技术交流中，获悉烧结法铝酸盐水泥生料球窑外加热技术。通过消化吸收和改进国外技术，于2001年6月成功完成了"微晶种、预成球、窑外加热新工艺"技术改造项目。此项目将回转窑窑型改造为$\phi3.3/2.5/3.3m\times57m$，生产线采用了PLC（Programmable Logic Controler 可编程序逻辑控制器）工业自动化控制技术，新型喷煤燃烧器、新型建材机械装备技术等同时在新改造的生产工艺系统中得以应用。至此完全形成了具有中国特色的烧结法铝酸盐水泥生产技术。主机回转窑的产量、质量、能源消耗都有了更进一步的改善。尤其是铝酸盐水泥的质量指标已接近国外熔融法生产的同类产品技术指标。本发明2003年8月获得国家专利局实用技术专利，这项新技术的开发应用，公开了一种铝酸盐水泥制备方法及其预热装置，引领了耐火及建筑材料领域技术改造的新思路。本发明是在传统的水泥回转窑生产工艺中加入料球烘干、筛分及预热烧结系统，从而优化了成球工艺，降低了水泥细度，改善了颗粒分布。本发明是一种铝酸盐水泥生产的新工艺新方法，在配料、生料粉制备、预湿成球、回转窑煅烧、冷却、入库等工艺过程中均有新的突破。其特征就在于预湿成球与回转窑煅烧之间加入烘干、筛分、预热等过程。预热器进气口与水泥窑窑尾连通，窑尾尾气温度为700～800℃，有效地提高了热能的利用率。本发明具有提高熟料强度、改善凝结时间、提高热效率和实现废气达标排放等优点。

　　以烧结法为代表的中国铝酸盐水泥的生产与发展，是原中国建筑材料科学研究院的老一代建材科技工作者，根据河南最早发现高品质铝矾土的自然资源，结合中国经济建设的实际，实施多品种水泥开发的一项重大突破性课题。解决了在此之前世界上不能采用烧结法工艺来生产高品质的低铝型、中铝型（Al_2O_3含量）铝酸盐水泥的重大难题。自1965年第一条工艺生产线在郑州水泥厂投产以来，由于中国经济建设的市场需求，上海白水泥厂、河北石家庄水泥厂、广州建材厂、浙江萧山建材厂等在生产多品种水泥的基础上也相继组织生产铝酸盐水泥，从 20 世纪 60 年代中期的一条回转窑，发展到目前的六个省份五十多条生产线（具有生产许可证的仅有十几家）。随着经济建设的不断发展，生产工艺方法亦出现了多样性，如倒烟窑生产高纯铝酸盐水泥、工业窑炉熔融法生产铝酸盐水泥及铝酸盐相关产品、玻璃熔池窑等。由于几十年来生产技术不断完善，产品品种不断增加，不仅为耐火材料行业提供了优质的水硬性胶粘剂，也为其他行业的经济建设提供了比较完善的新型功能性应用材料，推动了中国经济建设的高速发展。

第三节　铝酸盐水泥工业的技术水平和现状

一、中国铝酸盐水泥的发展壮大

中国铝酸盐水泥的发展与我国其他工业的发展一样，从计划经济时期的"一枝独秀"，到适应我国社会主义市场经济的"百花齐放"；从 20 世纪 60 年代的一家、一条年产量 5 万吨生产线，到目前的五十几家、六十多条生产线，年产量达 170 多万吨。生产方法上，烧结法有回转窑、倒烟窑、地蛋窑；熔融法有热反射融池窑、立式熔炼高炉、电弧炉熔融法等。企业所有制形式有国营、民营、集体、合资、国外独资等多种经营形式。产品品种从一个系列、几个品种，到三大系列、几十个品种。从产品依靠国外进口，到产品走向世界。

中国铝酸盐水泥及其产品的生产起源地是河南郑州。以国内市场需求量最大的 CA-50 铝酸盐水泥为例，生产厂家从河南郑州走向国内许多省份，如河北的石家庄、浙江的萧山、辽宁的营口、四川的宜宾和广州等地，然后又逐步回到河南郑州重新得到发展。郑州地区从 20 世纪 90 年代的十几家生产企业，随着市场经济优胜劣汰的发展，目前已逐步规范到 5~8 家生产企业。另外，生产铝酸盐相关产品的企业还有 20~30 家。生产 CA-70、CA-80 铝酸盐水泥的厂家，已形成一定生产能力的有山东淄博、江苏东台等厂家。Lafarge 公司 2001 年在天津投入大量资金，建设了一条年产 5 万吨高纯铝酸盐水泥生产线，这是目前世界上装备素质最高、产量最大的生产线。还有一些国外大公司目前有意进入中国发展 CA-50 铝酸盐水泥品种。在中国经济发展的强力推动下，进入本世纪以来具有铝矾土资源的贵州、山西也相继建成多家工厂。目前国内外的投资者很看好中国经济发展的美好前景，这必将促进中国铝酸盐水泥工业的进一步快速发展。

随着铝酸盐产品市场的多元化，郑州地区的巩义、新密、登封、焦作仍保留一些集体或个体经营的小型回转窑、倒烟窑。他们根据市场需求变化，不定时地生产以铝酸钙净水剂为主要产品的低等级的 CA-50 产品，总量在 50~70 万吨。

21 世纪初期，由于国家节能减排战略的实施和对环境保护的重视，大力淘汰产能落后的地蛋窑、倒烟窑，迫使产能落后的大批小型民营企业关闭，转而将部分普通水泥小型回转窑（$\phi 2m$ 左右）改为铝酸盐水泥及铝酸盐相关产品的生产线。一些具有铝矾土资源的地区，在中国经济迅速发展的拉动下，铝酸盐水泥及铝酸盐相关产品也得到了迅速的发展。

二、中国铝酸盐水泥的现状与特点

1. 生产规模小，企业区域分布比较集中。20 世纪末期全国有生产许可证的生产企业有二十几家，随着市场经济的逐渐形成，河南以外的生产企业大多受资源（铝矾土）和技术条件限制而逐渐退出市场。河南以郑州为中心的铝矾土资源性企业却得到发展壮大，有生产铝酸盐水泥（不包括铝酸盐 CA-70/80 水泥）许可证的企业就达到了 13 家之多。贵州、山西近几年新建的铝酸盐产品项目，大多数没有生产许可证，仅几家有生产许可证的企业，其产品流向是作为水泥应用以外的市场，主要是铝酸钙粉、洗涤剂用铝酸钙粉、炼钢用铝酸钙脱硫剂等。

2. 生产能力过剩，市场竞争激烈，优胜劣汰加剧。20 世纪 80 年代末期和 90 年代初期，受宏观经济政策的影响，投资小、见效快的小型企业得以迅速发展，郑州地区很快形成了 50 万吨以上的生产能力，呈现出水泥总量供大于求的局面。随着市场经济的竞争和优胜劣汰，许多小型企业受资金、技术、管理等诸因素的影响，企业在规模、质量、效益方面出现明显的分化趋势，促使产业集中度进一步提高，发展速度较快的集中在条件较好的数家工厂。21 世纪受中国经济快速发展的巨大影响，硅酸盐水泥低水平的小型回转窑企业因受到宏观经济政策的约束而关闭，不少企业再次改为生产铝酸盐产品。由于市场需求的变化，各种熔融法的反射炉池窑、炼铁型的小高炉、电弧炉型熔炼炉相继出现，郑州地区铝酸盐水泥及其铝酸盐相关产品的产能迅速扩大到 130 万吨以上，产品产量再次膨胀过剩。

3. 生产方法简单，工厂装备水平落后。生产该产品大多是两组分配料，许多民营企业认为比生产普通水泥还简单，于是纷纷上马投产。窑型除原长城铝业公司水泥厂以外的少数工厂，多为直径 2m 左右的小型中空回转窑，生料制备缺少均化，生产设施简陋。即使近期发展的熔融法工艺，也多为小型的作坊式"订单企业"。落后的生产力必然带来产品质量低劣、能源消耗高、环境污染严重、资源得不到合理的应用，严重影响了经济的可持续发展。

4. 高品质铝酸盐水泥 CA-70、CA-80 两个品种，也同样存在技术装备、生产控制、人员素质差异大等问题。拉法基（Lafarge）公司在天津的大规模投资建厂（现更名为凯诺斯 Kerneos Inc），进一步彰显了回转窑生产铝酸盐水泥的工艺技术和工艺装备的高水平。同样，美国铝业公司（现安迈）在青岛加工厂的投产和该产品在中国市场销售网络的建立更是另显风骚。然而低水平的倒烟窑，不仅郑州地区的合资企业纷纷加入该行列，而且登封、开封、淄博的民营企业也相继加入，从而进一步增加了国内市场的竞争力。

铝酸盐水泥及铝酸盐相关产品近十年出现了膨胀发展局面，随着市场的竞争和国家宏观经济政策的逐步规范，今后不具备生产能力的小型民营企业必将逐步退出竞争市场。在宏观经济的大力推动下，尤其是钢铁行业的进一步发展，将为铝酸盐及相关产品带来前所未有的发展机遇。

第四节　铝酸盐水泥的品种与用途

世界上以法国为代表采用熔融法生产铝酸盐水泥，其产品的品种以 Al_2O_3 含量来区分，通常有 Al_2O_3 40%、Al_2O_3 50%、Al_2O_3 60%、Al_2O_3 70%、Al_2O_3 80% 等几种。按三氧化铝含量的范围又分为：Al_2O_3 含量低于 50% 的称为低纯铝酸盐水泥；Al_2O_3 含量在 50%～60% 之间的称为中纯铝酸盐水泥；Al_2O_3 含量大于 60% 的称为高纯铝酸盐水泥。

以美国铝业公司（ALCOA）为代表的美国铝酸盐水泥生产商，把 Al_2O_3 含量在 37%～42% 的称为低铝水泥，Al_2O_3 含量在 49%～52% 的称为中铝水泥，Al_2O_3 含量在 68%～80%

的称为高铝水泥。不过 Al_2O_3 70％、Al_2O_3 80％的高含量铝酸盐水泥，其熟料是用工业氧化铝与石灰石（或生石灰）采用回转窑烧结法生产的。目前中国熔融法生产高品级铝酸盐水泥的量很少，至少到目前还没有形成大批量生产规模。郑州、淄博和开封有小批量电融法生产 Al_2O_3 70％的熟料，加入适量的 α-Al_2O_3 生产 Al_2O_3 70％、Al_2O_3 80％高品级铝酸盐水泥，形不成规模和市场。但近年来熔融法生产的铝酸盐水泥产品发展很快，科技进步与市场需求将进一步促进发展熔融法生产铝酸盐产品。

《铝酸盐水泥》（GB 201—2000）标准，其品种分类也是借鉴国外水泥的分类方法，仍是以 Al_2O_3 含量来区分产品的品种。中国市场上大批量流通的产品是以回转窑生产的 Al_2O_3 50％以上的铝酸盐水泥，没有 Al_2O_3 60％的铝酸盐水泥，有少量 Al_2O_3 65％的铝酸盐水泥，Al_2O_3 70％、Al_2O_3 80％的铝酸盐水泥是近年来发展较快的品种。Al_2O_3 含量低于 50％，Fe_2O_3 含量在 8％～16％的产品，我国称为"铁铝酸盐水泥"，这种产品在法国或欧洲称为矾都水泥"FONDU CEMENT"，这是法国根据当地原材料的特点最早采用熔融法生产的铝酸盐水泥。它早期用于耐火材料及耐火材料的胶粘剂，近期主要用来做化学建材及建筑工程使用。Al_2O_3 40％以上、SO_3 含量 8％～14％的水泥，我国称为"硫铝酸盐水泥"。这种水泥因有 SO_3 的存在，不能用作耐火材料使用。硫铝酸盐水泥在我国被称为第三大水泥体系，有完善的国家标准《硫铝酸盐水泥》（GB 20472—2006），具有硬化快、早期强度高、长期强度稳定性好的特点，3d 抗压强度相当于硅酸盐水泥 28d 强度；微膨胀与低收缩性能好，是理想的抗渗材料；抗冻性能好，在 -5℃以下施工时，不必采取任何特殊措施，主要用于低温施工、检修工程，如道路中断、桥梁损坏、机场道路快速修复、设备基础的快速施工等；喷射水泥，早强砂浆锚杆；防渗工程，堵漏、地下防渗工程；可制作抗化学性侵蚀的混凝土。

铝酸盐水泥标准从 1963 年第一次颁布实施，经过 50 年的生产与应用，经过三次大的技术性修订，《矾土水泥》（GB 201—1963）、《高铝水泥》（GB 201—1981）、《铝酸盐水泥》（GB 201—2000）。在 2000 年以前的标准中，Al_2O_3 含量 50％以上的水泥一直沿用以强度标号区分水泥的等级。《铝酸盐水泥》（GB 201—2000）标准执行以后，尽管没有标号的称谓，但各生产工厂仍以水泥的物理强度来区分水泥质量。这与中国生产铝酸盐水泥的方法和市场接受水泥品级的特点有关。

在铝酸盐水泥的应用方面，由于铝酸盐水泥硬化快、早期强度高、在 $CaSO_4$ 的作用下水化形成钙矾石的特点，可以派生出许多不同品种、不同用途的水泥。在铝酸盐水泥中加入适量石膏可以制成石膏膨胀水泥和铝酸钙膨胀剂，用于建筑工程和房屋的防漏处理；还可以制成铝酸盐自应力水泥，用于制作混凝土自应力压力管以代替铸钢压力管；也可以制成高水速凝固结充填材料，用于矿山填充和煤矿巷旁支护、密闭、封堵。另外还可以制成快硬或称为早强硫铝酸盐水泥，不仅在建筑工程上得到广泛应用，还可以利用该产品 Al_2O_3 高的特点用做化工触媒。近年来国家加大了对环保的管理力度，利用铝酸盐水泥加入适量的酸（H_2SO_4/HCl），可用做造纸行业以及其他行业污水处理用的铝酸钙净水剂。利用铝酸盐熟料熔点低、黏度小、流动度好的特点，在大型钢铁企业钢液精炼中，用于吸附钢液中的夹杂，是一种极好的炼钢脱硫造渣剂。此外，铝酸盐水泥在国外的一种较大用量是房屋内装修用瓷砖胶粘剂、瓷砖灰泥、快速施工地板材料、地板平整材料、密封材料、基础砂浆、修补砂浆等。

第五节　铝酸盐水泥生产技术的发展方向

21世纪的第一个十年中，中国经济的飞速发展极大地促进了我国铝酸盐水泥工业的大幅度进步与提高，全国的铝酸盐水泥及相关产品总需求量约150～180万吨，而全球铝酸盐产品的产能约在250万～300万吨。占世界铝酸盐水泥及相关产品总量的70％以上，是名副其实的铝酸盐水泥生产大国。由此可见，我国铝酸盐水泥工业的技术水平，对全球高温工业窑炉及新产品功能性材料的技术进步和全球低碳经济的实施具有举足轻重的影响。据不完全统计，中国铝酸盐水泥及相关产品的生产企业见表2-1。

表 2-1　中国铝酸盐水泥及相关产品的生产企业与销售商

省份	厂名	性质	地址	生产方法	原料	能力/Mt	商标	市场量/Mt	产品品种			
									CA-50	CA-70/80	铝酸钙粉	造渣剂
河南	郑州长城	合资	郑州	ϕ3.0m以上回转窑2台	氧化铝石灰	12	建筑/嘉耐	11	●			
				ϕ2m回转窑1台		1		0.5	●			
	登封熔料	民营	登封	ϕ2m以上回转窑3台		20	鸭牌	16	●			●
				ϕ2m回转窑2台				1		●		●
				电炉熔融法1台		1		0.5				●
	登封菁华	民营	登封	ϕ2m以上回转窑1台		6	菁华	5	●		●	●
				ϕ2m以上回转窑1台		1		0.2	●		●	
	铝都耐材	民营	郑州	ϕ2m以下回转窑2台		5	中州	3.0			●	
	新兴	民营	登封	ϕ2.5m以上回转窑1台		10	磊安特	8	●			●
				ϕ2m以下回转窑3台							●	
	宇翔	民营	新密	ϕ2.5m以上回转窑1台		8	豫翔	6				
				ϕ2m以下回转窑2台							●	
	开阳建材	民营	新密	ϕ2.5m以上回转窑1台		8	前进	5	CA$\overline{S}$		◆	
				ϕ2m以下回转窑2台							◆	
	宫宝/兴华	民营	巩义	ϕ2.5m以上回转窑2台		15	长铝牌	3	●		◆	
				ϕ2m以下回转窑5台				13			◆	
	华通	民营	巩义	ϕ2m以下回转窑2台		4		3			◆	
	雅山	民营	新密	ϕ2m回转窑1台		不详		2	●			
	万有达	民营	济源	ϕ2.5m以上回转窑1台		4	不详	4			◆	
	焦作华岩	民营	焦作	ϕ2.5m以上回转窑1台		8	不详	8			◆	
	济源乾泰	民营	济源	ϕ2.5m以上回转窑1台		6	不详	5			◆	
	温县八骏	民营	温县	ϕ2m以下回转窑1台		3	不详	3			◆	
	哲豫	民营	登封	ϕ2m以上回转窑1台		4	不详	1.5	● 熟料		●	

省份	厂名	性质	地址	生产方法	原料	能力/Mt	商标	市场量/Mt	产品品种			
									CA-50	CA-70/80	铝酸钙粉	造渣剂
河南	开封汴和	民营	开封	倒烟窑烧结法		1.	不详	0.7		●		
	开封高达	民营	开封	φ2m以下回转窑1台		1.5	不详	0.5		●		
	开封特耐	股份	开封	电熔	石灰/氧化铝	0.5	不详	0.2		●		
	少林刚玉	民营	登封	电炉熔融法3台	石灰/矾土/钙渣	3	少林	2.5				●
	郑州盛彤	民营	巩义	电炉熔融法4台 φ2.5m以上回转窑1台	石灰/矾土/钙渣/铝灰	5/熔融 7/烧结	盛彤	4/熔融 5/烧结				● ●
	新唐磨料	民营	登封	电炉熔融法2台	石灰/矾土钙渣	2	—	1.0				●
	少林耐材	民营	登封	电炉熔融法3台	石灰矾土钙渣	3	—	1.0				●
	明亮冶金	民营	巩义	φ2m以上回转窑2台	石灰石铝灰	4	—	3				●
	博鑫冶金	民营	巩义	φ2m以上回转窑1台	石灰石铝灰	2	—	1.2				●
	焦作华岩	民营	焦作	φ2m以上回转窑1台								
山东	旭硝子	日本合资	淄博	反射炉	石灰矾土	2	—	1	●			
	安迈	美国独资	青岛	进口产品			—	3		●		
	淄川	民营	淄川	φ2m以下回转窑1台		2	—	0.6		●		
山西	交城锐能	民营	交城	φ2m以下回转窑2台		5	—	2~3	●		●	
	孝义森瑞	民营	孝义	φ3m以上回转窑1台		7	—	0.5				●
	金立耐材	民营	孝义	φ2m以下回转窑1台		2	—	1	●		●	
	天隆工程材料	股份	阳泉	φ2m以上回转窑2台		5	—	1	CA $\bar{S}$●			

续表

省份	厂名	性质	地址	生产方法	原料	能力/Mt	商标	市场量/Mt	产品品种			
									CA-50	CA-70/80	铝酸钙粉	造渣剂
贵州	凯里熔料	民营	凯里	ϕ2m 以上回转窑 2 台		7		5	●		◆	
	贵州银都	法国独资	贵阳遵义	ϕ3m 以上回转窑 1 台		12		7+其他	●			
				ϕ2m 以上回转窑 2 台(出租一台)							●	
				ϕ2m 以下回转窑 1 台							◆	●
	贵州朗克	民营	贵阳	ϕ2m 以上回转窑 1 台		5		4	●		●	
	贵州成黔	国营	遵义	ϕ2m 以上回转窑 1 台(租赁)		4		3.5				
			遵义	玻璃熔池窑 2 台		1		0.5	FFA40			
天津	凯诺斯	法国独资	天津	ϕ2m 以上回转窑 1 台	石灰氧化铝	5	Secar-70 Secar-80	4.5		●		
江苏	中意建材	民营	东台	ϕ1.2m 以下回转窑 1 台	—	0.6		0.4		●		

说明：1. 本表数据未经证实，不负有统计职责，仅供参阅。

　　　2. 焦作、巩义、新密、登封、淄博尚有一些生产商，由于不是专业生产铝酸盐产品，仅是企业多品种之一，信息有限。

　　　3. 山西省有生产铝酸钙用于制作洗涤剂的生产商，未掌握相关信息。

　　　4. 表中 ◆ 以生产铝酸钙粉为主，用于生产污水处理净水剂。

　　　5. 表中 $CA\bar{S}$ 以生产硫铝酸盐水泥为主。硫铝酸盐水泥不在本产品系列。

　　　6. 表中 FFA40 以生产熔融铁铝酸盐水泥为主。

当前，尽管遭受了全球金融危机的严重影响，但我国经济仍处在一个快速增长的重要时期。随着我国钢铁、有色金属、化工、电力等产业"十二五"规划的实施和"节能减排"战略的全面推行及对环境保护的高度重视，必将极大地促进铝酸盐水泥行业的平稳持续发展和新技术、新工艺、新材料的开发和应用。只要我们坚持科学发展观，着力自主创新，在产业结构上优化升级，对产品结构不断进行调整创新和工艺装备的更新换代，在世界同类产品的竞争中一定会取得突出的成绩，为我国高温材料工业和新型工程应用材料的发展奠定坚实的基础。这是铝酸盐水泥工业难得的一次加速科技创新，调整产品结构的发展机遇，切不可错失良机。

进入 21 世纪以来，国外大型铝酸盐水泥企业与国内名优企业通过强强联合、兼并重组、相互持股等方式进行战略整合，推进了铝酸盐水泥工业组织结构的调整、优化和产业升级。如法国拉法基铝酸盐公司（现在的凯诺斯）与中国长城铝业公司水泥厂的资产重组，极大地提高了国内铝酸盐水泥工业的产品质量升级，改组了原有国企的经营模式，推动了企业管理水平的全面提高。拉法基铝酸盐天津公司年产 5 万吨高等级铝酸盐水泥 CA-70/80 生产线的投产，不仅促进我国铝酸盐水泥产品结构的调整，而且提高了我国铝酸盐水泥生产技术及装备素质。以登封熔料为代表的大型民营企业，结合自身条件，不断拓展行业的发展空间，寻找我国铝酸盐工业经济增长的新方式，推进了我国铝酸盐产业的转变，提高了铝酸盐产品生产的集中度，增强了企业整体的竞争能力。还有一些电熔铝酸盐产品的生产企业，他们具有一定的生产技术装备素质，根据市场经济发展的特点以及自身经营灵活的产业优势，引领着中国铝酸盐水泥及铝酸盐相关产品的多样性，把符合市场需求的高端产品推向国际市场。

由于铝酸盐水泥生产规模小，又缺少国家对行业的限制与指导性的管理政策与法规，更缺少与铝酸盐产品相对应的新技术与新产品科研机构。因此，推动行业的产业结构与产品结构的调整，只有依靠企业自身的力量和能力。凯诺斯铝酸盐公司是世界大型国际经营型公司，有近一百年的生产发展史，具有完善的科研与新产品开发机构，它的进入对提高我国铝酸盐产品的生产技术有着重要的指导作用。结合科学发展与节能减排的宏观经济政策，硅酸盐水泥生产的一些新技术、新装备在不断地向铝酸盐水泥行业渗透，原有的生产工艺与生产方法在不断地调整与改进，半干法成球技术将逐步被干法或多级旋风预热器技术所取代，产品质量的均衡性与一致性也在不断地提高。总之，烧结法生产铝酸盐水泥的工艺技术也在不断地改进和完善，我国已成为国际市场上铝酸盐相关产品的生产国，改变了国外某家大公司多年来控制国际市场的局面。

铝酸盐水泥广泛用于钢铁、石油、化工、水泥、电力等行业。以钢铁行业为例，按目前我国年产 7 亿吨钢材计算，每吨钢消耗 25kg 耐火材料，年需耐火材料约 1750 万吨以上，按 5％的铝酸盐水泥做黏结剂计算，仅钢铁行业每年大约需 87.5 万吨铝酸盐水泥。2010 年我国的耐火制品总产量达 2808 万吨，用于工业窑炉作高温耐火材料粘结剂的铝酸盐水泥，今后的年需求量将在 100 万～140 万吨。预计铝酸盐水泥在我国将会有 20 年的稳定发展期。在国际市场上，由于许多发达国家受资源和环境的限制，我国该产品也将在这些发达国家有广泛的市场。

我国天然耐火原料资源丰富，特别是优质高铝矾土（Al_2O_3 大于 72％以上），尽管铝矾土不是世界上储量最大的国家，但优质铝矾土储量居世界前列。由于我国大多数矿山开采管理差、手段落后，矿山资源综合利用率低，高品位铝矾土资源已越来越少。目前我国氧化铝产量已接近 4000 万吨，因铝工业用铝土矿的迅速增加，高品位铝矾土等已出现货源短缺且价格大涨现象。资源出现质量不稳定，Al_2O_3 含量 60％左右的铝矾土已大批量从国外进口。所以，铝酸盐水泥行业应对天然原料一方面要合理开采综合利用，另一方面应开发工业原料及相关原料的综合利用。如金属钙生产企业的废料，金属钙行业称为钙渣的废弃资源，它是由氧化钙和金属铝在高温还原状态下提取金属钙后的一种废弃物，Al_2O_3 含量高达 50％～60％，杂质含量非常低，是生产铝酸盐水泥的优质原材料。又如电解铝、铝加工生产过程中金属铝在高温状态下被氧化，被称为"铝灰"的废弃物，Al_2O_3 含量高达 80％以上，是生产铝酸盐炼钢造渣剂的优质材料。这些废弃原料的开发和利用，对环境保护、清洁生产和实现铝酸盐水泥行业可持续发展意义重大。

第六节　铝酸盐水泥行业标准体系建设

我国铝酸盐水泥现有的标准体系对促进铝酸盐水泥行业的发展起到了重要的支撑作用。随着行业技术进步，我国铝酸盐水泥行业标准、知识产权保护、行业发展引导、资源共享、企业参与、标准执行、国际接轨等方面，与我国实际铝酸盐水泥生产现状并不十分相称。为了更好地适应经济发展的需要，根据铝酸盐水泥的标准体系建设的周期，大约每十年需做出一次较大体系的相应调整，《铝酸盐水泥》（GB 201—2000）已经实施十年以上，全国水泥标准化技术委员会已经下达铝酸盐水泥新标准的修订与完善，目前铝酸盐水泥《铝酸盐水泥》（征求意见稿）（GB 201—201×）已基本完成，这次修订的主要方向在于根据现有国家资源状况的变化，尤其生产铝酸盐水泥的主要原料铝矾土资源的不断枯竭，优质铝矾土资源不断减少，标准旨在放宽 SiO_2 与 Fe_2O_3 含量的适度调整。在不影响产品质量应用性能的前提下，标准的适度调整是合适的。新修订的标准进一步完善，使之更加科学合理。今后还要致力于行业标准体系的建设，制定铝酸盐水泥标准体系发展规划，完善行业国家标准、技术规范及行业准入政策，加强知识产权保护，引导产业健康发展。因此，制订行业准入标准，铝酸盐水泥产品的能耗与环境标准，自主知识产权标准，检验方法与检测标准等应作为完善新标准制定工作的重点，从而使我国的产品标准能与国际接轨并达到国际先进水平。

实践证明，铝酸盐水泥及其相关产品的质量、品种和性能，对工业的发展和技术进步起着关键的保证作用。当前和今后，铝酸盐水泥工业除满足用户工业的正常消耗外，还需为实现用户工业的节能减排、环保、低碳等方面的技术进步发挥作用。经过五到十年的努力，力争实现功能型、节能型和环境友好型等先进铝酸盐水泥产品的比例大幅度上升，产业集中度进一步提升，产业结构得到优化，铝酸盐水泥的产品质量进一步提高，并能满足高温耐火材料工业及新兴产业发展的需求。到 2020 年，中国将成为世界铝酸盐行业重要的研究开发和制造基地。

参考文献

［1］ 郑铝志. 第一期，1986.

［2］ 张宇震. 中国铝酸盐水泥的生产与发展，水泥. 2003.7.

［3］ 张宇震. 国外铝酸盐水泥施工性能的检验方法介绍，水泥. 2003.6.

［4］ 中国长城铝业公司水泥厂获得实用技术专利，一种铝酸盐水泥制备方法及其预热装置，专利号：02129504，2003.8.

［5］ 徐殿利、王守业. 耐火材料工业发展现状及"十二五"展望，中国钢铁业. 2011.5.

［6］ 徐殿利，认清形势. 克服困难，确保耐火材料行业健康发展. 耐火材料. 2011.5.

第三章 铝酸盐水泥的原料与燃料

制造铝酸盐水泥熟料时，多种矿物的生成量主要取决于生料的化学成分，而生料的各种成分又来源于原料，只有当原料提供的成分符合要求，再加上良好的烧结与粉磨后，才能制造出优质的铝酸盐水泥。因此，选择符合要求、来源丰富的原料和符合煅烧铝酸盐熟料的燃料，是建设铝酸盐水泥厂需要解决的首要问题。

根据铝酸盐水泥的定义，由烧结法生产的铝酸盐水泥，是以优质的石灰石（或生石灰）和铝矾土（或氧化铝）作为原材料，按适当比例配制的生料（干粉或成球），经回转窑烧至部分熔融，冷却后粉磨成具有水硬性的胶凝材料。Al_2O_3含量一般控制在 $50\%\sim56\%$（CA-70/80，Al_2O_3含量70%或80%），主要矿物组成为铝酸钙，其特点为凝结时间快，早期强度高。

熔融法生产的铝酸盐水泥则是以优质的石灰石和铝矾土（或生石灰和煅烧铝矾土；生石灰与氧化铝）为原料经破碎混合后，在熔炼炉内烧至熔融，冷却后经破碎粉磨成具有水硬性的胶凝材料。Al_2O_3含量一般控制在 $37\%\sim70\%$，矿物组成多为铝酸钙，其特点是凝结时间快，早期强度高。

从以上铝酸盐水泥的定义可以看出，铝酸盐水泥的生产是以天然原料石灰石和铝矾土（或氧化铝）经人工合成而制得的水硬性胶凝材料，生产中不需要加入任何调节水泥成分与性能的矫正型材料。

把生料煅烧成水泥熟料，需要一定数量的燃料（回转窑烧结主要是煤炭，也可以是轻质油、重油、焦油、煤制气），煤燃烧后的残渣灰分几乎全部成为熟料的组成。因此，在配料计算时，应当把燃煤的灰分作为一种原料的组分加以考虑。

第一节 铝酸盐水泥的原料与质量要求

现将生产铝酸盐水泥所用的原料种类及选择要求介绍如下：

一、石灰质原料

凡是以碳酸钙或氧化钙、氢氧化钙为主要成分的原料都称为石灰质原料。它分为天然石灰质原料和人工石灰质原料（即工业废渣）两类，用于生产水泥（各品种的水泥）常用的天然石灰质原料有石灰石、泥灰岩、白垩、贝壳、钙质料姜石、石灰质鹅卵石等。石灰质原料在自然界分布较广、储量丰富。这些原料的共同特点是将稀盐酸滴在其上即可有起泡现象，并在 900℃ 左右煅烧都能生成石灰。应用这些特征，可以简单地鉴别是否是石灰质原料。

中国水泥石灰岩矿的时空分布广泛，几乎在各地质时代众多层位的地层中都有产出。成矿时代具有北早南晚的特点。北方地区从古元古代早期就开始成矿，南方地区则从新元古代晚期开始。重要赋矿层位北方地区以寒武纪、奥陶纪为主，南方地区为泥盆纪、石炭纪、二叠纪、三叠纪。在元古宇、志留系中也有产出。

石灰岩是一种沉积岩，中国以滨海、浅海相为主。其主要矿物为方解石，常含有白云石、二氧化硅类（如石英、燧石等）。化学成分以 CaO 为主，一般在 45%～55%，其次为 MgO、SiO_2、Al_2O_3。根据其成分、结构构造、形成机理、所含杂质的不同，石灰岩可分为化学石灰岩（即常称的石灰岩）、生物石灰岩、鲕状石灰岩、碎屑石灰岩等。石灰岩的相对密度为 2.6～2.8，水分含量与气候有关，一般小于 1.0%。石灰岩的普氏硬度在 8～12，抗压强度随其结构和孔隙率变化很大，为 30～170MPa，一般为 80～140 MPa。

石灰石矿一般呈灰至深灰色，泥晶结构，块状构造。能够用以生产铝酸盐水泥的石灰岩常称为化学级石灰岩，占水泥用量的 40% 左右，中国石灰岩原料主要是石灰石，其主要成分是 $CaCO_3$，纯石灰石的 CaO 含量为 56%，其品位也由 CaO 含量来确定。用于生产铝酸盐水泥的石灰石，河南郑州一带的石灰石以石炭纪为好，因其形成年代较晚，大多是覆盖在矾土上部，因此，这部分石灰石化学成分纯净，杂质含量少。在选择化学级的石灰石时，尤其是石灰石中的主要有害成分 MgO、Na_2O+K_2O（R_2O）、Fe_2O_3 和 SiO_2 含量，应给予足够的重视。按照行业标准《石灰石》ZB D53 002-90 技术要求，石灰石产品共分为五个品级，其指标应符合表 3-1-1。

表 3-1-1　《石灰石》ZB D53 002-90 标准规定的化学成分　　　　%

类别	等级	化 学 成 分				
		CaO	MgO	SiO_2	P	S
		不小于		不大于		
普通石灰石	特级品	54.0	3.0	1.0	0.005	0.025
	一级品	53.0		1.5	0.010	0.280
	二级品	52.0		2.2	0.020	0.100
	三级品	51.0		3.0	0.030	0.120
	四级品	50.0		4.0	0.040	0.150

很显然能够用于生产铝酸盐熟料的优质石灰质原料必须满足上述标准的一级品以上的质量指标。同时对 Fe_2O_3 还有要求，通常应小于 0.5% 以下。

二、生石灰

生石灰是生产铝酸钙 CA-70 熟料的主要原材料，它的质量品质直接影响水泥熟料的优劣。

将主要成分为碳酸钙的天然岩石，煅烧温度常提高到 1000～1100℃，排除分解出的二氧化碳后，所得的以氧化钙（CaO）为主要成分的产品即为生石灰，又称石灰。石灰按工业用途分为冶金工业用石灰、建材工业用石灰、化学工业用石灰和制糖工业及其他工业部门用石灰等几种。其中建材工业用石灰要求不高，CaO 含量大于 65% 以上即可满足，制糖工业要求石灰的质量最高，通常以提纯的氧化钙（CaO）为原料。冶金工业用石灰标准 YB/T 042—2004 规定，要求 CaO 含量是以等级划分。产品的化学指标见表 3-1-2。

表 3-1-2　冶金石灰的化学指标　　　　%

类别	品级	CaO	MgO	SiO_2	S	灼减
普通冶金石灰	特级	≥92.0	<5.0	≤1.5	≤0.020	≤2
	一级	≥90.0		≤2.0	≤0.030	≤4
	二级	≥88.0		≤2.5	≤0.050	≤5
	三级	≥85.0		≤3.5	≤0.100	≤7
	四级	≥80.0		≤5.0	≤0.100	≤9

CaO 含量大于 92% 以上、SiO_2 小于 1.5%、S 小于 0.02% 的特级品石灰，可用于生产铝酸钙 CA-70 熟料。烧结法铝酸钙熟料 CA-70 和熔融法生产铝酸盐水泥对石灰尽管没有标准，但必须符合冶金工业用石灰特级品的质量标准，才能满足生产工艺的技术要求。河南登封某家熔融法生产铝酸钙的企业，应用石灰的质量要求见表 3-1-3。

表 3-1-3　生石灰的化学成分　　　　　　　　　　　　　　　　　　　%

CaO	SiO_2	Fe_2O_3
90～95	≤1.5	≤0.5

三、铝土矿

铝土矿的开采始于 1873 年的法国，这也是法国最早生产铝酸盐水泥的主要原因。

铝土矿是生产铝酸盐水泥的主要原料，占生料比例的 60% 左右。要求铝矾土的 Al_2O_3 含量在 70%～75%，属于一级高铝矾土。生产高等级铝酸盐水泥（CA-70/80 水泥）是用氧化铝做原料，而世界上 95% 以上的工业氧化铝是由铝土矿冶炼提取的。由此可见铝土矿是生产铝酸盐水泥的重要原料。

铝土矿亦称高铝矾土或铝矾土。其主要矿物是一水铝石（$Al_2O_3 \cdot H_2O$）和三水铝石（$Al_2O_3 \cdot 3H_2O$）。根据一水铝石的结构不同，又可分为一水硬铝石（或 $\alpha\text{-}Al_2O_3 \cdot H_2O$ 硬水铝石）和一水软铝石（或 $\gamma\text{-}Al_2O_3 \cdot H_2O$ 勃姆石、波美石）。所谓铝土矿不是矿物名称，而是一水硬铝石、一水软铝石和三水铝石的混合物，其主要化学成分是 Al_2O_3，一般含量在 40%～80% 之间。天然铝土矿化学成分中的杂质含量变化也很大，除 Al_2O_3 外，还有 TiO_2、SiO_2、Fe_2O_3、CaO、MgO、Na_2O、K_2O 等，这些化学成分组成了如下矿物：三水铝石、一水铝石、硅线石系矿物（即硅线石、红柱石、蓝晶石，其化学通式为 $Al_2O_3 \cdot SiO_2$）、高岭土（$Al_2O_3 \cdot 2SiO_2 \cdot 2H_2O$）、金红石（$TiO_2$）以及迪开石和含铁矿物等。铝土矿主要有鲕状、豆状、碎屑和隐晶（泥状）构造，还有土状、致密块状构造。其颜色为从白色到褐色之间的一些颜色，一般含铁高的呈红色，含铁低的呈灰白色，由于胶结物质不同，颜色变化很大，有时有红褐色斑点。铝土矿的外观特征比较复杂，但也有规律可循。一般相同级别的具有类似的特征。铝土矿实物如图 3-1-1 所示。

铝土矿的化学成分主要为 Al_2O_3、SiO_2、Fe_2O_3、TiO_2、H_2O，五者总量占成分的 95% 以上；次要成分有 S、CaO、MgO、K_2O、Na_2O、CO_2、MnO_2、有机质、碳质等；微量成分有镓（Ga）、锗（Ge）、铌（Nb）、钽（Ta）、钴（Co）、锆 Zr、钒（V）、磷（P）、铬（Cr）、镍（Ni）等。Al_2O_3 主要赋存于铝矿物、一水铝石、一水软铝石、三水铝石中，其次赋存于硅矿物中（主要是高岭石类矿物）。

1. 铝土矿资源的特点

铝土矿是岩石彻底风化后的产物，部分种类经过了化学沉淀。中国铝土矿除了分布集中外，以大、中型矿床居多。据 2000 年相关资料介绍，储量大于 2000 万吨的大型矿床共有 31 个，其拥有的储量占全国总储量的 49%；储量在 2000～500 万吨之间的中型矿床共有 83 个，其拥有的储量占全国总储量的 37%。大、中型矿床合计占到了 86%。

中国铝土矿的质量比较差，加工困难、耗能大的一水硬铝石型矿石占全国总储量的 98% 以上。在保有储量中，一级矿石（Al_2O_3 60%～70%，Al/Si≥12）只占 1.5%，二级矿石（Al_2O_3 51%～71%，Al/Si≥9）占 17%，三级矿石（Al_2O_3 62%～69%，Al/Si≥7）占

图 3-1-1 铝土矿

11.3%，四级矿石（$Al_2O_3>62\%$，$Al/Si\geq5$）占 27.9%，五级矿石（$Al_2O_3>58\%$，$Al/Si\geq4$）占 18%，六级矿石（$Al_2O_3>54\%$，$Al/Si\geq3$）占 8.3%，七级矿石（$Al_2O_3>48\%$，$Al/Si\geq6$）占 1.5%，其余为品级不明的矿石。按照原中国有色金属工业总公司 1994 年发布的铝土矿石的行业标准（YS/T 78—1994），铝土矿的化学成分见表 3-1-4。

表 3-1-4 铝土矿化学成分

矿床 （矿石） 类型	牌号	化学成分/%					
		Al_2O_3/SiO_2	Al_2O_3	Fe_2O_3	S	CaO＋MgO	TiO_2
		不小于			不小于		
沉积岩 （一水硬铝石）	LK12-70	12	70	3	0.3	1.5	—
	LK8-65	8	65	5	0.5	1.5	—
	LK5-60	5	60	6	0.5	1.5	—
	LK3-53	3	53	9	0.7	—	—
堆积岩 （一水硬铝石）	LK15-60	15	60	20	0.1	1.5	—
	LK11-55	11	55	25	0.1	1.5	—
	LK8-50	8	50	28	0.1	1.5	—
红土矿 （三水铝石）	LK7-50	7	50	18	—	—	2
	LK3-40	3	40	25	—	—	3

中国铝土矿的另一个不利因素是适合露采的铝土矿矿床不多，据统计只占全国总储量的 34%。与国外红土型铝土矿不同的是，中国古风化壳型铝土矿常共生和伴生有多种矿产。在

图 3-1-2　民营开采的优质铝矾土

铝土矿分布区，上覆岩层常产有工业煤层和优质石灰岩。在含矿岩系中共生有半软质黏土、硬质黏土、铁矿和硫铁矿。实际具备大矿床开采的铝矾土矿床不多，由于矿床形成与分布的特点，多为几十万吨到几百万吨的居多，河南称为"鸡窝矿"。山西与贵州也同样具有此特点。为此铝矾土的开采多为民营矿开采，尤其是具备 Al_2O_3/SiO_2 大于 12 的高品位矾土，能够采购来的几乎全部是民营矿山。图 3-1-2 为民营开采的优质铝矾土。

2. 铝土矿的分布

中国铝土矿分布高度集中，山西、贵州、河南和广西四个省（自治区）的储量合计占全国总储量的 90.9％（山西占 41.6％、贵州占 17.1％、河南占 16.7％、广西占 15.5％），其余拥有铝土矿的 15 个省、自治区、直辖市的储量合计仅占全国总储量的 9.1％。中国铝土矿的分布如图 3-1-3 所示。

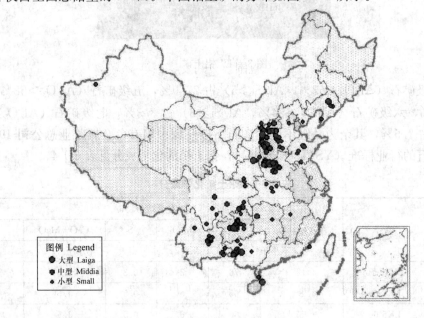

图例 Legend
● 大型 Laiga
⬣ 中型 Middia
• 小型 Small

图 3-1-3　铝矾土分布图

3. 铝土矿的用途

铝矾土 95％是用来生产氧化铝。用于非金属用途主要是作耐火材料、研磨材料、化学制品及铝酸盐水泥的原料等。铝土矿在非金属方面的用量所占比率虽小，但用途却十分广泛。例如：化学制品方面，硫酸盐、三水合物及氯化铝等产品可应用于造纸、净化水、陶瓷及石油精炼等；活性氧化铝在化学、炼油、制药工业上可作催化剂、触媒载体及脱色、脱水、脱气、脱酸、干燥等物理吸附剂；用 $r\text{-}Al_2O_3$ 生产的氯化铝可供染料、橡胶、医药、石油等有机合成应用；玻璃组成中有 3％～5％Al_2O_3 可提高熔点、黏度、强度；研磨材料是高级砂轮、抛光粉的主要原料；耐火材料是工业部门不可缺少的筑炉材料。

4. 用于铝酸盐水泥的铝矾土品质要求

用于生产铝酸盐水泥原料的铝土矿质量品质要求很高，其杂质含量要求 $Fe_2O_3<2.5\%$，$TiO_2<3.5\%$，R_2O（一价金属氧化物）$<1.0\%$。其具体指标见表 3-1-5。

表 3-1-5　用于铝酸盐水泥原料的铝土矿质量品质　　　　　　　　%

Al_2O_3	SiO_2	Fe_2O_3	MgO	TiO_2	R_2O
> 72%	< 6%	< 2.5%	< 1%	< 3.5%	< 0.3%

铝矾土的主要成分是 Al_2O_3，其含量越高越好。目前生产工业氧化铝的铝矾土要求铝硅比不低于 3.0～3.5，其他氧化物都视为杂质。SiO_2 是碱法生产氧化铝的有害杂质，铝矾土中的 SiO_2、Fe_2O_3、TiO_2 含量高，使氧化铝的生产效率降低，也是生产铝酸盐水泥的有害成分。含碱（K_2O、Na_2O）量高，对水泥的质量影响更大。

5. 铝土矿的烧结

熔融法生产铝酸盐水泥要求铝矾土必须经过煅烧。煅烧过的高铝熟料不仅提高了品位，还使熔融铝酸盐水泥熟料时的能耗（电、煤制气、轻质油）大幅度降低，而且使炉况稳定，提高了生产效率。铝矾土加热过程中会发生一系列物理化学变化，研究它不仅对生产氧化铝、烧结法生产铝酸盐水泥、熔融铝酸钙有重要意义，而且也是制造高铝质耐火材料的基础。铝矾土加热时的变化可分为三个阶段，即分解阶段、二次莫来石化阶段、重结晶烧结阶段。现将三个阶段分述如下：

①分解阶段。温度在 400～1200℃ 范围，其间发生如下反应：

在 400～600℃ 之间有：

$$\alpha\text{-}Al_2O_3 \cdot H_2O \longrightarrow \alpha\text{-}Al_2O_3 + H_2O\uparrow$$
（一水硬铝石）　　（刚玉假象）（高温下形成刚玉）

这个反应伴随有 27.24% 的体积收缩：

$$Al_2O_3 \cdot 2SiO_2 \cdot 2H_2O \longrightarrow Al_2O_3 \cdot 2SiO_2 + 2H_2O\uparrow$$
（高岭土）　　　　　　（无水高岭土）

在 950℃ 以上有：

$$3(Al_2O_3 \cdot 2SiO_2) \longrightarrow 3Al_2O_3 \cdot 2SiO_2 \quad +4SiO_2$$
（无水高岭石）　　　（莫来石）　　（非晶质二氧化硅）
（高温下转化为方石英）

铝矾土脱水一般略高于 400℃ 开始，450～600℃ 反应剧烈，700～800℃ 之间完成。

在 290～340℃ 之间有：

$$r\text{-}Al_2O_3 \cdot 3H_2O \longrightarrow r\text{-}Al_2O_3 \cdot H_2O + 2H_2O\uparrow$$
（一水软铝石）

在 450～550℃ 之间有：

$$r\text{-}Al_2O_3 \cdot H_2O \longrightarrow r\text{-}Al_2O_3 + H_2O\uparrow$$

同时伴有 13.03% 的体积收缩。

900～1200℃ 以上开始逐渐发生晶型转化：

$$r\text{-}Al_2O_3 \longrightarrow \alpha\text{-}Al_2O_3$$
（刚玉）

②二次莫来石化阶段。这一阶段开始于 1200℃，在 1400～1500℃ 反应完成。在高于

1200℃时，游离刚玉与游离 SiO_2（方石英）反应，生成莫来石，称二次莫来石，同时有 10％左右的体积膨胀，其反应式：
$$3Al_2O_3 + 2SiO_2 \longrightarrow 3Al_2O_3 \cdot 2SiO_2$$
$$（二次莫来石）$$

二次莫来石反应的同时，矾土中的 Fe_2O_3、TiO_2 和其他杂质与 Al_2O_3、SiO_2 形成液相。液相的存在，有助于二次莫来石化的进行，同时也为后一阶段的重结晶准备了条件。

③重结晶（烧结）阶段。在 1400～1500℃ 以上，铝矾土中的二次莫来石化，已经完成，进入重结晶阶段。莫来石和刚玉的晶体发育长大，气孔率小和消失。其中的杂质形成液相，填充料块内的气孔，由于固相在液相中溶解和析晶、固相间分子的扩散作用，在高温下随着时间的延长，料块逐渐趋于致密化。

综上所述，铝矾土煅烧过程中的物理化学变化受多种因素制约，其中，Al_2O_3 的含量、矿物组成及其分布、煅烧温度的高低等决定铝矾土的煅烧特征。铝矾土煅烧过程的物理化学变化如图 3-1-3 所示。

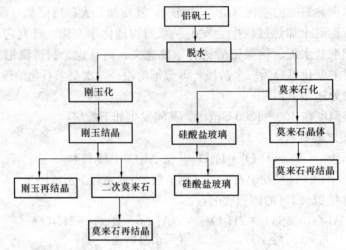

图 3-1-4　铝矾土煅烧过程中物理化学变化示意图

铝矾土经高温煅烧后的产物，称为高铝矾土熟料，是高铝耐火材料的主要原料，亦可用来冶炼刚玉，尤其是熔融法生产铝酸钙不可缺少的原料。对高铝矾土熟料要求严格，不但要求 Al_2O_3 高，而且难还原的氧化物含量要尽量低。我国冶金行业标准《高铝矾土熟料》YB/T 5179—2005 规定的技术条件见表 3-1-6，通常称为冶金级耐火材料骨料。

表 3-1-6　高铝矾土熟料理化指标

代号	化学成分/%					体积密度/ (g/cm³)	吸水率/ %
	Al_2O_3	Fe_2O_3	TiO_2	CaO+MgO	K_2O+Na_2O		
GL-90	≥89.5	≤1.5	≤4.0	≤0.35	≤0.35	≥3.35	≤2.5
GL-88A	≥87.5	≤1.6	≤4.0	≤0.4	≤0.4	≥3.20	≤3.0
GL-88B	≥87.5	≤2.0	≤4.0	≤0.4	≤0.4	≥3.25	≤3.0
GL-85A	≥85	≤1.8	≤4.0	≤0.4	≤0.4	≥3.10	≤3.0
GL-85B	≥85	≤2.0	≤4.5	≤0.4	≤0.4	≥2.90	≤5.0
GL-80	>80	≤2.0	≤4.0	≤0.5	≤0.5	≥2.90	≤5.0
GL-70	70～80	≤2.0	—	≤0.6	≤0.6	≥2.75	≤5.0
GL-60	60～70	≤2.0	—	≤0.6	≤0.6	≥2.65	≤5.0
GL-50	50～60	≤2.5	≤0.6	≤0.6	≤0.6	≥2.65	≤5.0

表 3-1-5 质量指标的烧结矾土熟料，是针对上述铝矾土烧结过程的三个阶段完成的结果，它是应用于耐火材料工业的重要原料，通常主要用于耐火材料的骨料，也有用于生产电熔刚玉、电熔铝酸盐水泥、电熔铝酸盐制品。而实际用于熔融法生产上述产品的烧结矾土，大多不用煅烧如此高的温度，仅完成本文上述所表述的三个阶段生产过程的第一阶段即可，也就是烧结铝矾土时温度控制在 1200℃ 以下，铝矾土中的矿物相未出现二次莫来石化，更不需要出现重结晶的矿物相为好。这部分烧结矾土称为研磨级矾土，也就是将矾土中的物理水和化学结晶水烧去即可满足研磨级产品的质量要求。民营企业多以竖窑生产，与土法生产石灰的工艺基本相同。

研磨级烧结铝矾土用于熔融法生产铝酸盐产品时，所需的热能会少得多，用生产工人的话讲，"烧死"的矾土在炉体内不易融化。研磨级矾土也是生产棕刚玉的主要原材料，由于尚未烧结再结晶，为此这部分矾土的活性相对较好，也适用于耐火材料烧结剂的原材料。传统的研磨级烧结铝矾土如图 3-1-4 所示。

图 3-1-4　传统的研磨级烧结铝矾土

河南登封某家熔融法生产铝酸钙的企业，对烧结铝矾土的质量控制要求见表 3-1-7。

表 3-1-7　烧结铝矾土化学成分　　　　　　　　　　　　%

TiO_2	Al_2O_3	SiO_2	Fe_2O_3
≤4.5	89~92	≤3.0	≤1.0

同时上述铝矾土烧结过程的第一阶段，对回转窑烧结法生产铝酸盐水泥熟料中铝酸盐矿物相的形成有了比较清晰的诠释。

四、工业氧化铝

工业氧化铝的主要成分是 Al_2O_3，通常还有少量 SiO_2、Fe_2O_3、TiO_2、MgO、CaO 等杂质含量。工业氧化铝必须有较高的纯度，杂质含量特别是 SiO_2 应尽可能地低。我国工业氧化铝产品质量有色冶金标准［YS/T 274—1998（2006）］见表 3-1-8。

表 3-1-8　氧化铝的化学成分

牌号	化学成分/%				
	Al_2O_3	杂质含量不大于			
	不小于	SiO_2	Fe_2O_3	Na_2O	灼减
AO-1	98.6	0.02	0.02	0.5	1.0
AO-2	98.4	0.04	0.03	0.6	1.0
AO-3	98.3	0.06	0.04	0.65	1.0
AO-4	98.2	0.08	0.05	0.7	1.0

工业氧化铝是白色松散的结晶粉末，它是由许多粒径小于 $0.1\mu m$ 小晶体组成的多孔球形聚集体，平均颗粒大小为 $\phi40\sim\phi70\mu m$，其中也有大到 $\phi100\mu m$ 或更大的，也有直径小到几个微米的细颗粒（每个小球可包含多达 10^6 个小晶体，内部气孔占小球体积的 $25\%\sim30\%$）。工业氧化铝由 r-Al_2O_3（$40\%\sim70\%$）和 α-Al_2O_3（$60\%\sim24\%$）组成，有时尚含有一水软铝石向 r-Al_2O_3 转化和由一水硬铝石向 α-Al_2O_3 转化的中间化合物。

工业氧化铝的特点是分散度高，粒度组成波动范围大。一般工业氧化铝的颗粒组成见表3-1-9。

表 3-1-9　工业氧化铝的颗粒组成

粒级/μm	>60	60～30	30～20	20～10	10～5	<5
含量/%	7～43	3～18	12～43	19～46	7～33	3～8

第二节　生产铝酸盐熟料的燃料和电能

生产铝酸盐水泥的燃料可以用煤、重油、天然气或煤制气。在目前燃料价格条件下，回转窑烧结法多以煤为燃料，纯铝酸盐水泥生产以重油或工业用清洁燃料油为燃料。熔融法生产多为由煤通过煤气发生炉所转换的煤制气或电力直接熔融，也有用焦炭作燃料直接熔融的。天然气在我国相对比较稀缺，目前尚未有直接用天然气作燃料生产铝酸盐熟料的工厂。

铝酸盐水泥及其铝酸盐产品的生产中需消耗大量的燃料及电能。燃料费用占水泥及制品生产成本的 $20\%\sim50\%$。综上所述，生产铝酸盐水泥及铝酸盐产品所用的热能按其物理形态分为固体、液体、气体及电能四类。

一、固体燃料

固体燃料。工业煤炭直接用于回转窑煅烧铝酸盐熟料是最为经济的燃料选择。用煤炭作燃料应考虑燃煤的灰分对铝酸盐水泥及铝酸盐制品质量的影响。高灰分的燃煤将会带入大量的氧化硅，所以对燃煤的灰分有着严格的要求。根据中国煤炭的分类标准将煤分为三大类，即褐煤、烟煤和无烟煤；又将三大类分为 8 个煤种，即气煤、肥煤、焦煤、瘦煤、贫煤、弱黏煤、不黏煤和长焰煤。《煤炭产品品种和等级划分》（GB/T 17608—2006），关于品种的划分是这样描述的："煤炭产品按其用途、加工方法和技术要求划分为五大类 29 个品种。"煤炭产品的类别、品种名称和技术要求见表 3-2-1。

表 3-2-1　煤炭产品的类别、品种名称和技术要求

产品类别	品种名称	技术要求			
		粒度/mm	发热量（$Q_{net.ar}$）/（mJ/kg）	灰分（A_d）/%	最大粒度[a]上线/%
1. 精煤	1-1 冶炼用炼焦精煤	<50、<100		≤12.5	≤5
	1-2 其他用炼焦精煤	<50、<100		12.51～16.00	
	1-3 喷吹用精煤	<25、<50	≥23.50	≤14.00	
2. 洗选煤	2-1 洗原煤	<300	无烟煤、烟煤≥14.5；褐煤≥11.00	—	≤5
	2-2 洗混煤	<50、<100			
	2-3 洗末煤	<13、<20、<25			

产品类别	品种名称	技术要求			
		粒度/mm	发热量（$Q_{net,ar}$）/（mJ/kg）	灰分（A_d）/%	最大粒度[a]上线/%
2. 洗选煤	2-4 洗粉煤	<6	无烟煤、烟煤≥14.5；褐煤≥11.00	—	≤5
	2-5 洗特大块	>100			
	2-6 洗大块	50～100、>50			
	2-7 洗中块	25～50			
	2-8 洗混中块	13～50、13～100			
	2-9 洗混块	>13、>25			
	2-10 洗小块	13～20、13～25			
	2-11 洗混小块	6～25			
	2-12 洗粒煤	6～13			
3. 筛选煤	3-1 混煤	<50	无烟煤、烟煤≥14.5；褐煤≥11.00	<40	≤5
	3-2 末煤	<13、<20、<25			
	3-3 粉煤	<6			
	3-4 特大块	>100			
	3-5 大块	50～100、>50			
	3-6 中块	25～50			
	3-7 混块	>13、>25			
	3-8 混中块	13～50、13～100			
	3-9 小块	13～25			
	3-10 混小块	6～25			
	3-11 粒煤	6～13			
4. 原煤	4-1 原煤、水采原煤	<300	无烟煤、烟煤≥14.5；褐煤≥11.00	<40	
5. 低质煤[b]	5-1 原煤	<300	无烟煤、烟煤≥14.5；褐煤≥11.00	>40	
	5-2 煤泥、水采煤泥	<1、<0.5		16.50～49.00	

a. 去筛上物累计产率最接近，但不大于5%的那个筛孔尺寸作为最大粒度。

b. 如用户需要，必须采取有效的环保措施，在不违反环保法规的情况下供需双方协商解决。

关于煤炭质量指标的划分，其标准中是这样规定的，冶金用炼焦精煤灰分等级应符合表3-2-2，煤灰的灰分（A_d）按《煤的工业分析方法》（GB/T 212—2008）进行测定。

表 3-2-2　冶金用炼焦煤灰分等级的划分

等级	灰分（A_d）/%	等级	灰分（A_d）/%
A-0	0～5.00	A-8	8.51～9.00
A-1	5.01～5.50	A-9	9.01～9.50
A-2	5.51～6.00	A-10	9.51～10.00
A-3	6.01～6.50	A-11	10.01～10.50
A-4	6.51～7.00	A-12	10.51～11.00
A-5	7.01～7.50	A-13	11.01～11.50
A-6	7.51～8.00	A-14	11.51~12.00
A-7	8.01～8.50	A-15	12.01～12.50

关于煤炭中硫分（$S_{t,d}$）的要求。精煤硫分等级划分见表 3-2-3，煤炭硫分（$S_{t,d}$）按《煤中全硫的测定方法》（GB/T 214—2007）规定的方法进行测定。

表 3-2-3　精煤硫分等级划分

等级	硫分（$S_{t,d}$）/%	等级	硫分（$S_{t,d}$）/%
S-1	0～0.30	S-6	1.26～1.50
S-2	0.31～0.50	S-7	1.51～1.75
S-3	0.51～0.75	S-8	1.76～2.00
S-4	0.70～1.00	S-9	2.01～2.25
S-5	1.01～1.25	S-10	2.25～2.50

铝酸盐水泥生产中工厂通常选用低灰分的烟煤或无烟煤。烟煤是一种碳化程度较深，可燃基挥发分含量为 15%～40%，灰分小于 12% 的煤，其燃烧火焰较长而多烟，低热值一般大于 26000kJ/kg。无烟煤可燃基挥发分低于 12%，固定碳高、密度大，纯煤真密度最高可达 1.90，燃点温度 600～700℃，燃烧时不冒烟，低热值一般大于 22000kJ/kg。无烟煤在回转窑上应用是近期燃烧技术的一个突破，为低灰分的煤种在回转窑上的应用拓宽了选择的范围。同时煤炭的含硫量也是生产铝酸盐水泥熟料选择的一项重要指标。回转窑用煤炭的质量指标见表 3-2-4。

表 3-2-4　回转窑生产铝酸盐水泥熟料煤炭质量要求

煤种	灰分/%	挥发分/%	硫/%	低热值/kJ/kg
烟煤	<12	15～28	<1.5	>26000
无烟煤	<12	12	<1.5	>24000

焦炭主要用以立式炉熔融法生产铝酸钙产品。烟煤在隔绝空气的条件下，加热到 950～1050℃，经过干燥、热解、熔融、粘结、固化、收缩等阶段最终制成焦炭。它是一种质硬、多孔、发热量高的固体燃料，多用于炼铁。其质量品质指标见表 3-2-5。

表 3-2-5 立式炉熔融法生产铝酸盐产品用焦炭技术指标

指标	固定碳	发热量	灰分	挥发分	全水	硫
一级冶金焦	>86%	30000kJ/kg	<12%	<1.9%	<5%	<0.6%
二级冶金焦	84.5%～85%	29000kJ/kg	<13.5%	<1.9%	<6%	<0.7%
三级冶金焦	83%～84.5%	27000kJ/kg	<15%	<1.9%	<6%	<1%

二、液体燃料

水泥厂用回转窑生产纯铝酸盐水泥 CA-70 熟料，因要求杂质含量非常低，目前大多生产企业采用液体燃料为多，也有少量用煤质气作燃料。

液体燃料又分为石油工业燃料油和煤焦油加氢制得的工业用清洁燃料油两种。

1. 石油工业燃料油

石业工业所称的燃料油是炼油工业过程中最后一种产品，产品质量控制有着较高的技术要求。燃料油也叫重油、渣油，为黑褐色黏稠状可燃液体，黏度适中，燃料性能好，发热量大。将其用于锅炉燃料，雾化性良好，燃烧完全，积炭及灰分少，腐蚀性小，闪点较高，存储及使用较安全。燃料油主要由石油的裂化残渣油和蒸馏残渣油制成，其特点是黏度大，含非烃化合物、胶质、沥青质多。燃料油主要技术指标有黏度、含硫量、闪点、水分、灰分和机械杂质等，是目前氧化铝厂氢氧化铝焙烧工业氧化铝的首选燃料，也是大多数回转窑生产铝酸盐熟料 CA-70 的首选燃料。

我国现行燃料油标准为了与国际接轨，中国石油化工总公司于 1996 年参照国际上使用的燃料油标准［美国材料试验协会（ASTM）标准 ASTM D 396-92 燃料油标准］，制定了我国的行业标准《燃料油》（SH/T 0356—1996）。其主要技术指标见表 3-2-6。

表 3-2-6 燃料油主要技术指标

项目		质量指标							
		1 号	2 号	4 号轻	4 号	5 号轻	5 号重	6 号	7 号
闪点（闭口）/℃	不低于	38	38	38	55	55	55	60	—
闪点（开口）/℃	不低于	—	—	—	—	—	—	—	130
馏程/℃ 10%回收温度，不高于		215	—	—	—	—	—	—	—
90%回收温度，不低于		—	282	—	—	—	—	—	—
不高于		288	338	—	—	—	—	—	—
运动黏度/（mm²/s） 40℃	不小于	1.3	1.9	1.9	5.5	—	—	—	—
	不大于	2.1	3.4	5.5	24.0	—	—	—	—
100℃	不小于	—	—	—	—	5.0	9.0	15.0	—
	不大于	—	—	—	—	8.9	14.9	50.0	185
10%蒸余物残余/%（v/v）	不大于	0.15	0.35	—	—	—	—	—	—
灰分/%（v/v）	不大于	—	—	0.05	0.10	0.15	0.15	—	—
硫含量/%（v/v）	不大于	0.5	0.5	—	—	—	—	—	—
铜片腐蚀/（50℃，3h）级	不大于	3	3	—	—	—	—	—	—
密度（20℃）/（kg/m³）	不小于	—	—	872	—	—	—	—	—
	不大于	846	872	—	—	—	—	—	—
倾点/℃	不高于	−18	−6	−6	−6	—	—	—	—

我国使用最多的是 5 号轻、5 号重、6 号和 7 号燃料油。

2. 工业用清洁燃料油

工业用清洁燃料油是近几年发展起来的新的清洁能源。焦化厂大量的副产品煤焦油，因含有大量的芳香族结构化合物，较难充分燃烧，同时煤焦油碳含量高、氢含量低，燃烧时更容易产生炭黑，使燃烧不完全并产生大量的烟尘。另外，由于煤焦油中硫和氮的含量较高，燃烧前没有进行脱硫、脱氮。处理时，排出大量的 SO_x 和 NO_x，将造成严重的环境污染。我国 863 计划项目，以企业副产的煤焦油和焦炉气为燃料，采用国内先进的、成熟的煤焦油馏分加氢技术、焦炉气制氢技术和煤焦油加工技术，生产出清洁燃料油，并附有相关化工产品，从而达到资源的综合利用。山西大同某家加工企业提供的清洁燃料油指标见表 3-2-7。

表 3-2-7　工业用清洁燃料油

水分/%	灰分/%	开口闪点/℃	密度/（kg/m³）	S/%	机杂/%	净热值/kJ/kg
≤1.0	<0.10	>110	1.07～1.10	<0.3	<0.3	>36500

本产品可代替乙烯焦油和其他燃料油，价格比石油炼化后的重油低 30%。

因用轻油烧制水泥熟料价格高，已很少应用，仅有少量用于回转窑点火时使用。由于环保的要求越来越高，用煤粉点火会引起煤粉的不完全燃烧，将造成短时期内的严重污染，所以有的企业点火时采用少量轻油。

三、气体燃料

气体燃料有天然气、煤制气。在铝酸盐水泥工业的生产中很少应用天然气，生产厂多利用优质的工业煤炭通过煤气发生炉而产生的煤制气。煤气因来源不同，有不同的名称：把煤干馏而得的气体叫焦炉煤气；使煤（或焦炭）在不完全条件下燃烧可得到发生炉煤气。焦炉煤气属于中热值煤气，可供城市作为民用燃料。这种煤气在焦化厂附近气源较多的区域有应用于工业窑炉的。不同条件下产生煤气的热值见表 3-2-8。

表 3-2-8　不同条件下产生煤气的热值（低位发热量）

产生煤制气方式	热值/（kJ/nm³）
焦炉煤制气	16000～17500
发生炉煤制气	10500

四、电（力）能

电能不仅是工厂设备运行中的动力，也是熔融法生产铝酸盐熟料电弧炉上由电能转换成热能的主要能源。国家电网的高压电力通过变压器输变成大功率低压电能。电弧炉熔炼是通过石墨电极向电弧熔炼炉内输入电能，以电极端部和炉料之间发生的电弧为热源进行熔炼。

参考文献

[1]　中国铝业网. 中国铝土矿简史. 2009.3.
[2]　中国铝业网. 中国铝土矿资源概况及分布. 2010.10.
[3]　中国长城铝业公司科技部. 技术标准汇编、原材料标准、产品标准, 1999. 10.

［4］ 中国铝业河南分公司. 中国铝业河南分公司企业标准、技术标准，2003.1.
［5］ 中华人民共和国国家标准. 煤炭产品品种和等级划分. GB/T 17608—2006.
［6］ 徐平坤，董应榜. 刚玉耐火材料［M］. 北京：冶金工业出版社，1999.
［7］ 张晖，赵亮富. 中/低温煤焦油催化加氢制备清洁燃料油研究［J］. 煤炭转化. 2009.7.

第四章 铝酸盐水泥熟料的化学成分和矿物组成

铝酸盐水泥与硅酸盐水泥在水化机理上有着相同的特性，所不同的是铝酸盐水泥与水形成的水化铝酸钙矿物不仅早期强度高而且具有非常好的耐高温性能。水泥之所以具有水硬性，是因为在煅烧熟料的过程中，由水泥生料引进的有用成分在高温下相互发生了化学反应，生成了一些新的矿物。这些新矿物被磨成细粉之后，很容易与水起反应，使水泥发挥强度能在水中继续增进并保持其强度。水泥的质量主要取决于熟料的矿物组成与结构，控制熟料的化学成分，以获得良好的矿物组成是生产的中心环节之一。

第一节 铝酸盐水泥熟料的化学成分

铝酸盐水泥熟料的化学成分主要有三氧化二铝（Al_2O_3）、氧化钙（CaO）、二氧化硅（SiO_2）、三氧化二铁（Fe_2O_3）及氧化钛（TiO_2）五种氧化物，其总和占熟料成分的96%以上。其中，$Al_2O_3 + CaO$ 占85%～95%；SiO_2 占1.5%～8.0%；Fe_2O_3 占0.5%～12%；还有4.0%以下的其他氧化物，如氧化镁（MgO）、三氧化硫（SO_3）、氧化钾（K_2O）、氧化钠（Na_2O）等。当然，在某种情况下由于铝酸盐水泥品种、原料成分以及工艺过程的差别，各主要氧化物的含量也会出现偏差，或不在上述范围之内。

由于熟料的主要矿物是由各主要氧化物经高温煅烧反应生成，因此，从熟料中氧化物的含量可以推测出水泥的性质。下面简单对各氧化物的性质分别叙述：

一、氧化铝（Al_2O_3）

氧化铝又称三氧化二铝，是一种白色无定形的粉末。它的熔点很高，可达2050℃，真密度为3.6g/cm³。当 Al_2O_3 含量大于90%时生成的高温陶瓷体具有很高的抗压强度。因此用它可以生产许多种耐火材料，如用它生产的铝酸盐水泥就是一种很好的耐高温材料。

在铝酸盐水泥熟料中 Al_2O_3 是最主要的化学成分，它与 CaO 反应生成铝酸钙，与二氧化硅（SiO_2）、三氧化二铁（Fe_2O_3）反应生成硅铝酸盐和铁铝酸盐。我国生产的铝酸盐水泥 Al_2O_3 含量一般大于50%以上，它的主要矿物是铝酸钙（CA）、二铝酸钙（CA_2）。在铝酸盐水泥熟料中若 Al_2O_3 含量低时，会使快凝的 $C_{12}A_7$ 增多；若 Al_2O_3 含量过高，熟料中会出现活性差的 CA_6 矿物，而降低水泥强度。高品级铝酸盐水泥（也有称纯铝酸钙水泥、氧化铝水泥）氧化铝含量大于70%以上，它用以保证生成低碱性铝酸钙 $CaO \cdot Al_2O_3$（CA）、$CaO \cdot 2Al_2O_3$（CA_2）、$12CaO \cdot 7Al_2O_3$（$C_{12}A_7$）。当 Al_2O_3 较低时，不利于水泥的耐火性；低铝水泥（铁铝酸盐、硫铝酸盐）Al_2O_3 含量在41%～48%，当 Al_2O_3 含量低时，烧结法生产，水泥早期强度不好，凝结时间不容易控制。

二、氧化钙（CaO）

氧化钙的外观与形状呈白色无定形粉末，含有杂质时呈灰色或淡黄色，具有吸湿性，熔点为2580℃，密度为3.25～3.38g/cm³。由于它的熔点温度很高，在高温状态下与 Al_2O_3 结合形成的矿物耐高温性能好。

氧化钙是铝酸盐水泥熟料的主要组成之一，它能与氧化铝反应生成具有水硬性的铝酸钙，与二氧化硅（SiO_2）、三氧化二铁（Fe_2O_3）及氧化钛（TiO_2）这些酸性氧化物反应形成的矿物不利于铝酸盐水泥的性能。氧化钙含量高时可以保证与氧化铝的反应而生成足够的铝酸钙，在铝酸盐水泥 CA-50 熟料中 CaO 含量在 32%～36% 之间。当 CaO 含量过高，回转窑烧结时熟料发黏、易起块，水泥的凝结时间快；当 CaO 含量过低时，水泥的强度不理想。高品质铝酸盐水泥（低钙铝酸钙水泥）中，CaO 含量在 17%～23%，当 CaO 含量高时，不利于水泥的耐火性。中铝水泥（铁铝酸盐、硫铝酸盐）CaO 含量在 35%～38%，Al_2O_3 通常低于 48% 以下，当 CaO 含量低时，烧结法生产水泥强度不高，同时也不易控制。

三、氧化硅（SiO_2）

氧化硅又称二氧化硅，在铝酸盐水泥熟料中呈现出酸性氧化物，二氧化硅化学性质不活泼，不容易与水和大部分酸发生反应。SiO_2 是白色或无色，具有硬度大、耐高温、耐震性、电绝缘的性能。密度为 2.2～2.66g/cm^3，熔点为 1670℃。

二氧化硅是铝酸盐水泥熟料的组成之一，当含量在 4%～5% 时，能促使生料在高温下更均匀地熔融，加速熟料的矿物形成。但随着 SiO_2 含量的增加，由 SiO_2 生成的无胶凝性矿物硅铝酸钙 $2CaO \cdot Al_2O_3 \cdot SiO_2$（$C_2AS$）的含量增加，使水泥的早期强度下降，不利于水泥的耐火性能。它能与氧化钙反应生成具有水硬性的硅酸二钙（C_2S）。烧结法生产铝酸盐水泥，要求二氧化硅含量低于 8.0% 主要是基于铝矾土资源的影响，将要新颁布的铝酸盐水泥标准 GB 201—201× 《铝酸盐水泥》可能会将 SiO_2 的含量调整到 9.0% 以下，这样可适当放宽矾土的用量。对于高品级铝酸盐水泥（纯铝酸盐水泥），SiO_2 是有害成分，在 1370℃ 高温时开始熔化，并形成玻璃状的材料，在被冷却到较低的温度后会有很高的强度，虽然冷却强度增高，但材料脆性增大，弹性降低，耐火材料容易破裂。所以，需严格限制二氧化硅的含量，通常控制在 1.0% 以下。SiO_2 的存在严重影响水泥的耐火性能，使耐火度显著下降。

四、氧化铁（Fe_2O_3）

氧化铁亦称三氧化二铁，是一种酸性氧化物，呈红棕色或黑色无定形粉末，熔点为 1565℃，密度为 5.24g/cm^3，不溶于水，溶于酸。

三氧化二铁是铝酸盐水泥熟料的有害成分之一。它作为溶剂成分，与氧化铝、氧化钙反应形成铁铝酸钙矿物（C_4AF）。Fe_2O_3 用以降低水泥熟料的烧成温度。Fe_2O_3 含量越高越影响铝酸盐水泥的耐火性，所以纯度越高的铝酸盐水泥，Fe_2O_3 含量要求越低。烧结法生产要求 Fe_2O_3 含量小于 2.5%，高品级铝酸盐水泥要求 Fe_2O_3 含量小于 1.5%。但用作化学建材的低铝水泥或称为铁铝酸盐水泥，Fe_2O_3 含量可以高达 8%～16%。欧洲广泛应用的熔融法铝酸盐水泥，Fe_2O_3 含量在 8%～12%，主要受资源条件限制。

五、氧化钛（TiO_2）

氧化钛亦称二氧化钛，为黑黄色粉末状的多晶形氧化物，二氧化钛的化学稳定性好，无毒、不溶于水、稀酸、有机溶剂和弱无机酸，微溶于碱和热硝酸，长时间煮沸才能溶于浓硫酸和氢氟酸。密度为 4.93g/cm^3，熔点为 1750℃。

二氧化钛是铝矾土中带入的化学成分，TiO_2 在铝酸盐水泥熟料的烧结中与氧化钙反应形成钙钛石 $CaO \cdot TiO_2$（CT）矿物，含量低时没有明显的不良影响，但矿物的水硬性不好，高温下耐火性能差。

六、氧化镁（MgO）

石灰石中常夹带 MgO，少量氧化镁（1%～2%）能降低高氧化铝熔融物的黏度和熔融温度，加快矿物的形成，但随着 MgO 含量的增多，由此生成的铝镁尖晶石 $MgO \cdot Al_2O_3$（MA）量亦相应增加。MA 无胶凝性，能使水泥质量下降，因此要求熟料中 MgO 含量不超过 1.0%。

七、碱金属氧化物（R_2O）

碱金属（主要指 Na_2O、K_2O）能使熔融温度降低，但对水泥质量影响较大，含量超过 0.5%时，凝结时间加快，并使水泥的强度下降。

八、硫化物

铝酸盐水泥熟料中规定单质硫（S^-）不超过 0.1%。烧结法铝酸盐水泥硫化物的存在，主要是燃煤中带入的 SO_3，S^- 含量高时会影响水泥的耐火性能，作为炼钢脱硫剂应用时，影响钢液的脱硫性能。

国内主要烧结法生产铝酸盐水泥的工厂 CA-50 化学成分见表 4-1-1。

表 4-1-1　烧结法铝酸水泥 CA-50 化学成分　　　　　　　　　　%

品种	工厂	LOI	SiO_2	Al_2O_3	Fe_2O_3	CaO	MgO	TiO_2	R_2O
A900		0.23	4.70	55.13	1.36	34.04	0.72	2.69	0.25
A700	GW	0.22	7.20	50.94	2.07	34.34	0.93	2.72	0.36
A600		0.45	7.27	51.14	2.15	33.56	0.92	2.69	0.37
AT16		0.46	7.04	51.18	2.05	34.02	0.96	2.71	0.41
A900		0.43	5.86	51.99	2.15	35.15	1.19	2.87	0.25
A700	DF	1.46	7.21	50.77	2.23	34.41	1.12	2.77	0.36
A600		2.39	7.73	49.38	2.43	33.94	1.55	2.69	0.38
N4		0.30	6.25	51.03	2.06	35.56	1.37	2.79	0.32
A700	JH	0.38	5.97	52.02	2.07	34.85	1.40	2.96	0.22
A600		0.35	7.99	49.67	2.43	34.55	1.98	2.76	0.29
A600	XX	0.54	8.30	48.89	2.65	33.55	2.59	2.62	0.53
A700	LD	0.51	6.71	50.87	2.19	34.67	1.60	2.79	0.29
A600		0.50	7.45	50.67	2.06	34.10	1.26	2.70	0.36
A600	YD	0.50	6.38	51.70	2.50	33.62	0.86	2.63	0.32
A600	YF	0.83	6.75	50.48	2.18	35.55	0.56	2.59	0.30
A600	XH	0.27	7.46	50.45	2.38	35.46	0.67	2.68	0.36
A700	YX	0.32	9.83	48.66	2.01	35.19	1.73	2.69	0.32

德国海德堡克罗地亚普拉（Pula）工厂，熔融法生产伊斯塔（ISTRA）铝酸盐水泥化学成分见表 4-1-2。

表 4-1-2　克罗地亚 ISTRA 铝酸盐水泥化学成分　　　　　　　　　%

产品	Al_2O_3	CaO	Fe_2O_3	SiO_2
ISTRA40	38～42	37～40	13～17	≤6

产品	Al_2O_3	CaO	Fe_2O_3	SiO_2
ISTRA45	≥44	37~41	≤9	≤9
ISTRA50	50~53	≥40	≤3	≤6

法国熔融法生产矾都（Fondu）水泥，低铝型铝酸盐水泥化学成分见表 4-1-3。

表 4-1-3　法国熔融法矾都（Fondu）水泥　　　　　　　　　　　　　%

	控制值	界限值
Al_2O_3	37，5～41，5	＞37，0
CaO	36，5～39，5	＜41，0
SiO_2	2，5～5，0	＜6，0
$Fe_2O_3 + FeO_3$	14，0～18，0	＜18，5
MgO		＜1，5
TiO_2		＜4，0

类似于法国矾都（Fondu）水泥，我国贵州托普公司玻璃融池窑熔融法生产，称为铁铝酸盐水泥，化学成分见表 4-1-4。

表 4-1-4　贵州铁铝酸盐水泥化学成分表　　　　　　　　　　　　%

	烧结量	SiO_2	Al_2O_3	Fe_2O_3	CaO	MgO	TiO_2	R_2O	Σ
Ⅰ型	0.04	4.87	36.58	17.06	37.89	0.96	2.09	0.23	99.49
Ⅱ型	0.13	4.14	36.80	16.48	38.16	0.77	2.91	0.199	99.39

高铝型铝酸盐水泥 CA-70/80，其化学成分见表 4-1-5。

表 4-1-5　铝酸钙水泥 CA-70/80　　　　　　　　　　　　　　%

		SiO_2	Al_2O_3	Fe_2O_3	CaO	R_2O	配料方式
DF	CA-80	0.12	80.02	0.20	17.8		石灰/氧化铝
GW	CA-70	0.80	71.0	0.50	24.9	0.39	石灰/氧化铝
	CA-80	0.48	80.5	0.38	17.5	0.39	石灰/氧化铝

第二节　铝酸盐水泥熟料的矿物组成

在铝酸盐水泥熟料中，三氧化二铝（Al_2O_3）、氧化钙（CaO）、二氧化硅（SiO_2）、三氧化二铁（Fe_2O_3）及氧化钛（TiO_2）五种氧化物不是以单独的形式存在，而是以两种或两种以上的氧化物反应生成多种矿物的集合体组织。这些矿物的结晶比较细小，（一般小于 $50\mu m$）。因此铝酸盐水泥熟料是一种多矿物组成的、结晶细小的人造岩石或人工合成材料。

在铝酸盐水泥熟料中主要存在以下几种矿物。

铝酸钙：铝酸钙有三种存在形式，即 $CaO \cdot Al_2O_3$、$CaO \cdot 2Al_2O_3$、$12CaO \cdot 7Al_2O_3$，可简写为 CA、CA_2、$C_{12}A_7$。因铝矾土杂质含量的带入，它们与主要成分 Al_2O_3、CaO 结合

形成的矿物有：

硅铝酸钙：$2CaO \cdot Al_2O_3 \cdot SiO_2$，可简写为 C_2AS。

钙钛石：$CaO \cdot TiO_2$，可简写为 CT。

镁铝尖晶石：$MgO \cdot Al_2O_3$，可简写为 MA。

另外还有少量的硅酸二钙 $2CaO \cdot SiO_2$；可简写为 C_2S。

对于中铝型水泥，当三氧化硫（SO_3）含量大于 8.0% 以上，将形成大量的硫铝酸钙矿物（$CaO \cdot Al_2O_3 \cdot CaSO_4$，可简写为：$CA\bar{S}$）；当三氧化二铁（$Fe_2O_3$）含量大于 8.0% 以上时，将形成一定数量的铁铝酸四钙矿物：$4CaO \cdot Al_2O_3 \cdot Fe_2O_3$，可简写为 C_4AF，并有含碱矿物及玻璃体等。

在实际生产中，铝酸盐水泥的矿物组成和产品的品种，与原材料的配比差别很大。铝酸盐水泥的氧化铝含量不同，其矿物组成也不同，铝酸盐水泥的矿物组成见表 4-2-1。

表 4-2-1 铝酸盐水泥矿物组成

	CA-40	CA-50	CA-60	CA-70	CA-80
主要矿物	CA	CA	CA	CA、CA_2	CA、CA_2 α-Al_2O_3
次要矿物	$C_{12}A_7$，C_2S C_4AF，$CA\bar{S}$	$C_{12}A_7$，C_2AS CT	$C_{12}A_7$，C_2AS C、α-Al_2O_3	$C_{12}A_7$， α-Al_2O_3	$C_{12}A_7$

美铝化学公司铝酸盐科技工作者研究认为，不同氧化铝含量的水泥，其矿物组成的含量也不同见表 4-2-2。

表 4-2-2 不同铝酸盐水泥矿物组成的含量

氧化铝含量	40%	50%	70%	80%
α-Al_2O_3	—	—	3%～8%	35%～40%
$CaO \cdot 2Al_2O_3$			35%～40%	23%～28%
$CaO \cdot Al_2O_3$	60%～65%	70%～75%	55%～60%	35%～40%
$12CaO \cdot 7Al_2O_3$	2%～4%	1%～3%	<0.5%	<0.5%
$2CaO \cdot Al_2O_3 \cdot SiO_2$	8%～13%	8%～13%	—	—
$CaO \cdot TiO_2 + 4CaO \cdot Al_2O_3 \cdot Fe_2O_3$	12%～15%	6%～8%		

从表 4-2-2 中可以看出主要矿物为铝酸钙。只有当氧化铝含量在 40% 左右、Fe_2O_3 含量大于 12% 时可形成相当部分的溶剂型矿物 C_4AF，或 SO_3 含量大于 12% 时可形成相当部分的硫铝酸钙矿物 $CA\bar{S}$，这就是我国的铁铝酸盐水泥或硫铝酸盐水泥。这两种水泥与国外铝酸盐水泥比较只是产品的分类不同而已。

铝酸盐水泥熟料的配料与硅酸盐水泥熟料的配料相比，在回转窑生产上有着显著的不同。以 CA-50 为例，铝酸盐水泥熟料烧成温度范围过窄，看火工操作不易控制。根据图4-2-1可以看出，铝酸盐熟料的矿物组成点位于 CaO-Al_2O_3-SiO_2 相图中矿物 CA-CA_2-C_2AS 三角形内，熟料的主要矿物为 CA、CA_2 和 C_2AS，并且要求尽可能多地生成 CA 矿物。当熟料中

Al_2O_3 含量低于 48% 以下，即可落在多种矿物的构成区域，如图 4-2-1 所示，并见表 4-2-3。

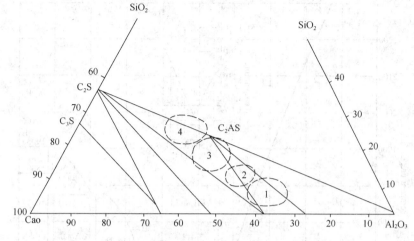

图 4-2-1 $CaO-Al_2O_3-SiO_2$ 相图

1—A 级铝酸盐熟料区；2—B1 级铝酸盐熟料区；3— B2 级铝酸盐熟料区

表 4-2-3 不同 Al_2O_3/SiO_2 的水泥熟料的矿物组成

铝酸盐熟料	主要化学成分/%				主要矿物组成	熟料烧结温度 /℃
	SiO_2	Al_2O_3	CaO	Al_2O_3/SiO_2		
A 级	3～10	45～58	30～40	5～12	CA、CA_2、β-C_2S、C_2AS	1400～1430
B1 级	11～13	38～44	40～45	3～4	CA、β-C_2S、$C_{12}A_7$、C_2AS	1350～1370
B2 级	14～20	28～37	40～45	2～3	C_2AS、CA、β-C_2S、$C_{12}A_7$	1340～1360

不同工艺条件下得到的水泥熟料，其矿物组成含量是不一致的。熟料中主要矿物有其各自的特性，因此对水泥质量和煅烧性能有不同的影响。

高铝型铝酸盐水泥 CA-70/80，国外称为高纯铝酸钙水泥，如图 4-2-2 所示。Al_2O_3 含量 70% 和 Al_2O_3 含量 80% 的铝酸盐水泥，是以纯度较高的生石灰与工业氧化铝配料生产的。因其原料的纯度高，烧结温度相对也较高。从以上 $CaO-Al_2O_3$ 二元相图可以看出，在高温状态下，铝酸钙的化合物由 C_3A、$C_{12}A_7$、CA、CA_2、和 CA_6 五种形态。通常情况下，在铝酸钙的生成反应中，如果增加石灰的含量，就会生成大量的铝酸三钙（C_3A），这是因为当石灰的含量提高时，化合物的形成会出现反复结晶的状态。然而从图 4-2-2 二元相图中还可以看出，当提高氧化铝的含量，即可得到大量耐火性能好的铝酸钙化合物，但越向右，熔点温度越高。对铝酸盐水泥的不同矿物分别论述如下：

一、铝酸一钙

铝酸一钙（$CaO\cdot Al_2O_3$ 简写 CA）是铝酸盐水泥中主要的水硬性矿物，其水化作用使铝酸盐水泥具有较高的早期强度。铝酸一钙属单斜晶系，为单斜晶系，假六方，$a=0.8700nm$，$b=0.8092nm$，$c=1.5191nm$，$\beta=90.3°$，空间群 P_2/n，$Z=12$，$D=2945kgm^{-3}$，CA 结晶为不规则的颗粒，有时候呈柱状，并常以双晶存在，有 $\alpha=1.643$，$\beta=1.655$，$\gamma=1.663$。其结构类似于鳞石英，具有较大的顶点共享型 AlO_4 四面体三维结构。但是，Ca^{2+} 的较大半径使得这种类似鳞石英的网状结构发生扭曲，并且一部分钙原子与氧原子形成不规

35

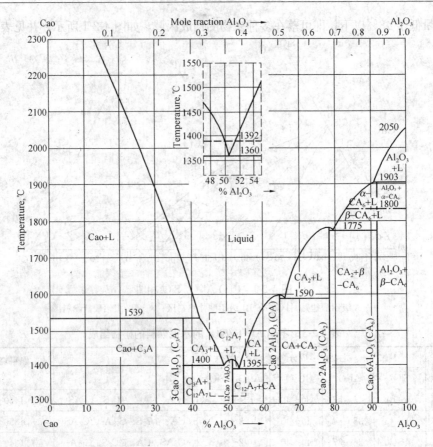

图 4-2-2　CaO-Al₂O₃ 二元相图

则的多面体配位。通过光学显微镜可以看到 CA 为不规则的无色晶粒，可以推断其颜色比 CA₂ 的要浅。$[AlO_4]^{+5}$ 四面体中有些 Al^{3+} 可能被铁离子部分地取代。CA 具有单斜晶胞，其晶体结构模型如图 4-2-3 所示。

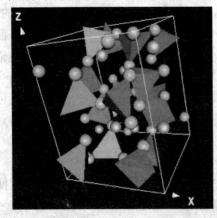

图 4-2-3　铝酸一钙的晶体结构

CA 单偏光下无色透明，硬度 6.5，密度 2.98，熔点 1600℃，溶于盐酸。光学参数为：$N_g = 1.663$，$N_m = 1.655$，$N_p = 1.643$

$N_g - N_p = 0.020$　　（一）$2V = 56$

光性方位：$N_p = c$　$N_m = b$

CA 的 XDR 的特性值为：$d = 0.297nm$、$0.252nm$、$0.251nm$。

有关资料文献表明 CA 的结晶状态，与煅烧方法、冷却条件、熔融物化学组成有关。用熔融法生产时，缓慢冷却得到的 CA 是从熔融物中平衡状态下大量结晶出来的，特征为棱柱状，使水泥早期具有很大的水硬性。迅速冷却得到的 CA 为类似树枝状的晶核，凝结硬化速度稍慢，但最终也能与慢冷的强度基本相同。熔融法所得到的 CA，结晶有很好的解理性质，常有清晰的双晶及直接消光。我国为烧结法生产，所得 CA 大都形状不规则，仅有部分形状为规则板状，多数尺寸在 $5 \sim 10\mu m$，少数能达 $12 \sim 15\mu m$。在工业生产中，CA 常与铁酸一钙、氧化铁，以及铬、锰等氧化物形成固溶体，引起 CA 的折光系数变化较大。

用少量的氟化物（CaF_2、Na_2SiF_6 等）或硼酸酐为矿化剂时，可加速 CA 形成。

二、二铝酸钙

二铝酸钙（$CaO \cdot 2Al_2O_3$ 简写 CA_2）为高铝型铝酸盐水泥的主要矿物相。在熔融法生产中结晶成巨大的棱柱状，有时可达几个厘米。烧结法制得熟料中，CA_2 形状亦较规则，为板状或柱状，多数尺寸为 $10 \sim 20\mu m$，少数大的尺寸为 $25 \sim 30\mu m$。中铝型铝酸盐水泥中 CaO 含量低时，熟料中 CA_2 较多。

二铝酸钙是单斜晶系，$a = 1.2840nm$，$b = 0.8862nm$，$c = 0.5431nm$，空间群 C2/c。结晶呈圆颗粒状，具有 $\alpha = 1.6178$，$\beta = 1.6184$，$\gamma = 1.6512$。它的结构建立在 AlO_4 四面体基础之上，一些氧原子被两个四面体共用，其余的分布于其他的三个四面体之间。CA_2 比 CA 有更强的耐火性，但活性较低，CA_2 的水化产物在 24h 后的固化强度要低于 CA。由于该矿物晶体的生长能力很强，其中常可见包裹体（CT，CA，C_2AS）的存在，二铝酸钙的晶体结构如图 4-2-4 所示。

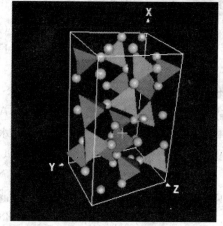

还有二铝酸一钙的研究结果报道称：CA_2 有两种形态：一种为 α 型，一种为 β 型。α 型为单斜晶，系针状或纤维状结构，密度 2.9，硬度 6.5，熔点 1750℃，其光学参数为：

$$Ng = 1.663，Nm = 1.655，Np = 1.643$$
$$Ng - Np = 0.020 \qquad (-)2V = 56$$
$$Ng \wedge C = 39°$$

图 4-2-4　二铝酸钙的晶体结构

β 型为斜方型，不稳定，硬度为 $5.5 \sim 6.0$，CA_2 的 XDR 的特性值为 $d = 0.349nm$，$0.444nm$，$0.259nm$，$0.308nm$，$0.180nm$。

三、七铝酸十二钙

七铝酸十二钙（$C_{12}A_7$）立方晶，$a = 1.1983nm$，$n = 1.611$，$D = 2680kgm^{-3}$。其晶体结构组成为 Ca^{2+} 和氧原子形成的不规则六重配位体，为不完全的顶点共享型 AlO_4 四面体结构，其组成的经验表达式为 $Al_7O_{16}^{11-}$。在每个单体构造中有一个 O^{2-} 离子分布于 12 个晶格格位中间，这种分布被认为将使得 AlO_4 群中的 2 个 AlO_4 增大为 AlO_5。

七铝酸十二钙（$C_{12}A_7$）中的钙离子具有高度平衡的氧原子壳体，大体分布于半球的表面，这些配位半球体沿着晶体的对称轴呈对分布，其中在十二个重叠晶格位置中，由空穴构成了二维平面。

$C_{12}A_7$ 有稳定的和不稳定的两个变体，稳定的 $C_{12}A_7$ 为等轴晶系，颗粒呈圆形，折射率 $N = 1.68$。在还原气氛中煅烧时呈绿色。折射率可从 1.60 变为 1.62，熔点为 1455℃ 左右，硬度为 5。它的吸湿性很强，水化时有快硬、速凝特性。

不稳定的 $C_{12}A_7$ 既没有一定的熔点，也没有真正稳定的温度范围，并且属于斜方晶系，结晶呈圆状或片状者常见。很少集合成球状结晶。有明显的多色性，No 为青灰色，Np 为蓝绿色，结晶体在透明薄片中一般为绿色，硬度为 5，密度 $3.10 \sim 3.15$。

$C_{12}A_7$ 常被包含入铝酸盐固溶体的组合中，另一方面它也存在于熟料的玻璃相中。由于其中常含有 SiO_2、TiO_2、FeO 和 MgO 等物质，故也可用 C_6A_7MS 来表示。

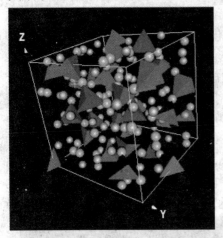

图 4-2-5 七铝酸十二钙的晶体结构

$C_{12}A_7$ 大量存在于用还原气氛低温煅烧的铝酸盐熟料中，在 $C_{12}A_7$ 晶体结构中铝和钙的配位数不规则，具有大量的结构空隙。所以，水化凝结快，早期强度高。但后期强度较低，当 $C_{12}A_7$ 超过 10% 时，常会引起速凝。正因为如此，生产企业都非常重视对铝酸盐水泥中七铝酸十二钙矿物含量的控制。

$C_{12}A_7$ 的 XDR 的特性值为 $d=0.293nm$，$0.289nm$，$0.247nm$。

七铝酸十二钙的晶体结构如图 4-2-5 所示。

四、硅铝酸二钙（钙铝黄长石或铝方柱石）

烧结法生产铝酸盐水泥熟料所产生的硅铝酸二钙（$2Cao \cdot Al_2O_3 \cdot SiO_2$ 简写 C_2AS），常包含杂质 MgO、Fe_2O_3、FeO、TiO_2 及碱，也有溶入过量的 CaO、Al_2O_3、SiO_2。不同杂质存在其中使 C_2AS 常呈带状结晶结构，同时使其色彩及折光指数亦不固定。熔融法生产的熟料中的 C_2AS，结晶为片状或柱状，常交叉在一起，能与 CA 呈细结构共生。烧结法生产的熟料中，C_2AS 大部分为不规则状，仅有少量呈柱状。C_2AS 晶格中离子配位很对称，正方晶系，因此水化活性很差，呈长方、正方、板状和不规则形状。硬度为 5～6，密度为 3.04，熔点为 1590℃。

C_2AS 的折光率为：$N_o=1.669$，$N_e=1.658$，$N_o-N_e=0.011$。由于 MgO、Fe_2O_3 等杂质存在，所以具有多色性，偏光下呈浅黄白色。

C_2AS 的 XDR 特性值为：$d=0.285nm$，$0.175nm$，$0.304nm$。

五、六铝酸钙

六铝酸钙（$CaO \cdot 6Al_2O_3$ 简写 CA_6）是 CA_2 经烧结固相反应后形成的，它是非水硬性产物，比其他矿物相具有更强的耐火性，熔点为 1870℃。当耐火浇注料被加热到一定温度时可以形成 CA_6。

六、铁铝酸四钙

在铝酸盐水泥熟料中，铁铝酸钙（$4CaO \cdot Al_2O_3 \cdot Fe_2O_3$ 简写 C_4AF）的含量比较少，但它对水泥的耐火性能不利，生产中应尽量减少铁铝酸盐的生成。实际生产中由于原材料的原因将不可避免地带入少量氧化铁 Fe_2O_3，这将是水泥熟料中产生铁铝酸盐的原因。对于低铝型铝酸盐水泥 CA-40，当 Fe_2O_3 含量大于 8.0% 时，将会形成大量的铁铝酸钙矿物。它在水化时放热少、硬化缓慢、早期强度低、后期强度较好、耐磨、抗腐蚀性能良好。单相铁铝酸钙在反射光下由于反射能力强，呈白色，故称为白色中间体。

在正常的中铝型铝酸盐水泥熟料中，含铁相将根据生产方法的不同可以呈 CF、CF_2、Fe_3O_4 及 FeO 形式存在。CF 结晶为板状，呈暗红色或黑色，当 Fe_2O_3 含量增加形成 CF_2，结晶呈褐红色；磁铁矿 Fe_3O_4 为不透明立方黑色晶体，呈黑色颗粒状；FeO 含量多的熟料，还可以生成一种纤维状或板条状成分复杂的多色性物质。熟料中氧化铁含量少时，可生成铁铝酸钙固溶体，其组成范围在 C_6A_2F-C_2F 之间，其中部分 Fe_2O_3 可被 TiO_2 所代替，有时固

溶体内还含有 SiO_2。

七、其他矿物

由石灰石带入的 MgO，与 Al_2O_3 高温煅烧后形成铝镁尖晶石 $MgO \cdot Al_2O_3$ （简写 MA），呈八面体结晶，MgO 也可生成镁方柱石 $2CaO \cdot MgO \cdot 2SiO_2$ 和更为复杂的镁化合物，有时也称方镁石 MgO。

由铝矾土带入的 TiO_2，与 CaO 形成的钙钛矿 $CaO \cdot TiO_2$ （简称 CT），结晶呈细小斜方颗粒，有很少量呈树枝状，钙钛矿常夹杂在其他矿物组成中。

MgO 形成铝镁尖晶石（MA），TiO_2 形成钙钛石（CT）。根据生产方法不同 Fe_2O_3 可生成 C_2F、CF、Fe_3O_4、FeO 等，以上这些矿物除 C_2F 具有弱的胶凝性外，其他矿物都不具有胶凝性。

在强烈的还原气氛中熔融，焦炭可形成褐硫钙石 CaS 及碳化钙 CaC。

八、玻璃体

铝酸盐水泥熟料在煅烧过程中，熔融液相在平衡条件下冷却，可全部结晶析出而不存在玻璃体。但通常在生产中，冷却速度较快，有部分液相来不及结晶，就成为过冷液体即玻璃体存在。在玻璃体中，质点排列无一定次序，组成也不一定。对于铝酸盐水泥熟料，玻璃体含量的多少，对水泥的使用性能影响较大，也就是说铝酸盐熟料的冷却方式，将影响熟料玻璃相的形成，熟料中玻璃相的多少，对于水泥凝结时间将起到很大的作用。

铝酸盐水泥熟料矿相结构，如图 4-2-6 所示。

熟料中的晶体大小和结晶完整程度依次变大和变完整：CA-50 A700＜半干法 CA-50 A700＜CA-50 A900＜熔融法 CA-50。孔隙率的变化次序则相反，依次变小。由此可知，铝酸盐熟料的烧成时间和烧成温度是影响矿相结构的主要因素。同时可以明显看出，烧结法熟

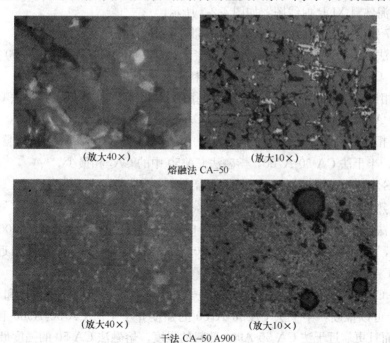

（放大40×）　　　　（放大10×）

熔融法 CA-50

（放大40×）　　　　（放大10×）

干法 CA-50 A900

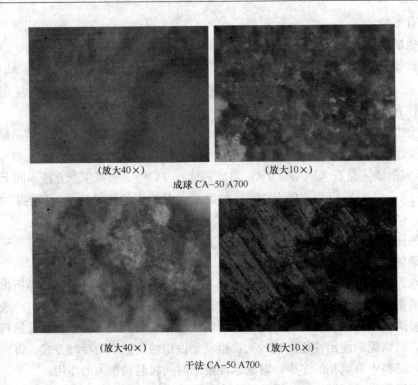

(放大40×)　　　　　　　　　(放大10×)

成球 CA-50 A700

(放大40×)　　　　　　　　　(放大10×)

干法 CA-50 A700

图 4-2-6　铝酸盐水泥熟料矿相结构

料中的晶体结晶完整程度差于熔融法，晶界不清晰、晶体尺寸明显小，故照片显得不如熔融法熟料的矿相晶体清晰。

铝酸盐水泥熟料 XDR 射线图，如图 4-2-7 所示。

从图 4-2-7 铝酸盐熟料中的 XDR 图谱，可以得到以下结论：

（1）熔融法 CA-50、干法 CA-50 A900、半干法 CA-50 A700 和干法 CA-50 A700 中存在有 CA、CA_2、C_2AS 矿相，$C_{12}A_7$ 相在上述熟料中几乎不存在。

（2）CA 相比较：熔融法 CA-50 中的 CA 相最多，分别依次降低的是干法 CA-50 A900、半干法 CA-50 A700，干法 CA-50 A700 中的 CA 相最少。

（3）CA_2 相比较：干法 CA-50 A700 中的 CA_2 相最多，其次分别依次降低的是干法 CA-50 A 900、半干法 CA-50 A700，熔融法 CA-50 中的 CA_2 相最少。

（4）C_2AS 相比较：四种熟料中均存在钙铝黄长石（C_2AS 相），除了 CA-50 A700 相对较多外，其他熟料中的 C_2AS 相含量相近。

（5）半干法 CA-50 A700 熟料中有效矿物 CA 的含量处于干法 CA-50 A900 和干法 CA-50 A700 之间，而且更靠近干法 CA-50 A900，两种熟料中 CA_2 相含量相近，且 CA-50 A900 熟料中 CA_2 相含量少。

根据干法 CA-50 A900 熟料比干法 CA-50 A700 熟料的强度大的条件，和 XDR 矿物含量分析的结论可以推断：半干法 CA-50 A700 的强度介于干法 CA-50 A900 和干法 CA-50 A700 之间，而且更靠近干法 CA-50 A900 熟料的强度。熔融法 CA-50 的强度最好。

中国铝酸盐水泥 CA-50 矿物相含量的实测结果见表 4-2-4。

表 4-2-4　铝酸盐水泥 CA50 矿物相含量　　　　　　　　　　　　　%

	CA	CA$_2$	C$_{12}$A$_7$	C$_3$A	C$_4$AF	C$_2$AS	CT	α-Al	测试单位
SECAR-51	57.017	0.088	0.781	1.210		29.291		0.730	GWC
GWC 烧结 A900	55.4	12.4	0.5			18.9		1.0	GWC
GWC 烧结 A600	38.10	15	0.1			39.30		0.4	GWC
SECAR-51	50.3	13.1	—	—	5.7	23.6	3.9		轻研院
试验样（熔融）	48.9	24.2		—	2.3	16.9	4.9		轻研院
烧结法（CGWC）	40.7	12.2			7.6	34.1	4.4		轻研院

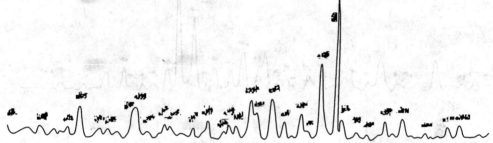

(1)

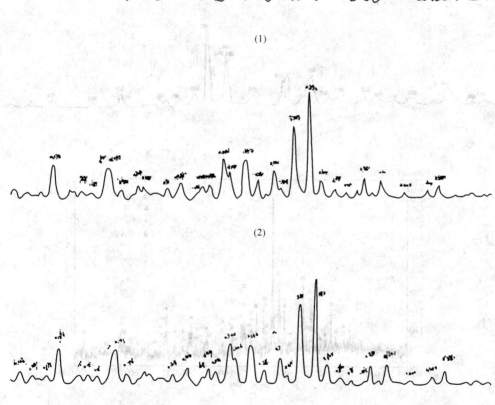

(2)

(3)

图 4-2-7　XDR 射线图（一）

(1) 长城铝业公司水泥厂 1997.7.22 熟料 XDR 射线图；(2) 长城铝业公司水泥厂 1997.7.23 熟料 XDR

射线图；(3) 长城铝业公司水泥厂 1997.7.24 熟料 XDR 射线图

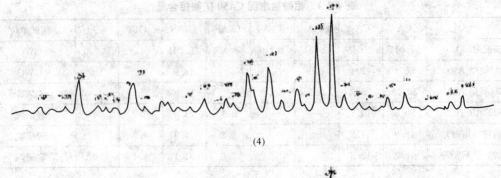

(4)

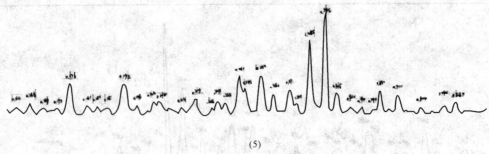

(5)

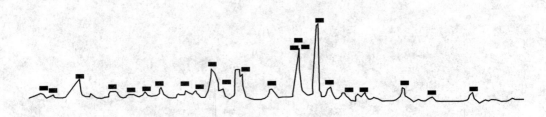

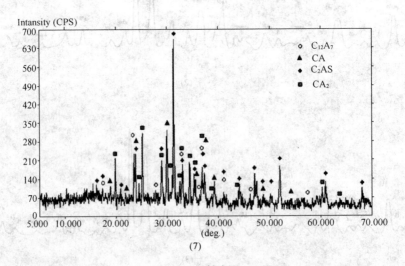

(7)

图 4-2-7　XDR 射线图（二）

（4）长城铝业公司水泥厂 1997.7.27 熟料 XDR 射线图；（5）美国里海公司水泥 CA-50 XDR 射线图；
（6）法国水泥 Lafarge CA-50 XDR 射线图；（7）烧结干法 CA-50 A700 铝酸盐水泥 XDR 射线图

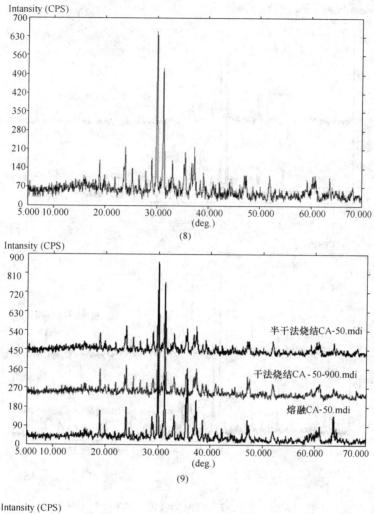

(8)

(9)

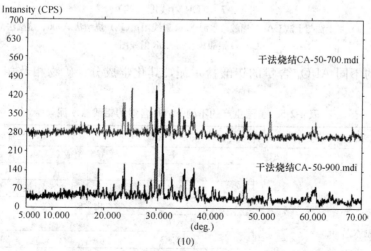

(10)

图 4-2-7　XDR 射线图（三）

（8）烧结半干法（生料成球）CA-50 铝酸盐水泥 XDR 射线图；（9）烧结法、熔融法 CA-50 铝酸盐水泥
XDR 射线图；（10）烧结法不同标号 CA-50 铝酸盐水泥 XDR 射线图

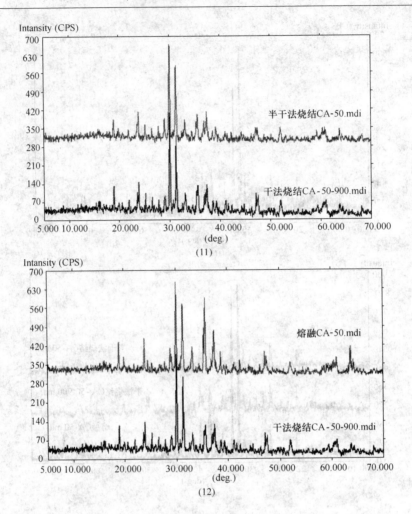

图 4-2-7　XDR 射线图（四）

（11）半干法与干法 CA-50 铝酸盐水泥 XDR 射线图；（12）烧结法 A900、熔融法
CA-50 铝酸盐水泥 XDR 射线图

美国生产的不同 Al_2O_3 含量的铝酸盐水泥，其化学成分、矿物相及相关物理性能见表 4-2-5。

表 4-2-5　美国生产的不同 Al_2O_3 含量的铝酸盐水泥

产品类型	Al_2O_3 含量	通常的特性
铝酸盐水泥 40%	矿物组成	
	主矿相	CA
	次矿相	$C_{12}A_7$，C_2S，铁酸盐，C_4AF
	化学成分	
	Al_2O_3	≥37%
	CaO	≤39.8%
	SiO_2	≤6.0%
	TiO_2	<4.0%
	Fe_2O_3	≤18.5%
	MgO	<1.5%

产品类型	Al$_2$O$_3$ 含量	通常的特性
	SO$_3$	<0.4%
	K$_2$O＋Na$_2$O（可溶解的）	<0.4%
	物理特性	
	高温三角锥	
	松散密度	1.16~1.37g/cm^3
铝酸盐水泥 40%	密度	3.24
	比表面积	3600~4400cm^2/g（ASTM C204）
	筛余 90 μm	<8%
	灰砂特性	
	流动度 30min	≥30%（ASTM C1437）
	凝结时间	120~240min
	6h 耐压强度	≥20MPa（ASTM C349）
	24h 耐压强度	≥33.8MPa（ASTM C349）
	矿物组成	
	主矿相	CA
	次矿相	C$_{12}$A$_7$，C$_2$AS，CT
	化学成分	
	Al$_2$O$_3$	≥50%
	CaO	≤39.5%
	SiO$_2$	≤6.0%
	TiO$_2$	<4.0%
	Fe$_2$O$_3$	≤3.0%
	MgO	<1.0%
	SO$_3$	<0.4%
铝酸盐水泥 50%	K$_2$O＋Na$_2$O（可溶解的）	<0.4%
	物理特性	
	高温三角锥	1410℃
	松散密度	1.07~1.26g/cm^3
	密度	3.01
	比表面积	3600~4400cm^2/g（ASTM C204）
	筛余 90 μm	<5%
	灰砂特性	
	流动度 30min	≥40%（ASTM C1437）
	凝结时间	160~300min
	6h 耐压强度	≥26.9MPa（ASTM C349）
	24h 耐压强度	≥53.8MPa（ASTM C349）

续表

产品类型	Al₂O₃ 含量	通常的特性
	矿物组成	
	主矿相	CA，CA₂
	次矿相	C₁₂A₇，α-Al₂O₃
	化学成分	
	Al₂O₃	≥68.5%
	CaO	≤31.0%
	SiO₂	<0.8%
	TiO₂	<0.25%
	Fe₂O₃	≤0.3%
	MgO	<0.5%
	SO₃	<0.3%
铝酸盐水泥 70%	K₂O+Na₂O（可溶解的）	<0.5%
	物理特性	
	高温三角锥	1563℃
	松散密度	1.04～1.23g/cm³
	密度	2.93
	比表面积	3600～4100cm²/g（ASTM C204）
	筛余 90μm	<5%
	灰砂特性	
	流动度 30min	≥60%（ASTM C1437）
	凝结时间	165～270min
	6h 耐压强度	≥8.6MPa（ASTM C349）
	24h 耐压强度	≥31.7MPa（ASTM C349）
	矿物组成	
	主矿相	CA，CA₂，α-Al₂O₃
	次矿相	C₁₂A₇
	化学成分	
	Al₂O₃	≥78.1%
铝酸盐水泥 80%	CaO	≤21.4%
	SiO₂	
	TiO₂	
	Fe₂O₃	
	MgO	
	SO₃	

第三节　铝酸盐熟料的率值（系数）

铝酸盐水泥熟料是一种多矿物集合体，而这些矿物又是由多种化学成分在高温下化合而成。因此在水泥生产中，不仅要控制熟料中各氧化物的含量，还要控制各氧化物之间的比例，即率值。这样可以比较方便地表示化学成分和矿物组成之间的关系，更明确地表示水泥熟料的性能和煅烧的情况。因而在生产中，常用率值作为生产控制的一种指标。

铝酸盐水泥的配料多为两组分。尽管化学成分复杂，但比硅酸盐水泥的配料相对简单，我国目前采用的仅有熟料碱度系数一个率值。

一、铝酸盐水泥的碱度系数

从我国烧结法生产的实际出发，所用原料基本上属于优质石灰石和低硅低铁的优质矾土，采用的生产工艺是回转窑烧结法。因此从原料看，杂质少，可利用 $CaO\text{-}Al_2O_3\text{-}SiO_2$ 三元系统相平衡推算矿物组成。但从煅烧过程中看，熟料的矿物形成是依靠固-固相和固-液相反应。所以，熟料的矿物相组成不完全取决于配料所设定的化学成分，很大程度上还取决于生产工艺条件（生料粉磨细度、混匀程度、加热方式、烧结温度、保温时间等），以及熟料形成过程中各铝酸盐矿物（CA、CA_2、$C_{12}A_7$）的形成次序。所以，通常实际生产中矿物相的组成与相平衡图推算结果不完全一致，还须借助于显微镜和X-射线等进行实际鉴定。

目前铝酸盐水泥的配料，仍以图 4-2-1 $CaO\text{-}Al_2O_3\text{-}SiO_2$ 三元系统相平衡图为基础进行讨论。根据铝酸盐水泥原料成分、用途及性能的不同，配料组成点可落于相平衡图上四个不同的三角形范围内：$\triangle CA\text{-}C_2S\text{-}C_{12}A_7$、$\triangle CA\text{-}C_2AS\text{-}C_2S$、$\triangle CA\text{-}C_2AS\text{-}C_2A$、$\triangle CA_2\text{-}C_2AS\text{-}CA_6$。由于所在的三角形不同，因此，熟料矿物组成也不同，需分别论述。

今以配料组成点位于 $\triangle CA\text{-}C_2AS\text{-}C_2A$ 中为例进行配料。位于此三角形的主要矿物组成为：CA、C_2AS 及 CA_2，由其他杂质所生成的矿物组成有 C_2F、CT、MA。

除铝酸钙矿物外，生成 C_2AS、C_2F、CT 矿物所消耗的 CaO 量（质量比）为：

C_2AS 中所耗 CaO 量：$\dfrac{2CaO}{SiO_2} \times S = \dfrac{2 \times 56}{60} \times S = 1.87S$

C_2F 中所耗 CaO 量：$\dfrac{2CaO}{Fe_2O_3} \times F = \dfrac{2 \times 56}{159.7} \times F = 0.7F$

CT 中所耗 CaO 量：$\dfrac{CaO}{TiO_2} \times T = \dfrac{56}{79.9} \times T = 0.7T$

除铝酸钙矿物外，生成 C_2AS 和 MA 矿物所耗去的 Al_2O_3 量（质量比）为：

C_2AS 中所耗 Al_2O_3 量：$\dfrac{Al_2O_3}{SiO_2} \times S = \dfrac{102}{60} \times S = 1.7S$

MA 中所耗 Al_2O_3 量：$\dfrac{Al_2O_3}{MgO} \times M = \dfrac{102}{40.32} \times M = 2.53M$

依上式中 S、F、T、M 分别代表 SiO_2、Fe_2O_3、TiO_2 和 MgO 的百分含量。下面提到的 C、A 也代表同样的意义。

用以生成铝酸钙矿物 CA 和 CA_2 所需的 CaO 量（用"C_A"代表），即为总的 CaO 含量减去生成上述矿物所耗去的 CaO 量，即：

$$C_A = C - [1.87S + (F + T)]$$

同样，生成铝酸钙矿物所需 Al_2O_3 的量（用 A_A 代表），即，总的 Al_2O_3 量减去生成上述矿物所耗去的 Al_2O_3 量，即：

$$A_A = A - (1.7S + 2.53M)$$

若 A_A 全部生成 CA，则所需 Al_2O_3 为：

$$A_A = \frac{CaO}{Al_2O_3} = \frac{56}{102} \times A_A = 0.55 A_A$$

实际上熟料中存在着两种铝酸钙矿物，即 CA 和 CA_2，这两种铝酸钙矿物实际化合的氧化钙量为 C_A，一般将熟料中实际化合成铝酸钙矿物的氧化钙量与熟料中铝酸钙矿物如全部形成铝酸一钙时，所需要的氧化钙量的比值称为"铝酸盐水泥的碱度系数"，简写成"A_m"，其数值比为：

$$
A_m = \frac{C_A}{0.55A_A} = \frac{C - [1.87S + 0.702(F+T)]}{0.55(A - 1.70S - 2.53M)}
$$
$$
= \frac{CaO - [1.87SiO_2 + 0.702(Fe_2O_3 + TiO_2)]}{0.55 \times (Al_2O_3 - 1.70SiO_2 - 2.53MgO)}
$$

A_m 值越高，即表示生成的 CA 越多；Am 值降低时，CA 含量减少，而 CA_2 相应增加。

铝酸盐水泥的碱度系数 Am，为生产中确定配料的一个主要依据，根据对水泥性能的要求，原料的质量、生产方法、烧结设备的不同，并参照实际生产经验的数据予以确定。就我国回转窑烧结法生产 CA-50 而言，碱度系数 Am 通常控制在 0.8～0.9 之间为好。在回转窑铝酸盐水泥熟料烧结中，选择较为合适的碱度系数 Am，对熟料烧结及水泥的物理性能影响很大，当熟料的碱度系数 Am 选择的偏高时，回转窑烧结时易结圈、结块，不但影响回转窑的运转率，还会出现凝结时间过快的现象；当碱度系数 Am 偏低时，熟料的强度偏低，达不到提高水泥强度的结果。

高铝型纯铝酸盐水泥，也就是 CA-70 以上的水泥，由于原材料应用的是工业级的产品，原料中很少有杂质含量，而且配料中氧化铝含量很高，所以纯铝酸盐熟料的碱度系数 Am 控制在 0.5～0.6 之间。要求耐火度大于 1630℃时，CaO 含量须进一步降低，水泥矿物组成点落于 $\triangle CA_2$-C_2AS-CA_6 内。

烧结法生产铝酸盐水泥，除决定于 Am 外，熟料中氧化铝和氧化硅含量的比值极为重要，一般称为"铝硅比系数"简写成：A/S。

铝硅比系数 $A/S = Al_2O_3/SiO_2$，与水泥的物理强度有密切的关系。生产经验表明，A/S > 7.0 时，水泥强度可达到 60MPa 以上；A/S > 9.0 时，水泥强度可达到 70MPa 以上。对于高铝型纯铝酸钙水泥，A/S 常可提高到 16 以上。

同时随着 SiO_2 的增加，需相应增加 CaO 的含量，以保证水泥的强度，根据国内某厂的生产经验，用 A/S > 7.0 的铝酸盐水泥熟料，随铝矾土中 SiO_2 含量的增加，所要求的相应熟料中 CaO 含量，见表 4-3-1。

表 4-3-1　水泥熟料铝矾土中 SiO_2 与 CaO 含量的对应关系

铝矾土 SiO_2/%	4.0	6.0	8.0	10.0
熟料中 CaO/%	32.0	33.0	34.0	35.0

在铝酸盐水泥碱度系数 Am 和铝硅比系数 A/S 确定以后，即可着手配料计算。当应用倒烟窑、隧道窑，或采用重油、天然气、煤制气为燃料的回转窑煅烧熟料时，可作无灰分掺入量计算。如生产中应用煤粉为燃料时，则会有煤灰掺入熟料，配料计算时应考虑灰分掺入量。

二、铝酸盐水泥熟料的化学成分、矿物组成和各率值之间常用的换算公式

铝酸盐水泥熟料的矿物组成可用岩相分析、X 射线分析和红外光谱分析测定，也可根据化学成分算出。近年来已大量应用电子探针等对熟料矿物进行定量分析。

在用化学成分计算铝酸盐水泥熟料矿物组成前，为了方便，提出下列符号和数据。

(1) 表达式中的矿物、氧化物一律将 CaO、Al_2O_3、SiO_2、Fe_2O_3、MgO、TiO_2 简化为 C、A、S、F、M、T。

(2) 有关分子量比为：CA 中的 $\dfrac{CA}{C}=2.82$，$\dfrac{CA}{A}=1.55$；

CA_2 中的 $\dfrac{CA_2}{C}=4.64$，$\dfrac{CA_2}{A}=2.55$；

C_2F 中的 $\dfrac{C_2F}{F}=1.70$；

MA 中的 $\dfrac{MA}{M}=2.53$；

CT 中的 $\dfrac{CT}{T}=1.70$。

(3) 由已知的化学成分及碱度系数计算矿物组成：

$CA=1.55\times(2\,Am-1)\times(Al_2O_3-1.70SiO_2-2.53MgO)$；

$CA_2=2.55\times(1-Am)\times(Al_2O_3-1.70SiO_2-2.53MgO)$；

$C_2AS=4.56\,SiO_2$；

$C_2F=1.70\,Fe_2O_3$；

$CT=1.70\,TiO_2$；

$MA=2.53\,MgO$。

由于铝酸盐水泥化学成分较为复杂，目前为止，熟料中究竟包含哪些矿物，迄今尚未鉴别清楚。熟料中生成的铁相矿物组成，与所用原料中氧化铁含量、煅烧方法、冷却条件均有关。有人认为大部分氧化铁生成 C_4AF-C_2F 或 C_6A_2F-C_2F 固溶体；也有人认为烧结法生产时，主要结合成 C_2F。因此，在配料中均假设 Fe_2O_3 生成 C_2F。另外，TiO_2 及 MgO 的生成物，也与本身含量有关，计算中假设它们以 $CaO\cdot TiO_2$ 及 $MgO\cdot Al_2O_3$ 形式存在。此外，铝酸盐水泥熟料中各矿物组成含量的最佳范围为多少，尚未有一致的看法。

生产实践中通常用化学成分计算法与检验设备检定法证明铝酸盐水泥熟料的优劣，实际上化学成分计算只能是一种比较简单的方法，用以推算矿物的含量，并不能证明矿物是否形成的状态及含量。所以最好的方法是设备监测，尤其是电子显微镜，更加直观的观测熟料矿物相形成的大小与形态，证明熟料烧结的真实状况。但大多工厂是做不到的，现多以公式推算法和 XRD 实测法来确定矿物组成。两种不同的方法得出的铝酸盐水泥熟料矿物相组成见表 4-3-2。

中国长城铝业公司水泥厂 1997 年 7 月份对 1 号熟料窑，曾连续进行铝酸盐水泥熟料 XDR 跟踪矿物鉴定，共测 8 个样品，矿物含量的实测结果，与计算结果比较，C_2AS、CT 基本一致，CA 的实测值低于计算值 10％左右，CA_2 高于 8％左右，Fe_2O_3 的矿物有多种形式，实测以 C_4AF 形式存在，其数值高于 C_2F 形式的计算值。郑州轻金属研究院对所连续检测的样品，检测结果没有发现 $C_{12}A_7$ 的存在。而美国里海公司测定的结果有 $C_{12}A_7$ 矿相，实测结果见表 4-3-3。

表 4-3-2　铝酸盐水泥熟料矿物相组成　　　　　　　　　　　%

样品编号	熟料（Am）	监测方法	CA	CA_2	C_2AS	C_2F（C_4AF）	CT	MA
719-3	0.942	计算值	63.97	6.91	19.74	2.55	4.27	1.73
		XRD 实测	52.0	17.0	19.70	(4.0)	4.30	
722-3	0.851	计算值	54.07	17.49	23.17	2.67	4.47	1.52
		XRD 实测	44.50	27.60	23.10	(4.80)	4.40	
727-3	0.903	计算值	55.79	11.05	23.31	2.94	4.54	1.73
		XRD 实测	45.80	19.40	23.00	(5.30)	4.5	

表 4-3-3　不同工厂实测的水泥矿物

样品	$C_{12}A_7$	CA_2	CA	C_2AS
TYP-Refcon	17	125	649	380
CGW-7-18	10	55	672	225
CGW-7-03	7	117	559	434

美国里海公司监测的数据不是各矿物的实际含量绝对值，只是做同一矿物含量多少的相对比较。但他们监测的结果表明有 $C_{12}A_7$ 存在，数量很少，所以我们在设定计算方法时，对 $C_{12}A_7$ 忽略不计。

法国凯诺斯铝酸盐公司实际生产中，坚持连续对铝酸盐水泥熟料进行 XDR 矿相鉴定，实际检测结果也是有 $C_{12}A_7$ 矿物相存在，只是含量甚微，检验结果见表 4-3-4。

表 4-3-4　铝酸盐水泥熟料进行 XRD 矿相鉴定　　　　　　%

日期	CA/CA_2	CA	CA_2	$C_{12}A_7$	C_3A	C_2AS	α-Al
1-6-2011	2.271	37.70	16.60	0.20		35.10	0.30
2-6-2011	2.056	36.60	17.80	0.20		35.50	0.60
3-6-2011	3.000	41.40	13.80	0.20		35.30	0.60
4-6-2011	2.826	39.00	13.80	0.20		37.40	0.50
5-6-2011	1.836	34.70	18.90	0.20		36.60	0.90
6-6-2011	1.872	35.00	18.70	0.00		35.30	0.90
7-6-2011	2.293	37.60	16.40	0.20		35.10	0.70
8-6-2011	2.103	36.60	17.40	0.20		35.60	0.20
9-6-2011	1.834	35.40	19.30	0.10		35.80	0.20
10-6-2011	1.614	33.40	20.70	0.10		35.20	0.10

由此可见，同样的设备，只是行业的不同，尚存在专业性的差异。

参考文献

[1] 南京化工学院. 水泥工艺学(下册)[M]. 1976.1.

[2] Almatis GmbH. Calcium Aluminate Cements (CAC) -Phases and Structure of Calcium Aluminate Cements.

[3] University of Toronto Y. D. Yang and I. D. Sommerville. THE USE OF CALCIUM ALUMINATE FLUXES TO HOT METAL AND STEEL DESULFURIZATION, 2008.5.

[4] 中国矿业大学研究生部，中国长城铝业公司水泥厂. 高水速凝充填材料新产品，1994.4.

[5] 张宇震. 回转窑大批量生产高标号高铝水泥[J]. 郑州：河南水泥，1993.8.

[6] 詹健雄，梁文安. 水泥工业基础知识[J]. 长沙：湖南建材，1986.8.

第五章　铝酸盐水泥的配料

第一节　概　述

根据铝酸盐水泥品种与具体生产条件来确定所用原料的配合比，称为生料的配比，简称配料。

合理的配料方案既是合理设计的依据，又是生产的保证。在设计中，配料计算的目的在于：

（1）根据原料的资源情况，决定矿山资源的可用性和经济合理性，为工厂优质高产低消耗生产水泥产品，提供必要的原料条件。

（2）根据原料特性和水泥品种等要求，决定原料种类、配比和合适的生产方法。

（3）根据已决定的原料种类、配比及工艺流程，计算工厂的物料平衡表，作为全厂工艺设计及主机选型的依据。

在工厂生产中，原料资源和设备条件以及生产方法已定，铝酸盐水泥配料主要是根据铝酸盐水泥品种与具体生产条件，选择合理的矿物组成，并由此计算确定所用原料的配合比。

关于铝酸盐水泥熟料的组成设计，其影响因素是多方面的，生产同一品种的水泥，可能有不同的熟料组成。设计一个合理的配料方案，应根据所生产水泥的品种和品质要求、原料与燃料的品质、生料制备与熟料煅烧的工艺过程，进行综合分析研究，做到既保证品质，又能使技术经济指标比较先进，达到优质、高产、低消耗、长期安全运转的目的。

生料组成计算是由已知的原料化学成分组成或率值，求解已知化学成分的各原料的配合比例。

铝酸盐水泥熟料配料的依据是物料平衡，任何化学反应的物料平衡都是反映物的质量等于生成物的质量。随着温度的升高，生料煅烧成熟料经历着：生料干燥蒸发物理水；铝矾土矿物分解放出结晶水；碳酸盐分解放出二氧化碳；液相出现使熟料烧成。因为有水分和二氧化碳逸出，计算时必须采取统一基准。

蒸发物理水以后，生料处于干燥状态。以干燥状态质量所表示的计算单位，称为干燥基准。干燥基准用来计算干燥原料的配合比和干燥生料的化学成分。如果不考虑生产损失，则干燥原料的质量应和干燥生料的质量相等，即：

$$干石灰石＋干铝矾土＝干生料$$

去掉烧失量（即结晶水与二氧化碳）以后，生料处于灼烧状态。以灼烧状态质量所表示的计算单位，称为灼烧基。灼烧基用来计算灼烧原料的配合比和熟料的化学成分。如果不考虑生产损失，在采用无灰分掺入的气体或液体燃料时，则灼烧原料、灼烧生料与熟料三者的质量应相等，即：

$$灼烧石灰石＋灼烧铝矾土＝灼烧生料＝熟料$$

如果不考虑生产损失，在采用有灰分掺入的燃煤时，则灼烧生料与煤灰的质量应和熟料的质量相等，即：

$$\text{灼烧生料} + \text{煤灰} = \text{熟料}$$

熟料中的煤灰掺入量可按以下公式计算：

$$g_A = \frac{q \cdot A^y \cdot S}{Q_{DW}^y} \ (g_A = q \cdot A^y \cdot S/Q_{DW}^y) \tag{5-1}$$

式中 g_A——熟料中煤灰掺入量，kg 煤灰/kg 熟料；

q——单位熟料热耗，kJ/kg 熟料；

A^y——煤应用机灰分含量，%；

Q_{DW}^y——煤应用基低热值，kJ/kg 煤炭；

S——煤灰沉降率，%。

煤灰沉降率因窑型而异，可按表 5-1-1 选取。

表 5-1-1 不同窑型的煤灰沉降率

窑 型	煤灰沉降率/%	
	无电收尘	有电收尘
干法中空窑	30~40	100
成球中空窑	40~50	100
土法地蛋窑	100	

第二节 水泥生料的配料设计

铝酸盐水泥 CA-50 通常以铝矾土和石灰石为原料，在不考虑煤灰掺入量时，根据相图 4-2-1CaO-Al$_2$O$_3$-SiO$_2$ 可知，铝酸盐水泥配料矿物相的组成其落点在△CA-C$_2$AS-C$_2$S 中，铝酸盐水泥生料配料通常有两种方法：代数求解法和误差尝试法。现分别论述如下：

一、代数求解法

根据物料平衡解二元一次联立方程式，求原料配合比的方法为代数法。根据水泥熟料的化学成分在计算式中采用下列符号，见表 5-2-1。

表 5-2-1 物料的化学成分代号

氧化物	在第一组分中	在第二组分中	在生料中	在熟料
CaO	C_1	C_2	C_0	C
SiO$_2$	S_1	S_2	S_0	S
Al$_2$O$_3$	A_1	A_2	A_0	A
Fe$_2$O$_3$	F_1	F_2	F_0	F
TiO$_2$	T_1	T_2	T_0	T
MgO	M_1	M_2	M_0	M

不考虑煤灰分掺入，采用两种原料组分进行配料时的配料公式，应首先确定铝酸盐水泥碱度系数 A_m 值。理论分析和国内实际生产情况表明，回转窑烧结法与熔融法生产铝酸盐水

泥的配料方案是不同的，两种合理的配料方案都是应有较高的 Al_2O_3 和 CaO 含量，但回转窑不可能将铝酸盐水泥的碱度系数超过 0.93 以上，通过实际生产的控制与数理统计分析得出，熔融法铝酸盐水泥碱度系数较高，建议将 A_m 控制在 0.93～1.0。烧结法碱度系数偏低，建议将回转窑烧结法的 A_m 控制在 0.80～0.91 为宜。原因是碱度系数 A_m 较高，回转窑不易烧结。

（1）铝酸盐水泥的配料计算　我们假定已经确定 A_m 值，其生料中要求有 X 份（按质量计）第一组分（铝矾土）和第二组分（石灰石）组成，由此可得生料的成分如下：

$$C_0=\frac{XC_1+C_2}{X+1}\ ;\ S_0=\frac{XS_1+S_2}{X+1}\ ;\ A_0=\frac{XA_1+A_2}{X+1}$$

$$F_0=\frac{XF_1+F_2}{X+1}\ ;\ T_0=\frac{XT_1+T_2}{X+1}\ ;\ M_0=\frac{XM_1+M_2}{X+1}$$

将上述 C_0、S_0、A_0、F_0、T_0、M_0 代入铝酸盐碱度系数 A_m 公式：

$$A_m=\frac{CaO-[1.87SiO_2+0.702(Fe_2O_3+TiO_2)]}{0.55\times(Al_2O_3-1.70SiO_2-2.53MgO)}=\frac{C_0-[1.87S_0+0.702(F_0+T_0)]}{0.55\times(A_0-1.70S_0-2.53M_0)}$$

$$A_m=\frac{XC_1+C_2-1.87(XS_1+S_2)-0.702[(XF_1+F_2)+(XT_1+T_2)]}{0.55\times[(XA_1+A_2)-1.70(XS_1+S_2)-2.53(XM_1+M_2)]}$$

求解上述方程式得：

$$X=\frac{[1.87S_2+0.702(F_2+T_2)+0.55A_m(A_2-1.70S_2-2.53M_2)]-C_2}{C_1-[1.87S_1+0.702(F_1+T_1)+0.55A_m(A_1-1.70S_1-2.53M_1)]}$$

例如矿山提供的铝矾土和石灰石的化学成分见表 5-2-2，为计算准确便利，将实测的报告结果换算成 100%。

表 5-2-2　铝矾土和石灰石的化学成分　　　　　　　　　　　　%

名　称	烧失量	CaO	Al₂O₃	SiO₂	Fe₂O₃	TiO₂	MgO	总计
石灰石	42.38	52.00	2.33	1.06	0.54		0.39	98.70
换算成 100%	42.93	52.68	2.36	1.07	0.56		0.40	100
铝矾土	14.91	1.04	73.43	4.67	1.28	3.50	0.45	99.28
换算成 100%	15.02	1.05	73.96	4.71	1.29	3.52	0.45	100

设定：铝酸盐水泥熟料的 A_m 值为 0.87。

求：石灰石和铝矾土的配合比。

解：设矾土为第一组分，石灰石为第二组分，代入二组分配料公式，得：

$$\frac{铝矾土_1}{石灰石_2}=\frac{[1.87S_2+0.702(F_2+T_2)+0.55A_m(A_2-1.70S_2-2.53M_2)]-C_2}{C_1-[1.87S_1+0.702(F_1+T_1)+0.55A_m(A_1-1.70S_1-2.53M_1)]}$$

$$=\frac{[1.87\times1.07+0.702(0.56+0)+0.55\times0.87\times(2.36-1.70\times1.07-2.53\times0.40)]-52.68}{1.05-[1.87\times4.70+0.702\times(1.29+3.52)+0.55\times0.87\times(73.97-1.70\times4.70-2.53\times0.45)]}$$

$$=\frac{50.52}{42.24}=1.196$$

原料配合比计算如下：

$$铝矾土=\frac{1.196}{1+1.196}\times100\%=54.46\%$$

$$石灰石 = \frac{1}{1+1.196} \times 100\% = 45.54\%$$

将上述两种灼烧基原料根据表 5-2-2 换算成灼烧基生料，见表 5-2-3。

表 5-2-3 配制灼烧基铝酸盐生料 ％

名 称	烧失量	CaO	Al₂O₃	SiO₂	Fe₂O₃	TiO₂	MgO	总计
100%铝矾土	15.02	1.05	73.96	4.71	1.29	3.52	0.45	100
54.46%铝矾土	8.18	0.57	40.28	2.56	0.70	1.92	0.25	54.46
100%石灰石	42.93	52.68	2.36	1.07	0.56		0.40	100
45.54%石灰石	19.55	23.99	1.07	0.49	0.26		0.18	45.54
100%生料	27.73	24.56	41.35	3.05	0.96	1.92	0.43	
灼烧基生料		33.98	57.22	4.22	1.33	2.66	0.59	100

将上述配料结果代入 A_m 系数计算公式并计算：

$$A_m = \frac{CaO - [1.87SiO_2 + 0.702(Fe_2O_3 + TiO_2)]}{0.55 \times (Al_2O_3 - 1.70SiO_2 - 2.53MgO)}$$

$$= \frac{33.98 - [1.87 \times 4.22 + 0.702 \times (1.33 + 2.66)]}{0.55 \times (57.22 - 1.70 \times 4.22 - 2.53 \times 0.59)} = 0.872$$

（2）配料计算的验证 配料计算的目的，是为了验证矿山（或进厂）原燃材料能否满足水泥熟料成分的技术要求，并把计算生料、熟料的化学成分作为今后生产控制的依据。

配料计算的条件是，矿山提供的原燃材料在满足水泥熟料化学成分要求的前提下，还要控制有害成分碱（$K_2O + Na_2O$）、硫 S⁻ 和氯 Cl⁻ 的含量。根据国家标准规定，水泥中的 K_2O、Na_2O 含量（按 $R_2O = 0.658K_2O + Na_2O$）不得大于 0.40%；硫 S⁻ 和氯 Cl⁻ 的含量小于 0.1%。

碱对水泥生产的影响有两种：一是影响熟料烧成系统的正常生产；二是影响熟料的质量。煅烧含碱过高的生料，由于碱性的挥发，在窑尾电除尘或布袋除尘器中循环富集。例如郑州铝都耐火材料有限公司的 $\phi 2.0m \times 40m$ 回转窑，窑尾烟道后设有多管式烟气冷却器和布袋除尘，入窑生料碱含量不超过 0.3%，袋除尘器收回的窑尾灰碱含量在 0.8%~1.0%，高出正常生料的 3 倍左右。实践中过高的碱含量不仅影响生产的正常进行（有时在烟气冷却器中结皮），堵塞回灰卸料器，更严重的是影响熟料的烧结，进而影响熟料的品质。生料中的碱除一部分挥发循环外，其余的大部均以 K_2SO_4、Na_2SO_4 的形式固熔于铝酸盐矿物中。如果熟料碱含量过高，则其凝结时间将缩短，以致急凝，水泥标准稠度需水量增加，尤其是严重影响铝酸盐水泥的耐火度。这就是用"铝灰"配置的生料烧结出具有同样化学成分的铝酸盐熟料（熟料碱含量高达 1.2% 左右），却不能用于铝酸盐水泥的原因。

硫（S⁻）和氯（Cl⁻）。生料与燃料中的硫在燃烧过程中生成 SO_2，又在窑的烧成带气化，在回转窑的烟气中与 R_2O 结合，形成气态的硫酸碱，然后凝聚在温度较低处（窑尾烟气冷却器或除尘器）的生料颗粒表面。这些 R_2SO_4 除一小部分被窑灰带走外，因其挥发性较低，故大部分被固熔在熟料中而带出窑外。这是 SO_2 与 R_2O 正好平衡时的情况。如果 SO_2 含量有富余，则在窑的低温区（预热带）将与生料中的 $CaCO_3$ 反应生成 $CaSO_4$，生料到烧成带，其大部分再分解成 CaO 和气态 SO_2，小部分残存于熟料中。这样，气态的 SO_2

在窑气中循环富集，同样影响回转窑的正常生产。氯（Cl⁻）在烧成系统中主要生成 $CaCl_2$ 或氯化碱，其挥发性特别高，在窑内几乎全部再次挥发，形成氯、碱循环富集，含量过高同样影响回转窑的正常生产。在铝酸盐水泥熟料的烧结中由于燃煤大都选用低硫分的原煤，铝矾土和石灰石也多是精选的原料，硫和氯影响生产的情况很少见，但硫和氯却是影响铝酸盐水泥特性的重要化学成分，主要表现于对铝酸盐水泥应用特性和耐火特性的影响。

煤灰会影响铝酸盐水泥熟料配料计算的结果。原煤在燃烧时其煤灰部分或全部落入水泥熟料中（回转窑采用燃油或天然气，熔融法除外），煤粉的灰分与水泥熟料的成分差异较大，尤其是灰分中的 SiO_2 含量，在熟料烧结时不仅影响熟料的烧结状态，而且还可以改变水泥的质量性能，所以，铝酸盐水泥熟料烧结时选用低灰分的原煤显得十分的重要。

回转窑烧结法铝酸盐水泥熟料中由于煤灰的掺入，必须对两组分配料的计算结果进行及时修正，才能接近熟料质量的实际生产状况。熟料中灰分的掺入量，通常是根据同类回转窑型、生产同类产品、采用同类原煤时，依据回转窑烧结熟料的标准煤耗（kg/t），或熟料热耗（kJ/kg），确定煤灰的掺入量。例如某工厂的铝酸盐水泥熟料标准煤耗为 223kg/t，折合热耗为 6533kJ/kg 熟料（或 1561kcal/kg），实物煤耗 244kg/t 熟料。煤粉工业分析结果见表5-2-4，煤灰的化学成分见表 5-2-5。煤粉的工业分析结果，也可以由供应部门根据所能采购到的符合生产铝酸盐水泥熟料要求，经分析认可所提供的检验结果，参照同行业的标准煤耗，进行配料计算的设计。

根据表 5-1-1 选定干法中空窑，窑尾设电除尘，煤灰沉降率为 100%。

表 5-2-4　煤粉工业分析

烟煤	挥发分/%	灰分/%	固定碳/%	发热量/(kJ/kg)
进场成分	28.79	10.40	58.58	27120
入窑成分	28.92	13.22	56.26	26120

表 5-2-5　煤灰的化学成分　　　　　　%

名　　称	烧失量	SiO_2	Al_2O_3	Fe_2O_3	CaO	MgO
煤灰	0.38	41.81	33.21	3.57	1.04	0.45

由此计算出熟料中煤灰掺入量，将数值代入公式（5-1）并计算：

$$g_A = \frac{q \cdot A^y \cdot S}{Q_{DW}^y} = \frac{6533 \times 0.1322 \times 100}{26120} = 3.3(\%)$$

根据表 5-2-3 灼烧基生料的计算结果和表 5-2-5 煤灰的化学成分，掺入煤灰后的熟料化学成分见表 5-2-6。

其中须将表 5-2-5 的灰分数值换算成 100%。

表 5-2-6　掺如煤灰后的熟料化学成分　　　　　　%

名　　称	烧失量	CaO	Al_2O_3	SiO_2	Fe_2O_3	TiO_2	MgO	总计
灼烧生料		33.98	57.22	4.22	1.33	2.66	0.59	100
96.7% 熟料		32.86	55.33	4.08	1.29	2.57	0.57	96.7
3.3% 煤灰		0.04	1.37	1.72	0.15	—	0.02	3.3
100% 熟料		32.90	56.70	5.80	1.44	2.57	0.59	100

验证灰分掺入后熟料的碱度系数并计算：

$$A_m = \frac{32.90 - [1.87 \times 5.80 + 0.702 \times (1.44 + 2.57)]}{0.55 \times (56.70 - 1.70 \times 5.80 - 2.53 \times 0.59)} = 0.771$$

通过铝酸盐水泥熟料碱度系数的验证，熟料的碱度系数 A_m 仅有 0.77，比原设计的碱度系数 A_m 偏低，没有落在原设计的 0.80～0.90 范围之内，不是所设计的配料结果，生产中有可能不利于提高水泥的强度。根据计算公式可知，要提高碱度系数，需增加石灰石的配比，如果降低碱度系数 A_m，需减少石灰石的配比或增加铝矾土的用量。

为了减少计算的麻烦，可以采用"误差尝试法"求出各灼烧基原料的配合比，以使熟料的碱度系数 A_m 控制在 0.80～0.90 要求的范围之内。将表 5-2-3 的铝矾土/石灰石的比例，由 $\dfrac{铝矾土_1}{石灰石_2} = \dfrac{54.46}{45.54}$ 尝试调整到 $\dfrac{53}{47}$ 的尝试比例关系，再次验证。两种原料配比调整后的熟料成分，见 5-2-7。

表 5-2-7　调整后配制的灼烧基铝酸盐生料（熟料）化学成分　　　　　%

名　称	烧失量	CaO	Al_2O_3	SiO_2	Fe_2O_3	TiO_2	MgO	总计
100%矾土	15.02	1.05	73.96	4.71	1.29	3.52	0.45	100
53.0%矾土	7.96	0.56	39.20	2.49	0.68	1.87	0.24	52.00
100 石灰石	42.93	52.68	2.36	1.07	0.56		0.40	100
47.0%石灰石	20.18	24.76	1.11	0.50	0.26		0.19	48.00
100%生料	28.14	25.32	40.31	2.99	0.94	1.87	0.43	100
灼烧生料 100%		35.23	56.10	4.16	1.31	2.60	0.60	100

将表 5-2-5 煤灰掺入到上述灼烧基生料，见表 5-2-8。

表 5-2-8　掺入煤灰的灼烧基生料化学成分　　　　　%

名　称	烧失量	CaO	Al_2O_3	SiO_2	Fe_2O_3	TiO_2	MgO	总计
灼烧生料 100%		35.23	56.10	4.16	1.31	2.60	0.60	100
96.7% 熟料		34.07	54.25	4.02	1.27	2.51	0.58	96.7
3.3% 煤灰		0.04	1.37	1.72	0.15	—	0.02	3.3
100%熟料		34.11	55.62	5.74	1.42	2.51	0.60	100

将上述配料结果代入 A_m 系数的验算公式并计算：

$$A_m = \frac{34.11 - [1.87 \times 5.74 + 0.702 \times (1.42 + 2.51)]}{0.55 \times (55.62 - 1.70 \times 5.74 - 2.53 \times 0.60)} = 0.845$$

A_m 系数 0.845 符合配料设计的技术要求，以此设计的配料方案需在生产实践中，通过应用于生产的熟料结果，再次或多次进行技术微调，达到符合工厂实际生产需要的产品质量标准。

通过校验可以达到的目的及需考虑的有关事项如下：

（1）配料的结果是否在熟料要求控制的铝酸盐碱度系数 A_m 在 0.80～0.90 范围内，A_m 高时适当向下控制；反之，向上调整。

（2）根据熟料的化学成分，计算熟料的矿物组成，判断熟料矿物相的含量与烧结状态。

（3）验证矿山（或进厂）原（燃煤）材料能否满足生产铝酸盐水泥熟料成分的技术要求，水泥熟料应作全分析，包括钾（K）、钠（Na）、硫（S⁻）、氯（Cl⁻）含量。

（4）回转窑烧结法生产还需考虑煤灰掺入量。根据生产经验吨熟料标准煤耗 kg/t，当原煤的发热量为 kJ/kg（kcal/kg），熟料热耗为 kJ/kg（kcal/kg），折合实物煤耗为 kg/t。

（5）煤灰沉降率。根据表 5-1-1 确认煤灰的沉降率，由此计算出熟料中煤灰掺入量。通过煤灰的化学成分，重新计算熟料的化学成分。

（6）将配料结果由灼烧基原料，换算为干燥基原料配比：

$$干燥基原料 = \frac{1}{1 - 生料烧失量} \tag{5-2}$$

（7）计算生料的化学成分。

（8）计算干料消耗定额：

$$理论料耗 = \frac{1 - 煤灰掺入量}{1 - 生料烧失量} \tag{5-3}$$

（9）根据原料的理论消耗量，考虑工厂飞扬损失和自然损失的情况下，计算干料消耗定额（文明生产条件下，生料的生产损失应小于 2.0%）：

$$干料消耗定额 = 理论消耗 \times \frac{1}{1 - 生产损失（\%）} \tag{5-4}$$

（10）根据干燥基的物料质量换算成实际采购（或进厂）原料量，含有一定量水分的物料质量比：

$$单位进厂原料量 = \frac{干料消耗定额}{干料的消耗定额 - 物料的含水量（\%）} \tag{5-5}$$

上述配料计算过程可以很简便地采用计算机来完成。因此，能迅速地得到多方案比较优化的配比结果，有关配料计算的软件已十分成熟，非常实用。

二、误差尝试法

采用数学求解法非常麻烦，在生产实践中通常应用的是"误差尝试法"。因为铝酸盐水泥是两组分配料，对水泥熟料 Al_2O_3 含量有一定的要求，只要控制好 Al_2O_3 和 CaO 的比值关系，配料方式就容易多了。所以，采用其他数学方法都不及此方法简便，容易调整。

根据物料平衡求解原料配合比，铝酸盐水泥熟料配比采用"误差尝试法"应注意的原则是"控制两头、兼顾中间"。两头就是矾土中的 Al_2O_3 含量和石灰石中的 CaO 含量，同时兼顾两种原料带入的 SiO_2 含量。

（1）CA-50 水泥的 Al_2O_3 含量通常控制在 50%～55%，在尝试前应根据铝矾土的化学成分预先确定 Al_2O_3 含量的预定值。

（2）CaO 是保证提供与 Al_2O_3 结合的主要成分，控制高时水泥的凝结时间较快，控制低时水泥的物理强度较低，通常控制在 33%～36% 之间。

（3）通过控制 Al_2O_3、CaO 的相对含量兼顾控制 SiO_2 含量，主要根据原料的成分，最好是将 SiO_2 含量压得越低越好。

（4）严格控制原料中 Al_2O_3、CaO、SiO_2 的化学成分，其他化学成分兼顾即可。

（5）尝试配合比时，暂不考虑 Fe_2O_3、TiO_2、MgO 及相关的微量元素。

两种组分原料并考虑煤灰掺入时的误差尝试法配料。

例如工厂已在建厂前，基本的生产工艺已经确定，将矿山或将要采购的原料、燃料的相关分析数据完全掌握。在采用两种原料组分进行配料时，同样是预先确定熟料的碱度系数 A_m 值。生产工艺流程为半干法生产，设有生料成球、中空熟料窑带电除尘。以铝矾土、石灰石两种原料配合进行生产。

假设熟料的碱度系数 A_m 为 0.80～0.90，熟料的热耗为 6650kJ/kg 熟料，试计算原料的配合比。工厂根据矿山资源提供（或采购）的原料、燃料的有关分析数据列于表 5-2-9 和表 5-2-10 中。

表 5-2-9 原料与煤灰的化学成分 %

名　称	烧失量	CaO	Al₂O₃	SiO₂	Fe₂O₃	TiO₂	MgO	总计
石灰石	41.08	53.42	0.82	2.22			0.74	98.28
铝矾土	14.67		72.62	4.53	1.9	3.75		97.47
煤灰		6.12	28.99	43.42	8.35		1.06	87.94

表 5-2-10 煤的工业分析

挥发分	固定碳/%	灰分/%	低热值/kJ	水分/%
22.35	59.74	17.91	26426	0.6

误差尝试法配料步骤：

（1）表中原燃材料化学成分的分析数据，其总和往往不等于 100%。应将小于 100% 的分析结果换算成 100%。

（2）设定碱度系数 $A_m = 0.80～0.90$；窑型为中空窑，入窑生料成球；熟料热耗 6650kJ/kg 熟料；电除尘，灰分的沉降率为 100%。

由公式（5-1）代入表 5-2-10 的数值，计算煤灰的掺入量：

$$g_A = \frac{q \cdot A^y \cdot S}{Q_{DW}^y} = \frac{6650 \times 0.1791 \times 100}{26426} = 4.51\%$$

（3）将原料的化学成分表 5-2-9 换算成灼烧基生料，然后换算成 100%，见表 5-2-11。

表 5-2-11 原料的化学成分换算成灼烧基原料 %

名　称	CaO	Al₂O₃	SiO₂	Fe₂O₃	TiO₂	MgO	总计
石灰石	93.39	1.43	3.88			1.30	100
矾土		87.70	5.47	2.30	4.53		100
煤灰	6.96	32.97	49.37	9.50		1.20	100

（4）误差尝试两种原料的配合比。

暂不考虑煤灰掺入时的两组分尝试，根据表 5-2-11 两组分尝试配比结果，见表 5-2-12。

表 5-2-12 两组分尝试配比结果 %

名　称	设定配比	灼烧基原料成分			灼烧基生料成分		
		CaO	Al₂O₃	SiO₂	CaO	Al₂O₃	SiO₂
石灰石	38	93.36	1.43	3.88	35.48	0.54	1.47
矾土	62		87.70	5.47		54.37	3.39
合计					35.48	54.91	4.86

当一定数量煤灰(百分含量%)掺入时的两组分原料，因为铝矾土＋石灰石＋g_A＝100(%)，所以铝矾土＋ 石灰石＋4.51＝100 （%）。

$$100-4.51= 95.49 （\%）$$

即：铝矾土＝62×0.9549＝59.20 （%）

$$石灰石＝38×0.9549＝36.29 （\%）$$

核算结果：铝矾土＋ 石灰石＋g_A＝100 （%）

$$59.20＋36.29＋4.51＝100 （\%）$$

(5) 计算熟料化学成分组成。

根据计算的配合比，由表5-2-11原料成分的结果，计算熟料的化学成分，见表5-2-13。

表 5-2-13　熟料化学成分　　　　　　　　　　　　　%

名称	配合比	CaO	Al_2O_3	SiO_2	Fe_2O_3	TiO_2	MgO	总计
铝矾土	59.20		51.92	3.24	1.36	2.68		59.20
石灰石	36.29	33.89	0.53	1.41			0.46	36.29
煤灰	4.51	0.31	1.49	2.23	0.43		0.05	4.51
熟料	100	34.20	53.94	6.88	1.79	2.68	0.51	100

(6) 根据熟料的化学成分，计算熟料的碱度系数 A_m：

$$A_m=\frac{34.20-[1.87×6.88+0.702(1.79+2.68)]}{0.55×(53.94-1.70×6.88-2.53×0.51)}=0.81$$

两种原料配比的误差尝试结果，以熟料的化学成分计算出熟料的碱度系数 A_m 值，来验证两种原料的配合比是否合适。如果熟料碱度系数 A_m 值在 0.80～0.90 范围之内，即为合适，否则需重新试凑。如果碱度系数较低，可适当增加石灰石的含量；如果认为碱度系数偏高，则降低石灰石的量，增加铝矾土的比例。更重要的是当确定了水泥熟料的化学成分和熟料的碱度系数 A_m，在产品投入生产之后，根据水泥的物理性能重新调整两组分的比例，以保证水泥的各项物理、化学指标最优化。

(7) 根据化学成分及碱度系数计算矿物组成：

$$CA =1.55×(2A_m-1)×(Al_2O_3-1.70SiO_2-2.53MgO)$$
$$=1.55×(2×0.81-1)×(53.94-1.70×6.88-2.53×0.51)$$
$$=39.36\%$$
$$CA_2 =2.55×(1-A_m)×(Al_2O_3-1.70SiO_2-2.53MgO)$$
$$=2.55×(1-0.81)×(53.94-1.70×6.88-2.53×0.51)$$
$$=19.84\%$$
$$C_2AS=4.56 SiO_2=4.56 ×6.88=31.37\%$$
$$C_2F=1.70 Fe_2O_3=1.70 ×1.79=3.04\%$$
$$CT=1.70 TiO_2=1.70× 2.68=4.56\%$$
$$MA=2.53 MgO=2.53× 0.51=1.29\%$$

(8) 计算干燥原料的配合比。

假定上述计算结果符合要求，则干燥原料的质量比，由理论料耗公式（5-3）代入：

$$干石灰石 = \frac{36.29 - 4.51}{100 - 41.08} \times 100\% = 53.94 \ (kg)$$

$$干铝矾土 = \frac{59.20 - 4.51}{100 - 14.67} \times 100\% = 64.09 \ (kg)$$

将上述质量比换算成百分比：

$$干石灰石 = \frac{53.94}{53.94 + 64.09} \times 100\% = 45.70 \ (\%)$$

$$干铝矾土 = \frac{64.09}{64.09 + 53.94} \times 100\% = 54.30 \ (\%)$$

（9）将配料结果换算成干基生料的化学成分。

由原料提供的化学成分，依据表5-2-9，换算成出生料磨需控制的生料成分见表5-2-14。

表 5-2-14　出磨生料化学成分　　%

名　　称	配比	烧失量	CaO	Al₂O₃	SiO₂	Fe₂O₃	TiO₂	MgO	总计
石灰石		41.08	53.42	0.82	2.22			0.74	98.28
	45.70	18.77	24.41	0.37	1.02			0.34	
铝矾土		14.67		72.62	4.53	1.90	3.75		97.47
	54.30	7.97		39.43	2.46	1.03	2.04		
合计	100	26.74	24.41	39.80	3.48	1.03	2.04	0.34	

（10）计算出湿基原料的配合比。

如果原料的操作水分为：石灰石1.0%，铝矾土3.0%，则湿原料的质量比为：

$$石灰石（湿）= \frac{45.70}{100 - 1} \times 100\% = 46.16 \ (\%)$$

$$铝矾土（湿）= \frac{54.30}{100 - 3} \times 100\% = 55.98 \ (\%)$$

这样可根据回转窑的生产能力，确定工厂的生产规模，并根据上述过程计算出原料的配比，确切地计算出铝矾土与石灰石的年需求量（万吨/年）。根据吨熟料的煤耗量（kg/t），即可确切地计算出工厂年需求煤炭的数量（万吨/年）。在计算工厂年消耗原燃材料定额时，还应考虑生产损失。在文明生产条件下，生料的生产损失应小于2.0%。工厂管理条件稍差时，生料损失将大于2.0%。

第三节　配料计算实例

山西孝义某特种水泥厂配料计算。

该厂原有一台 ϕ2.0m/1.9m×40m 回转窑，由原有的生产烧结铝矾土，改为生产铝酸盐水泥。企业根据回转窑的生产规模，新增设了与之相配套的生产附属设施并在回转窑尾增设袋式除尘。生料制备为干法生产，水泥生料直接喂入窑内。当地具有较好的铝矾土与石灰石资源，煤炭大部分计划从陕西柳林购买，再配用少量当地煤炭。铝矾土与石灰石的化学成分见表5-3-1、表5-3-2，煤炭的工业分析见表5-3-3。

表 5-3-1　铝矾土化学成分　　　　　　　　　　%

烧失量	SiO$_2$	Al$_2$O$_3$	Fe$_2$O$_3$	CaO	TiO$_2$	MgO	合计
14.90	9.43	69.61	0.70		2.27	0.61	97.52

表 5-3-2　石灰石化学成分　　　　　　　　　　%

烧失量	SiO$_2$	Al$_2$O$_3$	Fe$_2$O$_3$	CaO	TiO$_2$	MgO	合计
41.65	2.90	2.22	0.05	51.22	0.02	1.31	99.37

表 5-3-3　粉煤灰的化学成分　　　　　　　　　　%

试样名称	水分	挥发分	灰分	固定碳	发热量/(kJ/kg)	SiO$_2$	Al$_2$O$_3$	Fe$_2$O$_3$	TiO$_2$	CaO	MgO	K$_2$O
库存本地煤	1.57	18.77	20.86	58.80	22908							
陕煤 1	7.18	35.33	12.90	45.22	23478							
陕煤 2	12.12	30.68	11.45	45.75	22382	24.45	37.12	5.70	1.58	8.02		1.15

　　将原料的分析结果换算成 100%，其中仅有一种陕西柳林煤炭做出了较为完整的工业分析，计算时只有以完整的技术资料为依据。同时在计算煤灰的掺入量时，应以入窑煤粉的工业分析结果为准，由于工厂尚在生产准备时期，只有以获得的原煤工业分析进行计算。将上述表 5-3-1、表 5-3-2、表 5-3-3 的结果换算成 100%。换算结果见表 5-3-4。

表 5-3-4　铝矾土、石灰石、煤灰　　　　　　　　　　%

名称	烧失量	SiO$_2$	Al$_2$O$_3$	Fe$_2$O$_3$	CaO	TiO$_2$	MgO	合计
铝矾土	15.28	9.67	71.38	0.72		2.33	0.62	100.00
石灰石	41.91	2.92	2.23	0.05	51.54	0.02	1.32	100.00
煤灰		31.34	47.58	7.31	10.28	2.03	1.46	100.00

　　设定碱度系数 A_m=0.80～0.90；窑型为中空窑，入窑生料干粉直接入窑；布袋收尘器，灰分的沉降率为 100%。根据同类窑型，吨熟料实物煤耗量大多在 260～300kg，我们将实物煤耗设定为 280kg。吨熟料的热耗为：22378×0.28=6266（kJ）。要求原煤的热值以千焦（kJ）表示，需将千卡（kcal）换算成千焦（kJ），1 kcal=4.186kJ。根据上述已知条件和人为设定的条件，进行工厂的配料计算。

　　（1）计算煤灰的掺入量：

$$g_A = \frac{q \cdot A^y \cdot S}{Q_{DW}^y} = \frac{1496.86 \times 0.1145}{5345.96} \times 100\% = 3.21\%$$

　　（2）将原料的化学成分换算成灼烧基原料。

　　将表 5-3-4 原料组分的化学成分换算成灼烧基原料，见表 5-3-5。

表 5-3-5　灼烧基原料的化学成分　　　　　　　　　　%

名称	烧失量	SiO$_2$	Al$_2$O$_3$	Fe$_2$O$_3$	CaO	TiO$_2$	MgO	合计
铝矾土		11.41	84.26	0.85		2.75	0.73	100.00
石灰石		5.03	3.84	0.09	88.73	0.03	2.28	100.00
煤灰		31.34	47.58	7.31	10.28	2.03	1.46	100.00

（3）计算原料配合比。以误差尝试法为例，在不考虑煤灰掺入时的两组分尝试，尝试比例的误差确认是以铝酸盐水泥标准，要求 Al_2O_3 含量大于 50％ 来确定的。灼烧基的铝矾土 Al_2O_3 含量为 84％，那么铝矾土的需求量一定会大于 60％ 以上。为此，由表 5-3-5 的灼烧基原料按 $\dfrac{石灰石}{矾土}=\dfrac{40}{60}$ 设定尝试。两种灼烧基原料的配比见表 5-3-6。

表 5-3-6　两种灼烧基原料的配比　　　　　　　　　　　　　　％

名　称	设定配比	灼烧基原料成分			灼烧基生料成分		
		CaO	Al_2O_3	SiO_2	CaO	Al_2O_3	SiO_2
石灰石	40	88.73	3.84	5.03	35.49	1.54	2.01
矾土	60		84.26	11.41		50.56	6.85
合计					35.49	52.10	8.86

（4）考虑煤灰掺入时的两组分原料：

因为铝矾土＋石灰石＋g_A＝100

铝矾土＋石灰石＋3.21＝100（％）

$100-3.21=96.79$（％）

所以铝矾土＝$60\times0.9679=58.07$（％）

石灰石＝$40\times0.9679=38.72$（％）

核算结果：铝矾土＋石灰石＋g_A＝100（％）

$58.07+38.72+3.21=100$（％）

（5）计算熟料组成：

根据计算的配合比，由表 5-3-5 的灼烧基原料计算熟料的化学成分，见表 5-3-7。

表 5-3-7　熟料的化学成分　　　　　　　　　　　　　　％

名称	配合比	CaO	Al_2O_3	SiO_2	Fe_2O_3	TiO_2	MgO	总计
铝矾土	58.07		48.93	6.63	0.49	1.60	0.42	58.07
石灰石	38.72	34.36	1.49	1.95	0.03	0.01	0.88	38.72
煤灰	3.21	0.33	1.53	1.01	0.23	0.06	0.05	3.21
熟料	100	34.69	51.95	9.59	0.75	1.67	1.35	100

（6）根据熟料的化学成分计算熟料的碱度系数 A_m：

$$A_m=\frac{CaO-[1.87SiO_2+0.702(Fe_2O_3+TiO_2)]}{0.55\times(Al_2O_3-1.70SiO_2-2.53MgO)}$$

$$=\frac{34.69-[1.87\times9.59+0.702(0.75+1.67)]}{0.55\times(51.95-1.70\times9.59-2.53\times1.35)}$$

$$=0.85$$

根据计算结果进行（评价）修正：

①从碱度 A_m 系数计算结果看，尽管在要求范围内，碱度系数 A_m 偏适中。如果碱度系数低于 0.8 或高于 0.9，需进行重新尝试。

②从配料结果看出，水泥熟料中的 SiO_2 含量超出国家标准规定 8.0％ 的要求。必须调

整铝矾土的采购质量，铝矾土的 Al_2O_3 含量达到 72% 以上，SiO_2 降低到 6.0% 左右。

③石灰石品质也必须提高，CaO 含量应达到 53% 以上。

④原煤品质也比较差，热值应控制在 25000kJ/kg（6000kcal）以上。

⑤主要还是根据生产出的铝酸盐水泥熟料的化学成分结果，计算碱度系数，再次调整化学成分的配比。

⑥生产出的铝酸盐水泥熟料，由化学成分的全分析结果，判定碱（$0.658K_2O+Na_2O$）、硫 S^- 和氯 Cl^- 的含量，是否符合国家标准。

（7）化学成分的控制范围是主要的一个方面，更重要的是根据熟料的物理性能，确定如何调整熟料的化学成分。

根据工厂提供的现有原燃材料指标，不符合生产铝酸盐水泥标准。所以，建议工厂重新选择原燃材料供应地，不得以现有的品质指标用于生产铝酸盐水泥。

参考文献

[1] 詹建雄等. 水泥工业基础知识[J]. 长沙：湖南建材. 1986.8.

[2] 胡宏泰，朱祖培，陆纯宣等. 水泥的制造和应用[M]，济南：山东科学技术出版社. 1994.3.

第六章 铝酸盐水泥的生料制备

第一节 概　述

生料制备过程是指生料入窑以前对原料的全部加工过程，包括原料的破碎、预均化、配料控制、烘干和粉磨、生料均化等环节。生料制备过程也可按其工作性质分为粉碎和均化两大过程。

一、粉碎的基本概念

用外力克服固体物料质点之间的内聚力，使之分裂、破坏，并使其粒度减小的过程称为粉碎过程，它是破碎与粉磨的总称。

一般把粉碎后产品的粒度大于 2～5mm 的称为破碎，产品粒度小于 2～5mm 称为粉磨。亦有将破碎后产品粒度为 300mm、25mm、5mm 的分别称为粗破、中碎和细碎；将粉磨后产品粒度小于 2.0mm、0.01mm 的分别称为粗磨和细磨。事实上破碎和粉磨的作业范围并无严格的划分。不同的工业部门和不同的学者提出的粒度范围不尽相同，但是，不论如何划分，水泥生产过程将涉及破碎中的粗碎到粉磨中的细磨全部称为粉碎过程。

粉碎前、后粒度的比值称为粉碎比，可按下式计算：

$$i = D/d \tag{6-1}$$

式中　i——粉碎比；

D——粉碎前物料的粒度；

d——粉碎后物料的粒度。

粒度可用不同的方法表示，如最大粒径，算术平均粒径、80％通过粒径等。不同的粒径计算出的 i 值也不一样。

各种粉碎设备的粉碎比互不相同，而且各有一定的范围。在实际应用中，要求总粉碎比往往较大，例如水泥原料中的石灰石要求从 1000mm 左右的块度粉碎至 0.08mm 以下，这显然不能在一台粉磨设备中完成，需要经过几次破碎和粉磨才能达到最终的粒度。物料每经过一次粉碎，则称为一个粉碎段。一般石灰石粉碎采用一段到两段破碎和一段粉磨。

二、铝酸盐水泥的粉碎及其粉碎设备

在铝酸盐水泥的生产中，破碎主要是对大块的石灰石或铝矾土进行预先破碎，以便为后续的粉磨、烘干、输送和储存创造良好的条件。大块的石灰石或铝矾土经过适当的破碎后，可提高磨机和烘干机的效率，并便于各种输送设备对物料的输送。

常用的破碎机有运用压力进行粗碎的破碎机（如颚式破碎机、旋回式破碎机、圆锥式破碎机、辊式破碎机）和运用冲击力进行破碎的破碎机（如锤式破碎机、单转子或双转子型破碎机、反击式破碎机）等。铝酸盐水泥生产企业多为中、小型企业，粗碎一般选用颚式破碎机（一次破碎），而锤式破碎机或旋回式破碎机多用于中碎。

粉磨系统按粉磨流程的不同方式，可分为开路系统和闭路系统。在粉磨过程中，物料一

次性通过粉磨设备后即为成品的称为开路。当物料出粉磨设备后经过分选，细粒作为成品，粗粒返回粉磨设备进行再次粉碎的称为闭路。开路系统的优点是流程简单、设备少、投资省、操作简便，其缺点是粉磨效率低、电耗高。而闭路系统则相反。

粉磨目的在于使物料成为一定粒度的产品，以满足工艺过程的要求。就烧结法铝酸盐水泥生料而言，就是要满足水泥熟料烧成工艺的要求。

烧结法生产铝酸盐水泥熟料的过程，基本上是一种固相反应。按反应动力学原理，反应速度与颗粒大小和温度有关。

W. Jander 于 1927 年应用 Tammann 公式得出：

$$\left[1-\left(\frac{100-x}{100}\right)^{\frac{1}{3}}\right]^2=\frac{2DC_0t}{r^2}=k\cdot t \tag{6-2}$$

式中　x——参与反应物质的质量百分数；

　　　D——扩散系数；

　　　C_0——接触表面上的浓度，质量百分数；

　　　t——反应时间；

　　　r——反应粒子的半径；

　　　k——反应速度的常数。

J. H. Van't-Hoff 于 1884 年曾提出：

$$k=C\cdot e^{-\frac{A}{RT}} \tag{6-3}$$

式中　k——反应速度的常数；

　　　C——常数；

　　　e——自然对数的底；

　　　A——反应活化能；

　　　R——气体常数；

　　　T——反应温度。

由此可知，生料的颗粒小、反应温度高，熟料容易烧成。换句话说颗粒小维持同样的反应速度，烧成温度就可以低一些。但是生料粉磨得过细又要消耗大量的能量。

生料的粒度通常用 $80\mu m$ 筛孔的筛余表示，称为细度。不同粉磨系统的产品，即使同样的细度，其粒度组成也不同。闭路粉磨产品的粒度组成比开路粉磨产品均匀，过粗和过细的颗粒均少，更有利于烧成。

采用多大的细度比较合适，应根据易烧性试验和易磨性试验，结合工艺和经济、粉磨和烧成等多方面因素综合加以确定。烧结法铝酸盐水泥的生料细度，一般控制在 8%～12% 为宜。

第二节　被粉碎物料的物理性能

一、强度、硬度、韧性、脆性

粉碎作业与物料的下列性质直接有关：

（1）强度　强度是指物料抗破坏的阻力，一般用破坏应力表示。随着破坏时施力方法不同，可分为抗压、抗剪、抗弯、抗拉应力等。物料的破坏应力以抗拉应力为最小，它只有抗压应力的 1/30～1/20，抗剪应力的 1/20～1/15，抗弯应力的 1/10～1/6。

（2）硬度　硬度是指物料抗变形的阻力。非金属材料的硬度一般用莫氏表示，以刻痕法测定，分成十个等级，金刚石最硬为 10，滑石最软为 1，石灰石硬度为 4～8。它与自身的形成年代有关，石炭纪灰岩形成的年代比较晚，硬度相对较小，奥陶纪和寒武纪灰岩硬度较大，比较难于破碎与粉磨。铝矾土硬度为 1～3，它不是很硬的物料，但韧性好，与石灰石相比难于粉碎和粉磨。不同地区的铝矾土硬度也有较大的差异，如山西铝矾土硬度比河南与贵州的大，一般硬度大于 4。

（3）韧性和脆性　这是两个对应的性质，表示物料抗断裂的阻力。脆性好的物料，易于粉碎。但韧性好的物料难于破碎与粉磨，铝矾土与石灰石比较，它的抗剪切与抗弯曲应力比较大，所以在生料制备时比石灰石难以处理。

二、水分和粘结性

物料的表面水分对粉碎有一定的影响，若原料水分大而含有较多的泥质，则在干法破碎、粉磨、储存、运输过程中易于粘结和堵塞，特别对粉磨，效率将大大降低，必须进行烘干。铝矾土含水率通常为 2%～5%，正常情况下如果不烘干处理将明显影响粉磨效率。

三、易碎性

易碎性是表示物料破碎难易程度的特性。随实验方法的不同，其值也不一样。常用的一种方法是将粒度物料在实验破碎机中进行破碎，测定产品中 1mm 筛孔的筛余值，以此作为易碎性的指标。筛余值大表示难碎，筛余少表示易碎。

四、易磨性

易磨性是表示物料粉磨难易程度的特性。易磨性随实验方法的不同而异，用球磨和辊磨的易磨性的测定方法也不一样。常见的易磨性测定方法有 Hardgrove 法、Tovarov 法、Zeisel 法、Bond 法等。

《水泥原料易磨性实验方法》（GB/T 26567—2011）基本参照 Bond 法制定。该法按闭路粉磨原理在标准球磨机内研磨至循环量达到平衡后，计算球磨机每转生成的成品量 G，然后按下列公式（6-4）计算粉磨功指数 W_i。

$$W_i = 44.5 \times 1.10 / P^{0.23} G^{0.82} \left(\frac{10}{\sqrt{P^{80}}} - \frac{10}{\sqrt{F^{80}}} \right) \tag{6-4}$$

式中　W_i——粉磨功指数，kWh/t；

　　　P——试验用成品筛的筛孔尺寸，80μm；

　　　G——试验磨机每转产生的成品量，g/r；

　　　P_{80}——成品 80% 通过的筛孔尺寸，μm；

　　　F_{80}——入磨试样 80% 通过的筛孔尺寸，μm。

粉磨功指数表示粉磨单位质量物料需要的能量，功指数越大，物料越难磨。据测算中国水泥生料的功指数大致在 7～16 kWh/t 范围内。

五、磨蚀性

物料的磨蚀性是指物料对粉碎工具（齿板、板锤、钢球、衬板、衬套）产生磨蚀程度的一种性质。通常用每粉碎工具粉碎每吨物料的金属消耗来表示，单位为 g/t。

物料的磨蚀性虽然与强度、硬度、易碎性、易磨性有关，但没有直接的联系，有时易磨物料的磨蚀性很大。

测定磨蚀性的方法不少，磨蚀性的数值也将随之变化。

普通水泥矿石中的石英含量，特别是粗粒石英对物料的磨蚀性有很大的影响。

第三节　原料的破碎

铝酸盐水泥生产所需要的原料，如石灰石、铝矾土、原煤等都要预先破碎，铝酸盐水泥生产工厂由于生产规模比较小，通常没有自己的矿山，石灰石、铝矾土多为采购进厂的原料。

物料的机械性质是选择破碎设备的重要因素。诸如强度、硬度、密度、脆性或韧性、石块状或片状、含水量、含泥量及黏塑性、磨蚀性等都需要了解。对于铝酸盐水泥的生产，在选择破碎设备时应充分考虑铝矾土的含水量、含泥量及黏塑性。两种原料铝矾土与石灰石的比例大体为 6 : 4，石灰石相对属于脆性物料，所以，通常以比较难破碎的铝矾土来选择破碎设备。

通常用于生产铝酸盐水泥的原料多为人工开采。从矿山采购的石灰石大多在矿山破碎至 100mm 以下，并筛分出泥土；铝矾土粒度最大在 500mm 左右；要求入生料磨粒度小于 20mm 以下。因此，采购进厂的石灰石和铝矾土需经过进一步破碎才能达到生料磨的入磨要求。

各类破碎机受其施力方式所限，只能在一定的破碎比范围内有效地工作。采用破碎比小的破碎机时，就需要数台串联，方能达到需要的破碎比。采用破碎比大的破碎机可减少串联级数（通常称为段数）。

破碎机的产能大小主要由主机产量平衡计算确定，它是决定破碎机的规格和台数的依据。由于铝矾土具有比较黏塑、含水量大的物理性质，破碎机的选型主要以适应破碎铝矾土为主。目前国内铝酸盐水泥生产厂与不同窑型配套的破碎机选型实例见表 6-3-1。

表 6-3-1　与不同窑型配套的破碎机

$\phi2.2m\times50m$ 中空窑	$\phi2.5m\times78m$ 中空窑
矿石块度<350mm	矿石粒度<450mm
出料粒度<20mm	出料粒度<20mm
破碎方案：二段破碎	破碎方案：二段破碎
第一段：400mm×600mm 颚式	第一段：600mm×900mm 颚式
第二段：ϕ1000mm×800mm 锤式	第二段：ϕ1250mm×1000mm 反击式
或 ϕ1000mm×700mm 反击式	或 ϕ1200mm 圆锥式破碎机

对于其他硬性物料的破碎，如熟料的破碎，多采用慢速锤式破碎机，有的厂采用反击式或圆锥式破碎机。小型厂多采用颚式破碎机，对于 ϕ2.2m×50m 中空熟料窑，熟料破碎选用 PEX-150/750 细颚式破碎机。

有些厂破碎大块煤炭常选用 PCL 500-4 型立轴锤式破碎机。

总之，破碎流程的选择和破碎机的选型必须在考虑上述诸多因素的基础上，根据不同情况综合分析研究，进行多方案比较后予以确定。

第四节　物　料　烘　干

铝酸盐水泥的生产属于干法生产。它的主要原料是铝矾土，目前大多是地下开采，尤其河南、贵州地区的铝矾土，大部分属于松体料（松体料与密致料之分，除与铝矾土的地区差异之外，也与铝矾土的生成年代有关）。贵州省不仅铝矾土含水量高，而且地处多雨地区，因此铝矾土含水量较大，有时水分高达 7.0% 左右，如不烘干将严重影响生料的粉磨效率。山西境内的铝矾土为密致铝矾土，含水量相对较低，密致铝矾土的另一个重要特征是高温烧结后的密度大。烘干后的铝矾土能有效地进入生产流程，并能均匀地混合调配，也有利于输送、储存以及磨机产量、品质的提高与控制。因此铝矾土的烘干是水泥生产中的一个重要环节。

进厂原煤有时同样需要烘干，有不少是洗煤场筛后的粉煤，尽管煤质较好，但含水量较大。

一、物料的一般干燥过程

将湿物料加热脱水，习惯上叫烘干。工厂常用专门的燃烧室产生的热烟气或窑炉与冷却机排出的废气作加热湿物料的介质。

被烘干的湿物料温度较低，烘干介质则是高温烟气（或高温废气），当它们在烘干设备中相遇时，由于两者之间的温差较大，于是高温气体向冷物料传递热量，这是一个传热过程。湿物料被加热后，表面的水分汽化，并通过物料表面和烟气相接触的边界层逸入烘干介质中，这个过程称为外扩散过程。物料表面水分因汽化逸入介质中，并不断地被介质带走，因而颗粒内部与表层的含水程度不一致，存在着湿度差。这样水分就由湿度大的地方向湿度小的地方扩散，这称为内扩散过程。内扩散与外扩散都是物质的传递过程，称为传递过程。

在烘干设备中（如转筒烘干机等），流动的烘干介质向湿物料传热。在此情况下，传热方式是在边界层及物料内部的传导传热和流动气体向物料内的对流传热，其中以对流传热为主，当然也存在一定量的辐射传热。

对流传热是一个复杂的过程。单位时间内传递的热量（Q）与介质和物料间的温度差（$t_气 - t_物$）以及传热面积（F）成比例。这个关系可用下列数学式表示：

$$Q = \alpha(t_气 - t_物)F \ (kJ/h) \tag{6-5}$$

式中　α——称为对流传热系数。影响 α 的因数很多，一般情况下，其数值与气流和物料间的相对流速成正比。

由上式可知，为了提高烘干设备的传热效率，达到促进烘干的目的，可采取适当提高烘干介质温度，适当增加热气流的流动速度和热气体与物料的接触面积等措施。

二、烘干系统的发展趋势和选择原则

烘干系统可分为几种：一种是烘干磨，物料在粉磨过程中同时烘干；另一种是单独的烘干设备，如转筒烘干机、快速烘干机；还有一种是锤式破碎烘干机；此外还有串联式烘干-粉磨设备等。

目前，烘干磨得到了极大的发展，煤的烘干已广泛采用烘干磨，利用窑头或熟料冷却机热端气体作烘干介质，使煤的烘干与粉磨同时进行，以制备回转窑所需的煤粉。近几年来随着科技的发展，干法水泥厂的原料烘干与粉磨，也广泛采用烘干磨，并用窑尾废气作为烘干介质，充分利用了窑尾的废气余热。

单独的烘干设备有多种，如回转式烘干机、悬浮式烘干机、流动式烘干机和塔式烘干机，用来烘干铝矾土的多采用回转式烘干机。

选用回转式烘干机时，对于初水分含量高的物料和粘结物料，采用顺流式烘干为宜；对于要求水分含量较低的物料，采用逆流式烘干为宜。

三、回转式烘干机

回转式烘干机又称转筒烘干机。它是目前铝酸盐水泥厂生产中普遍采用的烘干设备。图6-4-1是回转式烘干及其附属设备的示意图。

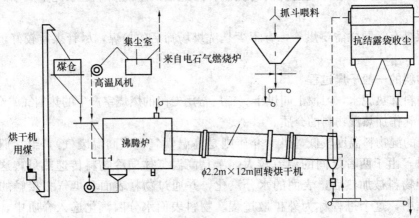

图 6-4-1 回转式烘干及工艺流程图

按气流和物料在烘干机中的流动方向，可分为顺流式烘干机和逆流式烘干机两种。

顺流式烘干机特点是热烟气与冷的湿物料同向进入转筒，在筒内两者流动方向一致。因为它们之间温差大，开始时传热速度快，传给物料的热量大，急速烘干，所以水分的蒸发量也多。随着物料与烟气不断地移动，物料中水分减少，温度升高，烟气中含水量增加，温度降低，两者之间的温差逐渐减小，单位时间的传热量也逐渐减少，物料到达卸料端时，所含残留水分较大。这种烘干机适用于烘干初水分高以及对烘干温度有技术要求的物料。水泥厂多将其用于硅酸盐水泥混合材的烘干（如用于烘干矿渣），也有用于烘干黏土、铝矾土的。

逆流式烘干机的特点是筒体内物料与烟气的流动方向相反。在进料端（转筒的高端）含水分多且温度低的湿物料与即将排出烘干机已带有许多水分、温度较低的烟气相遇；在出料端（转筒的低端）则是经过烘干、温度已升高的干物料与刚进入烘干机的热烟气相接触。因此，在整个筒体内各点物料与烟气间的温差比较均匀，传热效率比较高。在烘干过程中干燥速度较均匀，传热和传质进行得较平衡，避免了急速烘干表面硬结的情况。与顺流式相比，烘干时间较长，物料的残留水分较小。它适用于烘干初水分不太大，要求残留水分较小的物料。对于烘干黏性高的黏土、铝矾土为了防止因急速烘干而在表面形成硬壳，宜选用这种烘干机。烘干黏土、铝矾土时，由于已烘干的物料恰好和进入的高温烟气接触，如果升温太高，就会降低铝矾土的塑性，影响熟料烧结前生料成球的质量，所以需要控制好热烟气的温度。

四、立式烘干机

立式烘干机由烘干主机、环保设备和自动化控制系统组成，可利用回转窑熟料烧结的窑尾废气作热源，或自设供热设备。它的工作原理是：烘干机经过预热达到设定值后，自动启动输送设备开始喂料，依靠物料自身重力，通过布料器、分料锥将物料分散布于烘干机周围，形成环形物料层，内置式供热设备产生的热量，由引风机牵引透过环形湿料层进行热交换。根据检测系统所测物料的含水率，采用可调阻尼系数和无级变速卸料系统、切换系统，解决立式烘干的卡、堵料现象，并把达到标准的烘干物料及时卸出。通过检测卸出干物料量，及时由输送设备补充湿物料，以确保湿物料层将供热设备所提供的热能包围，使所有热能透过湿物料层进行热交换，然后经收尘排出、持续检测、循环补充，达到连续生产系统平衡。立式烘干机有以下显著特点：（1）节电，自动化立式烘干机是依靠物料自身重力下降烘干，采用可调阻尼系数，不但有效控制扬尘，避免风洞，而且节省回转窑和收尘系统的大量动力；（2）利用回转窑 450℃的废气余热作为热源烘干铝矾土，使废气热能得以充分利用；（3）投资省，占地面积少。但是，在应用中烘干效果差，故障率高，实际运转率低。立式烘干及工艺流程图如图 6-4-2 所示。

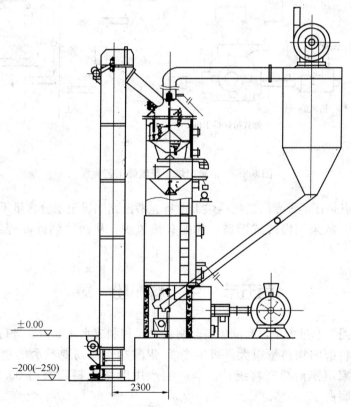

图 6-4-2　立式烘干及工艺流程图

五、破碎烘干机

美国"Lehigh Portland Cement Company Buffington Plant"里海水泥公司巴芬图工厂使用一台烘干兼破碎的设备，应用于烘干铝矾土效果很好。该公司是从南美洲圭亚那采购的铝矾土，用船运至美国北部的密西根湖畔巴芬图"Buffington Plant"工厂，物料在进入生产流程之前采用一台烘干兼破碎的锤式破碎机进行破碎烘干。通过破碎之后，将铝矾土中4.0%以上水分降低到1.0%左右。如图6-4-3所示为该公司铝矾土烘干兼破碎工艺流程。

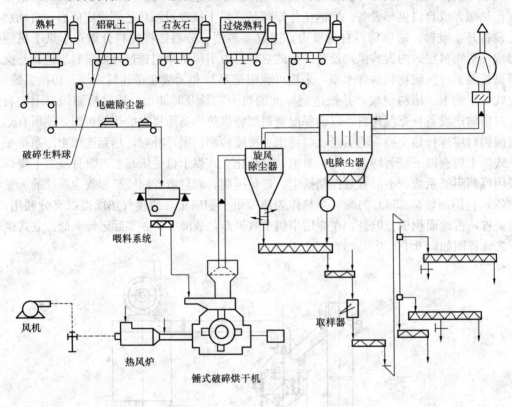

图 6-4-3　铝矾土烘干兼破碎工艺流程

该流程的特点是：不设专门的物料烘干设备。考虑到铝矾土水分含量不是很高，物料的黏性不及黏土大，故采用慢转式锤破，并配有热风炉，从而达到既破碎又烘干铝矾土的目的。

第五节　生　料　粉　磨

在铝酸盐水泥生产过程中，磨制生料、制备煤粉和制成水泥都需要进行粉磨作业。

水泥厂需要粉磨的物料量很大。每生产1t铝酸盐水泥需要粉磨的物料量大约2.7～2.8t，根据某厂家电能消耗资料统计，全厂生产用电中生料粉磨占30.52%、煤粉磨占2.56%、水泥粉磨占35.90%。

磨制生料时，被粉磨的物料要达到一定细度要求，因熟料煅烧过程中，多数化学反应是固相反应，当温度一定时，物料接触面越大，混合越均匀，它们之间的化学反应越迅速。这就要求把生料磨制得细一些，并混合均匀，以求缩短煅烧时间，提高熟料质量。但生料磨得过细，会使磨机粉磨效率大大降低，动力消耗显著增加，必然造成产量低、成本高。因此，合理地选择粉磨流程和设备对于保证粉磨产品的产量、质量、电耗和成本都有重要意义。

1. 生料磨流程及粉磨设备

目前中国大部分铝酸盐水泥生产工厂，生料粉磨工艺流程和设备主要表现以下几个特点：

（1）生产规模小，工艺流程比较简单。这些工厂大多采用一级开路管磨制备生料。这种工艺流程简单、投资省、上马快，多被小型民营企业选用。开路粉磨流程的缺点是粉磨效率低，物料在磨内的流速慢，常出现过粉磨现象，产量降低 20%～30%。干法开路粉磨的另一个缺点是对水分敏感性大，一旦入磨物料水分较高，产量将大幅度下降。此外，磨内容易粘结糊磨，影响正常操作及磨机效率。具有一定生产规模的企业在粉磨铝矾土这种水分含量比较高、配比量大、同时又比较难于粉磨的生料时一般不采用开路粉磨工艺。

由于对生料颗粒要求主要是均匀性好，所以在开、闭路生料细度要求相同的情况下，采用闭路粉磨工艺增产效果明显，一般可增产 30%～50%。例如某厂 $\phi1.83m\times6.1m$ 干法开路生料磨，增设 $\phi1.5m$ 旋风式选粉机组成闭路循环后，产量从原有 7.0t/h 提高到 10t/h。

（2）闭路粉磨系统。闭路分为一级和二级闭路。国内一些工厂大量地应用一级管磨闭路粉磨系统。管磨闭路循环物料在磨内的停留时间长、出磨物料细、循环负荷低，因此与开路磨相比，增产幅度明显。目前大多 $\phi3.1/2.5m\times68m$ 中空窑配备一台 $\phi2.4m\times7m$ 一级闭路干法粉磨系统，台时产量 20 t/h。一级闭路干法粉磨系统工艺流程如图 6-5-1 所示。

（3）烘干兼粉磨系统。这种生料粉磨系统目前已在普通水泥原料制备系统中广泛应用。实际上铝酸盐水泥的生料制备非常适合烘干兼粉磨的生料制备系统。目前大多数水泥厂中空窑尾的废气未得到充分利用。干法粉磨系统由于物料要预先烘干，烘干后的物料需要中间储存和输送，流程复杂、投资高、能耗大。如果将中空窑尾 400℃ 以上的废气充分利用，既解决了余热的利用，又较好地改善了窑尾废气除尘的技术问题。窑尾废气烘干兼粉磨工艺流程如图 6-5-2 所示。

在此特别提出，如将制备铝酸盐水泥生料与制备硅酸盐水泥生料进行比较，由于铝酸盐水泥生料中铝矾土对生料磨的影响，生产能力至少降低 20%～50%，甚至更多。前面已有明确表述，铝矾土是一种含水率较高、黏性较大的矿产品。在生产流程中如果缺少烘干设施，由于铝矾土的原因，对生料制备影响很大。现举例说明：

实例一　某厂 $\phi1.83m\times7m$ 开路生料磨，2010 年 10 月之前石灰、矾土配料，台产10t/h。11 月 24 日之后因石灰市场的变化迫于改为石灰石，台产降为 3.5t/h。由于矾土没有烘干，水分在 5.0%～7.0%，生料磨内结圈严重，一仓前段出现结圈现象（生料入磨粘结在球磨机的筒体上）。之后经改造将窑尾热风引至生料磨头，窑尾烟室 500℃ 以上热风，拉到磨头热风温度还有 300℃ 以上。由于窑尾热风的作用物料可顺利通过生料磨，磨内不再出现结圈，磨机的产能提高到 6t/h 左右。2011 年 8 月增加 $\phi1.5m$ 旋风式选粉机，台产提高到 7.5t/h。调整配料将 5% 的精种（熟料）去掉，改为 15% 的石灰配料，在有热风 300℃ 的情况下，产能达 8～9 t/h。

实例二　某厂 $\phi2.4\times7m$ 一级闭路干法粉磨系统，设计产能 25t/h，由于 55% 的铝矾土配料，实际产能为 20t/h 左右，当铝矾土不能及时烘干时，台产降低至 13t/h 左右。

可见由于铝矾土配料的原因，不仅生料难于粉磨，而且如果不具备铝矾土烘干的小型企业，对铝酸盐水泥生料制备影响很大。

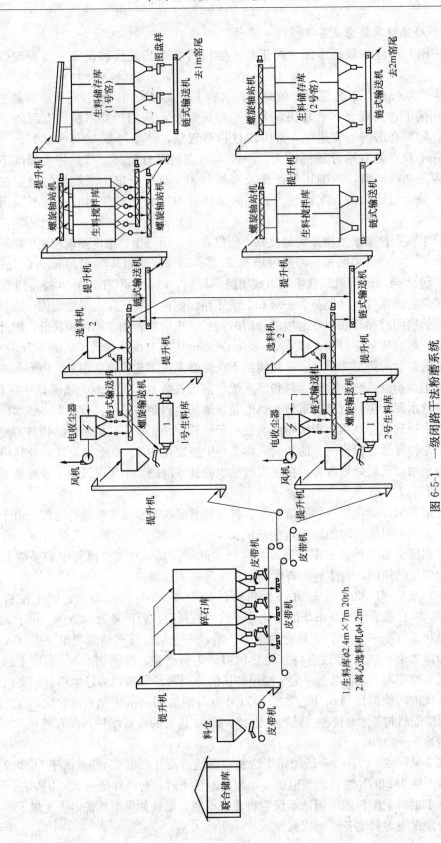

图 6-5-1　一级闭路干法粉磨系统

1. 生料库 $\phi2.4m \times 7m$ 20t/h
2. 离心选料机 $\phi4.2m$

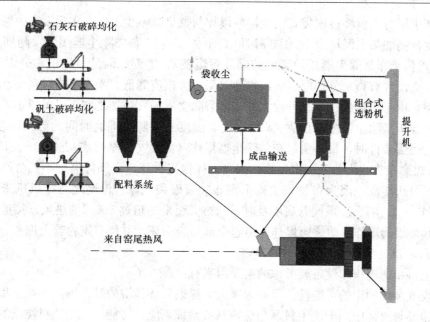

图 6-5-2　窑尾废气烘干兼粉磨工艺流程

（4）风扫磨系统。风扫磨主要应用于煤粉的制备。它的特点是短而粗，进出料空心轴孔径大，磨尾没有出料箅板，故通风阻力小，可以进大量热风。如采用窑头热风可烘干 7％～8％的原煤水分，若另设热风源可烘干 13％～15％的原煤水分。风扫煤磨的工作原理是，湿煤从磨机入料端送入磨中，从热风炉（或回转窑头、冷却机）抽出的热风也同时从磨机的入料端送入磨内，原煤在磨内同时烘干粉磨（为保证磨机安全操作，入磨热气流的温度一般控制在 250～360℃之间）。磨内磨细的煤粉，随气流带到粗粉分离器中进行处理，分离后的粗粉回到磨头进入磨中继续粉磨，分离出的细粉随气流进入布袋除尘器，收集的细煤粉进入回转窑系统的煤粉仓。风扫煤磨工艺流程图如图 6-5-3 所示。

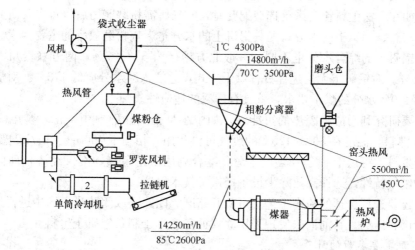

图 6-5-3　风扫煤磨工艺流程图

铝酸盐水泥生产中煤粉制备系统十分重要，主要问题是原煤的可燃性。从前面章节对生产铝酸盐水泥燃煤的要求得知，不仅燃煤的灰分要求低，而且挥发分高达 30％以上，为此在实际生产中稍有不慎将造成袋式收尘器的爆炸与燃烧。不少工厂在实际生产中遇到过此类现象的发生。例如某水泥厂 2010 年 8 月 30 日下午 17：10 布袋除尘器爆炸，随即引起燃烧（所谓爆炸即位于布袋除尘器所设定的防爆装置爆破）。主要原因是原煤中水分大于 6.0%，风扫煤磨在磨制含有高水分的原煤时，粉磨效率将大幅度降低，操作不当时会出现饱磨及长时间的摇磨。由于出磨煤粉含水分较大，将布袋除尘器糊死，加之空压机风压小，清灰不及时。所以，当布袋除尘器内的压力、CO 浓度、温度三者随着摇磨时间的延长而继续增高，待达到一定燃爆条件时，最终引起布袋除尘器爆炸（防爆安全阀爆炸）。2011 年 12 月 28 日上午 8：05 煤磨布袋收尘器又一次爆炸，据当班操作工讲述，仓满停磨后不长时间即听到一声巨响。经分析事故原因为布袋收尘器个别布袋有破袋现象，停磨之后排风机未及时停机（约 10min 以上），磨头冷风阀开启不及时，从窑头引来的超过 200℃ 的热风直接进入布袋除尘器，引起防爆阀爆炸。防爆阀爆炸后引起全部布袋损坏，并伴有煤粉着火现象。

2. 生料粉磨流程和粉磨设备的选择

选择生料粉磨流程和设备要考虑的主要因素有：

(1) 废气余热利用的可能性。目前国家大力提倡循环经济的基本国策，在小型铝酸盐民营企业的建设与改造中，干法生料磨与煤粉制备系统，应尽可能地利用熟料烧结的中空窑废气余热，将粉磨与烘干结合起来，以节约烘干热能，节省烘干设备，简化工艺流程。

(2) 应充分考虑粉磨物料的性质，如水分、硬度、粒度以及某些杂质含量等。

(3) 对粉磨产品的质量（主要指细度）要便于控制。

(4) 所选磨机的生产能力应符合主机平衡计算结果，满足产量要求。为了简化工艺流程，对一台窑来说，最好选择一窑一磨的配置。

(5) 尽可能地节省粉磨电耗。

(6) 操作可靠，设备抗耐磨损性好，便于自动控制。

(7) 占地面积和需用空间小，基建投资省。

在考虑上述诸因素时，应根据具体条件和实际可能，从技术经济的综合比较中，做出正确的选择。如在干法生料粉磨系统选型配套时，明确所需粉磨能力后，首先要研究原料的适应性，如石灰石、铝矾土的水分，尤其铝矾土的水分是影响粉磨效率的主要因素。根据地区情况不同，铝矾土的综合水分也不同。一般北方地区为 5%～7%，南方（贵州、广西）地区为 6%～8%。对铝矾土无论选择哪种烘干方式，总之入磨水分应低于 3%。对烘干磨来说只要能满足 4.0% 水分的烘干要求，就具有广泛的适应性。

其次，要研究利用窑尾废热的可能性，如中小型铝酸盐熟料中空窑，窑尾一般有大约 1.6Nm³/kg 熟料，温度在 360～420℃ 的废气可供利用，相当于 460～630kJ/kg 熟料的热量。如用以烘干生料，可烘干 6%～8% 的水分。综合利用窑尾余热，不仅经济合理而且为改善回转窑尾的废气特性，选择高效除尘设备提供了技术保证。

最后，还要选择合理的粉磨工艺，可从开路磨、闭路磨或闭路烘干磨中进行选择。粉磨设备采用管磨、球磨。目前尚未发现采用立式循环磨用于制备铝矾土生料。

3. 球磨机主要参数的计算

(1) 磨机转速

磨机的转速对磨体的运动状况和对物料的粉磨作用影响很大。图 6-5-4 所示为磨机在不同回转速度下的情况。当磨机转速过低时，研磨体被提升的高度不够，就向下滚动或滑动，因此冲击物料的力量不足，粉磨效率不高；如果磨机转速过快，由于离心力的作用，研磨体"贴附"在磨机内壁，随磨机一道回转而不落下，不能发挥冲击和研磨物料的作用，磨机的工作效率也很低。所以，确定磨机合理而经济的转速是磨机设计者必须慎重考虑的问题。

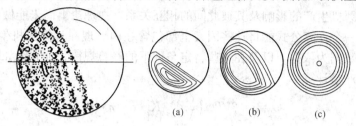

图 6-5-4　筒体转速对研磨体运动的影响
(a) 低转速；(b) 适宜转速；(c) 高转速

①磨机的临界转速。随着磨机转速增加到某一数值时，研磨体上升到可能达到的最大高度，并将开始和磨机一起回转而不脱离磨机筒壁，此时的转速成为磨机的临界转速。

磨机的临界转速可用下式求得：

$$n_{临界} = \frac{42.2}{\sqrt{D}} \qquad\qquad (6\text{-}6)$$

式中　$n_{临界}$——磨机的临界转速，r/min；

　　　D——磨机的有效内径，m。

由式（6-6）可见，磨机的直径越小，临界转速越大。因此直径小的磨机转速应该高些，大直径的磨机转速应该低些。

②磨机的工作转速。从上述分析可知，要使研磨体对物料进行有效的粉磨，磨机的工作转速应小于临界转速。经理论分析，当研磨体脱离磨机筒壁时，它和磨机中心的连线与通过磨机中心的垂线所夹的角度（称脱离角）为 $54°40'$ 时，研磨体的有效工作能力最大，此时磨机的转速恰为临界转速的 76%，因此磨机的工作转速可按下式计算：

$$n_{工作} = 0.76 \times n_{临界} = 0.76 \times \frac{42.2}{\sqrt{D}} = \frac{32}{\sqrt{D}} \qquad\qquad (6\text{-}7)$$

式中　$n_{工作}$——磨机的工作（适宜）转速，r/min；

　　　D——磨机的有效内经，m。

上述计算公式是在假设研磨体与磨机筒体壁间及研磨体间的滑动极小，筒体内的物料对研磨体运动的影响也很小，且均可忽略不计等条件下推导出来的。实际上，研磨体被带的高度除受转速影响外，还与一些因素有关（如研磨体的滑动、衬板形式、研磨体的填充程度等），因此磨机的转速即使达到了计算的理论转速也不会随筒体一起回转，也就是说，实际的临界转速要比理论计算的临界转速高些。

4. 磨机的生产能力

影响磨机生产能力的因素有：

（1）粉磨物料的种类、物理性质、粒度及磨细的程度；

（2）磨机的形式和规格大小，转速，仓数，隔仓间的长度比例，隔仓板的形式及有效断面的大小，衬板的形式等；

（3）研磨体的种类、装载量、尺寸大小的配合；

（4）加料的均匀性及物料在磨内的填充程度；

（5）粉磨流程（开流或圈流），操作方法，以及磨内的通风情况等；

这些因素对磨机生产的影响及其彼此间的相互关系，在理论上尚未能做出比较完整的结论，至此还没有一个计算公式能将这些因素全部包含在内。现在计算磨机生产能力的公式，几乎都是以实际数据为依据，以及在某些特定条件下的经验规律。现介绍如下：

①磨机设计产量计算

$$Q = 0.2VDn\left(\frac{G}{V}\right)^{0.8} K \cdot q \cdot \eta \cdot K_{风} \tag{6-8}$$

$$Q = 6.45V\sqrt{D}\left(\frac{G}{V}\right)^{0.8} K \cdot q \tag{6-9}$$

式中　Q——磨机的产量，t/h；

　　　V——磨机的有效容积，m^3；

　　　D——磨机的有效内径，m；

　　　G——研磨体装载量，t；

　　　K——磨机的单位功率产量，t/kW·h；

　　　q——粉磨细度修正系数；

　　　n——磨机的筒体转速，r/min；

　　　η——功率利用系数；

　　$K_{风}$——通风系数。

K、η、q、$K_{风}$值分别列入表6-5-1、表6-5-2、表6-5-3、表6-5-4、表6-5-5中。

表6-5-1　磨机单位动力生产能力 K

物料名称	干磨 K 值/（t/kW·h）	物料名称	干磨 K 值/（t/kW·h）
石灰石与铝矾土配料时		抗磨强度低的	0.08～0.10
抗磨强度高的	0.05～0.06	铝酸盐熟料	0.035～0.040
抗磨强度中等的	0.07～0.08		

表6-5-2　功率利用系数 η

粉磨方式		
	一或二仓磨机开流式	0.9
干　法	三或四仓磨机开流式	1.0
	闭路圈流球磨	1.25～1.30

表6-5-3　细度换算系数 q

4900 孔/cm^2 筛余/%	q 值	4900 孔/cm^2 筛余/%	q 值	4900 孔/cm^2 筛余/%	q 值
2	0.59	8	0.91	14	1.17
3	0.65	9	0.95	15	1.21
4	0.71	10	1.00	16	1.25
5	0.77	11	1.04	17	1.34
6	0.82	12	1.09	18	1.42
7	0.86	13	1.13	20	

表 6-5-4　通风系数 $K_风$

筒体内空气流速/(m/s)	铝酸盐水泥 $K_风$	筒体内空气流速/(m/s)	铝酸盐水泥 $K_风$
0.30	1.00	0.55	1.20
0.35	1.05	0.60	1.22
0.40	1.10	0.65	1.24
0.45	1.14	0.70	1.25
0.50	1.18		

表 6-5-5　$\dfrac{G}{V}$ 和 $\left(\dfrac{G}{V}\right)^{0.8}$ 的关系

G/V	$(G/V)^{0.8}$	G/V	$(G/V)^{0.8}$
0.90	0.92	1.20	1.16
0.95	0.96	1.25	1.19
1.00	1.00	1.30	1.23
1.05	1.04	1.35	1.27
1.10	1.08	1.40	1.31
1.15	1.12	1.45	1.34

实际上，上述两个公式与实际生产能力仍有一定的差别。这是因为公式中不能把影响磨机产量的诸多因素全部包括进去，以及各厂的具体情况也不完全一样的缘故。因此，公式的计算值主要作为设计参考，也可用它核对磨机是否达到了设计能力。

②每吨研磨体的产量计算

为比较磨机生产能力的高低，实际生产中可用每吨研磨体的小时产量来衡量。通常以细度 10% 作为计算基准，算出细度为 10% 的产量后，再求出每吨研磨体的小时产量。计算公式如下：

$$Q' = \frac{Q_{10} \times 1000}{G} \ (\text{kg/t} \cdot \text{h}) \tag{6-10}$$

式中　Q'——吨研磨体的小时产量，kg/t·h；

　　　G——研磨体的装载量，t；

　　Q_{10}——细度为 10% 时的台时产量，t/h；

$$Q_{10} = Q_x / q_x (\text{t/h})$$

　　Q_x——细度为 x 时的台时产量，t/h；

　　q_x——细度为 x 时的修正系数，可查表 6-5-4。

小型磨机，生料磨每吨研磨体小时产量约为 350~450kg，有的可达 550kg；水泥磨约为 300~400kg，有的可达 450kg。

③生产中实际计算产量的方法

过去多用量仓法、瞬时测定流量法、重量配料法等。随着新技术的不断提高，计量方法各式各样，大多工厂采用电子秤、流量计和微机组合的系统进行自动计量和显示。

5. 磨机通风量的计算

（1）磨机通风量的计算公式为：

$$Q_风 = \frac{\pi}{4}D^2(1-\varphi)V \times 1.3 \times 3600 \tag{6-11}$$

式中　$Q_风$——磨机通风量，m^3/h；

D——磨机的有效内径，m；

φ——磨机的实际填充系数，%；

V——磨内的风速，m/s：开流磨取 0.6～0.7 m/s 或 0.7～1.0 m/s；圈流磨取 0.3～0.5 m/s；

1.3——漏风系数。

（2）经验方法

①粉磨每千克物料需通风量 $0.4 m^3$；

②每分钟的通风量为磨机有效容积的 4～5 倍。

按上述方法计算的通风量还不能直接用作选择排风机的依据，尚需考虑管道、输送设备、收尘系统等漏风因素。漏风量按计算值的 60%～80%考虑。

6. 研磨体装载量和填充系数的计算

研磨体装载量以重量来计算，它决定于磨机填充系数的大小，填充系数是指磨内研磨体所占磨机容积的百分数。它可用下述方法求出。

（1）按公式计算

$$G = 0.785 D^2 L r \varphi \tag{6-12}$$

式中　G——研磨体装载量，t；

D——磨机的有效内径，m；

L——磨机的有效长度，m；

r——研磨体容重，t/m^3；钢球一般取 $4.5 t/m^3$，铁球取 $4.2 t/m^3$；

φ——磨机的填充系数，%。根据生产经验确定管磨一般取 25%～35%，球磨取 40% 左右，或已知装载量，用此式反求之。

（2）查表法

此法大多作为验证和校核清仓和补充研磨体后，填充系数是否与配球方案中预计的相符，研磨体总重量是否与预计装载量的数值相符。

将磨内物料放空，然后停磨，用尺在磨内测出磨机的有效内径 D，通过磨机中心线并垂直于研磨体用尺量出从研磨体上表面到衬板内表面的距离 H，计算 H/D 的数值，查表 6-5-6 即得填充系数。把查得的 φ 值代入以上公式，可算出此时磨机内研磨体装载量。

表 6-5-6　填充系数 φ 与 H/D 的关系

H/D	0.72	0.71	0.70	0.69	0.68	0.67	0.66	0.65	0.64
填充系数/%	22.9	24.1	25.2	26.4	27.6	28.8	30.0	31.2	32.4
H/D	0.63	0.62	0.61	0.60	0.59	0.58	0.57	0.56	0.55
填充系数/%	33.7	34.9	36.2	37.4	38.7	39.9	41.2	42.4	43.6

7. 平均球径计算

平均球径（确切地说是研磨体的级配）是分析磨机工作好坏的主要依据之一。它的大小与粉磨物料的粒度、易磨性、产品的细度以及磨机的结构、流程等因素有关。

平均球径要分仓计算，常用的公式有：

$$D_{\text{平均}} = \frac{D_1 G_1 + D_2 G_2 + D_3 G_3 + \cdots\cdots + D_n G_n}{G_1 + G_2 + G_3 + \cdots\cdots + G_n} \tag{6-13}$$

式中　　　　　　　$D_{\text{平均}}$——钢球的平均球径，mm；

D_1、D_2、D_3……D_n——各种规格的钢球直径，mm；

G_1、G_2、G_3……D_n——直径为 D_1、D_2、D_3……钢球质量，t；

$$D_{\text{平均}} = \frac{D_1 G_1 T_1 + D_2 G_2 T_2 + D_3 G_3 T_3 + \cdots\cdots + D_n G_n T_n}{G_1 T_1 + G_2 T_2 + G_3 T_3 + \cdots\cdots + G_n T_n} \tag{6-14}$$

式中　D_1、D_2、D_3……D_n 与 G_1、G_2、G_3……G_n——所表示的意义与前式同；

$\qquad\qquad\qquad$ T_1、T_2、T_3……T_n——直径为 D_1、D_2、D_3……D_n 钢球每吨
$\qquad\qquad\qquad\qquad\qquad\qquad$ 的个数，见表 6-5-7。

表 6-5-7　研磨体大小与质量的关系

研磨体	尺寸/mm	kg/个	kg/m³	个数/t	每立方米表面积/（m²/m³）	松度系数/U
	30	0.111	4850	9000	123.8	0.62
	40	0.263	4760	3800	90.8	0.61
	50	0.514	4708	1965	72.6	0.60
钢球	60	0.889	4660	1120	59	0.595
	70	1.498	4640	740	—	—
	80	2.107	4620	460	42.6	0.59
	90	3.111	4590	350	—	—
	100	4.115	4560	240	10.8	0.58

第六节　物　料　均　化

水泥厂是以天然石灰石、铝矾土（纯铝酸钙水泥是以生石灰、工业氧化铝）为原料，随着矿山的开采层位、开采块段的不同，原料成分有所波动，尤其是铝矾土的供给，根本不能保证定点供矿。就目前大多数铝酸盐水泥生产工厂而言，由于工厂的规模较小，生产过程相对比较简单，相当一部分生产工艺过程缺少原料、生料的均化，所以铝酸盐水泥的生产过程中加强对原料、生料的有效均化显得非常重要。

原料预均化技术，在大型干法普通水泥生产企业已广泛应用并取得非常好的效果。在铝酸盐水泥的生产中，石灰石、矾土的均化大多采用堆场式居多，采购来的原料一层层地堆高码放。也有一些厂将石灰石、矾土破碎后，在原料储库中搭配或在立式库中搭配出料，以实现对原料进行预均化。

生料的均化，大多采用机械倒库和多库搭配，均化效果较差。近年来随着空气搅拌技术

的不断完善，间歇式空气搅拌库已广泛应用于中小型企业。大型普通水泥的生料均化从双层料库，到带混合室的连续均化库，这种均化库配合原料预均化堆场，是现今干法水泥厂比较广泛的生料均化方式。在充气材料方面已广泛采用涤纶布或尼龙布代替陶瓷多孔板和水泥多孔板。至于均化系统的控制，越来越多地采用自动计量、连续自动取样、自动处理试样、X射线荧光分析和电子计算机等。

在讨论均化系统的选择以前，先介绍衡量均化设施性能的两个指标：标准偏差和均化效果。

根据数理统计的概念，可用标准偏差 S 来衡量物料成分的均匀性，标准偏差 S 可用下式求得：

$$S = \sqrt{\frac{1\Sigma(x_i - \overline{x})^2}{n-1}} \tag{6-15}$$

式中　x_i——物料中某成分的各次测定值；

　　　$\overline{x}$——各次测量值的算术平均值；

　　　n——测量次数；

S 值越小则表示物料成分越均匀。

均化效果 H 可用下式计算：

$$H = \frac{S_{进}}{S_{出}} \tag{6-16}$$

式中　$S_{进}$、$S_{出}$——进、出均化设施时物料中某成分的标准偏差。

H 值愈大表示均化效果愈好。

在生产工艺一定、主要设备相同的条件下，影响熟料烧结的主要因素有化学成分、物理性能（细度、晶态、水分等）及其均化程度。在配比恒定和物理性能稳定的情况下，生料均化程度是影响熟料烧结的重要原因，因为入窑生料成分（主要指 $CaCO_3$）的较大波动，实际上就是生料各部分化学组成发生了较大变化。

入窑生料的均化度是衡量物料均化质量的一个重要参数。多种（两种以上）单质物料相互混合后的均匀程度就成为这种混合物的均化度。例如铝酸盐水泥生料主要由石灰石、铝矾土两种原料按一定比例混合组成，其主要化学成分是 $CaCO_3$、Al_2O_3，这两种组分在生料中分布的均化程度就成为该生料的均化度。在实际生产控制中，通常测定 $CaCO_3$ 值在生料中分布的均匀程度。如果出磨生料的 $CaCO_3$ 值波动较大，为保证入窑生料的稳定，就必须进行生料入窑前的均化（通常称为配库）。按照水泥生产的要求，一般控制入窑生料 $CaCO_3$ 滴定值在目标值的 $\pm 0.2\%$ 范围内。

均化系统分为间歇和连续均化两类。间歇均化通常有多库搭配、机械倒库、空气搅拌三种方式。连续均化多用于大型普通水泥厂生料的均化。

第七节　生　料　成　球

回转窑烧结法生产铝酸盐水泥熟料的一个突出问题是结圈严重，起初这一技术问题制约着熟料窑的运转率，由此而带来的产品质量不稳定。为缓解熟料烧结的前结圈问题，20 世纪 60 年代老一辈的科技工作者与生产现场的专业技术人员为此做出了许多尝试，诸如回转窑窑头喂料，也就是将部分生料粉与煤粉同时吹到窑内，但是效果都不理想。采用生料粉成球后入窑烧结的方法是缓解铝酸盐水泥熟料前结圈的一种比较好的方法，一直延续至今。

铝酸盐水泥熟料烧结前的生料成球，不同于普通水泥立窑或立波尔窑对料球煅烧的意义，立窑或立波尔窑主要对料球的透气性有很高的要求，否则会影响熟料的煅烧。而铝酸盐熟料对生料成球的意义在于，通过生料的成球，不仅改善了生料的性能，还使得熟料在烧结中由于部分物料产生的液相（烧结法液相量 30% 以上），不至于使熟料黏挂在回转窑的内衬上，从而形成像普通水泥熟料窑烧结时生成的所谓的窑皮。铝酸盐熟料的烧结不希望在烧结时黏挂窑皮，黏挂窑皮就会出现前结圈。前结圈过快形成必然迫使停窑，严重地影响回转窑的运转率，降低了产量。对于铝酸盐熟料煅烧来说这是一对严重的矛盾，由于铝酸盐熟料物性的原因，物料烧结中黏挂窑皮是必然的。但如果生料成球之后在烧结中控制得适当，进入烧成带的熟料球随着窑的顺畅滚动，即可较好地缓解前结圈的频次。

1. 生料球的质量要求

生料球应具有一定的物理强度。如果生料成球后直接入窑（目前多为中空窑），要求料球在 250～350℃ 的温度下能保持原来的形状，在窑内不炸裂、不破碎，并且料球大小均匀。生料球的质量对熟料窑的产量、质量、热耗、运转率有着直接的影响。

生料球的性能，与原料的性质有关，塑性好的分散度高的物料成球强度高。铝酸盐水泥的主要成分为 Al_2O_3，生料配料中铝矾土占 60% 左右，铝矾土黏性大、塑性强、成球性能好。另外成球的质量与生料的细度、温度及成球的条件有关，适当提高低塑性生料的细度（4900 孔/cm^2 筛余为 6%～8%），可改善成球性能。

温度高的生料粉（生料中有一部分窑尾回料，收尘灰，有时大于 40℃，个别时期大于 60～80℃）所成的球，质量差，入窑料球易碎，在窑内预热带易炸裂。

窑尾采用料球预热器加热生料球，还要求料球具有一定的气孔率，一般希望料球的气孔率不小于 27%，最好达到 30%～37%。气孔率低的致密料球，在料球预热器内，热气流不容易通过。同时料球被加热时，所蒸发出来的水气，来不及逸出而产生内应力，使生料球破裂。

料球的水分对料球性能的影响。生料成球时，水分过低，料球强度低；水分过大，料球过湿过软，容易粘成大块。料球的水分与物料的塑性及生料粉细度有关，一般水分以 12%～14% 为宜。

生料球的粒径。控制适当的水分，生料球的粒径控制在 7～15mm 是中空窑烧结铝酸盐熟料最为适宜的球径。

2. 生料粉的成球设备

目前铝酸盐水泥应用广泛的是立式成球盘。立式成球盘具有构造简单，操作方便、产量高、动力消耗低、成球质量好（粒度均匀，强度高）等优点。成球盘的主要部分是一个金属圆盘，倾斜地安装在立轴上，经减速机和电动机相联。圆盘的倾斜度根据原料的物理性质及成球粒度而定，一般为 40°～55°，圆盘的转速为 9～17r/min，转动方向由顺时针和逆时针两种。圆盘的直径根据回转窑的产量而定，铝酸盐水泥窑配备的成球盘直径为 ϕ1.5～3.2m，不同规格成球盘的性能列于表 6-7-1。

表 6-7-1　成球盘规格性能

规　格	$\phi 1.5m$	$\phi 2.2m$	$\phi 2.5m$	$\phi 2.8m$	$\phi 3.2m$
圆盘直径/mm	1500	2200	2500	2800	3200
盘边高度/mm	360	500	500	560	640
生产能力（干料）/（t/h）	4.5	8	10	14	20
圆盘转速/（r/min）	17	14	11	11	9

　　生料粉用螺旋输送机经下料管不断加入旋转的成球盘中，在圆盘的上方装有喷水装置，连续喷水，生料粉与水随着圆盘的旋转形成一个个的料球，已成形好的料球不断从盘中溢出。

　　3. 预加水成球

　　经计量的生料粉进入双轴搅拌机，通过控制装置按给定的料、水配比向搅拌机喷洒（洒水量 10%～12%），生料在搅拌机内润湿，形成球核，经溜管进入成球盘。球核在成球盘内滚动形成料球，经溜管进入回转窑烧结。生料与加水量可以通过计量装置，并经计算机控制实施完成，这种提前加水在搅拌机内润湿物料，不仅减少人为加水量不均匀的干、湿误差，还可以提高料球强度和料球的粒度和均匀度。预加水成球工艺图如 6-7-1 所示。

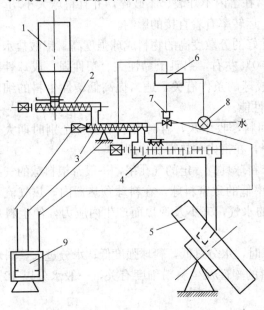

图 6-7-1　预加水成球工艺图

1—稳料小仓；2—来料螺旋输送机；3—计量螺旋给料机；
4—预加水搅拌机；5—成球盘；6—水；7—控水电磁阀；
8—上水阀；9—计算机控制

　　预加水成球的特点是：

　　（1）全盘成球。如前所述，随着技术的不断进步，在成球的原理上较前有所改进，料球的运动轨迹和盘的刮刀结构与老式成球盘不同。它既有回转刮刀，又有边刮刀。成球能力比老式成球盘提高 20%～30%。

　　（2）雾化成球。在预加水搅拌机内设有定压、定量的加水喷雾装置，使生料湿润，形成球核，称之为母球，而不是滴水成球。

　　（3）生料球内部孔隙网络化，以使料球受热时内外收缩均匀，水蒸气易于逸出、球爆裂现象减少。

　　（4）工艺系统全部采用单板机自动控制系统，控制生料流量、水流量和料水比，为成球盘上基本不加水和成球岗位无灰尘奠定基础。

　　预加水成球的工艺要求：它要求加水装置保持有 0.2MPa（2kg/cm²）左右的压力，管道上要安装流量计，并通过自控系统控制加水量。水的雾化是成球的关键，均匀雾化喷水和机械搅拌两道工序有机结合，既能使生料粉和水在微观状态中均匀分布，又能使生料粉在雾化条件下得到充分的润湿和渗透，这给粒径 1～3mm 球核的形成创造了最佳条件。

　　生产实践证明，从搅拌机到成球盘的物料粒度在 1mm 以下的约占 60% 以上，1～3mm

的颗粒约占 30%～35%。这些小颗粒入成球盘后，沿盘内滚动，使料球很快形成并达到所要求的粒径。

与原成球系统相比，预加水成球系统的优点如下：（1）湿球强度可提高 30%～50%，干球强度提高一倍以上；（2）生料球炸裂温度可提高 150～200℃；（3）料球粒径均匀，$\phi 10$～15mm 料球一般可达 90%以上；（4）料球内部气孔可达 32%以上；（5）操作现场无粉尘和其他污染；（6）经济效益明显，生料球易烧结，少结圈，窑的产量增加，熟料的强度提高。

4. 料球质量评定

美国"Lehigh Portland Cement Company Buffington Plant"里海水泥公司巴芬图工厂对入窑料球质量非常重视，成球系统不仅采用了预加水搅拌，同时生料在粉磨时还加入一定量的熟料（据资料介绍为 20%）。长城铝业公司水泥厂通常熟料掺入量不超过 5%，目的在于提高料球的成球率与料球的入窑强度。为提高料球的空隙率，还采用料球烘干和料球筛分等措施。

巴芬图工厂对料球强度的检验方法是：取湿球（刚出成球盘的球）、干燥后的球和预热及养护 6h 的球各 10 个，进行抗压强度测试。要求养护 6h 后的球，其抗压强度必须大于 60psi［1psi（磅/平方英寸）＝6.89kPa］，否则料球在窑内会炸裂或破碎。按照巴芬图工厂检验料球的方法，两家工厂对料球的质量检验结果见表 6-7-2。

表 6-7-2　两家工厂料球强度比较

工厂名称		里海巴芬图			长城铝			
料球处理过程		水分含量/%	强度		水分含量/%	烘干温度/℃	料球直径/mm	强度/psi
			psi	折合 kgf				
湿球		13.5	6	2.72	10		12	5.7
							13	7.6
							14	9.4
干燥球		9.0	11	5.00		110	12	8.2
							14	14.0
						240	12	8.0
							14	17.0
预热养护球	实际	6.0	78	35.41				
	指标		≥60	≥27.24				

注：psi 表示磅/平方英寸，是 pounde per square inch（磅每平方英寸）的缩写。里海公司测定料球的强度指标使用的是 Strength（强度）用 psi 表达，但实际上测定的不是料球强度（每平方英寸料球断面的抗压强度），是单个料球的抗压力，单位应为磅/料球。

5. 料球大小调整

生料成球时如果要改变生料球的大小，可以通过调节圆盘的倾斜度、圆盘的转速及圆盘的边高，水的分散程度，加料的位置及喷水嘴的位置等来达到。增加圆盘的倾斜度、提高圆盘的转速及减小圆盘的边高，均能使料球粒径减小，反之变大。

参考文献

[1] 詹建雄，梁文辉．水泥工业基础知识，[J]．长沙：湖南建材．1986.8.

[2] 胡宏泰，朱祖培，陆纯宣等．水泥的制造和应用[M]．济南：山东科学技术出版社，1994.3.

[3] 白礼懋等．水泥厂工艺设计实用手册[M]．北京：中国建筑工业出版社，1997.6.

[4] 中国长城铝业公司水泥厂，中国长城铝业公司水泥厂与美国里海波特兰水泥公司共同生产钙铝水泥替代产品技术总结，1997.8.

[5] 南京化工学院．水泥工艺学（上册）[M]．1975.

[6] 张宇震，罗泰．高铝水泥回转窑应用微机控制预加水成球[J]．郑州：河南水泥，1993.8.

第七章　烧结法生产铝酸盐水泥熟料

当今世界铝酸盐水泥熟料的生产方法分为熔融法和烧结法两种。以法国拉法基（Lafarge）（现更名为"Kerneos"凯诺斯）为代表的熔融法生产铝酸盐水泥，自1913年实现商品化以来，已有百年的历史。目前该公司熔融法生产铝酸盐水泥的技术仍然处于世界领先水平。该公司采用熔融法生产铝酸盐水泥是以品种而定，低铝（Al_2O_3含量低于50%）和中铝（50%≤Al_2O_3含量≤60%）采用熔融法生产。Al_2O_3含量大于60%以上的水泥仍采用烧结法生产。根据这一工艺特点，世界上许多国家目前仍延续拉法基生产铝酸盐水泥的工艺方法。

中国是唯一没有延续法国生产铝酸盐水泥工艺的国家。自1965年在河南郑州大批量采用回转窑烧结法生产铝酸盐水泥以来，我国目前采用回转窑烧结法生产工艺已经能够生产各种品级的铝酸盐水泥。本文重点论述具有中国特色的烧结法生产铝酸盐水泥。

第一节　烧结法生产铝酸盐水泥熟料的特点

一、回转窑烧结法生产技术

所谓烧结法生产技术是指采用回转窑、倒烟窑或地蛋窑来生产水泥的一种方法。地蛋窑不符合国家产业政策，进入21世纪已基本取消。倒烟窑属于高污染、高能耗的生产技术，也在淘汰之列，仅有少量生产高品级铝酸盐水泥的个别工厂仍保留该工艺技术。目前我国采用烧结法生产铝酸盐水泥以回转窑为主。

回转窑烧结法生产铝酸盐水泥，又分为干法生产与半干法生产，图7-1-1为干法回转窑烧结水泥熟料生产工艺，图7-1-2为半干法回转窑烧结水泥熟料生产工艺。

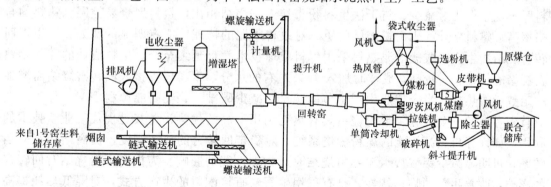

图 7-1-1　干法回转窑烧结水泥熟料生产工艺

干法生产就是将干法制备的生料粉直接喂入回转窑烧结；半干法生产是将干法制备的生料粉经成球后喂入回转窑烧结。两种方法各有利弊，从我国采用烧结法生产铝酸盐水泥以来的近50年生产经验表明，随着科技的发展，一些新技术、新工艺、新设备不断应用于铝酸盐水泥生产工艺，两者之间的差异越来越小。近年来干法生产有取代半干法成球技术的趋

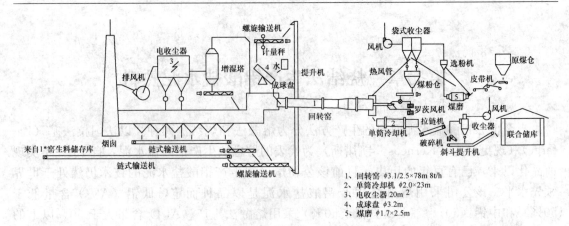

1、回转窑 φ3.1/2.5×78m 8t/h
2、单筒冷却机 φ2.0×23m
3、电收尘器 20m²
4、成球盘 φ3.2m
5、煤磨 φ1.7×2.5m

图 7-1-2　半干法回转窑烧结水泥熟料生产工艺

势。采用何种生产工艺的基本前提，是必须保证水泥质量的各项物理性能，提高回转窑的运转率，降低能源消耗。也就是如何适应铝酸盐水泥生料的特性，在熟料烧结时尽量减少回转窑的"结圈"、结块现象，又不出现"跑生料"的情况，减少熟料烧结时回转窑温度的波动，保持高温设备的热工稳定性。

回转窑烧结法生产铝酸盐水泥的特点是：回转窑大多是中小型中空窑，与硅酸盐水泥相比，产能 200t/d 熟料已是较大的生产设备。与熔融法比较，生产规模较大，能源消耗低，燃料的选择余地大。熟料中主要化学成分 Al_2O_3 含量大于 50％以上，烧成温度低于普通水泥，通常控制在 1330～1380℃。熟料形成的烧结范围窄，只有 50～80℃（硅酸盐水泥熟料烧结范围为 100～150℃）。由于铝酸盐水泥的物料特性所致，熟料烧结时如果控制不当很容易出现"结大块"、"结前、后圈"、"烧流"、"跑生料"等现象。因此这也是国外许多生产商采用熔融法生产铝酸盐水泥的主要原因。

由于上述熟料烧结时不易控制的诸多原因，在我国最早提出了生料成球技术。生料成球技术的应用较好地缓解了烧结时回转窑"结圈"的频次，"结大块"、"烧流"、"跑生料"等现象也相对减少。与干法生料粉直接入窑烧结相比，熟料煅烧易控制、熟料的合格率高、熟料立升重比干粉烧结的重、对改善水泥的物理性能有明显的益处。所以，回转窑烧结法生产铝酸盐水泥熟料采用生料成球技术一直延续至今。生料成球的弊端是熟料烧结的热耗相对较高，成球时加入 12％左右的水分，生料球直接入回转窑烧结需增加一定数量的热耗。当今工业生产中节能减排、减少碳排量、提高能源利用率，是生产企业首先考虑的一个问题。干粉烧结具有热耗利用率高的优势，尤其是现代工业新技术的利用，如计算机、高效能的煤粉燃烧系统，对稳定回转窑的热工制度，提高回转窑的运转率，可明显减少铝酸盐水泥熟料烧结时对物理性能的影响。为提高干粉烧结对回转窑的影响，改善生料的物理特性，已有采用生石灰直接配料的生产方式，对降低热耗提高回转窑的运转率起到了明显的效果。

二、倒烟窑烧结法生产技术

倒烟窑烧结法是将磨制的生料粉加入一定量的水分，通过机械设备将干粉生料成型（通常制成砖坯），然后码放在倒烟窑内烧结。这种工艺的特点是：燃料对物料的影响小，尤其采用原煤作燃料时，不会因煤灰的掺入量而改变熟料的物理特性。缺点是间歇式生产、能源消耗高、热利用效率低、环境污染大，是当今大力限制与淘汰的生产方式。目前尚有少量生产厂用于生产高品级（Al_2O_3 含量大于 60％以上）铝酸盐水泥。

不同生产工艺生产的铝酸盐水泥熟料的外观形状如图 7-1-3 所示。

干法生产的熟料

半干法生产的熟料

倒烟窑生产的熟料

图 7-1-3　烧结法不同工艺生产的铝酸盐水泥熟料

第二节　回转窑烧结法铝酸盐水泥熟料的形成

铝酸盐水泥熟料的煅烧过程，是水泥生产工艺中最重要的过程。通常水泥厂将回转窑称为工厂的心脏。因此回转窑煅烧熟料的过程，将直接确定水泥的产量、质量、燃料与窑衬砖消耗量以及窑的安全运转。所以，了解并研究铝酸盐水泥熟料的煅烧过程是非常必要的。

回转窑内熟料煅烧的过程，虽然因窑型的不同而有差别，但基本反应是相同的。熟料烧结大体要经历下列几个过程：

[物料水分蒸发]——→[生料预烧]——→[生料分解]——→[熟料煅烧]——→[熟料冷却]

铝酸盐水泥熟料的主要原料是石灰石和铝矾土，它们的主要组成分别是碳酸钙（$CaCO_3$）、一水硬铝石（或三水一铝石，化学分子式 $Al_2O_3 \cdot H_2O$ 或 $Al_2O_3 \cdot 3H_2O$，水铝石一般均含有 TiO_2、SiO_2、Fe_2O_3 等）。将这些原料按一定比例配合粉磨后，制成生料，若以煤作燃料，则煅烧后还有煤灰掺入。铝酸盐水泥熟料的形成过程，就是回转窑对生料连续加热使其经过一系列物理化学反应变成熟料，然后进行冷却的过程。

一、铝酸盐水泥生料水分的蒸发

经配置的铝酸盐水泥生料，都带有一定量的自由水分，生料成球还要外加 12％左右的水分，入窑后被加热的物料随温度的逐渐升高，生料中的水分首先被蒸发。当生料温度升高到 100～150℃时，生料中的水分完全被蒸发，这一过程称为干燥过程。

二、生料中的铝矾土脱水

生料烘干后，继续被加热，根据第三章中铝矾土的烧结过程，铝矾土中的主要结构 $Al_2O_3 \cdot H_2O$ 将发生脱水反应，脱去其中的化学结合水，同时本身的化学结构受到破坏，变成无定形的三氧化二铝（Al_2O_3），此外还有杂质二氧化硅（SiO_2）、三氧化二铁（Fe_2O_3）、氧化钛（TiO_2）等，铝矾土的烧失量通常为 13％～14％。在 900～950℃时铝矾土由无定形物质转变成晶体并放出热量。脱水反应为：

$$Al_2O_3 \cdot H_2O \xrightarrow[\text{（无定形）}]{} Al_2O_3 + H_2O \uparrow$$

三、碳酸盐分解

脱水后的生料温度继续升至 600℃ 以上时，生料中的碳酸盐开始分解。它们的分解随着温度升高而加快，在 600～700℃ 时 $MgCO_3$ 已开始分解，加热到 750℃ 时分解剧烈进行；$CaCO_3$ 分解温度较高，900℃ 时才快速分解。碳酸盐分解时，需要吸收大量的热量，是熟料形成过程中消耗热量最多的一个过程。

$$MgCO_3 \longrightarrow MgO + CO_2 \uparrow$$

$$CaCO_3 \longrightarrow CaO + CO_2 \uparrow$$

四、铝酸盐水泥熟料的固相反应

从碳酸盐开始分解起，物料中将出现性质活泼的游离氧化钙（$f\text{-}CaO$），它与生料中的 Al_2O_3、TiO_2、Fe_2O_3、SiO_2 等主要氧化物进行多级固相反应，其反应速度随温度升高而加快，最终形成水泥熟料的一些主要矿物。其形成过程大致如下：

800～900 ℃	$CaO + Al_2O_3 \longrightarrow CaO \cdot Al_2O_3$	(CA)
	$CaO + Fe_2O_3 \longrightarrow CaO \cdot Fe_2O_3$	(CF)
	$CaO + TiO_2 \longrightarrow CaO \cdot TiO_2$	(CT)
900～1100 ℃	$CaO \cdot Fe_2O_3 + CaO \longrightarrow 2CaO \cdot Fe_2O_3$	(C$_2$F)
	$2CaO + Al_2O_3 + SiO_2 \longrightarrow 2CaO \cdot Al_2O_3 \cdot SiO_2$	(C$_2$AS)
	$7(CaO \cdot Al_2O_3) + 5CaO \longrightarrow 12CaO \cdot 7Al_2O_3$	(C$_{12}$A$_7$)
1100～1300℃	$CaO + 2Al_2O_3 \longrightarrow CaO \cdot 2Al_2O_3$	(CA$_2$)

当生料中 Fe_2O_3 含量在 10% 左右时：

$$7(2CaO \cdot Fe_2O_3) + 2CaO + 12CaO \cdot 7Al_2O_3 \longrightarrow 7(4CaO \cdot Al_2O_3 \cdot Fe_2O_3) \quad (C_4AF)$$

$4CaO \cdot Al_2O_3 \cdot Fe_2O_3$（$C_4AF$）是铁铝酸盐水泥的主要矿物。

影响上述化学反应的因素很多，它与原料的性质，生料粉磨的细度以及加热条件等因素有关。整个过程是吸热的反应过程，但这些反应在固相状态进行，称固相反应。而固相反应进行时又会释放出一定的热量，亦称为"放热反应"。

五、铝酸钙矿物的形成和熟料的煅烧

上述一系列固相反应，生成了铝酸盐熟料中 $CaO \cdot Al_2O_3$、$CaO \cdot 2Al_2O_3$、$12CaO \cdot 7Al_2O_3$、$2CaO \cdot Fe_2O_3$、$CaO \cdot TiO_2$、$2CaO \cdot Al_2O_3 \cdot SiO_2$ 等矿物，其中水泥熟料的主要矿物 $CaO \cdot Al_2O_3$ 在液相中形成的最为稳定。当物料温度升高到 1300℃ 时，会出现部分液相。形成液相的主要矿物为 $2CaO \cdot Fe_2O_3$、$CaO \cdot TiO_2$、$2CaO \cdot Al_2O_3 \cdot SiO_2$、$R_2O$（碱的化合物）等溶剂矿物，此时大量的 $12CaO \cdot 7Al_2O_3$ 和 Al_2O_3 仍为固相，然而它们很容易被高温的熔融相所溶解，溶解于液相中的 $12CaO \cdot 7Al_2O_3$ 和 Al_2O_3 很容易起反应，生成铝酸钙 $CaO \cdot Al_2O_3$（CA）：

$$12CaO \cdot 7Al_2O_3 + 5Al_2O_3 \longrightarrow 12CaO \cdot Al_2O_3 \quad (CA)$$

$12CaO \cdot 7Al_2O_3$ 矿物能否转变成 $CaO \cdot Al_2O_3$（CA）与生料的化学成分、液相的多少和

黏度、烧成温度以及反应时间等因素有关。

液相量的多少和黏度大小影响着 CA 的生成。如果液相量多，黏度小，因 Al_2O_3 和 $12CaO \cdot 7Al_2O_3$ 在其中的溶解量大，扩散速度快，相互接触的机会多，故反应进行得充分，有利于 CA 的生成；但液相量多，黏度小，则会给煅烧操作带来困难，容易出现"结圈"、"烧流"等现象。因此液相量一般控制在 20%～30%。

从烧结法铝酸盐水泥熟料的化学成分看，通常 Al_2O_3 的含量在 50% 以上，CaO 的含量在 35% 以下，熟料中将有 15% 左右的多元素化学成分。物料的化学成分越多，物料的高温熔点越低。从物理化学的 $CaO-Al_2O_3$ 二元相图看，当 Al_2O_3 在 49.5% 时，二元的最低共熔点是 1360℃，可见矿物 CA 在烧结法铝酸盐水泥熟料中，并非是在自身熔点以上的液相中形成的，而是溶解在其他多元矿物的低熔点液相中反应生成的。这就是说，回转窑烧结法生产的铝酸盐水泥熟料，其主要矿物 CA 的形成是固相反应的结果，只是在部分液相（30% 左右）条件下对 CA 的形成十分有利而已，CA 并非是液相形成的矿物。所以这可能就是烧结法与熔融法（物料全部形成液体）生产铝酸盐水泥产品质量出现差异的主要原因。

实际上回转窑操作中要控制熟料的一定液相量是很困难的，原因就在于熟料的烧结范围窄（50～80℃）。稍有差异，要么会大量形成液相，烧流现象而导致的铝酸盐水泥熟料结大块、结圈；要么当物料的温度低于 1300℃ 时，将会有一定量的生料出窑。

铝酸盐水泥熟料烧结在实验室的试验结果表明，当生料的化学成分、细度在一定的条件下，将生料成球（料球的粒度在 8～15mm）加热到 1300℃ 时生料球基本无变化，但料球的外形发生收缩；1310℃ 时，料球表皮发亮，说明已经出现液相量，但料球内部仍是生料；1330℃ 时，料球全部熔化，当出实验炉时已看不出完整的成型料球。从以上的试验表明，铝酸盐水泥熟料的烧结温度，以及烧结温度范围很窄。

熟料中只要有生料出现，就不可避免存在 $C_{12}A_7$ 矿物，由此熟料的凝结时间将会受到影响。熟料烧结时减少 $C_{12}A_7$ 的出现，不仅可有效地改善水泥的凝结时间，更重要的在于能提高水泥的物理强度。从矿物形成的角度看，液相量越多对水泥的有效矿物越有利，但结圈、结块现象严重，将影响回转窑的运转率，所以回转窑烧结法生产铝酸盐水泥熟料要求生料的成分，回转窑的给料量，回转窑的窑速，燃料（主要指煤粉）的供给量，一、二次风的用量，不仅要求相对稳定，而且用量合理，这是控制回转窑热工制度的重要因素。回转窑操作时看火工只有时刻把握好这一点，才能改善熟料烧结时的结圈、结块频次。

六、铝酸盐水泥熟料的冷却

铝酸盐水泥熟料烧成后，温度开始下降，降到 1300℃ 以下时，液相开始凝固，铝酸钙的生成反应完结。多年生产经验表明，铝酸盐水泥熟料凝固体中很少发现有游离钙（f-CaO）、三氧化二铝（α-Al_2O_3）存在。温度继续下降便进入冷却阶段，在熟料冷却过程中将有一部分矿物[$2CaO \cdot Fe_2O_3$、R_2O（碱的化合物）等]成晶体析出；另一部分矿物，则因冷却速度快来不及析晶而成玻璃体存在。当熔融法生产铝酸盐熟料，被完全熔融的物料，急冷后形成玻璃体实物外形如图 7-2-1 所示。

图 7-2-1 中绿色的晶体即为以铝酸三钙（C_3A）为主要成分的玻璃体，非常脆弱。黄色的为正常条件下铝酸三钙（C_3A）冷却的矿物质，比较坚硬。

铝酸盐水泥熟料的冷却速度是否会使主要矿物 CA 的晶体发生某种变化，对此笔者未曾做过更细的研究，但水泥的物理性能会发生变化，尤其是水泥的凝结时间会有较大差异。慢

绿色

黄色

(a)　　　　　　　　　　　　　(b)

图 7-2-1　铝酸钙玻璃体

(a) 七铝酸十二钙玻璃体；(b) 铝酸盐水泥熟料玻璃体

冷的熟料凝结时间长，反映到水泥的初凝和终凝时间拉得很长（初凝后 3～4h，终凝出现）；快冷的熟料，水泥的初凝与终凝的时间很接近（初凝后 1h 左右终凝结束）。以上情况，熔融法生产的熟料尤为明显，而且难于粉磨；对于烧结法而言，每逢夏季，尤其是 7、8 月份，由于环境温度高，熟料冷却速度变慢，此季节水泥的凝结时间往往不易控制。为此我们将此季节出现的质量波动称为"季节效应"。也就是当天的出窑熟料，与停放几天后的熟料检验结果出现较大偏差。由于季节温度较高，熟料冷却效果不好，刚出窑的熟料，其凝结时间、物理强度比停放几天后的性能出现较大的差异。为此我们曾进行季节性的对比试验，试验结果见表 7-2-1。

表 7-2-1　季节效应对铝酸盐水泥熟料的影响

日期 1997.7	当天检验结果								5d 后的检验结果							
	标准稠度加水量 /%	初凝 /min	终凝 /min	抗折 /MPa		抗压 /MPa			标准稠度加水量 /%	初凝 /min	终凝 /min	抗折 /MPa		抗压 /MPa	
				1d	3d	1d	3d					1d	3d	1d	3d
17. 中	26.6	61	146	7.6	8.7	65.5	73.0		26.0	60	141	7.6	—	69.6	—
18. 夜	32.8	21	37	5.5	5.9	41.0	45.1		28.6	27	42	7.6	—	55.2	—
白	25.0	23	93	8.4	9.3	75.9	80.1		27.0	64	157	8.6	9.3	69.8	70.5
中	25.6	18	93	8.7	9.6	73.2	79.9		27.4	45	140	8.4	9.1	79.5	80.5
19. 夜	25.4	62	129	8.4	8.9	63.8	69.3		24.8	120	249	7.9	8.4	73.9	77.9
白	26.6	70	140	7.9	8.2	69.8	72.3		25.4	185	320	7.8	8.3	70.2	73.3
中	26.0	60	140	7.5	7.9	62.0	65.0		25.0	270	350	8.0	8.9	71.1	75.1
20. 夜	27.6	102	130	7.1	7.6	55.7	60.4		27.8	165	205	8.4	9.0	69.7	72.4
白	25.0	89	111	7.1	7.4	54.3	56.7		25.8	171	181	8.4	8.8	68.2	72.8
中	25.4	65	94	7.4	7.4	49.4	59.7		26.0	140	196	7.9	8.6	69.1	78.6
21. 夜	25.0	89	105	7.3	8.2	55.2	61.1		25.0	137	202	7.9	8.7	67.9	74.9
白	25.2	78	103	7.1	7.7	69.4	73.7		25.6	41	191	7.3	8.2	71.8	78.2
中	25.2	84	99	7.0	8.1	59.9	68.8		26.0	256	356	7.2	8.4	65.2	75.6
22. 夜	24.6	92	144	6.3	7.3	55.0	66.1		25.0	167	332	7.5	8.4	69.2	82.0

日期 1997.7	当天检验结果						5d后的检验结果							
	标准稠度加水量/%	初凝/min	终凝/min	抗折/MPa		抗压/MPa		标准稠度加水量/%	初凝/min	终凝/min	抗折/MPa		抗压/MPa	
				1d	3d	1d	3d				1d	3d	1d	3d
白	24.8	129	178	6.9	8.8	64.5	75.7	25.8	56	202	7.9	9.4	70.3	83.0
中	25.0	52	114	7.1	8.3	60.1	73.0	25.0	169	337	7.5	8.6	69.0	81.7
23.夜	26.0	37	92	7.2	8.4	58.8	66.3	24.6	23	253	8.0	9.5	70.7	85.4
白	24.6	79	99	6.5	7.9	52.8	67.3	24.0	74	279	8.3	9.4	71.5	85.4
中	24.6	70	90	7.1	8.4	55.6	66.7	25.8	56	202	7.8	8.7	74.1	88.1
24.夜	25.6	45	68	7.2	7.7	52.7	60.9	—	114	228			69.8	78.6
白	23.8	114	149	7.1	8.2	66.1	76.3							
中		69	172			60.0	67.5							
对比											65%	1.04%	16.32%	16.44%

注："季节影响"是乔献礼高级工程师最早提出的。

从表7-2-1连续8d三班的生产数据可以看出，炎热夏季生产出现的铝酸盐水泥熟料质量"季节影响"[注] 还是比较严重的，强度影响在16%以上，凝结时间给出了质量的"生产假象"。而实际生产中夏季水泥凝结时间非常不规律，表现出水泥凝结时间偏快，水泥的需水量偏大。

以上的生产实践表明，铝酸盐水泥熟料冷却的快慢，以及形成玻璃体含量的多少，对水泥的使用性能影响较大，也就是说铝酸盐水泥熟料的冷却方式，将影响着熟料的玻璃相形成。熟料中玻璃相的多少，对于水泥的凝结时间将起到很大的作用，同时快冷的熟料，粉磨性能好。此外，科学合理地进行熟料冷却，还可以有效地回收出窑熟料所携带的热量，降低熟料的热耗，提高回转窑热量的利用率。

实际上铝酸盐水泥熟料的形成过程与上面介绍的并非完全一致，而是非常复杂，各个过程之间互相影响、互相联系、互相交叉的。

第三节　烧结法生产铝酸盐水泥熟料
回转窑的操作与控制

回转窑煅烧铝酸盐水泥熟料质量的好坏及产量的高低，在同等条件下，除与配料、燃料等因素有关外，在相当大的程度上取决于回转窑的操作。回转窑的操作，一般包括开窑、点火、生料下料、正常运转操作、不正常操作及停窑操作等。与硅酸盐水泥熟料煅烧相比，烧结铝酸盐水泥熟料回转窑不希望挂窑皮，而实际生产中由于生料物料特性的差异，不但会生成窑皮，而且窑皮形成得非常快，很容易结圈、结块。

根据生产经验，回转窑烧结法生产铝酸盐水泥熟料要注意下列事项：

一、一定要选择低灰分的燃料

尤其以工业煤炭作燃料，要求煤粉入窑灰分含量最好低于 12%。煤炭燃烧后的煤灰落入生料中会降低物料的熔融温度，灰分落在物料表面，增加物料的不均匀性，容易产生操作不正常，而且影响熟料的成分和质量。

二、回转窑操作和运行的稳定性

稳定性包括稳定下料，窑速，给煤量，一、二次风比例等。只有操作的相对稳定，才能保证熟料烧结的稳定，减少生产的波动。

三、避免短火焰煅烧

以长火焰为好，因为短火焰，煤粉的着火点比较集中，回转窑烧成带高温点集中，物料容易烧流、结块、结圈。同时长火焰煅烧，有利于物料的预烧，预烧好的物料，到烧成带不"吃火"，这样可以保证火焰的"活泼"，不至于因物料预烧的波动而迫使火焰前后跳动。

四、铝酸盐水泥熟料的颜色、结粒与立升重

正常预成球烧结熟料颜色应是浅黄色，很少有结块，最好保持原成球状态，粒度 8～12mm，立升重控制在（1100±50）g/L 范围内。干法生产即粉状生料烧结料颜色呈浅褐色，为不规则块状，但最大粒度不得超过 300mm，立升重低于成球熟料 50～100g/L，立升重高时更容易出现熟料大块和前结圈。

五、开窑点火的操作

新建或检修后的回转窑，运转前必须进行检查和试车，确认没问题后方可开窑点火。

点火是利用燃点低的燃料在窑内起燃，使窑内局部温度达到所用燃料（煤粉）的燃点以上，再向窑内吹送燃料使其燃烧。条件好的生产企业可另有一套轻油辅助点火装置，大多数工厂引火用的是木材和油棉纱两种。用木材点火需将木材堆成井字形，根据窑型大小，通常置于距前窑口 3～5m 处，并在其上洒些废机油或易燃物质。棉纱点火需将浸透废机油的棉纱装入铁丝网篮中，悬挂在距喷煤嘴 0.5m 左右处，禁止使用汽油。点火前必须向有关岗位发出点火信号，得到允许点火开窑信号后方可点火。点火后窑头罩前不许站人，以免发生爆炸、回火、反吹等现象灼伤人。当木材（或棉纱）燃烧很旺时开始喷煤，此时给风、煤量，以少量为宜，待火焰慢慢形成后逐渐加大风、煤量。当火焰形成并稳定时，可开始"翻窑"和慢转窑。随着窑速的逐渐加快（90～120s/r）。当窑尾温度上升到 400～450℃时，开始以正常下料量的 50%～70%下料。干粉烧结窑尾温度还可以低些。随着窑内温度的升高，逐渐增加下料量，并提高窑速，转入正常操作。

当回转窑内物料尚未到达烧成带前，操作的原则是留火待料，做到既不跑生料，又不烧大火，预烧适当。根据窑内的温度情况逐渐增加排风量，视火焰形成状况以及物料的烧结状态，适当关闭备用烟囱，转入电除尘或袋式除尘状态，逐步转向正常烧结状态。回转窑点火状态，尤其是煤粉尚未形成完全燃烧，通常说的"跑煤状态"，也就是烟囱还有冒黑烟现象，严禁转入除尘状态，否则，如果操作不当将会引起除尘器内因集煤粉过多而爆炸。

六、铝酸盐水泥熟料窑皮的形成

当物料到达烧成带时，物料的温度不可太高，应尽量减少液相量的形成，避免第一层窑皮与回转窑的衬砖粘得太紧。之后，逐渐提高窑温，使物料处于正常的煅烧要求。这样可以在正常操作的情况下，通过适度调整火焰，让窑皮不断地脱落又不断粘挂再生，使窑皮处于不断生成又不断脱落的交替状态，从而避免熟料提前结圈的生成。

第四节 烧结法生产铝酸盐水泥熟料回转窑的煅烧操作

当回转窑经过点火、升温和下料阶段并转入正常运转后，便可进入正常的煅烧操作过程。随着回转窑测试技术和自动化程度的不断提高，自动化控制设备已广泛应用于回转窑。当回转窑进入正常状态以后，回转窑主控人员（通常称为"看火工"）即可由手动状态转变为自动控制状态。所谓自动控制，即通过热电偶、压力表、调节器和记录表等仪器，对回转窑的下料量，排风量，窑速，煤粉供给量，一、二次风量等参数，按照人为确定的运行程序实现计算机控制程序自动调节。当有某一参数变化时，其他参量将随之进行自动调整，这个全过程是通过计算机来实现的。目前回转窑全系统的自动控制尚未完全实现自动化，有时还需要人为干预。这就要求看火工根据回转窑中央控制室各种仪表反馈的数据、电视屏幕直观反馈的烧成带火焰的状况、化验室提供的实际检测熟料数据，进行实时调控。总之，随着现代科技的广泛应用，看火工的职责已经从回转窑的目测感官操作生产设备，转变为对计算机的监控与适度调节。

但是，能够采用中央控制室计算机控制回转窑烧结铝酸盐水泥熟料的工厂很少，目前我国铝酸盐水泥生产工厂中，仅有两家企业3~4台回转窑实现了计算机控制。铝酸盐水泥生产工厂大多是中、小型民营企业，由于资金及技术条件的限制，大多工厂主要依靠人工手动操作判断窑情。

一、窑前及窑内情况的判断

窑内情况的判断就是看火工对烧成带的控制能力，它是回转窑最主要的控制之一。因为这在很大程度上取决于看火工"看"出窑内发生什么变化的能力。不仅要观察、检查熟料是否正在烧成，还要对熟料、窑皮、火焰和气流做出正确的判断。火焰的颜色对判断熟料烧结、窑皮来说是最重要的。可以从颜色来判断熟料、热气流和火焰的一般状况，以及火焰、窑皮的形状和出窑熟料烧结粒度的大小。

二、烧成带的控制

中小型企业通常是由看火工根据观察到的回转窑运转情况，对回转窑的运行参数进行手动调节。当看火工认为某些参数需要调整时，就在窑的相关控制仪器上做手动调节。手动控制在很大程度上决定于看火工的技巧和经验，他的判断和调节是回转窑的运转能否达到某种稳定程度的主要因素。控制回转窑烧成带熟料烧成的方法通常有三种：一是保持窑速不变，变动燃料用量来防止烧成带的温度变化；二是保持燃料用量不变，变动窑速使烧成带温度保持在要求的水平；三是变动窑速和燃料用量，来保持要求的烧成带温度。

上述操作方法有一个共同的缺点，就是看火工仅仅注意了烧成带的温度，而忽略了熟料烧成的全部过程。只有对窑内所有各带给予同等的重视，才能更快、更经济地获得理想稳定的操作条件。看火工必须首先考虑生料的干燥和分解，然后才能考虑熟料的烧成。熟料烧成的过程，也就是整个回转窑的控制过程，不是从物料进入烧成带开始，而是从物料入窑就开始了。

三、看火内容

1. 看火焰的颜色、形状来判断烧成带的温度

燃料和空气混合后，在压缩空气的推动下从燃烧器的喷嘴高速喷出，燃料离开喷嘴遇热

燃烧形成火焰。火焰的长度、形状、颜色、方向和着火位置常会发生较大的扰动和变化。烧成带的温度主要取决于火焰的温度，而火焰的温度可由火焰的颜色来判断。判断火焰的颜色是通过一种滤光片进行观察，由于每个人的视觉不同，对不同色度滤光片的视觉有不同的差异。回转窑操作人员通常是通过火焰的颜色来判断火焰的温度。火焰的颜色与温度的关系见表 7-4-1。

表 7-4-1　火焰的颜色和与之相对应的温度

颜　色	温度/℃
最低可见红色	475
最低可见红色到深红色	475~650
深红色到樱桃红色	650~750
樱桃红色到发亮樱桃红色	750~820
发亮樱桃红色到橙色	820~900
橙色到黄色	900~1090
黄色到浅黄色	1090~1320
浅黄色到白色	1320~1540
白色到耀眼白色	>1540

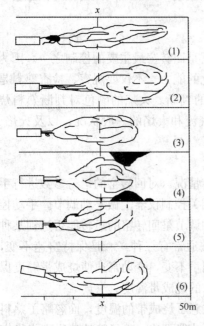

图 7-4-1　回转窑操作时火焰的形态

通常描绘火焰的不同形状和颜色有长、短、活泼、缓慢、低温火焰和高温火焰，如图 7-4-1 所示。

图 7-4-1 中表示的六种火焰形状，只是看火工在日常观察中的经验描述，实际操作中回转窑的火焰形状是随回转窑的运转状况在改变的。尤其是窑头一、二次风的温度，大小，窑尾排风量，烧成带的温度，来料的大小，窑皮状况（结圈与否、前结圈、后接圈）等，均对火焰形状影响很大。烧结铝酸盐水泥熟料要求长火焰煅烧，并希望火焰前后交替移动，防止熟料粘结形成结圈。

铝酸盐水泥熟料烧结时，回转窑烧成带的温度是非常难于测定的。在正常运转情况下，至今尚没有任何仪器、仪表能够准确地测定烧成带的温度。所以只能通过看火工直观的操作经验，观测熟料的烧结状况（结粒大小）、物料在窑内的翻滚、带起的高度、窑皮形状、火焰颜色与气流情况做出烧成带温度的判断。一般说来，看火工通过火焰的颜色、形状，回转窑前、后气体的压力变化，烟囱冒出气体的颜色来正确判断烧成带熟料烧结温度的情况变化：

（1）回转窑刚点火时。此时须精心操作，避免"跑煤"现象发生。点火时由于窑内温度很低，火焰开始形成或刚刚形成，火焰很长而颜色红。当给煤粉不均时，窑头、窑尾两段压力表指示会十分不稳定，不时发出"呼哧"的回风声，这时会出现燃料不完全燃烧的"跑煤"现象，窑尾烟囱就会冒黑烟。"跑煤"时切忌不能给电除尘送电，严重时会发生爆炸。

（2）正常生产阶段。此时须认真操作，力保稳定运转。正常操作时，窑速正常、来料均匀、火焰顺畅、活泼。这时火焰发光点在 5m 以外，颜色呈浅黄色到白色，透亮，物料翻滚灵活，可看到白火头前面有生料（黑影）时隐时现移动，熟料结粒均匀，窑头、窑尾压力正常，烟囱排烟呈青白色。

（3）当烧成带温度偏高时。此时火焰会明显缩回，颜色发白、发亮，物料带起得高，熟料有大块形成。此时白火头下看不到"黑影"移动，窑头温度升高。发现这种情况，应及时进行调整。可适当减少用煤量或打快窑的运行速度。如果看火工此时心中有数，短期内窑尾不会出现明显变化。

（4）当烧成带温度偏低时，应及时增加燃料量。这时火焰会明显延长，颜色也不再透亮，逐渐转为橙色到黄色，窑内浑浊，物料带起得低、发散。究其原因，多为来料不均所致。由于料层增多，给煤不及时，使得窑内温度逐渐降低。应及时调整喂煤量或降低窑速以"小慢窑"运转。此时，窑尾烟囱排出的气体浑浊。火焰形状变化情况如图 7-4-2 所示。

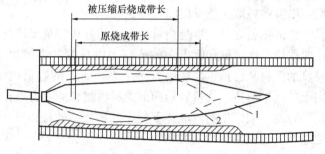

图 7-4-2　熟料窑内火焰变化示意图

1—温度低时；2—温度正常时

（5）要尽量避免"跑煤"现象。当烧成带燃料不完全燃烧而出现"跑煤"现象时，火焰很亮并发蓝，此时黑火头很短，在窑头可以听得到火焰发出"咚咚"的声音。多为有大料层逼近烧成带，火焰燃烧时供氧不足引起的不完全燃烧。这时要及时放慢窑速，减少喂料，减少供煤量，及时调整火焰。煤粉细度偏粗也可以导致不完全燃烧现象，在烧成带与冷却带接合部看到有大颗粒的煤粉下落，出现非常明显的蓝火苗。此时，烟囱排放的烟气发黑。

（6）要尽可能减少结圈、结块。采用回转窑烧结法生产铝酸盐水泥熟料，会出现结圈、结块现象，严重时必须停窑处理。当前结圈厚度超过 300mm 时（窑径大小不同，其最大厚度也不同），对火焰就会产生明显的影响，致使火焰伸不进去。当有后结圈时，烧成带浑浊，烧成带结大块（ϕ3.3m 窑型，大块直径超过 0.8m；ϕ1.9m 窑型，大块直径超过 0.4m），火焰会直接落在大块上，形不成火焰形状，火焰往回返。前、后结圈对窑尾负压表有明显的变化。窑内结圈结块现象如图 7-4-3 所示。

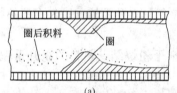

（a）

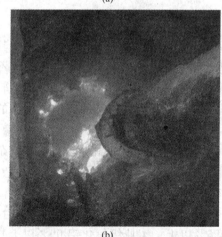

（b）

图 7-4-3　窑内结圈结块现象

（a）熟料窑内结圈示意图；
（b）熟料窑内前结圈的处理

2. 窑内物料的翻滚状态与出窑熟料的立升重

铝酸盐水泥熟料烧结时，在火焰后面出现"黑影"，有时表现得非常清楚，这并非是操作中所不希望的，但更重要的是观测物料被带起的高度与翻滚的状态是否灵活。由于铝酸盐水泥熟料熔点温度低、而且烧结范围窄，当物料烧结随旋转的筒体被带起时物料形成翻滚。随着窑的旋转，物料不断向前移动，干粉喂料时物料开始形成结粒，大小在 100mm 以下为好。生料成球的物料不希望出现大的结粒，但物料发黏，被带起下落时显得十分灵活。熟料进冷却带仍保持料球状，出窑熟料颜色棕黄色，为正常煅烧；当熟料球大多粘在一起形成块状，粒度大于 150mm 以上或更大，被旋转的筒体带得很高，出烧成带的熟料不能保持原球形，冷却后熟料颜色棕黑色，表明温度偏高。如果温度更高时，看到火焰发白，窑皮发亮，物料不翻滚而是顺窑皮滑动，物料已经烧流，再不及时调整即可看到有液体流向冷却带，或看到物料形成柱状在窑内滚动；当熟料球不翻滚，顺窑皮滑动，火焰颜色及窑皮颜色发红，说明温度偏低，出窑熟料球颜色发白而质量也轻。

出窑熟料立升重也是衡量熟料烧结好坏的重要依据。通常熟料出冷却机时由专职人员每小时取样一次，试样筛出 10mm 以上的粒度，再筛出 5mm 以下的粒度，然后将 5～10mm 粒度的熟料从已预定高度落入一个 1000cm³ 的容器内，容器的形状是一个有平截头的小端向上的圆锥形体。称量容器内的熟料质量就叫立升重，以每小时测定的立升重来表示熟料煅烧的程度。假定生料的成分不变，熟料烧结的好坏有一定的差异，烧得越好立升重越高，反之越低。通常铝酸盐水泥熟料立升重控制在（1100±50）g/L。然而，作为看火工，如果仅以立升重作为判断熟料烧结好坏的依据，等测定结果出来时，为时已晚；因为立升重反应的结果已是熟料出窑 30～40min 以后的情况。看火工通常以出窑熟料的结粒大小、颜色来及时判断熟料烧结的实时状况，虽然不够准确，但比较直观、及时。有经验的看火工，抓一把熟料看一下，即能够正确判断出熟料烧结的好坏。一般说来，良好煅烧的熟料结粒好，颜色棕黄色，立升重适中；过烧的熟料粒度大，颜色较深为棕黑色，立升重较重；欠火的熟料颜色发白，立升重较轻。

不同生产方式烧结出的熟料状况也是有差异的。中空窑干粉烧结，熟料的立升重偏轻，熟料易起块，不致密，空洞多，而颜色较深，多为黄褐色。

3. 熟料窑烧成带结圈时的煅烧与处理

1）熟料窑烧成带结圈时的煅烧

铝酸盐水泥熟料烧结时出现结圈、结块是常见现象，窑型越小越容易结圈、结块。尤其是烧成带小于 φ2.5m 以下的小型回转窑，又是干粉直接入窑煅烧，看火工经验少及操作不当，会出现每班结圈，很少能运行 24h 以上。即使正常操作、比较有经验的看火工能够运转 3d 就算比较好的情况了。所以烧结法生产铝酸盐水泥熟料，缓解烧成带结圈、结块操作的技术问题就显得非常重要。

铝酸盐水泥熟料结圈的主要技术原因在于生料的特性。由于铝矾土的化学成分比较复杂（矾土中已检测出 10 多种成分），造成高温状态下物料的最低共熔点低，而且成分越复杂，共熔点就越低；加之以工业煤粉作燃料，由于煤灰的掺入更容易改变物料的特性。

用轻质油或重油作燃料烧结法生产铝酸盐 CA-70 熟料，采用同样的生产工艺生产同性质的产品，由于化学成分比较纯净（高纯度的氧化钙 96% 以上、工业级氧化铝 99% 以上），结圈、结块现象就不显得突出。很显然生料的特性是影响铝酸盐水泥熟料烧结时结圈、结块的主要原因。

然而，产品的生产工艺条件是不可能改变的，我们只有在生产的实践中寻求产品的自然规律，不断提高生产装备水平，改善管理，注重培养看火工的技术能力，尽量减少结圈、结块的频次，以较好的设备运转周期，保证产品最好的质量、最大的产量、最低的消耗。郑州长城特种水泥有限公司（拉法基与长城铝业公司合资之后的企业名称）2011 年回转窑实现了连续运转 150d 的好成绩，并将生料成球改为干法生产，回转窑的台时产能、煤耗、电耗、熟料质量各项技术指标都有较大程度的提高。这再次说明铝酸盐水泥回转窑烧结法生产工艺，能够克服原料特性的差异而严重影响回转窑结圈、结块的技术难题。

铝酸盐水泥熟料烧结时过快地形成结圈，是由物料在烧结过程中，一部分被融化或半融化的液体将固体的熟料块或粉末颗粒不断地黏附到耐火砖上并逐渐增加的过程。因此，在熟料烧结时，生料液化的数量，对结圈（窑皮增高）的形成有非常重要的作用。在窑皮形成的过程中，熟料烧结温度对液相含量高的生料的影响，比对液相含量低的生料的影响更大。由于铝酸盐水泥熟料的烧结温度比较窄（50～80℃），看火工严格控制烧成带温度的波动是减少结圈的主要措施。所以看火工必须严格遵循操作原则，实现稳定操作，减少结圈。

2）生产操作时对结圈、结块的处理

（1）前结圈的处理。当前结圈较高时，切不可采用硅酸盐水泥熟料窑处理前结圈的方法。如果采用短火焰压低排风处理前结圈，势必造成相反的结果。一定要在将要形成前结圈的时候，适当调整火焰的位置，采取冷热交替的方法，使将要形成的结圈提早垮落。

对于小型回转窑，当看到前结圈即将形成时提前停窑。为减少停窑时间，在热态下（前结圈为红热状态），在前窑门上悬挂一根长铁棒，人工将结圈捅开一道缺口，当结圈适当冷却后发生收缩，窑开启后随着筒体的旋转，结圈即可垮落。大直径的回转窑只有将结圈到一定高度时，停窑冷却后人工进行处理，有条件的可采用压缩空气打圈机处理。

（2）后结圈的处理。后结圈相对前结圈频次少且结圈不致密，有时会自动跨落，煅烧上通常采用移动火点的高温位置，冷热交替，迫使一部分后结圈垮落，严重时可停窑人工处理。

（3）不规则的球状大块处理。结大块也是铝酸盐水泥熟料烧结时常见的现象，如控制不当，一两个小时即可形成直径 1m 以上的大块。形成大块的原因通常是前结圈比较高，当烧成带温度偏高时，一部分物料随窑体的旋转粘结在一起，而且越滚越大。如果在烧成带后部形成大块（此时形成的大块主要与生料的成分变化有关），还会出现前大后小的球形，随窑体的旋转不仅不向前移动，反而向窑尾移动。如果发现不及时，有将窑尾下料管别坏的可能。处理的方法只有停窑，将大块打碎或用钢丝绳套住，用卷扬机拉出，如图 7-4-4 所示为窑内形成的熟料大块。

总之，铝酸盐水泥熟料烧结时采用停窑人工打圈、打大块是很正常的故障处理。所以烧结法生产铝酸盐水泥熟料，回转窑的运转率是比较低的。

图 7-4-4　窑内形成的熟料大块

4. 缓解熟料结圈的技术措施与操作

（1）长火焰煅烧，减少烧成带高温点集中，提高物料的预烧性能。

（2）生料成球可有效减少结圈的频次。

（3）生料配料一定要求稳定，生料入窑前必须强调生料制备系统的均化。

（4）希望做到铝矾土的定点配料（即一个地点供应的矾土）。铝矾土定点煅烧也是稳定配料的重要措施。

（5）选用低灰分的原煤，减少煤灰的掺入量，并要求煤粉细度控制在10％以下。

（6）有条件的企业增加料球预热器或生料预热器，减少物料到烧成带的热力负荷。

上述几种情况是看火工判断烧成带温度的主要依据。它们之间存在着内在联系，互相影响。因此要综合考虑，正确判断，力戒判断失误。

5. 窑尾及窑尾热交换器装置的判断

回转窑的主控操作人员（看火工）既要控制烧成带的情况，又要考虑窑尾的情况。这就是说对窑内各带应同等重视，才能更快、更好地获得理想稳定的操作条件。窑尾及热交换装置（料球预热器）工作情况的判断主要是观察窑尾的废气温度，窑尾负压及废气成分。

（1）稳定窑尾的废气温度。窑尾废气温度的稳定是回转窑热工制度稳定的关键。操作中要经常注意窑尾废气温度和料球预热器出口废气温度的变化，要控制在规定的指标范围内，出现不正常情况，应查明原因，及时调整使其恢复正常。

（2）细致观察控制窑尾及料球预热器出口负压。目前少数窑设有窑尾余热利用设施，所以操作上主要通过排风机的运转情况及时观察、判断回转窑的情况。当窑内结圈、结大块、垮圈、涌大料会使窑尾负压增大。如果窑尾系统漏风严重，窑尾排风机电流会增高。设有料球预热器的回转窑，当料球预热器内的料球发生变化，料球空隙率小，料球层过厚，热气流通过不畅，预热器出口风压将明显增加，反之减小。而这些因素都将影响回转窑内的通风及物料的预热，应做出及时查看并做出及时的调整。

（3）密切注意窑尾废气的成分。对窑尾的废气成分，首先要注意废气中氧的含量。正常操作中，废气中含氧量应在0.7％～1.5％之间，少于0.4％时，会导致燃烧不完全，形成的CO若不及时消除，有可能发生爆炸的危险。相反，若废气的含氧量大于2.5％时，进入窑内过剩空气过多，增加热耗。因此，氧含量过多或过少对回转窑的正常操作都不利。其次还要注意窑尾废气中CO_2的含量，燃料燃烧产生的CO_2一般占废气量的12％～18％，加之来自生料分解的CO_2，回转窑烧结铝酸盐水泥熟料的废气中CO_2含量一般在20％～24％之间。

由此可见，窑尾情况的判断主要借助温度、压力、气体分析等测量仪器。目前我国在回转窑热工测量上应用的一次仪表（热电偶、负压表以及相关的传感器）在不断地改进，给回转窑主控人员提供操作的依据越来越高，只是一些小的工厂缺少上述热工测定的设施与手段，大多仍借助人为的观测与经验判断。

6. 红窑与停窑操作

回转窑烧成带掉窑皮甚至掉砖红窑是由于受火焰形状的影响，使烧成带筒体部分耐火砖长期耐受局部温度过高，加之物料的化学侵蚀，使耐火砖破裂、剥落而造成的。看火工除经常观察窑内的情况外，还必须定期检查烧成带筒体表面温度。自动化程度较高的工厂用移动式筒体扫描仪不断检查记录这段筒体温度的变化，筒体表面温度为300℃左右时不会出现危险，超过300℃以上必须加以重视，严密观察。如果超过450℃，夜晚即可观察到筒体呈暗红，超过500℃以上白天亦可看到筒体发红。超过650℃以上如果不及时停窑可能会造成筒体变形。

一旦发现烧成带掉窑皮使得耐火砖因厚度不足，外部筒体出现变色时，应立即采取措施，适当减少燃料用量，或改变火焰形状，移动火点位置，及时补挂窑皮。如掉砖红窑，必须立即停止喂料，用缓火烧空停窑检修。

计划停窑检修时，在停窑前 1～2h 内将喂料量减少至正常下料量的 50%～70%，减料后 30min 左右再将窑速逐渐降低，并拉长火焰，使火焰远离烧成带。为防止窑尾温度过高，可将排风机风门关小，并逐渐减小喂料量，直至停止喂料，待窑内物料倒空时停窑。

停窑后为防止窑体弯曲，每隔一定时间将窑转动 1/4～1/2 周，直到筒体冷至环境温度为止。

回转窑在运转中，因故而迫使临时停窑，一般先停止喂料，相应地减少风量、煤量，直至停窑。停窑后应将排风机风门（或窑尾烟道闸门）关闭，以保持窑温，为再开窑创造条件。同时为防止筒体变形，应每隔一定时间转窑 1/4～1/2 周。

第五节　燃烧器的改进与熟料冷却机

由于受资金与技术条件的制约，大部分铝酸盐水泥生产厂的技术装备水平比较低，对接受新技术的能力反映也不够灵敏。回转窑新型燃烧器已在硅酸盐水泥工厂得到广泛应用，但在铝酸盐水泥生产中尚未广泛推广，其原因在于担心新型燃烧技术与烧结铝酸盐水泥工业对接不好，从而使回转窑更容易结圈。

对于铝酸盐水泥熟料的冷却，不少工厂尤为不够重视，甚至有些工厂没有冷却设备。出窑熟料常常堆在窑口的下面，然后用板车倒运到一个堆场，完全依靠自然冷却。原因是烧结时容易出现大量的熟料结块，出窑粒度很大（超过 500mm 以上），没有很好的冷却方式应对这些熟料结块。如果采用推动箅床式或振动箅床式冷却机，大块物料在箅床上移动缓慢，有时块状物料"堵死"在箅床上，不仅影响熟料冷却效果，还影响正常生产。实现铝酸盐水泥熟料的冷却，不仅可有效地改善水泥的物理性能，还能将大量的熟料余热回收，从而大幅度减少煤耗。通过多年的实践与认识，在烧结法铝酸盐水泥熟料的冷却方面，以回转式单筒冷却机比较适宜。

一、新型多通道燃烧器的结构和性能特点

在回转窑煅烧水泥熟料的过程中，煤粉燃烧器将煤粉和空气的混合物喷入回转窑内，煤粉在高温下点着并燃烧，为熟料的煅烧提供热能。因此，燃烧器的性能及操作好坏关系到熟料产量、质量、热耗以及环境保护、回转窑耐火砖的使用寿命等问题，必须加以重视。

（1）传统式单通道燃烧器。目前使用较普遍的煤粉燃烧装置主要由喷煤管和喷煤嘴两部分组成，它由窑头伸入窑内。用鼓风机将一次空气及其夹杂的煤粉喷入窑内，并悬浮在窑内进行燃烧。其基本构造如图 7-5-1 所示。

为调整火焰位置，喷煤管除设有前后伸缩装置外，还在靠窑头一端设有调整喷煤管横向位置的调整螺丝（如图 7-5-1 中 7），依靠松紧两个螺丝可以调整喷煤管的横向位置。喷煤管出口为喷煤嘴，常用的

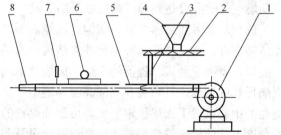

图 7-5-1　煤粉燃烧装置系统图

1—鼓风机；2—喂煤螺旋；3—下煤管；4—煤粉仓；5—喷煤管；6—喷煤管伸缩器；7—喷煤管调整装置；8—喷煤嘴

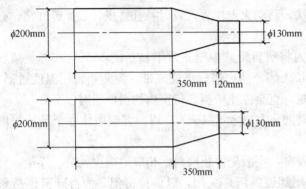

图 7-5-2 $\phi2.0\times44m$ 回转窑喷煤嘴

主要有：拔捎式、拔捎带导管式，如图 7-5-2 所示。

拔捎带导管式的是常用的喷煤嘴。通常导管越长火焰越长，调整喷煤嘴导管的长短来调整火焰的长短。

为增加煤粉与空气的混合作用，使煤粉喷出后能迅速燃烧，并使火焰集中，有的在喷煤管内焊有与管壁呈 $7°\sim30°$ 角的铁板（一般称为风翅），以达到风煤混合均匀的目的。喷煤系统管道的直径分净空气管道、含煤粉管道和喷煤嘴三种，管径可用下式进行计算：

$$d=\sqrt{\frac{V_f}{3600\cdot\frac{\pi}{4}W_f}}$$

式中　　d——管径或喷嘴直径，m；

　　　　V_f——窑头鼓风机风量，m^3/h；

　　　　W_f——管道内风速或喷嘴风速，通过净空气的管道 W_f，m/s；通过含煤粉的管道 $W_f=20\sim30m/s$；喷煤嘴出口风速 $W_f=50\sim70m/s$。

（2）新型多通道燃烧器。煤粉燃烧器采用单风道结构时，一次风量约占燃烧总风量的 $20\%\sim30\%$，一次风速 $40\sim70m/s$，其功能主要在于输送煤粉，对煤、风的混合以及二次风的抽吸作用甚小，火焰也不便调节，常伴有不完全燃烧、热损失大等弊病，不适应水泥工业燃煤的新要求。如果采用新型多通道燃烧器就可使上述单风道燃烧器的弊病得以改进，达到优质、高效、节能的目的，其优点如下：①减少一次风的用量，增加对高温二次风的利用，提高系统热效率。②使煤粉与燃烧空气的混合更加充分，可较好地控制火焰形状，提高煤粉燃烧速率。③增强燃烧器推力，加强对二次风的吸卷，提高火焰温度。④有利于低挥发分、低活性燃料的利用。⑤提高窑系统生产效率，实现优质、高产、低耗，减少 NO_x 生成量。⑥增加对各通道风量、风速的调节手段，使火焰形状和温度场便于灵活调控。

在回转窑中，煤粉与燃烧空气的混合主要取决于煤粉和二次空气的混合。一次风射流的出口动量和旋流强度越强，吸卷二次风的能力就越强，而一次风的强度与风量、风速以及各通道的配合比例相关。因此，当风量一定时，各通道的风速及内、外风量的配比是保证煤粉与助燃空气的混合达到理想燃烧效果的关键。

（3）新型多通道燃烧器的结构和性能。①可基本避免偏火烧窑皮现象。新型燃烧器头部无活动部件，外流风管端部不是环缝结构，而是设计成一组可更换的各自分开、排成一环的喷嘴口，解决了老式燃烧器的变形和火焰跑偏问题。这种内散型外风喷嘴可保证任何情况下火焰形状的对称，其喷嘴在局部高温环境中不易变形，不会发生偏火刷窑皮现象。②新型燃烧器的中心设置了火焰稳定装置，可保证煤粉的充分燃烧。由于内层净风管出口处装有可更换角度不同的旋流器，煤粉入口处设有金属及非金属双层耐磨保护，消除了煤粉在入口处的磨损。燃烧器高速的外流风与旋转的内流风配合，使得煤粉与空气能快速达到最佳混合状态。外风喷嘴与内风风翅更换方便。由于采用了大速差原理，因此高温烟气回流效应强，使得煤粉能够迅速点燃并充分燃烧，保证了回转窑热工制度的稳定和熟料的成球，有利于提高熟料的产量和质量。③新型燃烧器的正常使用，可使窑内烧成带温度均匀稳定，减少熟料烧结时结圈、结块，而且可相应提高窑的产量。由于燃烧器的喷射效应，仅以 4%～8% 的净风就可获得足够的燃烧推力，因此一次风量减少，加之煤粉燃烧充分，系统热耗明显降低（最高可降 150kJ/kg 熟料）。

新型燃烧器在回转窑上的应用如图 7-5-3 所示。

新型燃烧器喷嘴结构如图 7-5-4 所示。

图 7-5-3　新型燃烧器在回转窑上的应用

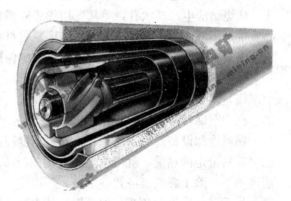

图 7-5-4　新型燃烧器喷嘴结构图

二、单筒熟料冷却机

回转式单筒熟料冷却机具有投资省、热回收效率高、没有废气污染等一系列优点，适用于 $\phi3.0m$ 以下的中小型回转窑生产线，尤其适用于烧结法生产铝酸盐水泥熟料使用。单筒冷却机对烧结熟料形成的块状物料适应能力强，在冷却过程中随着熟料被旋转的筒体带起，大块熟料不仅得到有效的冷却，同时具有破碎作用。

出窑熟料进入冷却机后，熟料在扬料区被多次扬起，并均匀地抛撒，冷却空气与热熟料进行强烈的热交换。特别是在低温区，可以通过改善扬料板结构、布置形式以及调整筒体的斜度和转速，来增加熟料与冷却空气的接触时间，控制熟料的移动速度，使熟料内部的热量有充足的时间向表面传导，从而对熟料带出的热量充分回收。这种逆流热交换工作原理无疑是熟料显热回收的理想方法，其热回收率比较高。

烧结法铝酸盐水泥熟料冷却效果的好坏，直接关系水泥凝结时间的物理性能。烧结中物料形成的矿物相，有 20% 以上是以液相的形式存在，当熟料进入冷却阶段时，希望尽快地将 1100℃ 以上的出窑熟料在冷却机中降到常温（实际上出冷却机熟料温度大多在 120℃ 左右），这样熟料中相当部分的液相将形成玻璃体。实践证明，急冷的熟料对铝酸盐水泥的物理性能有明显的改善，熟料中玻璃体多易粉磨，尤其是可以改善水泥的凝结时间，所以国外铝酸盐水泥的生产厂（尤其是熔融法），非常重视熟料的冷却方式和冷却过程。

综上所述，新型燃烧器在铝酸盐水泥熟料烧结中的应用，可以更好地控制火焰形状，控制熟料烧结的温度，减少熟料烧结中结圈、结块的频次，对提高主机设备运转率，实现稳产、高产都是十分有益的。新型单筒冷却机有利于熟料热量的回收，更好地改善熟料的物理性能，为铝酸盐水泥的应用提供较好的条件。

第六节　烧结法铝酸盐水泥熟料回转窑技术改进措施

新中国成立后，我国建立了自己的铝酸盐水泥生产线，尤其是郑州第一条回转窑生产线的建成和投产，开辟了烧结法生产铝酸盐水泥的先河，闯出了一条适应我国国情和资源条件的新路子。

一、我国烧结法生产现状的认识

我国烧结法生产铝酸盐水泥，自 1965 年诞生以来，其生产规模和产品质量都发生了变化。从烧结法生产现状看，单从选用优质原燃材料、优化质量指标、控制技术指标来提高产品质量是不够的。因为，一方面高纯度原燃材料的资源有限，另一方面受烧结温度范围窄的工艺限制，高质量产品的均匀性没有足够的保证。

(1) 熟料烧成工艺的缺陷。长城铝业公司水泥厂是国内建设的第一条铝酸盐水泥回转窑生产线，多年来在工艺技术上没有大的改进。而其他企业也是沿用不同规格的窑尾带成球盘的小型中空回转窑生产，窑尾没有增设余热利用和除尘设施，致使大量的高温含尘烟气损失。熟料冷却设备简陋，出冷却机熟料温度高。根据 1 号熟料窑热平衡测试，仅窑尾废气和出窑熟料带走的热量，就占总热量支出的近 50%。这些热量的损失造成热效率降低，煤耗居高不下，除了影响经济效益之外，还造成窑内的热工制度不稳定，影响了物料在窑内的预热，加重了烧成带的负荷，加之铝酸盐水泥熟料烧结温度范围窄，易出现欠烧或结大块、结圈现象，影响物料的均匀反应和矿物的形成。另外，煤灰中 SiO_2 掺入，又使熟料中非活性矿物 C_2AS 含量增加，致使熟料强度下降，限制了水泥中活性矿物 CA 的提高。

(2) 生产技术的差距。国外大多采用熔融法生产，少数烧结法采用的是预成球带料球预热器的回转窑，用天然气作燃料，生产控制与设备自动化水平高。与国外铝酸盐水泥生产企业相比，我国铝酸盐水泥生产过程中的均化、粉磨、自动化控制、质量检测和计量控制，生产管理的水平都比较低，从而使水泥的质量不能稳定在较高的水平上。

二、改造回转窑生产工艺，增设固定床料球预热器，提高生料预烧能力

由于烧结法生产铝酸盐水泥熟料的烧结温度范围窄（1330～1380℃），生料成球预热后入窑煅烧，不仅可有效缓解窑内结圈、结块、跑生料，提高回转窑的热效率和生料的预烧能力，而且还能改善生料的煅烧性能，提高熟料的物理特能。铝酸盐水泥熟料烧结已成功地吸收了国外新技术新工艺，尤其是生料制备采用微晶种预加水成球、回转窑窑尾增设固定床料球预热器等，可以大幅度提高回转窑的热能利用率，较好地改善生料的烧结性能，提高铝酸盐水泥的质量品级，使生料成球技术得到进一步发展与完善。

在生产规模上考虑到铝酸盐水泥自身的生产特点和产品市场的有限性，目前回转窑的规模不宜过大，控制在年产 10 万吨左右为宜。

(1) 生产工艺改造。通过消化吸收美国里海公司巴芬图水泥厂烧结法生产铝酸盐水泥先进技术，长城铝业公司水泥厂于 2000 年 9 月开始对原工艺进行技术改造，2001 年 6 月投入生产，改造前后的工艺流程如图 7-6-1、图 7-6-2 所示。

改造后的工艺突出了"微晶种预成球窑外加热新技术"，即窑尾增设料球预热器，利用

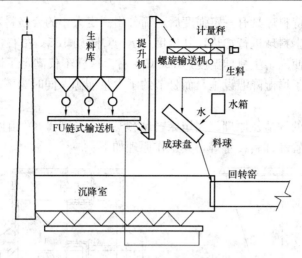

图 7-6-1　改造前工艺流程

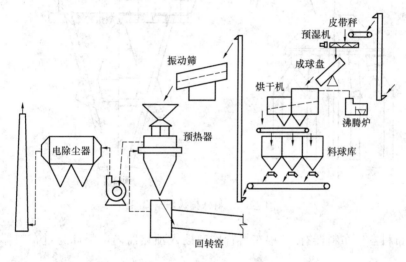

图 7-6-2　改造后工艺流程

余热预烧预先成型的料球，使其入窑前可以达到 700℃以上，在料球预热器里实现了生料的外加水和自由水的分离。这样不仅改善了熟料的煅烧，提高了热效率，而且还改善了熟料的物理性能。生产中为了充分发挥这一技术优势，在制备生料时掺入一定数量的熟料，这样不仅较好地提高了生料球的强度，而且烧结时引导铝酸盐水泥熟料矿物的形成，达到提高熟料质量的目的。"在硅酸盐水泥熟料煅烧过程中，加入晶种可帮助体系克服乃至消除形成 C_3S 临界晶核所需的热力能，因为加入的 C_3S 晶种可直接长大。也可以说，晶种的加入，消除了体系要先形成临界晶核的阶段，从而使 C_3S 形成和发育的时间缩短，熟料烧成时间也相应缩短。在生产实践中，加入晶种后，立窑可加快卸料而提高产量，对回转窑则可加快其转速而提高产量"。同理掺晶种煅烧铝酸盐水泥熟料，掺入 3%～5% 的晶种后，在熟料煅烧中取得较好的经济效果。熟料产量提高，而热耗则降低。

（2）固定床料球预热器窑尾加热技术。固定床料球预热器窑尾加热技术是工艺改造的核心内容。成球盘是用来将配置好的生料粉加水成球。经烘干机对料球表面水分烘干，然后进入料球库定时储存，待料球具有一定强度后，筛分出一定大小的合格料球进入预热器。窑尾热烟气进入预热器对生料球进行加热，其温度由800℃降到180℃左右，预热器将生料球进行干燥、预热后，可使入窑生料球温度达750℃左右。这样不仅满足了风机、电收尘器对进口温度的要求、省去了增湿降温设施，而且节约了大量能源。同时为下一步回转窑的熟料烧结创造较好的条件。

①固定床预热器的构造及原理。固定床料球预热器（图7-6-3）由四部分组成：即布料器、预热器、破拱装置和卸料设备等，其工作原理如下。

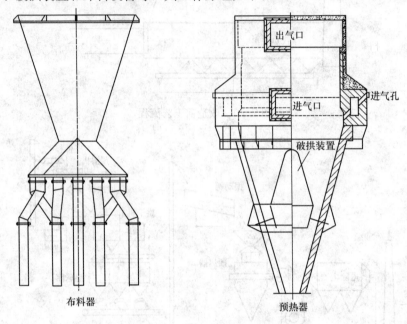

图7-6-3　料球预热器结构图

②料球布料器。布料器有12根布料管均匀插入预热器内，料球通过布料器对预热器进行等高布料。

③窑尾热烟通过进气口进入预热器环行风道，经若干个均布进气孔进入预热器内。

④排风机产生的负压在预热器顶部空腔内形成出的负压区，引导生料球与进入预热器的热气流进行热交换后，废气由排气口排出。

⑤破拱装置使预热后的生料球随着料球的下移使其形不成打拱平衡力系，保证料球下卸畅通，防止生料球在预热器里堵塞。

⑥卸料装置（计量卸料机）安装在预热器下部的出口处，控制着布料器和预热器料球的下落速度，也控制着回转窑的给料量。

⑦料球预热器根据工艺及操作的要求，安装有温度、压力等测量仪表对过程物理参数及设备运行状态进行动态检测与控制。

（3）固定床料球预热器的特征

①固定床料球预热器的性能及特点。生料球在固定床料球预热器内受热均匀，热交换效率高（进预热器热气温度810℃，出预热器热气温度180℃），入窑生料球表面温度达到700℃以上、生料球的物理水和化学水全部失去，这是固定床料球预热器先进性的重要特征。

从一年来应用效果的对比分析可知，煤耗降低 25% 以上。

②固定床料球预热器内的料球破拱装置的设置，保证了物料的均匀下落。预热器内部没有"空洞"现象，生料球在预热器内不卡不赌、可顺利通过，满足了固定床料球预热器应用的基本条件。

③固定床料球预热器漏风点少。热烟气通过料球层时能有效地降低热烟气的含尘浓度，达到过滤烟尘的作用，减少后续工艺设备的磨损。

④卸料装置可有效地调节回转窑的给料量，达到控制预热器热交换效率的目的，保证预热器的出口温度和入窑料球的温度，为回转窑煅烧提供稳定的热工条件。

⑤实现了生料球的窑外预热，可以有效地改善回转窑的长径比。

⑥可以实现回转窑操作自动化。

（4）固定床料球预热器与其他预热装备的比较。固定床料球预热器与其他窑尾预热装备比较，有如下两点优势：

①它优于立波尔窑箅式加热机。箅式加热机的主要不足是料层上下温差大、预烧不均引起窑内煅烧不匀；易损件多、故障率高、维修量大、漏风量大。

②与干法回转窑比较，固定床料球预热器在中小型回转窑上的应用，实现了物料在窑外加热，不仅可以较好地利用窑尾废气，更重要的是可以改善物料的烧结，大幅度提高熟料的质量，改善中小型回转窑的产品质量，提高了产品的稳定性。干法水泥窑的预热器废气温度高、含尘浓度大，必须加设增湿降温装置；过高的建筑、庞大的设备、复杂的工艺，造成了高额投资。

回转窑烧结法铝酸盐水泥熟料新工艺技术的开发应用，对于产品质量的提高和性能的改善有较大的技术突破。主要体现在以下几个方面：采用微晶种和预热技术使生料成球率高、机械冲击破碎和高温爆球率较低，为料球充分预热和回转窑内的烧结提供了良好的条件；微晶种的诱导结晶作用，促进了熟料矿物晶体的成核和晶形发育；改造前由于生料成球后直接入窑烧结，料球受热不均，生料预热不良，窑内煅烧反应不充分，不但熟料中 $C_{12}A_7$ 等过渡矿物含量偏高，而且造成熟料矿物发育不好，大小悬殊且晶体形态极不规则，使水泥强度偏低且凝结时间偏短；通过采用窑外加热新技术并辅以微晶种、预成球技术，使生料球预烧充分、受热均匀，在窑内煅烧反应较为完全，促使铝酸盐熟料的主要矿物 CA 晶体发育良好，晶体形态规则、大小均齐，且分布较为均匀，从而使提高水泥强度，改善水泥凝结时间偏短的问题得到了较好的解决。

烧结法铝酸盐水泥的质量水平与熔融法比较，水泥的强度、凝结时间、标准稠度加水量、流动度等能够有效反映水泥性能的一些物理指标，到目前为止质量水平还仍然存在着不同程度的差别。原因就在于生产工艺的差别，一种是部分熔融，一种是全部熔融，高温状态下铝酸盐水泥熟料的有效矿物，与其晶体形成的大小、完整有关。所以我国烧结法生产铝酸盐水泥二十世纪六七十年代由于生产经验不足，仅能生产 400# 水泥。随着对生产技术的不断成熟和新工艺新技术的应用，产品质量水平不断提高。特别是近年来"微晶种、预成球、窑外加热新技术"在回转窑上的应用，使水泥的质量水平有了大幅度的提高。目前可以实现 6h 抗压强度达到 20MPa 以上，24h 抗压强度 80MPa、3d 抗压强度 95MPa 的国际先进水平。水泥的凝结时间以及其他一些能够反映施工性能的指标，都有了不同程度的改善。已接近同类产品的国际一般水平。

三、烧结法生产铝酸盐水泥回转窑技术改造的发展方向

铝酸盐水泥生产工艺技术的改造充分借鉴和利用硅酸盐水泥熟料新型干法生产技术，实施回转窑工艺技术改造。干粉烧结采用窑尾多级悬浮预热器和窑外分解新技术，是铝酸盐水泥熟料烧结的发展方向，应根据铝酸盐水泥生料的特性，在广泛应用新技术、新设备的前提下，进行积极的技术开发与探索。干法多级悬浮旋风预热器生产工艺如图 7-6-4 所示。

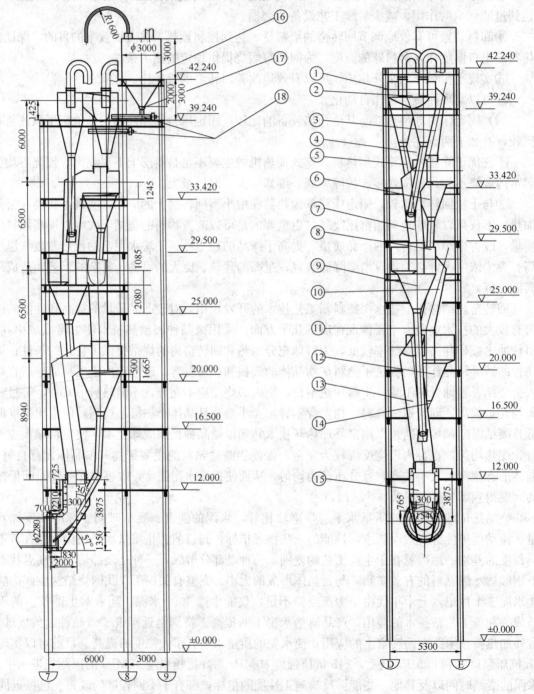

图 7-6-4　铝酸盐水泥熟料三级旋风预热器

随着干法水泥生产理论和技术的发展，烧成带结块、结圈的问题完全可以通过加强物料的预烧，减轻烧成带煅烧负荷，稳定窑的热工制度等多项技术来解决，硅酸盐水泥新型干法生产技术的发展已经充分证明了这一点。理论和实践证明，铝酸盐水泥熟料生产完全可以采用干法生产技术，有效地完成熟料的煅烧状态。

改造方案应以悬浮预热和预分解煅烧工艺技术为核心，对目前低效率的中空回转窑进行技术改造，提高整台机组生产能力，提高窑的热效率，稳定热工制度，改善熟料的烧成状态。同时采用硅酸盐水泥新型干法生产技术中最具有代表性的原料预均化技术、粉碎粉磨工艺技术、自动控制技术和环境保护技术。技术改造的重点内容应包括：

（1）建立原料和燃料均化设施。采用预均化技术，建立原燃料预均化堆场和煤粉混合均化库，在原、燃料入厂后进一步均化，彻底改变传统生产工艺中原、燃料储库仅可用于储存物料的原始功能，使原、燃料预均化堆场具有预均化和储存物料的双重功能，不仅可以减少物料储期，而且为原料配料、生料制备和熟料煅烧创造了均衡稳定的生产条件。

（2）改造生料配制与贮存系统。均匀的生料和燃料成分，稳定的给料是干法生产工艺的关键，是稳定熟料烧成热工制度的前提。采用物料成分连续测试、计量仪表仪器系统，将传统工艺中的生料贮存库优化为具有生料粉连续式均化库装置，并同计算机联网，编制原料配料与生料均化，控制软件程序，实现生料自动配料、均化与贮存一体化控制，通过卸料装置定量送入回转窑系统。

（3）回转窑窑尾设置物料热交换装置。改变窑尾电收尘前设置喷水雾化的增湿塔，用以降低窑尾高温含尘烟气的增湿降温工艺设施。把目前已成熟的硅酸盐水泥新型干法悬浮预热和预分解煅烧工艺技术应用到铝酸盐水泥生产上，设置高效低压损失生料悬浮预热装置（也可尝试增设新型分解炉）取代增湿塔，并相应截短中空长窑，与新型工艺设施所需要的长径比（L/D）相匹配。

根据铝酸盐水泥的熟料煅烧特性，熟料烧结过程中的生料干燥预烧、碳酸盐分解及铝矾土分解、物料的部分固相反应阶段在热交换器中进行。物料在热交换器中以悬浮状态与通过的高温烟气进行热交换，充分利用窑尾高温废气对入窑生料进行干燥预热及完成部分物理化学反应，有利于提高燃料燃烧效率，并保证物料在悬浮状态的分散度，提高气-固换热效率以及全窑系统的热效率，为回转窑优质、高效、低耗提供了充分的保证。有效地利用热能，减少煤粉用量，也就减少了煤灰杂质掺入熟料。同时可降低系统废气排放量、排放温度和CO_2的排放量等，减少了对环境的污染。

采用水泥新型干法工艺是烧结法生产高铝水泥继续提高质量水平，节能降耗，合理利用矿山资源的有效途径。

第七节　烧结法高铝型铝酸盐 CA-70 熟料生产特点

现以国内某国外独资企业的实际生产状况为例介绍如下：

一、工厂的生产状况及设备产能

该企业目前以生产 CA-70 熟料为主，两组分配料，工业级氧化铝 Al_2O_3 含量大于99%。生石灰是从500km以外购买的，进厂粒度为15~50mm，每袋750kg，进厂后加大监测原材料的频次，CaO含量要求控制在97%以上。氧化铝和生石灰进场后分库存放。

（1）生料粉磨。块状的生石灰经一台 $\phi2.5\times3.5m$ 棒磨机制成细粉以备下道工序原料磨配料。$\phi2.2\times6.0m$ 闭路循环原料磨一台，电子秤计量，配料时一次性将氧化铝配到 70%。一级粗细分离、二级袋收尘。生料库带空气搅拌。棒磨机和生料磨的台时产量均为 6t 以上，出磨生料采用颗粒分析仪测定，细度控制在 $85\mu m$ 以下。

（2）熟料烧成。采用 $\phi1.6\times29m$ 回转窑一台，干粉直接入窑，因是生石灰配料，窑尾不设生料预热装置。台产 4.5t/h，窑尾设电除尘器。重油（或煤焦油）作燃料。回转窑有关的各种参数，如热力、压力、窑速、油压、NO_x、O_2、CO、火焰监控等全部由仪表、显示屏直接反映窑内火焰的燃烧状态。出窑熟料经 $\phi1.2\times15m$ 单筒冷却机进行冷却，废气经袋式除尘器处理。

熟料仓设有不合格料仓，当回转窑出现不正常煅烧时，不合格熟料分别存放。出窑熟料主要检测矿物相和化学分析。

（3）水泥的制备。采用 $\phi2.2\times12m$ 闭路循环磨一台，选粉机与布袋收尘器配套，台产 5.5t/h。研磨体为高铬球，铬含量 20%，钢球消耗量 30g/t 以下。出磨水泥设有不合格库，不合格产品返回流程重新粉磨。水泥库带空气搅拌。

（4）水泥包装。包装分吨袋包装和小袋包装，吨袋包装带自动计量，小袋重 25kg。双嘴包装机，人工插袋，带自动计量，25kg 小袋带自动码袋，每吨带托盘，人工套塑料袋加热塑。叉车人工码垛。

二、产品质量的检验与控制

（1）粉磨细度、出窑熟料的控制。生料粉磨细度以比表面积为主、兼做筛余。化学成分控制 CaO，正常生产每班一次；出窑熟料不做立升重，做矿物分析、化学成分、导电率测定游离氧化钙（主要通过导电率测定氢氧化钙），正常时每班一次。从熟料烧结外观看，升重不高，熟料不发响声；水泥磨以比表面积为主，控制在 $450m^2/kg$ 以上，出磨比表面积控制得非常严格，波动很小（实际以粒度检测为主）。整个系统物理指标，化学成分都在严格的控制范围，质量控制标准偏差很小。

（2）产品质量控制的特点。一是计量控制准确，设备的控制能力强。例如生料配料计量，当设定某种物料的质量后，某种物料的大螺旋（计量秤）先给料（向设定的容器，磨头仓），当大螺旋给定量接近总重量时，通过计算机控制，大螺旋停止，与之相连体的下部的小螺旋启动，作为小量的补充与校正，这样就能保证物料计量的准确性。二是每一道主机设备都设有不合格库（这里的不合格可能表现在质量控制的某一项指标达不到工厂设定的技术要求）。特别是水泥磨的不合格库设置得非常理想，这样在水泥磨启动后的一段时间或计划停磨时，产品尚未达到质量要求的将进入不合格库，即使在正常运转时只要发现不符合要求的成品出现，立即转入不合格库。这样不合格的成品不进入成品库，确保出厂产品的稳定性。不合格库设在水泥磨的前端，可以随时搭配入磨。

计量设备与生产过程的精确计量，每道工序设置对原燃料、在制品、产成品的检验，在各工序所设定的不合格库是该厂的技术特色，也是高品级产品保证出厂稳定性的必要条件，是大多数工厂所不具备的。

三、产品品种

工厂以大批量生产 CA-70 为主，因 CA-70 市场容量大，世界上许多国家都以使用 CA-70 产品为主。同时可根据市场要求组织生产 CA-75、CA-80 的产品。生产 CA-75、CA-80

产品只是在水泥粉磨前加入适量的煅烧氧化铝（亦称 $\alpha\text{-}Al_2O_3$）即可。

四、生产工艺的技术特点

（1）工艺设计紧凑，投资少、见效快。根据小企业的特点，从原料库房到成品包装库房、从生产主机设备到辅助设备、相互间连接紧凑有序。工序之间没有远距离跨越，而设备布置上还显现出层次错落有序、清洁紧凑的布局，设备之间还保持着适当合理的检修空间。

（2）集中控制与集中管理。由于产品性能特点的要求，产品中尽量减少杂质的混入，生产流程中的辅助设备，大多采用气力输送与振动输送的方式。生产控制室、化验分析室、办公室、接待室、供配电室、检修人员更衣室同在一栋三层小楼。

（3）工厂自动化程度高。全厂主机设备或附机设备的开停机、各种仪表、操作控制，全部通过电视屏幕，以图像、数据的形式表现出来。生产中的质量控制以现代化的仪器（如X光谱-分析仪）检验为主。人工化学分析只是作为对设备的核对与校验。出厂产品控制方法仍用国外某企业标准，出厂产品检验结果经常与本企业不同实验室作对比实验，寻找产品检验误差，保证了检验数据的准确度。

（4）适当使用外加剂是本企业的生产技术窍门。如原料粉磨、水泥粉磨都要加入适量的助磨剂。

（5）产品出厂质量指标稳定。由于进厂原料控制、生产设备的可靠性、自动化水平、人员素质等诸多生产因素的稳定，决定了该企业生产过程中各工序质量的稳定和各主机、台班质量指标的稳定，从而保证了产品出厂质量的稳定性。

（6）十分注重环境保护与劳动安全。工厂建在天津滨海高新技术开发区，一切服从于开发区对环境排放的要求，生产环境非常好，对员工的劳动保护要求很严，极少出现过违章作业和违章指挥。

（7）突出为用户服务的思想。一个好的企业不仅要开拓市场，还要主动培育市场，引导市场；用自己的产品去主动培育用户，让用户了解更多的水泥应用知识，并帮助解决产品使用中的技术问题。

高铝型铝酸盐水泥 CA-70/80 的生产、特别是熟料烧结没有中铝型 CA-50 熟料控制困难，但生产过程的质量控制要求相对比较高，必须保持生产过程的质量稳定，才能保证产品的稳定，使得产品出厂的标准偏差相对稳定，产品的均衡性和一致性得以保证。高品质铝酸盐水泥尤其要重视产品应用的稳定性和可靠性，只有这样才能不断地稳定市场、扩大市场。

第八节　美国烧结法高铝型铝酸盐 CA-70/80 水泥特点

当今世界上生产高铝型铝酸盐 CA-70/80 水泥的最大窑型是由美铝化学公司（现为美国安迈）设在欧洲鹿特丹港附近的一家工厂。主机回转窑规格 $\phi3.0\times75m$，带成球设备的半干法生产工艺技术，并有与之相配套的生产设施。由于生产能力相对较大，该公司根据市场的情况大约生产 3 万吨/年。该回转窑的窑尾 300～350℃ 的烟气余热未利用，为保证设在窑尾的电除尘正常运行，窑尾设有一级旋风除尘器。由于窑尾热烟气温度较高，不能保证极板式电除尘的工作安全与效率，热烟气在进入电除尘之前的热烟道内加设内喷水降温设施，使得热烟气能够满足极板式电除尘正常工作的工况条件。其工艺流程如图 7-8-1 所示。

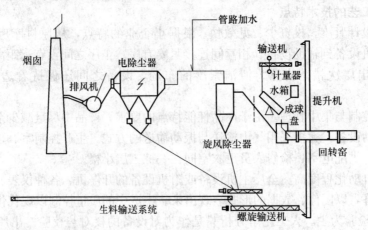

图 7-8-1　烧结法回转窑窑尾工艺流程图

一、生料的制备与成球

购买的工业级氧化铝和块状生石灰是高铝型铝酸盐水泥的原料。生石灰（粒度 1/2～1 英寸）经破碎后与工业氧化铝分别入库，入生料磨前分别通过计算机控制的计量设施进行计量。生料粉磨细度控制在 −325 目（或 $45\mu m$），筛余量小于 10％，入生料库的生料通过空气搅拌，每 300t 作为一个批次进行化学成分的分析检验，重点控制 Al_2O_3/CaO 值。确认合格的生料进入生料成球系统，加水量 12％，成球粒度 8～12mm，直接进入回转窑烧结，天然气作燃料。熟料烧结前的生料，非常重视生料的配料与生料的均化，熟料烧结时不仅严格控制回转窑的烧结温度，而且非常重视熟料中 CA 矿物相的形成。烧结熟料同样是 CA-70，粉磨时通过调整 Al_2O_3 含量，分别生产 CA-70/80 水泥。

二、水泥的粉磨与制成

美铝化学公司（美国安迈）以生产煅烧板状氧化铝、煅烧氧化铝（α-Al_2O_3）为主营产业。但他们生产的铝酸盐水泥 CA-70/80 又是世界上唯一能够与法国拉法基（凯诺斯）产品抗衡的企业。其水泥生产中的粉磨是该企业产品生产的特点之一，水泥磨规格 $\phi2.2\times10m$ 的管磨，水泥粉磨时可根据不同季节加入不同的外加剂，用以调节水泥的施工性能。其中加入 0.5％ 的水不仅可以消除粉磨时产生的静电作用，还可以作为夏季水泥应用的缓凝剂。当然水不是直接加到入磨的熟料上，而是用一根水管通入旋转的水泥磨内，雾化的水珠喷洒到被旋转的磨体带起的物料上，以此达到降低磨内温度，同时消除物料粉磨时产生静电的效果。用这种方法作为夏季水泥缓凝剂还是一个新的发现。美铝化学的高铝型铝酸盐水泥 CA-70/80产品性能见表 7-8-1，表 7-8-2。

表 7-8-1　　70％ Al_2O_3 铝酸盐水泥

产品	CA-14 W*			CA-14 M*			CA-14 S*			CA-14 270		
凝结状态	短			中			长			长		
	型号	小	大	型号	小	大	型号	小	大	型号	小	大
水泥的一般特性												
化学成分												

续表

产品		CA-14 W*			CA-14 M*			CA-14 S*			CA-14 270		
CaO	%	28	26	30	28	26	30	28	26	30	27	25	29
Al_2O_3	%	71	69		71	69			69		72	70	
Na_2O	%	0.3			0.3			0.3			0.3		
SiO_2	%	0.3			0.3			0.3			0.3		
Fe_2O_3	%	0.2			0.2			0.2			0.2		
MgO	%	0.4			0.4			0.4			0.4		
水泥细度													
− 45 μm	〔%〕	82	79		82	79		82	79		88	85	
d50	μm	13			13			13			6		
水泥混凝土特性													
加水量	%	10%									9%		
凝结时间													
初凝	min	150			230			320			310		
终凝	min	220	170	250	300	250	350	400	350	480	370	480	
放热时间													
初始放热	min	270			320			400			370		
最大放热	min	360			400			480			450		
流动性													
F10	cm	17	15		18	15		18	15		18	15	
F30	cm	16	13		17	14		17	14		17	15	
F60	cm	16	12		17	13		17	13		17	14	
不同温度状况的抗折强度													
24 h（搭干）20℃	MPa**	8	6		8	6		8	6		9	5	
24 h（干燥）105 ℃	MPa	12	8		12	8		12	8		12	9	
5 h（高温）1000℃	MPa	6	3		6	3		6	3		7	5	
不同温度状况的抗压强度													
24 h（搭干）20℃	MPa	48	35		48	35		48	35		52	35	
24（干燥）105℃	MPa	70	55		70	55		70	55		74	55	
5 h（高温）1000℃	MPa	37	25		37	25		37	25		44	35	

* CA-14 W 代表冬季；CA-14 M 代表中间型；CA-14 S 代表夏季；

CA-270 代表第二代改进型的 70％铝酸盐水泥。

** 1MPa＝145psi

以上产品的数据是基于企业的标准，从最小值到最大值统计的结果。

表 7-8-2　80% Al_2O_3 铝酸盐水泥

产品		CA-25　R*		CA-25　M*		CA-25　C*	
凝结状态		短		中		长	
		型号	小　大	型号	小　大	型号	小　大
水泥的一般特性							
化学成分							
CaO	%	18	17　19	18	17　19	18	17　19
Al_2O_3	%	81	78	81	78	81	78
Na_2O	%		0.6		0.8		0.8
SiO_2	%		0.3		0.3		0.3
Fe_2O_3	%		0.2		0.2		0.2
MgO	%		0.4		0.4		0.4
水泥细度							
− 45μm	%	83	80	83	80	87	81
d 50	μm		9		9		6
水泥的混凝土特性							
加水量	%		10 %		10 %		9.0 %
凝结时间							
初凝	min		50		80		100
终凝	min	70	90	110	150	140	180
水泥流动性							
F10	cm	18	15	18	16	18	16
F30	cm	13	10	17	15	17	15
F60	cm	9	13	14	12	15	12
不同温度状况的抗折强度							
24 h（搭干）20℃	MPa**	6	4	5	4	6	5
24 h（干燥）105℃	MPa	8	5	8	5	10	7
5 h（高温）1000℃	MPa	6	5	6	5	8	6
不同温度状况的抗压强度							
24 h（搭干）20℃	MPa	35	21	30	21	38	25
24（干燥）105℃	MPa	40	26	45	26	50	28
5 h（高温）1000℃	MPa	30	22	30	22	40	27

*　CA-25R 代表 CA-25 普通级；CA-25M 代表中型级；CA-25C 代表 CA-25 浇注料级。

**　1MPa＝145psi

以上产品的数据是基于企业的标准，从最小值到最大值统计的结果。

从表 7-8-1 中看出，70％Al₂O₃ 铝酸盐水泥有两种类型 CA-14 和 CA-270。在耐火材料工业的应用上，一类用于低水泥浇注料，另一类用于振动成型或自流成型的喷补料。CA-270 是第二代产品，需水量很低，但却有很好的流动性和很高的物理强度。CA-14 可根据水泥的应用季节，分别有春季、冬季和通用型，用以保证水泥的可施工性能，这三种不同季节所设定的凝结时间也不同，每一种产品都有着很好的均衡性和产品的一致性。

从表 7-8-2 中看出，80％ Al₂O₃ 铝酸盐水泥有 CA-25R（普通级）、CA-25M（中等级）、CA-25C（浇注料级），它们通常用于低水泥浇筑料，要求稳定的凝结时间，较高的早期强度，中温强度好。生产流程中所生产的三种 CA-25 产品，凝结时间虽然各有不同但产品的稳定性非常高。CA-25C 相对于 CA-25M 和 CA-25R 用水量较少。

美铝化学公司用于铝酸盐水泥的物理强度、流动度、凝结时间的检验标准采用的是欧洲 EN-196 中的 1、2、3 和 6，激光-粒度仪测定水泥的细度，X-射线测定水泥的化学成分。

铝酸盐水泥中不含任何有机的外加剂，不会因此而引起任何不当的化学反应。80％的铝酸盐水泥中会加入适量的煅烧氧化铝。

第九节　中国生产铝酸盐水泥 CA-70/80 的工厂

我国目前能够生产高铝型铝酸盐水泥 CA-70/80 的企业主要分布在河南、天津、山东等地。其中河南是主要的生产集中地，主要位于郑州、开封两地区。生产技术主要集中在原长城铝业公司水泥厂以及天津法国独资企业凯诺斯。

高铝型铝酸盐水泥 CA-70/80 的生产工艺有三种。大多采用回转窑烧结法生产，尚有少部分采用电炉熔融法、倒烟窑生产。近年来随着我国改革开放的经济政策，世界上最大的铝酸盐产品生产商凯诺斯（原法国拉法基铝酸盐公司）进入中国，并在天津开发区建设了一条规模最大、技术装备条件最先进的铝酸盐水泥生产企业，主要生产高品质的铝酸盐水泥。国内高品质铝酸盐水泥产品总量不超过 10 万吨，而天津凯诺斯与郑州长城特种水泥有限公司大约占有量在 50％以上。

目前我国生产铝酸盐水泥 CA-70/80 的生产工厂及市场状况见表 7-9-1。

表 7-9-1　我国生产铝酸盐水泥 CA-70/80 的工厂

企业	产量/万吨	生产方法	企业所在地	企业性质
凯诺斯	4.5	回转窑	天津	国外独资
长城特水	0.5	回转窑	郑州	合资
登封熔料	1.0	回转窑	郑州	民营
开封特耐	0.2	熔融法	开封	股份制
巩义万方	0.2	熔融法	巩义	民营
开封汴河	0.5	倒烟窑	开封	股份制
开封高达	0.5	倒烟窑	开封	股份制
山东淄博（鲁中）	0.5	回转窑	淄博	民营
江苏东台	0.5	回转窑	东台	
其他	0.5	倒烟窑	郑州	
进口	0.3	回转窑	青岛（安迈）	美国
合计	9.0			

注：1. 2010 年生产企业的实际产能。

2. 表中生产企业未能全部统计，尚有部分企业未在统计之中。

参考文献

[1] 华新水泥厂编译组. 水泥回转窑操作[M]. 北京：中国建筑工业出版社，1977.6.

[2] 詹建雄. 水泥工业基本知识[J]. 长沙：湖南建材杂志，1986.8.

[3] 中国长城铝业公司水泥厂. 中国长城铝业公司水泥厂1#窑热工测定报告. 1996.5.

[4] 中国长城铝业公司水泥厂. 中国长城铝业公司水泥厂特水车间操作规程. 1982.12.

[5] 张宇震，邢志刚. 固定床料球预热器在铝酸盐水泥回转窑上的应用[J]. 北京：水泥，2003.6.

[6] 张宇震，谢国刚. 铝酸盐水泥生产现状及改进措施[J]. 北京：水泥，2002.11.

[7] 王善拔等. 晶种煅烧水泥熟料机理初探[J]. 北京：水泥，1995.12.

[8] Almatis Global Product Data "Calcium Aluminate Cements".

[9] 张宇震. 郑州铝都耐火材料有限公司高品质铝酸盐水泥70/80科研报告. 2011.

第八章　熔融法生产铝酸盐水泥工艺及世界铝酸盐水泥生产企业简介

自 1913 年诞生熔融法生产铝酸盐水泥并用于耐火材料工业以来，至今已有百年的历史。铝酸盐水泥的诞生不仅对世界经济的发展产生了推动作用，也对世界社会的变革产生过深远的影响。在我国熔融法生产铝酸盐水泥及其铝酸盐产品是近十年市场经济发展的结果。经济的高速发展，推动科技与产品的巨大市场需求，大批量采用熔融法生产铝酸盐及其相关产品已构成一定数量的生产规模。熔融法生产技术已被广泛地应用，工业窑炉的形式已不仅局限于原法国的反射炉，目前我国已成功应用的工业窑炉有：双马蹄烟熔池窑炉、储热式玻璃熔池炉、电熔耐火原料用电弧炉、L 型反射炉。加热方式及燃料动力，因窑炉形式不同各不相同。熔池窑炉和反射炉采用天然气或煤制气，电弧炉采用电力作为加热动力。

第一节　L 型反射炉

L 型反射炉是法国拉法基（Lafarge）最早开发熔融法生产铝酸盐水泥所采用的一种炉型，之后被许多国家所效仿。L 型反射炉的构造示意图如图 8-1-1 所示。

他们最早采用石灰石和铝矾土做原料，随着科技的发展，工厂对能源消耗指标的要求越来越高，为降低成本只得减少从国外进口矾土的数量，于是就改用生石灰与烧结矾土做原料。生石灰与烧结矾土破碎后筛选出 20～60mm 的粒度，按照一定的配比入反射炉煅烧。物料在反射炉中的竖直部分加热，进入反射炉的水平部分完成熔融和均化，被熔融的物料从炉体中流出，通过盘式输送机连续排出，在此过程中经过冷却、固化成为铝酸盐水泥熟料。熟料再经粗碎和在球磨机中粉磨达到所要求的细度，在粉磨期间不加入任何调节剂。大部分工厂采用轻油、天然气或煤制气为燃料，也有用优质煤炭作燃料的工厂。炉体结构如图 8-1-2 所示。

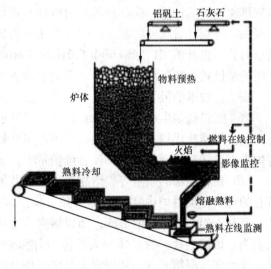

图 8-1-1　反射炉生产铝酸盐熟料

例如，位于克罗地亚的普拉（Pula）工厂有 6 台 L 型反射炉，主要生产 CA-40、CA-50 两个级别的铝酸盐水泥。铝矾土原料 40% 从希腊进口，50% 从中国进口。用煤粉作燃料，优质煤炭从南美洲的委内瑞拉进口，原煤的灰分非常低，入反射炉的煤粉灰分含量 3%～5%，粉磨细度 90μm 筛余不超过 5.0%。反射炉的小时产能为 3t 左右，燃料用量 250kg/t

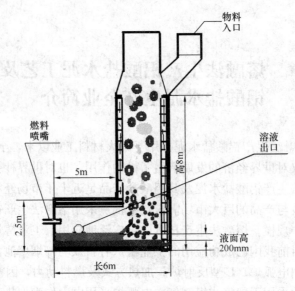

图 8-1-2　熔融法炉体结构图

熟料，烟气排放温度小于 300℃，工厂有严格的环境治理设施，出窑炉热烟气增湿降温后经袋式除尘，达到欧洲工业企业排放标准。

　　熟料的冷却方式有两种：一种是将熔融的铝酸盐水泥熟料出反射炉后流入可运动钢制模具中，如图 8-1-1 所示。重要的是模具下部通过循环的水槽，使得熔融熟料在钢模中迅速冷却；另一种是出反射炉的熔融熟料用高压风吹散，将溶液吹成一个个 5mm 以下的小颗粒，达到迅速冷却的目的。据反映熟料的冷却方式很重要，尤其是冷却温度对水泥的物理特性影响很大，特别是对水泥的凝结时间影响尤为明显。我国烧结法多为单筒冷却机自然冷却，美国里海公司巴芬图工厂（Lehigh Portland Cement Company Buffington Station）烧结法生产采用的是篦式冷却机高压风急冷，有利于改善水泥的物理性能。

　　该工艺技术的最大特点是：

　　（1）熟料烧结生产工艺简单。L 型立式反射炉是生产铝酸盐水泥熟料的主要热工设备，与回转窑烧结法比较主机设备相对简单，单台规模不大，所以投资省，占地面积小。立式反射炉没有运转和可动的部件，设备维护量少、运行费用低，并且生产操作比较简单。

　　（2）熟料烧结的质量好。熔融法生产工艺的最大特点就在于熟料的烧结质量稳定，因为所有的物料在反射炉中实现全部熔融，高温状态下，物料所处的温度越高，分子之间越活泼，有利于铝酸盐矿物的形成。所以熔融法生产的熟料铝酸盐矿物形成得完全，物相检验结果表明，该铝酸盐矿物晶体较大、清晰且完整。水泥的物理实验结果表明，标准稠度需水量、流动度、凝结时间、物理强度都优于烧结法水泥。特别是水泥的均衡性和一致性，明显优于烧结法生产工艺。

　　（3）原材料选择余地大。熔融法最早在法国实现，就在于铝矾土原料的特性。铝矾土中 Fe_2O_3 含量较高，熟料烧结的熔点温度相对较低，这就是一直保持至今的 Al_2O_3 含量 40% 水泥的重要原因。现在看来，矾都水泥"FONDU cement"大批量规模化工业生产就在于起先的原料选择。熔融法之所以适用于反射炉工业化生产，就在于原料的化学特性。目前用于熔融法生产不仅采用高铁原料，低铁原料生产的产品更适用于作工业窑炉用高品级耐火材料的胶粘剂。

（4）对燃料的质量要求高。熔融法反射炉多采用液体燃料，我国由于国情的限制，多采用自制煤制气。类似于克罗地亚普拉"Pula"工厂所应用的工业煤炭，中国很难找到。液体燃料不管是重油或轻质油，对于生产水泥熟料来说，几乎无污染，也就是不因燃料的影响而改变水泥的化学成分。燃煤必然使水泥熟料中的 SiO_2 含量增加，在我国即使比较优质的大同煤，SiO_2 含量通常也要增加 1.5％以上。水泥中 SiO_2 低于 5.0％更有利于中铝型 CA-50铝酸盐水泥的耐火性能。但由于受原料的限制，尤其是铝矾土品位的下降，目前很少能找到 SiO_2 含量低于 3.0％的铝矾土，所以，采用烧结法很难将铝酸盐水泥熟料的化学成分 SiO_2降低到 5.0％左右。

（5）入窑物料的粒度要求均齐。由于反射炉生产工艺要求通透性的原因，入窑的物料必须具有一定大小的粒度。粒度小影响气孔率，通透性不好；颗粒过大不利于烧结，所以颗粒大小一定要适中。熔融法生产铝酸盐水泥熟料的工厂要求进厂的烧结矾土粒度在 50～250mm。矾土和生石灰经破碎筛选出 20～60mm（或 50～100mm）的颗粒入窑，必将会造成部分低于 20mm 以下的原料不能应用于立式反射炉烧结。

我国山西孝义附近曾有一家小型的 L 型反射炉试验窑，仅有 1m 宽的炉膛，以煤制气作燃料，曾试生产少量的铝酸盐熟料制品，终因小型企业的技术能力不够而停止了生产。

第二节　马蹄烟反射炉

马蹄烟反射炉是玻璃行业主要的熔池窑炉。其结构如图 8-2-1 所示。

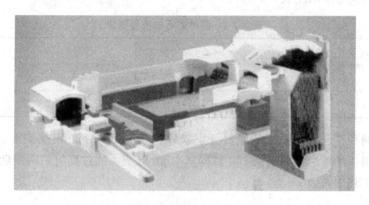

图 8-2-1　蓄热式双向热交换燃煤气反射炉

蓄热式双向热交换燃煤气反射炉（简称反射炉）。有空气蓄热室、煤气蓄热室、小炉、熔化池、流液洞、加料口、流料口、煤气交换器及烟囱等几部分组成。

一、生产工艺原理

利用机制煤焦化厂产生的煤制气（或煤气发生炉自制煤气）作燃料，煤气从反射炉后部一侧的蓄热室下部分别进入空气蓄热室和煤气蓄热室，吸收蓄热室内格子砖蓄积的热量，被加热后在小炉中混合燃烧并由喷火口喷入融化池，在池内形成"U"形火焰并经另一侧喷火口进入蓄热室，然后经过烟道烟囱排除。冷风从空气蓄热室下部的进风口进入，经过被加热的格子砖到达蓄热室顶部时，温度可高达 1100℃，汇总后在小炉中与煤质气（发生炉煤气）混合燃烧，产生的高温火焰经喷火口喷入融化池。左右两个蓄热室高温火焰左右循环喷入。

熔化池是池炉中重要部位。它的主要作用是将煤气燃烧所产生的热能传给从反射炉两端均匀加入的物料，物料在高温的作用下被熔化成熔液并在熔池内得到充分的均化。随着熔池内熔液面逐渐升高，熔液从炉体一端的液流口流出，熔液从池炉流出后被迅速冷却成熔块。

该反射炉加料方式采用双面（或单口）加料预熔池结构。预熔池具有以下优点：既能提高熔化效率，又能克服跑料现象，还能适应提高热点附近熔液温度，并大大地减少池窑内飞料现象，使加料制度不受换火操作的影响。

交换器是气体换向设备，它能依次向窑内送入空气、煤气以及窑内排出的烟气。此外还能改变气体流动方向和调节气体流量。对交换器的要求是：换向迅速，操作方便可靠，严密性好，气体流动阻力小以及检修方便。该反射炉选用的煤气交换器是国内用得较普遍的跳罩式。跳罩式煤气交换器的结构简单，操作方便可靠，并能实现机械化、自动化，占地面积小。空气换向器选用翻板式，结构简单，操作方便可靠。

窑内排出的废气通过烟道由烟囱排出。烟道上设有闸扳，可以控制烟囱抽力的大小。

二、原材料的选择与制备

熔融法生产铝酸盐水泥熟料及铝酸盐制品的主要原料是高品位铝矾土、石灰石，这两种矿石需分别被烧制成熟矾土（研磨级矾土）和生石灰。被烧制的目的是减少高温融化时大量消耗热能。

两种矿石的质量要求见表 8-2-1。

表 8-2-1　两种矿石的质量要求

	Al_2O_3	CaO	SiO_2	Fe_2O_3
铝矾土/%	≥90		≤4.5	≤2.5
生石灰/%		≥92	≤1.0	

选择以上两种符合工艺要求的原料分别破碎到 15mm 以下，根据矿石的化学成分按照不同的比例配料，经球磨机粉磨到 100 目即 0.1mm 以下。通过反射炉两侧加料口（或单口）喂入反射炉被加热熔融。

第三节　储热式玻璃熔池炉

储热式玻璃熔池反射炉与上述马蹄烟反射炉的工作原理基本相同，不同之处在于储热室内没有格子砖，火焰不换向，通过火焰反射将热量传递给物料，被加热的物料受热后被熔融成液体。我国贵阳成黔公司遵义工厂即为该生产方式，主要生产熔融法铁铝酸盐水泥CA-40。生产设备如图 8-3-1 所示。

生产实践证明以上两种（图 8-2-1、图 8-3-1）储热式熔池反射炉用于生产铝酸盐水泥熟料及铝酸盐熟料制品，存在如下严重不足：

（1）能源供给问题。由于工厂生产规模小，没有固定的煤气或天然气供给源。生产所用

图 8-3-1　储热式玻璃熔池反射炉

气源大多为煤气发生炉，煤气发生炉受煤质与炉体规格的影响气源不稳定，通常使得炉膛内熔池温度波动，从而影响熔池的工作效率。

（2）烘炉时间过长。检修或停窑之后重新点火，根据耐火材料升温曲线，需长达近一周的烘窑时间，以保证炉体受热均匀。这样不仅需大量消耗煤气，而且影响设备的运转率。

（3）受液态熔融物介质的影响，熔池运转周期短。通常为保证熔池的温度，被熔融的铝酸盐液体须保持一定的液面高度，这样铝酸盐液体介质与耐火材料直接产生化学性碱侵蚀，耐火材料损坏较快，即使碱性的镁铬砖，使用周期大多在三个月左右，造成炉体检修时间长、费用高。

（4）铝酸盐熔融介质的流动性影响。根据实践，当炉膛内的温度一定时，铝酸盐溶体介质的化学成分 Al_2O_3/CaO 的比值（通常在 $0.8\sim1.6$ 之间）越小，熔体介质的流动性越好；反之熔体介质的流动性越差。Al_2O_3/CaO 比值大于 1.4，熔体介质的流动性更差。总之小规模熔融法铝酸盐生产企业由于受资金与技术的影响，21 世纪初期受熔融法铝酸盐制品市场的拉动曾一度迅速发展，郑州、南阳、焦作、平顶山都有该炉型的生产，这些生产企业同时又因资金与技术的制约而迅速失败。2008 年金融危机之后保留的企业已不多，仅有少量采用"铝灰"配料的炉子还在继续运行。

第四节　电熔耐火原料电弧炉

熔融法生产铝酸盐（钙）40t/d（60t/d）采用电熔难熔原料用电弧炉熔炼工艺技术。该工艺是目前从事熔融法生产铝酸盐水泥熟料及铝酸盐熟料制品比较普遍又相对比较成熟的生产技术。生产设备如图 8-4-1、图 8-4-2 和图 8-4-3 所示，实际生产设备如图 8-4-4 所示。

该工艺技术的特点是：生产工艺简单，窑炉投资省，电极产生电弧直接加热升温，被加热的物料升温快，对难熔的物料迅速熔融，窑炉生产过程无污染。

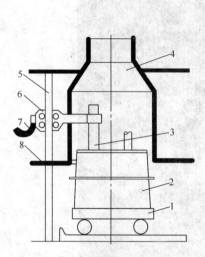

图 8-4-1　移动式电弧炉结构示意图

1—炉车；2—炉体；3—电极；4—排烟罩；5—把持器立柱；6—把持器；7—电极母线；8—平台

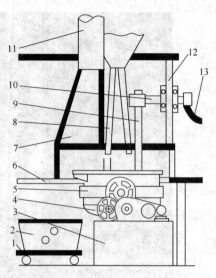

图 8-4-2　倾倒炉结构示意图

1—接包车；2—接包；3—混凝土基础；4—倾倒传动机构；5—炉体；6—操作平台；7—排烟罩；8—下料管；9—电极；10—把持器；11—烟囱；12—把持器立柱；13—电源母线

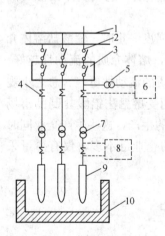

图 8-4-3　电弧炉供电系统

1—高压母线；2—隔离开关；3—油开关；4—电流互感器；5—电压互感器；6—测量仪表；7—路变压器；8—继电器及低压用测量仪表；9—电极；10—电弧炉炉缸

(a)　　　　　　　(b)

(c)　　　　　　　(d)

图 8-4-4　低压中频电弧炉

(a) 电弧炉熔池；(b) 电弧炉变压器；(c) 电弧炉放液口；(d) 电弧炉阳极（备用品）

一、生产工艺原理

电熔难熔原料用电弧炉，是利用电能熔炼难熔原料的热工设备。该设备由于能量高度集中，易于产生高温，能够迅速熔炼难熔的原料，操作较为简便，但耗电量大。在耐火材料工业中应用电炉生产电熔刚玉、棕刚玉、莫来石、镁铬质等高级耐火材料以及熔制铝酸盐水泥熟料及铝酸盐相关制品等。

工作原理：生产铝酸盐产品的原料主要成分为 CaO、Al_2O_3，如果是单纯的氧化物，其熔点温度在 1850～2200℃ 之间，导电性能差，仅在熔融之后才具有较好的导电性能，故可利用电弧在电极和物料之间的放电热与电流通过炉料时产生的电阻热直接加热原料，实施物料的熔融。该种炉型分为"固定式炉"和"倾倒式炉"两种。"固定式炉"的炉壁下部有一熔体流放口，当熔融的铝酸盐熟料溶液在炉体中具有一定液面高度时，将炉壁下部的流放口捅开，将铝酸盐熟料溶液放出。由于熔融铝酸盐熟料的温度高、电阻率大且熔体的结晶范围窄，从炉体中放出后熔体迅速凝结成块[图 8-4-6(3)]。"倾倒式炉"与固定式炉体基本相同，仅是放料的方式不同，当被电熔的铝酸盐熟料溶液达到规定的高度时，启动炉体倾倒设施（小型炉人工转动倾斜），被熔融的液体从炉体上部泻料口流出，有自然冷却和高压空气喷吹冷却两种方式，自然冷却是将溶液流入一个可移动的钵体中，分成若干钵体自然冷却[图 8-4-6(1)]，也可以同上述固定式相同；空气喷吹是将流出的液体吹散，形成一个个 3mm 以下的微球（图 8-4-7）。

电弧炉分单相和三相两种。单相电弧炉由炉壳（钵体）和内部砌筑的耐火材料构成，炉壳的上部设有一根电极，炉衬呈圆筒形，由碳素砖砌筑而成，作另一导电极。外壁一般采用水冷结构形式，这种结构通常为小型炉。目前普遍采用的是三根电极呈正三角形顶点布置的三相电弧炉，炉壳内部砌筑碳砖作为炉衬。熔炼时，电熔状态下的电弧空间呈碗状，电极端部为半球面，熔炼过程并不因此电弧空间而中断。电加热装置包括电极本体、主电路设备和电器控制设备三部分。

电弧炉主要由炉体、烟罩、电极、电器控制设备、升降机构和倾倒机构等几部分构成。倾动式炉的结构是通过两个耳轴将炉体支撑着，两个耳轴支撑在两个支架上，炉体可以绕耳轴转动倾倒炉传动装置，即炉体可作倾倒移动。炉体的倾倒装置主要有齿轮传动、丝杠传动和液压缸传动三种方式。为改善操作环境，电弧炉上部可设排烟罩、排烟管道。

电弧熔炼炉的辅助设施有：主电路设备，包括炉用高压变压器，高压电器包括断路器、隔离开关、高压母线等。电气控制设备，包括高压控制柜、操作台和电极自动调节装置等部分。电极一般采用圆柱形人工石墨电极；电极自动调节装置主要由电流电压的测量比较和其后的执行机构两部分构成。

二、原材料的选择与制备

1. 铝矾土

选择 $Al_2O_3/SiO_2 \geq 18$，SiO_2 含量在 3.5% 以下的块状优质铝矾土，在立式窑（或倒烟窑）中加热到 800℃ 以上，将矾土中的物理水和化学水全部烧去，形成 Al_2O_3 含量在 88% 以上，SiO_2 含量在 4.0% 以下的烧结矾土（或称为研磨级矾土）。

原材料的质量控制：定点选择优质的烧结铝矾土，是决定产品品质的关键原料，其理化指标要求见表 8-4-1。

表 8-4-1　烧结铝矾土品质指标　　　　　　　　　　　　　　　%

Al_2O_3	SiO_2	Fe_2O_3	TiO_2	体积密度	外观
≥88	≤4.0	≤2.0	≤4.5	≥2.8	块状，亚白色

　　进厂品质控制，要求烧结矾土进厂粒度 50～250mm，杜绝烧结时带进的泥块混入物料，必要时必须进行人工分拣，以保证进厂物料的纯度。每批进厂 50t 为一个编号，每批按要求进行化学分析。

　　2. 生石灰

　　选择 $CaCO_3$ 含量在 95% 以上的优质石灰石（CaO 含量在 54% 以上），在窑炉中加热到 1000℃ 以上，生石灰的 CaO 含量在 95% 以上，SiO_2 含量在 1.5% 以下。定点选择的优质生石灰是决定产品品质的主要原材料，其理化指标要求见表 8-4-2。

表 8-4-2　生石灰品质指标　　　　　　　　　　　　　　　%

成分	CaO	SiO_2	外观
指标	95	1.5	块状、白色

　　进厂品质控制，要求生石灰进厂粒度 50mm 以上，不能有夹杂泥块，每批进厂 50t 为一个编号，每批按要求进行化学分析。

　　3. 校正性材料

　　工业氧化铝（Al_2O_3≥98%）或生产金属钙的副产品"钙渣"。所谓的"钙渣"是生产金属钙时，由金属铝颗粒（粉）与生石灰按一定比例混合挤压成型（12mm 椭圆形颗粒）。金属钙的形成过程是由生石灰 CaO 与金属铝 Al 在一种密闭的金属容器中加温（温度控制在 1300℃左右）并抽真空，金属铝在还原气氛下将 Ca 置换出来形成金属钙富集在容器的一端，金属铝被氧化成 Al_2O_3。生产金属钙的温度条件较低，部分 CaO 与 Al_2O_3 形成一种不稳定的七铝酸十二钙矿物（$12CaO \cdot 7Al_2O_3$）的副产品，所以这种金属钙的副产品就是一种非常不稳定的铝酸盐矿物（低温形成的七铝酸十二钙），常态下与空气中的水分接触迅速粉化。然而这种废弃物正好可用来生产电融铝酸盐熟料所需要的化学成分。而且 SiO_2 含量非常低，其化学成分见表 8-4-3。

表 8-4-3　金属钙渣的化学成分　　　　　　　　　　　　　　%

项目	CaO	Al_2O_3	SiO_2	Fe_2O_3
C1	61	36	1.1～1.7	0
C2	51.85	44.35	1.82	0.82
C3	60.19	36.8	1.09	0.7
C4	48～62	34～37	0.9～1.5	0.2～0.5

　　熔融法生产铝酸盐水泥熟料及铝酸盐熟料相关制品是将高品位铝矾土、石灰石，在电弧熔炼炉中将其加热至 1500℃ 以上并完全熔融（铝酸盐熟料制品的最低熔点是 1385℃），液态下形成的铝酸盐矿物分子结构完整、稳定，在常态下与水分子结合不会粉化分解。熔融法铝酸盐熟料（七铝酸十二钙 $12CaO \cdot 7Al_2O_3$）的矿相结构如图 8-4-5 所示。

三、铝酸盐水泥熟料及铝酸盐熟料制品的制成

　　按照一定配比的铝酸盐原料经电弧炉融化而制成的熔块，破碎筛分成不同粒度的颗粒，

10× 40×

图 8-4-5 电镜图 七铝酸十二钙

即为不同化学成分、不同粒度要求的铝酸盐熟料制品。如果按照铝酸盐水泥熟料化学成分配料生产出的熔块，经破碎后磨制到 0.08mm 以下的粉末即为铝酸盐水泥，即可作为高品质耐火材料的凝结剂。

1. 电弧炉熔融法生产铝酸盐水泥

电弧炉熔融法适合生产 CaO 含量较高的铝酸盐水泥。用回转窑烧结法生产的熟料，其 CaO 含量一般在 35% 以内，因为 CaO 含量过高，就会使熟料的温度烧成范围变得狭窄且不易稳定操作。而用熔融法生产，就可以配制 CaO 含量较高（35%～38%），即 CA 矿物含量较高的水泥，从而获得早期强度更高的铝酸盐水泥，另外熔融法还适合利用高铁矾土做原料生产 Fe_2O_3 含量较高（8%～16%）的高铁铝酸盐水泥。

用熔融法生产铝酸盐水泥的技术要点是选用优质矾土和优质石灰质原料，在熔化过程中尽可能控制为氧化气氛，因为还原气氛中会有 FeO 生成，并形成 Pleochroite 的多色矿物。Midgley 教授的研究[1] 认为 Pleochroite 的化学式为：（Ca, Na, K, Fe^{2+}）A（Fe^{3+}, Al）B（Al_2O_7）5（AlO_4）6-x（Si, TiO_2）x，Pleochroite 的生成会对铝酸盐水泥的性能产生有害影响，导致 $C_{12}A_7$ 的含量增多，使铝酸盐水泥的凝结硬化过程难于控制。

2. 电弧炉熔融法生产铝酸盐熟料制品

不同电弧炉生产的铝酸盐熟料制品如图 8-4-6 所示。

3. 电炉熔融法生产铝酸盐 CA-70 水泥熟料

熔融法生产（电熔）铝酸盐水泥 CA-70 熟料，熟料高压空气喷吹冷却法，生产工艺如图8-4-7所示。

熔融法生产铝酸盐水泥 CA-70/80 的工厂多为小型电熔炉，每炉生产能力大约 700～800kg，一条生产线年生产能力不超过 3000t，产品耗电量 2000kW·h/t 左右。原料为工业氧化铝和生石灰，生产中为了配料方便，生石灰须粉磨成 0.1mm 细度以下的颗粒，对于铝酸盐水泥 CA-70 熟料，配料时按全部生成铝酸一钙矿物进行配料比计算，即 $Al_2O_3/CaO=1$，质量比为 102/56＝1.82。由于石灰不可能达到 56 的分子质量，所以，配料时应适当考虑生石灰的配比。物料混合后分批量装入电熔炉，被熔融的铝酸钙熔液经不同冷却方式（小型多为风冷造粒、大型为水槽成型冷却式），使 CA 晶体发育完全并呈细粒状析出，同时含有较高的 CA 相和玻璃体。$C_{12}A_7$ 呈极小粒状析出，含量适宜。获得铝酸盐水泥熟料熔块（或 5mm 以下的颗粒）破碎后掺入适量的 α-Al_2O_3 进行粉磨即为铝酸盐水泥。众所周知，CA 和 $C_{12}A_7$ 具有早强的特性，但熔点较低，分别为 1600℃ 和 1410℃。为了提高水

125

图 8-4-6　电熔铝酸盐熟料

（1）倾倒式出炉的铝酸盐熟料制品；（2）破碎后的铝酸盐熟料制品；（3）流放式出炉的铝酸盐熟料制品

（4）电熔铝酸盐水泥熟料；（5）风冷式熟料冷却

电熔熔炼炉　　　　　　　　　空气喷吹冷却

图 8-4-7　电炉熔融法铝酸盐水泥 CA-70 熟料

泥的耐火度和高温性能，故掺加适量的 α-Al_2O_3，使水泥中的 Al_2O_3 含量达到 77％以上，耐火度达到 1750℃以上。图 8-4-8 为电熔铝酸盐水泥 X-衍射谱线。从图 8-4-8 中看出，其主晶相矿物为 CA 和 α-Al_2O_3 以及极少量的 $C_{12}A_7$。

　　生产中电极插入式熔炼炉，由于电极的不断消耗，熟料出炉颜色淡灰色，熔融法铝酸盐水泥 CA-70 熟料的实物如图 8-4-9 所示。

　　粉磨后水泥呈亚白色，如生产 CA-80 水泥，需加入适量的煅烧氧化铝（α-Al_2O_3），水泥颜色较白。

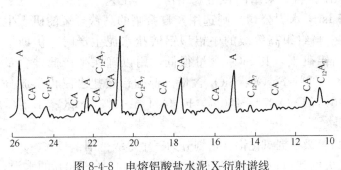

图 8-4-8 电熔铝酸盐水泥 X-衍射谱线

图 8-4-9 铝酸盐水泥 CA70 熟料

四、电弧熔炼炉能源消耗

电弧熔炼炉是利用电极电弧产生高温熔炼矿石的电炉。气体放电形成电弧时能量很集中，弧区温度在 3000℃以上。电弧炉按电弧形式可分为三相电弧炉、自耗电弧炉、单相电弧炉和电阻电弧炉等类型。电弧炉按每台炉所配变压器容量的多少分为普通功率电弧炉、高功率电弧炉和超高功率电弧炉。电弧炉熔炼矿石是通过石墨电极向电弧炉内输入电能，以电极端部和炉料之间发生的电弧为热源进行熔炼。电弧炉以电能为热源，所以这种大功率以电能动力产生热源的熔炼设施，电能消耗量很大。但由于不同物质的熔点温度不同，在熔炼时其消耗的电能是有很大差别的。被熔炼的对象是一种矿石或工业产品（指纯度较高的矿石）或是两种以上矿石所形成的化合物（矿物），其消耗电量差异是不同的，熔炼工业氧化铝的耗电量就高得多。例如电熔棕刚玉为 2200～2500kW·h/t，电熔白刚玉为 1800～2200kW·h/t，电容镁砂为 2500～3000kW·h/t，而熔炼铝酸盐熟料仅有 1000～1500kW·h/t。

第五节　世界铝酸盐水泥的生产情况简介

世界范围内大批量生产铝酸盐水泥的厂家曾一度局限于两家公司，即法国拉法基铝酸盐公司（Lafavge）和美国铝业公司（Alcoa）。拉法基铝酸盐公司生产了目前国际上流通的三个等级各种品质的铝酸盐水泥产品，即高铝型 CA-70/CA-80、中铝型 CA-50、低铝型 CA-40 铝酸盐水泥，是产品等级最全的大型跨国公司。美国铝业公司仅生产高铝型 CA-70/CA-80 水泥。目前世界上生产铝酸盐水泥的企业还有如下厂家：德国的黑德堡（Heidelberger）公司在克罗地亚的普拉（Pula）工厂伊斯塔（Istra）水泥公司，主要生产中铝型 CA-50、低铝型 CA-40 铝酸盐水泥；美国里海水泥公司巴芬图工厂（Lehigh Portland Cement Company Buffington Station）生产中铝型 CA-50 铝酸盐水泥，该工厂建在宾夕法尼亚西北部的伊利湖畔（Lake Erie），由于美国环境的要求，1997 年工厂已经关闭；西班牙 Cementos Molins 公司生产低铝型 CA-40 铝酸盐水泥。除此之外，还有一些所占市场份额较小的区域性生产厂，从事高铝型或低铝型的铝酸盐水泥，分布地区有日本、印度、巴西、韩国、波兰等地区，中国是 21 世纪铝酸盐水泥市场发展最快的国家。不过这些国家及生产企业主要以本土的市场为主，对本土以外的市场影响力很小或几乎没有影响。

世界上这些铝酸盐水泥生产企业，原料的来源和选择取决于生产厂家所要求的铝酸盐水泥的质量等级。美国铝业公司的高铝型铝酸盐水泥，是选用高纯度的石灰石和工业氧化铝（也有采用高纯的铝矾土）作原料，采用回转窑烧结法生产工艺进行生产。克罗地亚的普拉（Pula）工厂（伊斯塔 Istra 水泥公司）则选用产自希腊的高铁含量的矾土生产低纯（40％ Al_2O_3）铝酸盐水泥。当组织高等级的中铝型铝酸盐水泥生产时，伊斯塔 Istra 水泥公司则是利用中国的烧结铝矾土，其 SiO_2 含量很低，用以确保生产低硅含量的水泥。石灰石来自于本国，具有较低的 Fe_2O_3、SiO_2 含量。低硅铝酸盐水泥化学成分为：Al_2O_3 50％～53％，SiO_2 3％～6％，CaO 37％～40％，Fe_2O_3 1％～3％，MgO＜1.2％，SO_3＜0.4％。

通常情况下，铝酸盐水泥的商品等级根据氧化铝含量划分为三个等级范围：40％、50％和大于70％，对应的颜色等级由暗灰色到白色。最常见的氧化铝含量40％～50％的水泥，可称为低-中铝型水泥，Al_2O_3 含量大于70％或 Al_2O_3 含量达80％的高等级铝酸盐水泥，用量较少而且其应用场合更为特殊。通常水泥商标的后缀为 Al_2O_3 含量，并有意加大后缀的数值，比如 Lafarge 公司的 Secar71。从品质上说，Al_2O_3 含量越高，水泥的耐火性能越好。铝酸盐水泥的性能取决于其氧化铝的含量，而 CaO、SiO_2、Fe_2O_3 的含量也很重要，尤其对水泥的最终使用性能有一定的影响，典型的铝酸盐水泥化学成分，见表 8-5-1。

表 8-5-1　主要的铝酸盐水泥等级和典型化学组成　　　　　　　　　　%

类型	等级	Al_2O_3	CaO	Fe_2O_3	SiO_2	颜色
CA-40	低铝型	37～42	36～40	11～17	3～8	暗色
CA-50	中铝型	49～52	39～42	1.0～1.5	5～8	浅灰
CA-70/80	高铝型	68～80	17～20	0～0.5	0～0.5	白色

世界各国主要铝酸盐水泥企业的生产能力与品种，见表 8-5-2。

表 8-5-2　世界各国铝酸盐水泥企业的能力与品种

公司	厂址	生产工艺	能力 /（万吨/年）	水泥等级		
				CA-70/80	CA-50	CA-40
美国铝业公司	荷兰鹿特丹	烧结	5	CA-14		
	美国阿肯色州	烧结	4	CA-270 CA-25R CA-25C CA-280		
拉法基铝酸盐公司	敦克尔克 法国	熔融	15～18		Secar51	Ciment Fondu
	Le Teil 法国	烧结		Secar71 Secar80	Secar60	Lafarge[R]
	Fos-sur-Mer 法国	熔融				Secar41
	West Thurrock 英国	烧结		Secar71 Secar80		
	Chesapeake, Viyginia 美国	烧结				
	中国 天津	烧结	4	Secar71 Secar80		

续表

公司	厂址	生产工艺	能力/(万吨/年)	水泥等级		
				CA-70/80	CA-50	CA-40
海德堡 Istra 水泥	Pula 克罗地亚	熔融	12		Istra50 Refcon*	Istra40 快凝水泥
莫林斯 水泥公司	San Vincenc dels Horts, 巴塞罗那，西班牙	熔融	4			

* Refcon 是美国里海公司巴芬图工厂的品牌，1997 年工厂关闭，因此该公司属于海德堡的分公司。

还有一些区域性和本土的生产商，如中国、日本、韩国、波兰、印度、巴西等国，生产从高铝型到低铝型系列的铝酸盐水泥。

现将有一定影响的外国公司介绍如下：

一、拉法基铝酸盐公司

1908 年，拉法基的 J•贝德取得一项水泥产品专利，这使得 1913 年成为世界首次商业性生产铝酸盐水泥的年份。自那时以后，"Ciment Fondu Lafarge"被世人所知，这种级别的产品在耐火材料行业和其他市场兴旺至今。拉法基铝酸盐公司总部设在巴黎，是拉法基集团的一部分。拉法基集团不但是世界第一大水泥生产商，而且在混凝土、骨料、屋顶材料和石膏板方面也居于国际领先地位。

拉法基铝酸盐在北美的运作与活动由"拉法基铝酸盐"公司负责。拉法基是世界上最大的铝酸盐水泥生产商，同时具有熔融法及烧结法生产的全部铝酸盐系列等级水泥。

我们可以看出，拉法基公司进行铝酸盐生产的工厂有五个，分别位于英国、法国（3个）和美国，同时以烧结法和熔融法两种工艺进行生产。2001 年上半年，拉法基投资 2500 万美元的铝酸盐烧结法工厂在中国天津开工建设，至今运营良好。

除这些铝酸盐生产中心外，拉法基还在巴西（圣地亚哥、里约热内卢）和南非（理查德湾）经营铝酸盐水泥粉磨厂。

拉法基熔融铝酸盐产品有"Ciment Fondu Lafarge、Secar41、Secar51（都产于法国）"，回转窑烧结法煅烧铝酸盐产品有"Secar60、Secar71 和 Secar80"，后者产于美国和英国。矾土和石灰石为这些产品的主要原料，但 Secar60 主要以熟矾土和生石灰生产、Secar70 以工业氧化铝和生石灰生产。Secar80 与其他产品不同，这是一种以 70% Al_2O_3 含量的水泥熟料加入一定量的煅烧氧化铝（α-Al_2O_3）组成水泥，它强化了成分的纯净性并提高了常规状况下作为水泥浇注料使用的使用性能。

拉法基铝酸盐（Lafarge Aluminates）虽然没能主导当今的市场，但它是当今世界最大的铝酸盐水泥生产商，1998 年在世界各地市场所占的销售份额也显示出拉法基铝酸盐（Lafarge Aluminates）公司的可观业绩：在欧洲占 41%；在北美和南美占 25%；在亚太地区占 12%；在地中海、非洲、中东占 7%。

2006 年 9 月拉法基铝酸盐公司被法国 Materis 集团投资公司收购，仍隶属法国的独资企业，现公司名称为凯诺斯铝酸盐技术（Kerneos Aluminate technologies）公司。

二、美国铝业世界化学公司

2000 年 5 月 1 日，美国铝业工业化学公司更名为美国铝业世界化学公司，这反映出美国铝业工业化学公司与美国铝业世界氧化铝公司进行一体化合并以适应世界市场需求的一次商业运作。

美国铝业化学公司仅生产高等级的铝酸盐产品，即氧化铝含量为 70％和 80％的铝酸盐水泥，并在两个工厂内生产大体相等数量的两种产品，这两个工厂分别在荷兰的鹿特丹和美国阿肯色州的鲍克赛特。鹿特丹工厂生产能力 5 万吨/年，向欧洲和海外供货。阿肯色州的工厂生产能力 4 万吨/年，向美洲供货。几乎所有产量都用于耐火材料行业，不过也有少量产品用于建筑市场，美国铝业化学公司当时希望在这个领域内寻求更进一步的市场拓展。

美国铝业化学公司采用低杂质煅烧氧化铝和当地所产高纯度生灰石。采用回转窑烧结铝酸盐水泥熟料时，因其严格的生产控制与管理贯穿到各生产工序的重要环节而享有盛名。鹿特丹的工厂以其是"美国铝业所属企业"的生产方式获得声誉。

美国铝业化学公司的 Al_2O_3 含量 70％铝酸盐产品以 CA-14 和 CA-270 为代表，这些产品因其具有喷射、振动或自流的特性而被用于低水泥和超低水泥浇注料。CA-14 产品有三种不同凝结时间（冬季、春秋季和夏季），它会依气候不同而选择不同凝结时间。

有关新的 CA-270（被描述为"Al_2O_3 含量 70％水泥的二次制造"）需水量很低、流动能力好并具有较高的水泥强度。这家公司 Al_2O_3 含量 80％的铝酸盐水泥是以 CA-25R（普通等级）和 CA-25C（浇注料级）为代表。这些产品用于耐火材料市场的常规和低水泥浇注料中，此项应用要求凝结时间快，在春秋季温度条件下有良好的早期强度。

1998 年 10 月，美国铝业化学公司开发出一种新产品 CA-280，这是一种含氧化铝 80％的铝酸盐水泥。它具有很高的坚固性、很低的需水量以及高化学纯度，与其他含氧化铝 80％铝酸盐水泥不同的是，它不含任何有机添加剂。

安迈（Almatis GmbH）于 2004 年收购了美国铝业（美铝集团 ALCOA）公司世界化学品部的该项业务。安迈（Almatis GmbH）的总部位于德国法兰克福。

美国安迈公司在中国的青岛设有产品市场销售部。

三、德国海德堡铝酸盐公司

直至 20 世纪 90 年代末，总部设在海德堡的海德堡水泥公司通过其下列两个子公司生产铝酸盐水泥：一是美国印第安纳州美国的里海波特兰水泥公司的巴芬图工厂（1977 年海德堡公司得到了里海公司）；二是克罗地亚的普拉（Pula）伊斯塔（Istra）水泥公司。不过位于印第安纳州的巴芬图工厂于 1998 年关闭，使海德堡完全集中于普拉（Pula）生产。2000 年初，海德堡重组铝酸盐水泥销售业务，更名为海德堡铝酸盐（Heidelberger Calcium Aluminates）公司。

位于拥有优良海运能力的伊斯塔（Istra）半岛的伊斯塔（Istra）水泥公司，于 1926 年开始生产水泥，有两座窑炉烧制铝酸盐水泥，到 1928 年时达到 3 座以上。1938 年又安装了 4 座，使每台窑炉的日产量达到 40t 生产能力。1958 年恢复生产，所产各种类型水泥熟料 13 万吨。1977 年 1 台白水泥生产窑建成，1981 年开始生产。

1993 年海德堡买下伊斯塔（Istra）25％股权，并于 1996 年将股权扩大到 50.1％。1997 年白水泥停产，其工厂活动集中于伊斯塔（Istra）铝酸盐水泥生产。1998 年完成了铝酸盐水泥窑炉的控制污染设备安装，1999 年完成了对所有炉窑的控制。2000 年 5 月 25 日，海德堡将其伊斯塔（Istra）中的股权增加到 92.5％。目前产量为 8～9 万吨/年，但伊斯塔

(Istra) 拥有的生产能力为 12 万吨/年。伊斯塔生产"Istra-40"和"Istra-50"铝酸盐水泥，还有一种中间类（58.5% Al_2O_3）产品，称作"Refcon"，还生产"Lumnite"牌号产品［美国里海水泥公司巴芬图工厂（Lehigh Portland Cement Company Buffington Station）关闭之后，其品牌的使用权转移给普拉（Pula）工厂］，这是一种中铝型系列铝酸盐水泥。产量主要对中欧和北美，后者占总产量约 25%。

2006 年 6 月海德堡水泥集团与中欧合作者集团签订协议，出售海德堡持有的伊斯塔（Istra）水泥 92.4% 的股份。中欧合作者集团总部在伦敦，是一家投资于中、西欧的基金公司。

四、莫林斯水泥公司

位于西班牙巴塞罗那的莫林斯水泥公司（Cementos, Molins SA）是 1928 年由约·金·莫林斯菲格斯组建的。虽然该公司仍在继续生产石灰和水泥，但其另一个主要业务曾是按照拉法基的专利生产高氧化铝含量的铝酸盐水泥，牌号是"伊莱克特兰德（Electroland）"。

1929 年和 1930 年初步建成两座倒焰窑，随后于 1943 年该公司的首座和第 2 座生产波特兰水泥的回转窑建成（此后丹麦企业 F.L. 史密斯公司于 1965～1974 年间又提供了 3 座波特兰水泥回转窑）。

1955～1965 年间莫林斯水泥公司开动 3 号到 5 号窑炉生产伊莱克特兰德牌号的铝酸盐水泥。这些窑炉于 1998 年被两座新炉所替代。目前铝酸盐水泥年度总生产能力为 4 万吨。

莫林斯水泥公司所产"伊莱克特兰德"（Electroland）产品是典型的氧化铝含量为 41% 的铝酸盐水泥，是以石灰石和高铁矾土加工的。另一种称作"铝酸盐（Aluminite）"的产品也有生产，它是提高了抗热性的铝酸盐水泥，在 1000℃ 情况下成为良好抗热混凝土的组分，这种铝酸盐（Aluminite）水泥的氧化铝含量大于 45%。

五、其他

1. 中国的"中国长城铝业公司"

设在河南郑州的中国长城铝业公司（CGWAC）成立于 1992 年 6 月，该工厂始建于1958 年，1965 年第一条铝酸盐水泥生产线投产。它是一个集生产与科研机构为一体的氧化铝生产企业。多品种产品包括硅酸盐水泥和 α-Al_2O_3（年产能 1 万吨）生产的同时，中国长城铝业公司拥有年产 12 万吨铝酸盐水泥的生产能力，产品含 45%～80% Al_2O_3。这家公司是国内最大铝酸盐生产企业，其占铝酸盐水泥国内市场的份额很高，产品出口到十多个国家。除正常的铝酸盐水泥外，中国长城铝业公司还根据客户的需要生产各种凝胶耐火材料和快硬铝酸盐水泥以及硫铝酸盐水泥等。

以长城铝业公司为代表的中国铝酸盐水泥生产企业，近年来发展迅速，目前国内已有十几家铝酸盐水泥生产工厂。

2004 年 4 月，中国长城铝业公司铝酸盐水泥、α-Al_2O_3 业务的 90% 股权转让给法国拉法基铝酸盐公司。

2. 日本的"丹卡（Denka）"

自 1955 年起，"丹卡"水泥一直在日本电器化学株式会社的化工产品分部生产，包括含 Al_2O_3 54%～57% 的 1 号铝酸盐水泥（日本称为氧化铝水泥）、含量为 49% 的 2 号铝酸盐水泥、含量为 73%～80% 的高铝型及含量为 79～80% 的超高铝型铝酸盐水泥，公司地点设在日本福冈县。

3. 巴西的"埃尔弗萨（Elfusa）"

巴西圣保罗的埃尔弗萨捷拉尔电熔产品公司（Elfusa Geral de Eletrofusão Ltda），多半为系列熔融矿物产品，如棕、白刚玉（电熔铝矾土、氧化铝）、莫来石和尖晶石最为出名，拥有 12 万吨/年熔融能力。不过埃尔弗萨还年产约 8000t 铝酸盐水泥，分为以下等级：EL-60、EL-61、EL-70 和 EL-81。

4. 波兰的"格卡（Gorka）"

波兰南部克拉科夫以西约 40km 特捷比尼亚的格卡有限公司（Gorka SA Corp. is based in Trzebinia）是 1912 年开始生产水泥的企业，其地点与水泥原料及原煤产地很近。多年来，格卡（Gorka）公司安装了 F.L. 史密斯公司提供的设备，它是一家供应波兰市场的耐火材料生产商，并专门生产铝酸盐水泥。格卡（Gorka）生产三个级别铝酸盐水泥并拥有年产 1 万吨的生产能力。"格卡尔（Gokal）40"产品大量用作耐火材料、混凝土和半成品，耐热能力高达 1300℃，在工业建筑、化学工业建设中作耐火泥和胶粘剂，在煤矿和一些维修企业中也有应用。"格卡尔（Gokal）50"用于预制耐火混凝土和暴露在 1300～1450℃ 条件下的耐热预制块。"格卡尔（Gokal）70"用于制造高达 1700℃ 条件下使用的耐火混凝土和耐火预制块。

格卡（Gorka）还生产合成精炼渣，在铸钢的出钢阶段添加。"格卡斯特（Gorcast）"牌号产品在中间包里添加；"格拉芬（Gorafin）"牌号产品在主钢包中添加。

从 1997 年开始，格卡（Gorka）分解为一些较小的运营企业，分别负责不同的生产活动，如格拜特公司为生产格卡（Gorka）公司浇注和喷补混合料的厂商。1999 年末至 2000 年初，格卡（Gorka）的铝酸盐水泥生产由格卡（Gorka）水泥公司生产。

2000 年 9 月，意大利建筑胶粘剂及化工产品企业麦贝公司签下一份 100％ 获得格卡（Gorka）水泥分公司的合同，条件是须获得波兰当局的许可。麦贝作为世界建筑用化工产品的生产者，其目的是利用格卡（Gorka）公司为自己的需求提供原料并继续服务于耐火材料市场。

5. 韩国的"联合公司"

1964 年成立的韩国"东方化学工业公司"子企业联合公司（Union Corp.）现已成为国内特种水泥的生产者。联合公司（Union Corp.）生产铝酸盐水泥以及白色波特兰水泥、瓷砖粘结水泥和白刚玉。

6. 南非的"鳄鱼河冶炼者氧化铝"

1998 年末鳄鱼河冶炼者氧化铝有限公司（CRS AluminasLtd，CRS 系 Crocodile River Smelter 的字头语）在南非西北省布里茨附近一个租得的白金冶炼联合企业内开始生产铝酸盐水泥（该企业即 CRS）。该冶炼企业是从巴普莱茨投资有限公司手中租到的。它由两对 4MW 潜入式电弧炉供 4 个冶炼包，潜在的月生产能力 3000t。

采用当地石灰石和进口工业氧化铝以及烧结铝矾土，鳄鱼河冶炼者氧化铝公司开发了 CRS-51 铝酸盐水泥，还有 Al_2O_3 含量 70％、80％ 的水泥，以及熔融莫来石。1999 年中期，鳄鱼公司的设备利用率为 25％，其产量目标达到 80％，产品服务于海外市场。不过，有消息说，由于该公司的产品尚未打开欧洲及其他市场，直到 2001 年"冶炼者联合企业"的拥有者巴普莱茨已经终止了对"鳄鱼河冶炼者"的租赁协议，不再计划重开"鳄鱼河"。所有铝酸盐水泥和熔融材料的生产均已停止。

参考文献

［1］　中国国际商会经济信息部. 1998.

［2］　百科大全. 电熔耐火原料电弧炉.

［3］　徐平坤. 刚玉耐火材料［M］. 北京：冶金工业出版社，1999.

［4］　Ｂｅｔｏｎｉｅｋ september. High alumina cement，1998.

第九章　铝酸盐水泥的粉磨、均化与包装

第一节　水泥粉磨的意义

铝酸盐水泥的粉磨是在不加入任何辅助性材料的条件下，将水泥熟料在磨机中加工成一定细度的水泥粉体，其细度随水泥品种而异。铝酸盐水泥熟料粉磨的目的在于：一是粉磨后的粉体与水作用才能发挥水泥的潜在化学性能；二是经粉磨的水泥粉体才能在耐火混凝土中把耐火骨料粘结在一起。

粉磨致使铝酸盐矿物晶格产生缺陷，影响着水化和硬化的反应速度。在铝酸盐水泥熟料内，铝酸盐矿物占有相当的比例，粒子越小，铝酸盐矿物的水化速度越快。所以在熟料矿物成分相同的情况下，提高水泥粉磨细度，增加比表面积，水泥颗粒的水化速度加快，从而可达到更高的强度。

一般来说，水泥强度和比表面积之间的关系有一定的规律性。有资料介绍，在布氏比表面积 $300\sim400\ m^2/kg$ 范围内，比表面积增加或减少 $10m^2/kg$，其耐压强度相应增减 $0.5\sim1.0MPa$。

根据国内铝酸盐水泥生产经验，水泥要求的比表面积如下：

CA-50　　　　　　$360\sim400m^2/kg$
CA-70/80　　　　$450\sim600m^2/kg$

就铝酸盐水泥而言，水泥的粉磨细度应该是首先考虑的，但并不是说，粒子越细越好，而应当说具有一定粒度分布的超细粉末和不含有粗粒子的粒度构成为最好。这是耐火混凝土施工中的凝结、强度和高温状态下收缩等方面所要求的。研究结果表明，不同粒度的水泥颗粒其水化速度差异很大，粒径大于 $60\mu m$ 的颗粒对水泥强度的作用甚微，近似于填料作用；而粒径小于 $3\mu m$ 的颗粒的水化过程在硬化初期瞬间完成，所以只对早期强度有利；水泥颗粒级配中粒径 $3\sim30\mu m$ 的颗粒是担负强度增长的主要粒级。对此铝酸盐水泥粒径 $3\sim30\mu m$ 的颗粒级配在各种水泥中的含量具体要求为：

CA-50　　　　　　$65\%\sim75\%$
CA-70/80　　　　$75\%\sim85\%$

水泥粒度与比表面积的关系如图 9-1-1 所示。

显然，水泥的粉磨细度是水泥生产的重要技术指标。因为它不仅是水泥强度发展的重要因素，且需要消耗大量的能源。水泥粉磨耗电量占水泥生产总耗电量的 $30\%\sim40\%$。为了提高水泥的粉磨效率，降低生产成本，各水泥生产商都

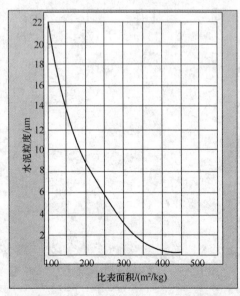

图 9-1-1　水泥比表面积和粒度的关系

在致力于改善粉磨过程和开发先进的粉磨机械与工艺技术。

第二节　铝酸盐水泥粉磨的方法

铝酸盐水泥生产没有大型化的生产企业。由于大多是民营企业，受资金和技术的限制，多追求于投资省、工艺简单，一般工厂选用中、小型粉磨设备。粉磨设备多为球磨机，设备规格（直径）通常为 $\phi1.5\sim\phi2.2m$，设备规格最大的是目前郑州长城特种水泥公司的 $\phi2.4m\times13m$ 的球磨机，这台设备是在原有的 $\phi2.74m\times3.96m$ 两台串联球磨机改造之后的设备，水泥粉磨效果更为优化。

铝酸盐水泥粉磨工艺布置，采用开路和闭路两种粉磨工艺方法。

一、开路粉磨

小型民营企业多采用开路粉磨生产工艺方法。开路粉磨系统的优点是：流程简单、设备少、投资省、操作简便。由于物料必须全部达到成品细度后才能出磨，因此当要求产品细度较细时，被磨细的物料不能及时排出而出现过粉磨现象。过粉磨的物料在磨内形成缓冲层，对尚未磨细的粗颗粒继续粉磨极为不利，有时甚至出现包球、粘附隔仓板篦孔等现象，降低粉磨效率，增加粉磨电耗。

二、闭路粉磨

中型铝酸盐生产企业一般采用闭路粉磨生产工艺，闭路粉磨生产系统的优点是：可以减少过粉磨现象，提高粉磨效率，降低电耗，产品粒度相对比较均匀，成品细度可由调节分级设备来改变。缺点是闭路系统流程复杂，投资较大，工艺流程如图9-2-1所示。

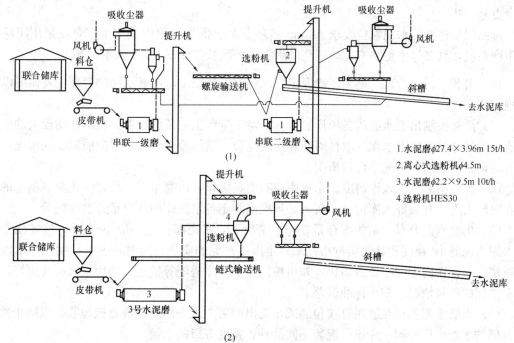

1.水泥磨 $\phi27.4\times3.96m$ 15t/h
2.离心式选粉机 $\phi4.5m$
3.水泥磨 $\phi2.2\times9.5m$ 10t/h
4.选粉机 HES30

图 9-2-1　铝酸盐水泥粉磨系统工艺流程图
（1）串联闭路粉磨工艺流程系统；（2）管磨闭路粉磨工艺流程系统

图 9-2-1 是国内某家水泥厂两种粉磨工艺，水泥颗粒、细度、比表面积和电耗，见表 9-2-1、表 9-2-2。

表 9-2-1　两种粉磨工艺产品的颗粒分布表

粉磨工艺	样品编号	颗粒分布/μm										
		2	4	8	16	20	25	35	45	55	65	85	120
串联球磨	192	5.35	10.3	18.5	38.5	48.2	55.5	72.9	75.9	79.7	82.0	90.8	100
	230	6.07	11.6	19.9	41.7	52.3	58.8	70.6	79.4	84.9	89.0	93.1	100
闭路管磨	219	6.40	11.8	20.6	39.2	51.0	62.0	74.0	83.5	90.0	92.7	95.7	100
	260	7.03	14.2	23.1	41.5	55.7	64.0	74.6	84.0	92.0	93.9	97.5	100

表 9-2-2　水泥平均粒径、比表面积、筛余、电耗

粉磨方式	样品编号	重量平均粒径/μm	比表面积/(m²/kg)	+0.080mm/% 筛余量	电耗/kW·h
串联球磨	192	21.1	324.0	5.0	48
	230	19.1	336.0	3.5	
闭路管磨	219	19.6	357	4.0	63
	260	18.3	368	3.2	

两种粉磨工艺不同，它们最终产品的细度、比表面积和颗粒分布也就不同。从上述比较可见，串联闭路循环球磨比管磨闭路循环粉磨更为理想。管磨闭路循环磨水泥的筛余相对较小，比表面积、颗粒分布稍大，但电耗明显增大 30% 以上。对于开路磨来讲，其产品指标就会更差一些。

遵照国家标准，水泥颗粒要求 $\phi45\mu m$ 筛余不大于 20%。国内某家生产企业采用闭路循环生产系统，其 2 号水泥磨有比较理想的水泥粉磨颗粒，如图 9-2-2 所示。

加强出磨水泥的管理，是为了确保出厂水泥质量的稳定，出磨水泥的管理主要抓好以下几项工作：

（1）严格控制出磨水泥的各项质量指标。对于生产工艺条件较差、质量波动较大的生产企业，应尽量缩小出磨水泥的取样时间和检验吨位，增加检验频次，掌握质量波动情况，以便及时调整和在出厂前进行合理搭配。

（2）严格出磨水泥入库制度。水泥库应有明显标识，出磨水泥应严格按化验室制定的库号和时间入库，并做好入库记录。每班必须准确测定各水泥库的库存量并做好记录。

（3）出磨水泥要有一定的库存量。一般情况下，水泥库存量不应小于 3d，这样便于根据入库水泥的 1d 强度和其他质量指标来确定出厂水泥的质量。同时，也可根据入库水泥的重量情况，在库内进行必要的均化，如机械倒库及多库搭配等措施，如用空气搅拌更好，以稳定水泥的质量情况，缩小标准偏差。

（4）出磨水泥不得在磨尾直接包装或水泥出磨后上入下出的库底直接包装，以防止质量不合格的水泥出厂。同一库不得混装不同品种、强度等级的水泥。

（5）出磨水泥必须按产品标准中技术要求规定的物理性能检验。

（6）加强水泥的均化，采用空气搅拌、机械倒库或多库搭配等均化措施，提高水泥的均

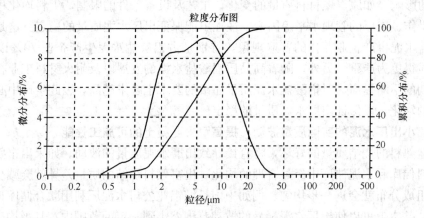

粒度特征参数

$D(4,3)$	6.23μm	$D50$	4.66μm	$D(3,2)$	3.23μm	S.S.A.	1.86sq.m/c.c.
$D10$	1.62μm	$D25$	2.43μm	$D75$	8.41μm	$D90$	13.18μm

粒度分布图

粒径/μm	微分/%	累积/%	粒径/μm	微分/%	累积/%	粒径/μm	微分/%	累积/%
0.10			1.83	6.51	14.00	33.58	0.33	99.91
0.12	0.02	0.02	2.26	8.24	22.24	41.34	0.12	99.94
0.15	0.01	0.03	2.78	7.90	30.14	45.00	0.02	99.97
0.19	0.00	0.03	3.42	7.73	37.87	50.88	0.02	99.99
0.23	0.00	0.03	4.21	8.03	45.90	62.63	0.01	100.00
0.28	0.00	0.03	5.18	8.47	54.37	77.09	0.00	100.00
0.35	0.02	0.05	6.37	8.89	63.25	80.00	0.00	100.00
0.45	0.15	0.20	7.85	8.93	72.18	84.89	0.00	100.00
0.53	0.30	0.50	10.00	9.26	81.44	116.80	0.00	100.00
0.65	0.67	1.17	11.89	5.56	87.01	143.77	0.00	100.00
0.80	0.98	2.15	14.63	5.40	92.41	176.96	0.00	100.00
0.98	0.89	3.04	18.01	3.83	96.23	217.82	0.00	100.00
1.21	1.14	4.18	22.17	2.26	98.49	268.11	0.00	100.00
1.49	3.32	7.50	27.28	1.00	99.49	330.01	0.00	100.00

图 9-2-2 铝酸盐水泥颗粒分布

匀性和一致性，缩小标准偏差。生产企业每季度进行一次均匀性试验，努力实现单包水泥各项质量指标达到产品标准要求。

第三节 铝酸盐水泥的均化

一、铝酸盐水泥均化的必要性

铝酸盐水泥总质量的稳定与否，直接关系到施工应用的工程质量和耐火混凝土的应用周期。所以，不但要求出厂水泥能全部符合国家标准，而且必须保证所有编号水泥都具有稳定的富裕强度。目前尽管国家标准对铝酸盐水泥没有标号的规定，实际生产中各企业都在按各自的产品品种设定自己的产品等级标号。尤其，占铝酸盐水泥总量 90％以上的 CA-50 产品，有的称为 625#、725#、925#；有的称为 A600、A700、A900；还有的称为 G5、G6、G7、

G9，总之都是以水泥的物理强度设定水泥的出厂标号。这些不同工厂设定的不同产品品级，根据不同生产规模的生产企业，其产品出厂等级的质量差距很大。不少工厂基本没有出厂水泥产品质量相对稳定的基本概念，对铝酸盐水泥均化的必要性很不重视。实际生产中，由于多种因素的影响，如原、燃材料质量的变化，工艺及设备条件的限制，生料均化程度的影响和员工的操作、工厂的管理水平等因素，往往不能保证出厂水泥质量的稳定。这是我国绝大多数铝酸盐水泥生产企业存在的普遍现象，特别是占铝酸盐水泥生产企业70％以上的小型民营企业显得更为严重。另外，随着高品质铝酸盐水泥的发展以及耐火材料工业在高温窑炉的应用周期的不断提高，对铝酸盐水泥质量品级的要求也越来越高，因此生产中必须认真地考虑水泥的均化，以保证出厂水泥质量的稳定。

二、缩小出厂水泥的实际质量波动，提高耐火混凝土的可施工性能

铝酸盐熟料的烧结质量的好坏，将直接导致出磨水泥质量的波动。如果出窑熟料和出磨水泥在熟料储库和水泥储库中经过合理的均化，出窑熟料烧结的质量差异就会减少，出磨水泥的矿物组成分布就会进一步均匀。例如中国长城铝业公司水泥厂利用联合储库机械化将熟料均化后，基本上可以使出厂水泥标号的波动范围缩小到一定的范围内，月平均出厂水泥标号波动范围的合格率达到75％以上。若采用更好的空气均化法对水泥储库再次均化，出厂水泥实际质量的波动范围还可以进一步缩小。

中国现有的大多数生产企业，由于缺少生产过程必要的水泥均化设施，因此产品出厂的均衡性和一致性差别很大。有相当一部分生产企业，缺少产品出厂符合铝酸盐水泥要求的均衡性与一致性的基本条件。因此对生产过程的原材料均化、生料均化、出窑熟料的均化、水泥库产和成品的均化，不仅设施不够完善，而且尚缺少对水泥出厂均匀性的基本意识。不少工厂进厂原材料没有一定数量的库存，进什么用什么。生产流程中没有基本的均化设施，生产流程为上入、下出，简单的库存设施和库容，仅是生产流程中一个缓冲区，根本起不到生产流程的均化作用。这是目前我国铝酸盐水泥产品出厂质量差异较大的主要原因。

2009年5月不同工厂出厂同一品种的铝酸盐水泥检测结果，见表9-3-1。

表 9-3-1　不同工厂出厂同一品种的铝酸盐水泥结果

企业	品种	细度		凝结时间/min			流动值/mm		抗折强度/MPa			抗压强度/MPa		
		45μm	比表面积/(m²/kg)	标稠用水量 W/C	初凝	终凝	水灰比 W/C	T0	6h	1d	3d	6h	1d	3d
GW	A700	11.7	389	29.1	165	220	0.42	147	2.7	7.5	8.1	13.6	67.1	74.1
DF	G7	26.4	368	27.6	102	390	0.42	147	0.0	7.0	7.8	0.0	58.4	67.6
JH	A725	9.9	387	30.0	225	290	0.42	149	2.2	8.8	9.6	11.0	78.8	84.8
ZZ	A700	13.2	384	29.3	60	275	0.41	148	7.7	8.3		8.0	62.6	68.5
YX	A725	40.1	287	28.9	55	105	0.43	132	2.3	4.1	4.7	9.7	36.9	46.0

郑州长城特种水泥有限公司由于具有完善的均化设施，并重视生产流程原、燃材料，产、成品的均化，出厂产品的均衡性和一致性非常稳定。如2011年连续六个月16个批次的A900水泥出厂结果稳定，见表9-3-2和表9-3-3。

表 9-3-2　铝酸盐水泥 CA-50 A900 化学成分

筛余 45μm/%	比表面积 /(m²/kg)	化学成分/%								
		LOI	SiO₂	Al₂O₃	Fe₂O₃	CaO	MgO	TiO₂	R₂O	SUM
2.6	431	0.22	4.51	54.85	1.47	34.75	0.67	2.53	0.22	99.22
2.5	434	0.18	4.46	54.98	1.48	34.72	0.67	2.53	0.22	99.24
3.5	430	0.25	4.38	54.86	1.46	34.59	0.73	2.67	0.19	99.13
3.1	429	0.29	4.55	55.06	1.46	34.50	0.61	2.55	0.21	99.23
3.3	430	0.18	4.55	55.16	1.46	34.33	0.61	2.55	0.19	99.03
3.2	433	0.22	4.55	55.26	1.47	34.41	0.61	2.69	0.18	99.39
3.2	410	0.24	4.44	54.75	1.46	34.24	0.61	2.79	0.19	98.72
4.5	404	0.30	4.55	55.06	1.33	34.58	0.67	2.55	0.19	99.23
3.7	439	0.25	4.38	54.89	1.49	34.80	0.86	2.69	0.20	99.56
4.8	437	0.25	4.26	54.87	1.49	34.71	0.86	2.69	0.21	99.34
2.6	439	0.10	4.27	54.79	1.49	34.88	0.86	2.81	0.19	99.39
2.2	447	0.34	4.20	54.97	1.25	34.88	0.69	2.69	0.22	99.24
3.0	447	0.13	4.74	54.57	1.37	34.88	0.79	2.69	0.19	99.36
2.3	426	0.26	4.63	54.47	1.40	34.68	0.74	2.61	0.20	98.99
9.8	400	0.23	4.57	54.66	1.40	34.25	0.74	2.68	0.19	98.72
5.6	407	0.35	4.57	54.86	1.40	34.42	0.74	2.73	0.19	99.26

表 9-3-3　铝酸盐水泥 CA-50 A900 物理性能

凝结时间			流动值		抗折强度			抗压强度		
标稠用水量 (W/C)/%	初凝 IST/min	终凝 FST/min	水灰比 (W/C)/%	T0/mm	6h/MPa	24h/MPa	72h/MPa	6h/MPa	24h/MPa	72h/MPa
31.8	254	287	0.42	140	3.4	10.1	12.2	20.9	76.0	83.2
31.8	254	288	0.42	142	3.4	10.2	12.3	21.0	76.6	83.9
31.8	250	287	0.42	142	3.4	10.3	12.3	20.8	75.9	83.0
31.8	253	286	0.42	140	3.4	10.2	12.2	20.9	76.2	83.4
31.8	253	287	0.42	138	3.4	10.2	12.2	20.7	76.7	84.1
31.8	251	288	0.42	143	3.3	10.3	12.3	21.0	76.3	83.5
31.8	247	291	0.42	141	3.4	10.3	12.3	20.7	76.0	83.2
32.2	253	288	0.42	140	3.4	10.2	12.3	21.0	76.4	83.6
32.0	253	285	0.42	138	3.4	10.1	12.2	20.9	76.3	83.6
32.0	238	298	0.42	141	3.2	10.2	12.2	19.8	78.0	85.9
32.0	235	298	0.42	144	3.3	10.1	12.2	20.4	78.6	86.7
32.0	246	292	0.42	140	3.4	9.7	12.0	21.0	80.0	88.6
32.0	254	285	0.42	141	3.2	10.1	12.2	19.9	78.7	86.8
32.0	234	301	0.42	140	3.2	10.0	12.2	19.8	78.0	85.8
32.0	250	293	0.42	143	3.4	10.2	12.2	20.9	77.6	85.3
32.0	246	292	0.42	141	3.3	10.2	12.2	20.5	78.1	86.0

从以上的数据可以看出，该厂连续六个月 16 个编号的出厂产品，不管是从标准偏差或是正态分布的角度进行数理分析，水泥出厂的相对偏差是比较小的。这就意味着水泥的稳定性相对较好。因为水泥的稳定性好，对耐火混凝土的使用就比较稳定，尤其它不像硅酸盐水泥混凝土，没有大批量大体积混凝土浇筑，水泥的不稳定将给耐火浇注料的施工带来诸多的麻烦。

国外某家大型铝酸盐水泥生产企业，根据多年来对 CA-50 的跟踪检查，产品出厂的化学成分，物理指标几乎没有变化。水泥的化学成分与物理指标见表 9-3-4 和表 9-3-5。

表 9-3-4　水泥的化学成分/%

国别	品　种	Al$_2$O$_3$	CaO	SiO$_2$	Fe$_2$O$_3$	MgO	TiO$_2$
法国	Secar-50	50.70	36.85	5.21	2.20	0.40	2.57
	Secar-51	52.02	36.69	4.63	2.12	0.51	2.68
美国	Refcon-Ⅱ	46.77	36.05	7.80	5.59	0.81	2.23
	Refcon-Ⅰ	55.31	33.62	5.10	1.82	0.68	2.57

表 9-3-5　水泥的物理指标

国别	品种	比表面积 /(m^2/kg)	细度 (0.08mm)/%	凝结时间 /(h:min)		抗折强度 /MPa		抗压强度 /MPa		耐火度 /℃
				初凝	终凝	1d	3d	1d	3d	
法国	Secar-50	463	2.2	3：04	7：05	12.3	13.2	91.6	100.1	
	Secar-51	493	2.59	4：21	8：04	13.2	13.6	84.5	91.5	
美国	Refcon-Ⅱ	441	0.44	3：25	4：40	11.9	12.9	92.3	99.0	
	Refcon-Ⅰ	361	0.99	3：25	8：40	9.8	13.0	97.6	106.6	1370

以上的两家工厂：一家是熔融法生产；一家是烧结法生产。很显然两家工厂的工艺条件、原材料的均化能力、产品生产控制水平都比较完善。由于其出厂水泥的均衡性和一致性比较好，突出表现在水泥应用中的可施工性能就好。

由此提出铝酸盐水泥 CA-50 出厂的质量要求如下：

1. 铝酸盐水泥出厂质量控制的要求

(1) 出厂水泥合格率 100%。出厂水泥的各项技术指标，如 Al$_2$O$_3$、CaO、SiO$_2$、Fe$_2$O$_3$、MgO，K$_2$O、Na$_2$O 含量，水泥细度，凝结时间，物理强度等必须满足相应产品的国家标准或行业标准的规定。

(2) 均匀性合格率 100%。每季度须进行一次均匀性试验，10 个分割样的细度、凝结时间、Al$_2$O$_3$ 含量、烧失量、强度等指标必须符合标准要求。尽管铝酸盐水泥标准中没有规定强度指标，但实际生产中每个企业仍以水泥的强度指标来判定水泥的质量，因而铝酸盐水泥的物理强度仍然是重要的质量指标。铝酸盐水泥物理强度的均匀性试验，应有 3d 抗压强度的变异系数，其指标为 $C_v \leqslant 3.0\%$；3d 抗压强度月（或一统计期）平均变异系数（C_v）目标值不大于 4.1%。

$$C_v = \frac{S}{R} \times 100\%$$

式中 C_v——3d 抗压强度月（或一统计期）平均变异系数；

　　R——3d 抗压强度控制值水泥国家标准规定值＋富裕强度值＋3S；

　　S——月（或一统计期）平均 3d 抗压强度标准偏差：

$$S = \sqrt{\frac{\sum (R_i - \overline{R})^2}{n-1}}$$

　　R_i——试样 3d 抗压强度值，MPa；

　　$\overline{S}$——全月（或全统计期）样品 3d 抗压强度平均值，MPa；

　　n——样品数，$n \geqslant 20$，当小于 20 时与下月合并计算。

（3）包装袋重量合格率 100%。即每袋净重 50kg，且不得少于标志质量的 98%，随机抽取 20 袋总质量不得少于 1000kg。

2. 铝酸盐水泥出厂的依据

为使工厂的生产正常进行，加强水泥储库的周转，化验室通常以铝酸盐水泥的 1d 强度，作为相关参考提前出厂质量指标，决定水泥出厂的依据一般考虑下列因素。

（1）熟料质量：熟料质量是水泥质量的基础，在日常质量控制中，要摸清熟料 1～3d 强度的增长率，掌握熟料各龄期强度以及化学成分、碱度系数的变化对熟料强度的影响。还要特别注意熟料试验小磨与水泥大磨由于工艺条件不同所反映在强度上的差异。

（2）出磨水泥质量：为有效地控制出厂水泥质量，必须对出磨水泥按班次或库号进行全项检验，用以指导水泥出库管理工作。如果各库中的水泥质量有差别，甚至有的指标不合格时，应根据检验结果和入库数量进行合理的搭配、混合或存放，以使出厂水泥合格并达到规定的品种标号及强度目标值。

（3）出磨水泥与出厂水泥的强度关系：掌握出磨水泥与出厂水泥之间的强度关系，就可根据出磨水泥的强度推算出出厂水泥的强度，控制出厂。它们之间的关系因厂而异，它与水泥的性能、试样的取样方法及水泥的均匀性、存放期等有关。各企业可在生产实践中，通过大量的数据统计分析，找出出磨水泥与出厂水泥强度之间的对应关系。但出磨水泥的检验数据不能作为出厂水泥的质量检验数据。

（4）水泥出厂的检验依据：水泥出厂前必须按国家标准规定的编号、吨位取样，进行全项的物理、化学性能检验，确定各项指标全部符合国家标准及有关规定时，方可由化验室通知出厂。出厂水泥的检验样一般可在包装机旁留样，也可在成品库中按规定方法从水泥袋中抽样。

第四节　铝酸盐水泥的包装与发运

铝酸盐水泥生产的最后一道工序是水泥的储存、包装和发运。粉磨出来的水泥需要送入水泥库中存放一定的时间，同时应有充足的时间检测水泥的物理、化学性能。此外，还要保证工厂生产、市场销售和产品运输之间的平衡，保持工厂正常而连续生产运营。水泥包装生产工艺流程如图 9-4-1 所示。

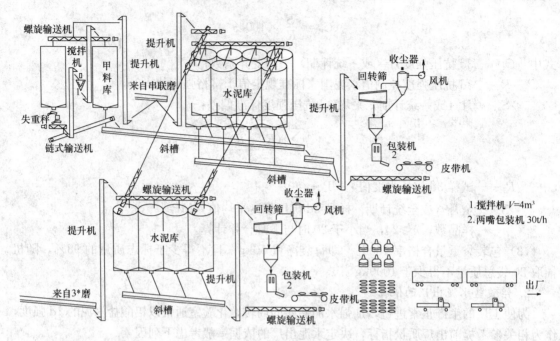

图 9-4-1　铝酸盐水泥包装系统工艺图

铝酸盐水泥的出厂主要是袋装，具有出口能力的生产工厂，还要满足国外某些用户的需求，包装一些桶装与集装袋等。袋装水泥通常使用包装机将水泥装入袋内。袋子采用专用纸做成，但随着化纤工艺的发展，目前基本采用塑料编织制品或塑料复合制品做包装袋。我国标准规定每袋质量为（50±1）kg 和 25kg 两种，目前市场上还有 1000kg 每袋包装的大袋；国外多数以磅为单位，不同的国家袋重不同，美洲 44 磅/袋；欧盟 94 磅/袋，大袋 3000 磅/袋。也有的以散装形式装卸、运输、储存，需使用专门的设备和工具。

袋装水泥的优点是每袋体积小，便于装运、堆放、清点和计量。缺点是装运、使用时不便于实行机械化。储运过程中，纸袋容易破损，水泥损失量一般达 3‰～5‰。消耗大量的包装袋就等于消耗大量的优质木材或聚丙烯材料，同时还增加工厂的生产成本。

包装方法与设备。铝酸盐水泥包装多为固定式人工包装。包装机有单嘴和两嘴包装机，包装方法为人工套袋，劳动强度大，工作环境差。包装物须用四层纸加一层塑料薄膜或防潮性能相当的塑料复合袋；集装袋包装很多厂缺少专门的包装设施，包装袋通常内部加设一层塑料薄膜，以防受潮。

铝酸盐水泥包装是水泥出厂管理的一个重要环节，必须严格执行国家标准及有关规定。

一、包装质量

国家标准中规定"每袋净重 50kg，且不得少于标志质量的 98%，随机抽取 20 袋总质量不得少于 1000kg。其他包装形式由供需双方协商确定，但有关袋装质量要求，必须符合上述原则"。这是因为：①在施工中，往往是按每袋水泥 50kg 计算配置混凝土，质量不足会降低混凝土的物理性能，影响施工质量，超重则造成水泥不应有的浪费。②袋装水泥出厂一般按数计算发放质量，每袋水泥超重或不足都会给供需双方带来经济损失。

二、袋重合格率

以 20 袋为一抽样单位。在总质量不少于 1000kg 的前提下，20 袋分别称量，小于 49kg

者为不合格。当20袋总质量少于1000kg时，即袋重不合格（袋重合格率为零）。

抽检袋重时，质量记录至0.1kg。计算平均净重时，应先随机取10个纸袋称量并计算其平均值，然后由实测袋重减去纸袋平均质量。计算袋重合格率可按下列公式计算：

$$袋重合格率 = \frac{净重为49kg以上的包数}{总的抽查包数} \times 100\%（20袋总质量 \geqslant 1000kg）$$

企业化验室要严格执行袋重抽查制度，每班每台包装机至少抽查20袋，同时考核20袋总质量和单包质量，计算袋重合格率。

三、水泥包装袋的技术要求

《水泥包装袋》（GB 9774—2002）中规定了水泥包装袋的技术要求。

（1）水泥包装袋的分类。水泥包装袋按制袋材料分为纸袋、覆膜塑编袋、复合袋。水泥包装袋按制袋工艺分为糊底袋和缝底袋两种，糊底袋中纸袋均为糊底袋，覆膜塑编袋、复合袋分为糊底袋和缝底袋两种。糊底袋按糊底工艺分为粘合和热封合。

糊底袋。糊底袋袋身两侧为平边，两底各粘合成平面六边形，上底一角设有阀口，其典型袋形如图9-4-2所示。

水泥包装袋的规格按水泥质量一般分为50kg和25kg两种，糊底袋基本尺寸见表9-4-1。

表 9-4-1　糊底袋的基本尺寸　　　　　　　　　　　　　　　　mm

包装袋规格	规 格 尺 寸					
	袋长度 $A\pm10$	袋宽度 $B\pm5$	底宽度 $C\pm3$	阀口嗤度 $C'\pm3$	阀口长度 $D\pm5$	阀口伸出长度 D'
25kg	480	390	90	88	100	2～3
50kg	640	500	100	98	110	2～3

缝底袋。缝底袋袋身两侧有M形折边，两底有缝线缝合，上底一角设有阀口，其典型袋形如图9-4-3所示。

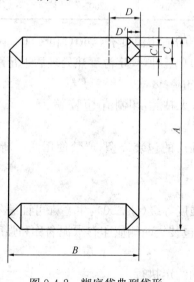

图 9-4-2　糊底袋典型袋形

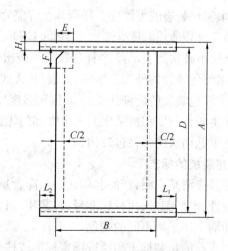

图 9-4-3　缝底袋典型袋形

水泥包装袋规格按装载水泥质量一般分为50kg和25kg两种，缝底袋基本尺寸见表9-4-2。

表 9-4-2　缝底袋的基本尺寸　　　　　　　　　　　　　　mm

包装袋规格	规　格　尺　寸								
	袋长度 $A\pm10/mm$	袋宽度 $B\pm5/mm$	袋有效长度 $D\pm5/mm$	折边宽度 $C\pm3/mm$	缝线纸宽度 H/mm	阀口折角		袋端留余线扣数	
						长度 E/mm	宽度 F/mm	活扣 L_1 扣数	死扣 L_2 扣数
25kg	560	350	500	70	$\geqslant24$	$\geqslant110$	90 ± 4	$\geqslant4$	$\geqslant3$
50kg	780	420	730	76					

(2) 水泥包装袋的材料。水泥包装袋所用制袋材料应对水泥性能无害，并符合相应材料标准的要求。指制袋基材及粘合剂应对铝酸盐水泥强度无不良影响。

水泥包装纸袋由纸袋和覆膜塑编袋、复合袋三种形式。纸袋的技术要求是应由纸袋纸或伸性纸袋纸制作的水泥包装袋，允许适用再生纸，但不得夹在最外层或最里层，纸袋纸应符合 GB/T 7968 技术要求，伸性纸应符合 QB/T 1460 技术要求。腹膜塑编袋是由腹膜编织袋布制作的水泥包装袋（包括有内衬包装纸的）；复合袋是由复合材料等制作的水泥包装袋（包括有内衬包装纸的），腹膜塑编袋和复合袋所用材料应符合相应材料标准的要求，所用内衬纸必须是纸袋纸，成型袋（包括打孔的）的物理性能应符合表 9-4-3 中技术要求，有关计算和实验方法按 GB/T 8947 进行。

表 9-4-3　腹膜塑编袋、复合袋的物理性能

包装袋的规格	布的单位面积质量/(g/m^2) 不小于	拉伸负荷/(N/50mm)不小于					剥离力/ $(N/30mm)$ 不小于
		经向	纬向	粘合向	缝边(折边)向	缝(糊)底向	
25kg	65	400	400	250	200	180	3.0（或不得剥离）
50kg	75	450	450	300	250	200	

(3)水泥包装袋的牢固度。任取 5 个样袋,纸袋的适用温度有≤60℃和≤80℃两种；腹膜塑编袋和复合袋适用温度有≤80℃、≤90℃和≤100℃三种,规定温度热处理后进行跌落试验,以跌落试验不破次数表示,5 个样袋跌落不破次数均应≥8 次。

(4)水泥包装袋的外观。平整、无裂口、无脱胶、无粘膛,印刷清晰,完整。

(5)水泥包装袋的防潮性能。3d 抗压强度比 $R_C\geqslant90\%$。

水泥生产企业要积极采用国家主管部门优选推广的包装袋型,严禁使用两层新纸加两层再生纸或更低档次的各种包装物。

四、包装袋的标志

包装袋应清楚表明：产品名称、代号、净含量、强度等级(CA-50)、生产许可证编号、工厂的名称和地址、出厂编号、执行标准号、包装年月日。包装袋两侧应印有水泥名称和强度等级,不同品种印刷字体采用不同的颜色。

出口水泥的包装标志须执行国家标准或按合同约定执行。

各项指标的位置可参考图 9-4-4。

说明:(1)获取认证产品可将认证标志标注在包装袋上,未经认证产品不得用认证标志。

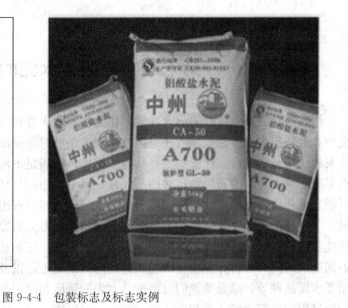

生产许可证	生产许可证编号
铝酸盐水泥	
CA-50/60/70/80	
产品等级	
商 标 图	
××牌	
净重: 50kg	
出厂日期	出厂编号
执行标准	
×××水泥有限公司	

图 9-4-4　包装标志及标志实例

（2）包装日期及编号也可打印在纸袋背面。

（3）产品等级由生产商自愿确定是否分等。

必须注意：水泥国家标准中对包装标志中的水泥品种、生产企业名称和出厂编号不全者判定为不合格品。

参考文献

[1]　詹健雄，等. 水泥工业基础知识[J]. 长沙：湖南建材杂志社，1986.8.

[2]　翟旭东，侯宝荣. 水泥厂粉状物料均化[M]. 北京：中国建筑工业出版社，1986.7.

[3]　陈运春，等，水泥生产质量控制检测新技术使用手册[M]. 北京：当代中国音像出版社，2005.

[4]　中国长城铝业公司科技部，技术标准汇编 原材料标准 产品标准. 1999.10.

[5]　国家标准 GB 9774—2002.

第十章　铝酸盐水泥的性能

铝酸盐水泥具有良好的耐火性能，作为各种耐火骨料的胶凝材料而广泛应用于耐火混凝土中。近些年来，不论是国内还是国外水泥市场都对它提出了更高要求：一方面要求铝酸盐水泥的使用品质优良、性能稳定并具有多样性，能满足不同用户的各种个性需求，以确保耐火混凝土具有良好的质量和足够的耐久性；另一方面，从环保和资源的角度考虑，立足于尽可能多地利用相对低劣的原料和废料，最大限度地减少有用资源和能源的消耗，降低碳排放量，为全球治理温室效应作出贡献。为了满足这两方面的要求，需要将水泥多种良好的使用性能与耐火混凝土的耐久性更好地联系起来。因此，正确选用具有一定铝含量的水泥，利用不同级别的耐火骨料开发出受市场欢迎的耐火混凝土，以及针对不同耐火混凝土的特点开发出新水泥品种等，都需要我们对铝酸盐水泥的性能和使用范围作出进一步评价，并在生产应用的过程中进行重新实践和再认识。

上世纪末制定的标准《铝酸盐水泥》(GB 201—2000)，就是充分考虑了国内外不同行业对耐火混凝土的要求而制定的。标准 GB 201—2000 经过十多年的应用与实践，在如何更好地接近实际应用、贴近市场需求、符合企业生产实践等方面，已经表现出诸多不适应，为此须对铝酸水泥标准再次进行修订。

标准《铝酸盐水泥》(GB 201—2000)显著特点之一，就是对我国铝酸盐水泥做了最大限度的概括和统一，这样不仅有利于商品流通，方便生产与使用者之间的信息交流，而且有利于建立通用的水泥使用规则，使用户有章可循。为此，标准以不再规定生产方法、铝酸盐水泥不再规定以水泥标号划分品种为宜，而应以铝含量来区分水泥的等级，这样更有利于作为耐火材料胶粘剂的使用条件。水泥的化学成分要更趋于耐火材料的要求、检验方法与世界同行业接轨，水泥的细度和凝结时间更趋于工程使用方面的要求。总之，标准要更倾向于铝酸盐水泥的工程应用。今将这些要素分述于下。

第一节　铝酸盐水泥的比重、容积密度

铝酸盐水泥的比重为 2.93～3.25，容积密度为 1000～1300kg/m³。

不同品种的水泥比重与容积密度有一定的差异，如美国给出的相关数据见表 10-1-1。

表 10-1-1　美国铝酸盐水泥的比重与容积密度

CA-40	容积密度	1.16～1.37 g/cm³
	比重	3.24
CA-50	容积密度	1.07～1.26 g/cm³
	比重	3.01
CA-70	容积密度	1.04～1.23 g/cm³
	比重	2.93
CA-80	容积密度	0.89～1.07 g/cm³
	比重	3.20

第二节 铝酸盐水泥的颜色

铝酸盐水泥 CA-50 应用于化学建材时，水泥的颜色显得十分重要。水泥的颜色与化学成分有着非常重要的相关性，当 Fe_2O_3 含量高时，水泥的颜色发暗；反之颜色发白。Fe_2O_3 含量通常低于 2.0% 为好。正常的化学建材应用的水泥颜色应为亚白色，而铝酸盐水泥的颜色大多为淡黄色。水泥颜色的检验方法如图 10-2-1 所示。

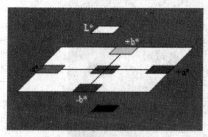

YID是黄度
L*是从黑色到白色
a*是从绿色到红色
b*是从蓝色到黄色

图 10-2-1 水泥颜色检验方法

化学建材铝酸盐水泥 CA-50 的化学成分，见表 10-2-1。

表 10-2-1 化学建材铝酸盐水泥 CA-50 的化学成分

化学成分/%									X-rite				比色
LOI	SiO_2	Al_2O_3	Fe_2O_3	CaO	MgO	TiO_2	R_2O	SUM	L*	a*	b*	YiD	
0.18	7.58	51.16	1.82	34.76	0.86	2.67	0.29	99.32	76.37	3.09	14.45	32.95	颜色均匀
0.18	7.58	51.16	1.82	34.76	0.86	2.67	0.32	99.35	76.39	3.09	13.96	32.57	颜色均匀
0.14	7.23	51.77	1.85	34.97	0.92	2.57	0.29	99.74	77.01	2.84	13.76	31.76	
0.22	6.98	51.68	1.82	34.50	0.92	2.67	0.31	99.10	76.97	2.84	13.51	31.28	颜色均匀
0.25	7.30	51.16	1.85	34.97	0.92	2.69	0.34	99.48	76.97	3.04	14.61	33.58	颜色均匀
0.15	7.28	51.06	1.85	35.05	0.92	2.69	0.30	99.30	76.35	3.06	14.13	32.88	颜色均匀
0.17	7.00	51.67	1.85	35.05	0.73	2.69	0.33	99.30	77.06	2.86	13.03	30.34	颜色均匀
0.23	6.64	51.77	1.85	35.14	0.97	2.57	0.31	99.47	76.73	3.01	13.33	31.16	颜色均匀
0.16	7.23	51.88	1.85	34.85	0.74	2.61	0.30	99.65	76.92	2.95	13.44	31.25	颜色均匀
0.15	7.35	51.56	1.88	34.93	0.74	2.61	0.32	99.54	76.64	2.99	13.22	30.96	颜色均匀

注：X-rite 颜色的波长。

还有一种比较直观的测定铝酸盐水泥白度的方法，就是将测定白水泥白度的方法直接用来测定铝酸盐水泥的白度，白度大于 38% 的可用于化学建材。利用白度仪测定铝酸盐水泥的白度，相对白度可达 45％以上。铝酸盐水泥的化学成分 Al_2O_3 含量越高，Fe_2O_3 含量越低其水泥的相对白度就越高。测定水泥的白度仪，如图 10-2-2 所示。

图 10-2-2　水泥白度测定仪

不同生产企业产品的水泥颜色见表 10-2-2。

表 10-2-2　不同生产企业不同产品的水泥颜色

工厂	品种	化学成分/%							水泥颜色			
		LOI	SiO_2	Al_2O_3	Fe_2O_3	CaO	MgO	TiO_2	R_2O	L*	a*	b*	YID
GW	A900	0.23	4.70	55.13	1.36	34.04	0.72	2.69	0.25	81.28	2.43	12.08	26.93
	A700	0.22	7.20	50.94	2.07	34.34	0.93	2.72	0.36	76.61	2.76	13.53	30.35
	A600	0.45	7.27	51.14	2.15	33.56	0.92	2.69	0.37	74.07	2.47	12.76	30.35
	AT16	0.46	7.04	51.18	2.05	34.02	0.96	2.71	0.41	77.10	2.56	13.64	31.22
DF	A900	0.43	5.86	51.99	2.15	35.15	1.19	2.87	0.25	76.20	2.98	11.53	27.74
	A700	1.46	7.21	50.77	2.23	34.41	1.12	2.77	0.36	73.63	3.05	10.33	26.06
	A600	2.39	7.73	49.38	2.43	33.94	1.55	2.69	0.38	72.62	2.74	10.82	27.06
	DF	0.30	6.25	51.03	2.06	35.56	1.37	2.79	0.32	76.39	3.12	12.90	30.53
JH	A700	0.38	5.97	52.02	2.07	34.85	1.40	2.96	0.22	76.95	2.82	12.28	28.86
	A600	0.35	7.99	49.67	2.63	34.55	1.98	2.76	0.29	74.57	2.74	13.11	31.14
XX	A600	0.54	8.30	48.89	2.65	33.55	2.59	2.62	0.53	71.74	2.15	12.11	29.44
ZZ	A700	0.51	6.71	50.87	2.19	34.67	1.60	2.79	0.29	76.05	2.05	11.64	27.13
	A600	0.50	7.45	50.67	2.06	34.10	1.26	2.70	0.36	77.05	2.25	12.44	28.62
YD	A600	0.50	6.38	51.70	2.50	33.62	0.86	2.63	0.32	72.64	2.51	14.65	34.62
YF	A600	0.83	6.75	50.48	2.18	35.55	0.56	2.59	0.30	74.18	2.67	15.32	35.54
XH	A600	0.27	7.46	50.45	2.38	35.46	0.67	2.68	0.36	72.04	4.00	14.77	36.57
YX	A700	0.32	9.83	48.66	2.01	35.19	1.73	2.69	0.32	69.48	2.24	10.40	26.57

其实不同品种的铝酸盐水泥，其颜色明显不同，水泥颜色见表 10-2-3。

表 10-2-3　不同品种的铝酸盐水泥颜色

型号	Al_2O_3	CaO	Fe_2O_3	SiO_2	颜色
CA-40	37～42	36～42	11～17	3.0～8.0	棕色
CA-50	49～53	33～38	1.0～1.8	4.5～8.0	淡黄
CA-70/80	68～80	17～28	0.2～0.5	0.1～0.5	白色

第三节　铝酸盐水泥的细度

铝酸盐水泥的细度，0.045mm 筛余不大于 20%，比表面积不得低于 $300m^2/kg$，工厂生产中实际控制水泥的筛余量通常在 10% 左右，比表面积分品种为：CA-50　$360～400m^2/kg$；CA-70/80 $450～600m^2/kg$。

针对水泥细度的要求，中国建筑材料科学研究院的专家们认为：提高水泥的粉磨细度是提高 ISO 新标准强度的有效途径，原来采用 $80\mu m$ 筛余和比表面积控制水泥的粉磨细度，对控制水泥性能和充分发挥水泥各组分的作用是远远不够的。相同筛余或相同比表面积的水泥性能会有很大的差别，为此应全面考虑磨制水泥细度的状态，包括：细度（筛余和比表面积）、颗粒尺寸分布、颗粒形状和堆积密度。水泥的颗粒尺寸分布决定水泥的性能，如水化速度、水化热、强度、需水量等。

水泥颗粒级配对水泥性能产生的各种影响，主要是因为不同大小颗粒的水化速度不同，科技工作者研究表明：

$0～10\mu m$ 颗粒，1d 水化达 75%，28d 接近完全；

$10～30\mu m$ 颗粒，7d 水化接近一半；

$30～60\mu m$ 颗粒，28d 水化接近一半；

$>60\mu m$ 颗粒，3 个月后水化还不到一半。

学者 Meric 认为，颗粒 $<1\mu m$ 的小颗粒，在加水拌合中很快水化了，对混凝土强度作用很小，反而造成混凝土体积收缩。一个 $20\mu m$ 颗粒硬化 1 个月仅水化了 54%，水化进入深度仅 $5.48\mu m$，剩余的熟料核只能起骨架作用，潜在活性没有发挥。

国内外实验研究证明，水泥颗粒级配对水泥性能有直接的影响，目前比较公认的水泥最佳颗粒级配为：$3～32\mu m$ 颗粒对强度增长起主要作用，其间颗粒分布是连续的，总量不低于 65%。$16～24\mu m$ 的颗粒对水泥的性能尤为重要，含量越多越好。小于 $3\mu m$ 的细颗粒，易结团，不要超过 10%。大于 $65\mu m$ 的颗粒活性很小，最好没有。

1997 年 7 月份美国里海公司巴芬图工厂（Lehigh Portland Cement Company Buffington Station）与长城铝业公司水泥厂水泥颗粒、物理性能对比试验结果，见表 10-3-1、表 10-3-2。

表 10-3-1　CA-50 铝酸盐水泥细度、比表面积、颗粒分布对比

检验项目	LH				GW	
	1	2	3	4	1	2
0.08mm/%	0.04	0.99	0.99	0.04	4.2	4.8

检验项目	LH				GW	
	1	2	3	4	1	2
0.045mm/%	0.6	7.0	5.6	0.6	13.2	18.2
比表面积/(m²/kg)	441	367	361	435	334	325
颗粒尺寸/μm						
≤1.2	5.74					
≤2.0					5.35	7.03
≤2.3	11.7	5.44				
≤4.0					10.3	14.2
≤4.5	21.7	11.2				
≤8.0					18.5	23.1
≤9.0	47.6	20.1				
≤12.0	56.3					
≤15.0						
≤16.0	64.3				38.5	41.5
≤18.0		52.4				
≤20.0	78.1				48.2	55.7
≤25.0	87.5	64.8			55.5	64.3
≤35.0	95.4	75.6			72.9	74.6
≤45.0	99.5	80.0			75.9	84.0
≤55.0		83.3			79.7	92.0
≤60.0	100					
≤65.0					82.0	93.9
≤70.0		92.3				
≤80.0						
≤90.0		96.3			90.8	97.5
≤120.0		100			100	100
	9.82	17.3			21.1	18.3

表 10-3-2　物理性能 (GB 1346—77、GB 177—77)

检验项目		LH				GW	
		1	2	3	4	1	2
标准稠度加水量/(%)		32.0	30.6			24.0	22.0
凝结时间	初凝/(h:min)	3:25	6:55	7:25	3:22	3:57	3:42
	终凝/(h:min)	4:40	7:40	8:25	4:50	4:42	4:42
胶砂水灰比(W/C)		0.41	0.40			0.44	
流动度/mm		116	112			127	

续表

检验项目		LH				GW	
		1	2	3	4	1	2
抗折	1d	12.0	9.7	8.8	12.6	7.2	7.2
	3d	12.2	12.1	11.6	13.9	7.8	8.1
抗压	1d	91.2	94.4	92.8	96.7	71.7	74.3
	3d	93.4	104.1	99.2	101.4	83.2	83.1

由上可见，同为烧结法生产工艺，化学成分又比较接近，长城铝业公司的水泥凝结时间和物理强度与美国里海公司相比表现出较大的差异，其中颗粒分布与水泥的细度是造成差异的一个主要原因。由于水泥比表面积小、水泥中 $45\mu m$ 筛余量大，即大颗粒相对较多，因此不利于充分水化并发挥物理强度，必然影响水泥的使用性能。

第四节　铝酸盐水泥的凝结时间

我国国家标准《铝酸盐水泥》(GB 201—2000)规定，凝结时间(胶砂)应符合表 10-4-1 的要求。

表 10-4-1　铝酸盐水泥的凝结时间

水泥类型	初凝时间不得早于/min	终凝时间不得迟于/h
CA-50、CA-60、CA-80	30	6
CA-60	60	18

温度低于 25℃时，对凝结时间影响不明显；超过 25℃，凝结变慢，如图 10-4-1 所示，这时水化产物亦已变化。铝酸盐水泥粉磨时，不需要加入石膏做缓凝剂。

加入 $Ca(OH)_2$、$NaOH$、Na_2CO_3、Na_2SO_4 等，加速铝酸盐水泥的凝结。铝酸盐水泥中加入 15%～60% 的硅酸盐水泥，会发生闪凝。这是因为硅酸盐水泥水化析出的 $Ca(OH)_2$ 与铝酸盐水泥水化析出的 $Al_2O_3.aq$ 很快形成 C_3AH_6，使起缓凝作用的 $Al_2O_3.aq$ 薄膜破坏而发生闪凝。一般来讲，增加液相 pH 值，就能加速凝结。加入 $NaCl$、KCl、$NaNO_3$、酒石酸、柠檬酸、糖蜜、甘油等，都可以使水泥凝结缓慢。

对于铝酸盐水泥的凝结时间，不同国家有不同的实验方法，为此差别较大。上世纪 90 年代末我国采用的是水泥净浆，在实验方法上未与国际接轨。为使中国水泥逐步走向国际市场，GB 201—2000 采用欧洲标准，便于实验方法的统一。

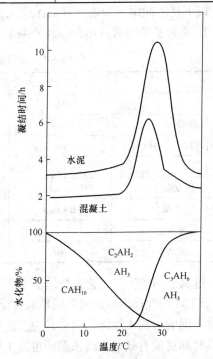

图 10-4-1　养护温度对铝酸盐水泥净浆和混凝土凝结时间的影响

然而各国在实验方法上总是有差别的，见表 10-4-2。

表 10-4-2　不同国家凝结时间的测试方法

国别	方法	标准砂	水泥：砂子	用水量
中国	砂浆	ISO 标准砂	1:1 砂浆	标准稠度法
法国	砂浆	EN-196	1:2.7	0.4
日本	砂浆	日本标准砂	1:1	标准稠度法
美国	用混凝土混合物测定其凝结时间，ASTM C403			
德国	砂浆	EN-196	1:3	0.4

凝结时间只是表现铝酸盐水泥施工性能的一个方面，在水泥的使用中类似于硅酸盐水泥。但作为耐火材料胶粘剂使用，国外还检验水泥制作混凝土的可施工性能。

第五节　铝酸盐水泥混凝土的可施工性能

我国检验水泥的可施工性能通常以标准稠度加水量来测定水泥的流动度，现场施工通常以混凝土的坍落度来确定水泥的可施工性能。而作为耐火混凝土对施工性能的要求更高，特别是在特定的施工条件下，采用泵送混凝土，除施工中加入少量的添加剂之外，对混凝土的施工性能有更加严格的要求。实际上所测定的这些指标与水泥的凝结时间有着直接的关系，只要认真把握凝结时间，就能正确地把握混凝土的可施工性能。而作为耐火混凝土，不同的国家和地区有不同的测定方法和质量指标，要求也不尽相同。

以下是不同国家和地区对水泥施工性能的测定方法和质量要求：

1. 美国里海公司（Refcon）产品质量规范，见表 10-5-1

表 10-5-1　美国里海公司铝酸盐水泥的可加工性

可加工性 ［WORKABILITY (Halliburton)］				
	单位	目标值	最低值	最高值
Highest U_c	$U_{c最大}$	20		40
总计时间（Total time）	min	50		
凝结时间				
初凝	h：min	5:00	4:00	6:00
终凝	h：min			
加水量	%	46.0	44.0	48.0
流动度	mm	110	105	110

这家公司的生产工艺为烧结法生产，铝酸盐水泥的产品检验规范执行与硅酸盐水泥相同的 ASTM 标准，而凝结时间的检验方法与国家标准不同，具有本企业的检验特点，尤其是反映水泥的可加工性能，完全是为了适应施工现场的需要所增加的检验项目，比检验水泥的凝结时间更能有效地反映水泥的可施工性能。它是用一台类似于净浆搅拌机的设备，不过搅拌叶片中间没有空隙，主轴不偏心，主轴的上部装一只测定 $U_{c最大}$ 值的仪表。用给定的水泥和加水量，把和易好的净浆放到搅拌锅里进行搅拌，在限定的 50min 内 $U_{c最大}$ 值不超过 40

即为合格，目标值为 20。举例说明，见表 10-5-2。

表 10-5-2　可施工性能的测定方法

凝结时间				
	单位	1 号样	2 号样	3 号样
初凝	h：min	4：13	2：11	5：47
终凝	h：min	5：12	2：40	6：27
加水量	%	49.0	51.5	45.0
流动度	mm	106	105	110
可加工性 WORKABILITY（Halliburton）				
U_C	$U_{C最大}$	80	80	26
总的时间	min	7	11	61

从表 10-5-2 可以看出 1 号、2 号样的加水量、凝结时间都不如 3 号样，但是更直观地反映水泥的可施工性能，是这里所表示的可加工性。1 号、2 号样分别在 7min、11min，$U_{C最大}$ 就达到 80，而 3 号样 61min $U_{C最大}$ 仅有 26。1 号、2 号样水泥的质量显然不如 3 号水泥样。

2. 日本、韩国一些国家测定铝酸盐水泥的施工性能与测定普通水泥混凝土坍落度的方法基本相同

水灰比：1：2.2：0.55＝水泥：砂子：水量，搅拌后放入试模中，每 10min 测定一次流动度，例如，水泥流动度试验见表 10-5-3。

表 10-5-3　水泥流动度试验　　　　　　　　　　　　　　　　　　mm

试验样	1 号	2 号	3 号
开始（0 min）	165	161	184
10min	173	187	191
20 min	173	204	178
30 min	166	208	109
40 min	156	188	
50 min	162	210	
60 min	157	220	

在水灰比相同的情况下，三个样品分别测定出的流动度代表了不同产品的施工性能。

另一种方法是分别测定温度在 20℃、30℃时的流动度，用来观察水泥的可施工性能，见表 10-5-4。

表 10-5-4　测定温度在 20℃、30℃时的流动度

	温度	时间	目标值	最小要求
流动度/mm	20℃	3min	250	230
		30 min	250	230
	30℃	3min	240	220
		30min	240	220

以上是不同国家和地区对铝酸盐水泥可施工性能的测定方法，对引导我国铝酸盐水泥的检验手段，建立与国外同行业的技术交流有着十分重要的意义。

第六节 铝酸盐水泥的物理强度

铝酸盐水泥的强度发展很快，以 3d 强度指标为标号。但标准 GB 201—2000 规定同一类水泥不做标号等级分类，以 Al_2O_3 含量分类产品等级，各类型水泥各龄期强度不得低于表 10-6-1 的数值。

表 10-6-1 国家标准 GB 201—2000 铝酸盐水泥等级分类

水泥类型	抗压强度/MPa				抗折强度/MPa			
	6h[注]	1d	3d	28d	6h[注]	1d	3d	28d
CA-50	20	45	50		3.0	5.5	6.5	
CA-60		20	45	85		2.5	5.0	10.0
CA-70		30	40			5.0	6.0	
CA-80		25	30			4.0	5.0	

注：CA-50 早强型水泥，当用户需要时，生产厂应提供结果并符合要求。

铝酸盐水泥的最大特点是强度发展迅速，24h 内几乎可以达到最高强度。另一特点是在低温下（5～10℃）也能很好硬化，而在高温下（大于 30℃）养护，则强度剧烈下降。这一特性与硅酸盐水泥截然相反。因此，铝酸盐水泥的使用温度不得超过 30℃，更不宜采用蒸汽养护。铝酸盐水泥不经过试验，不应随便与生石灰或硅酸盐水泥等水化后产生 $Ca(OH)_2$ 的胶凝材料掺合使用，否则会发生凝结不正常和强度下降。这主要是由于 $Ca(OH)_2$ 与低碱性水化铝酸钙发生反应，立即形成立方形水化铝酸三钙（C_3AH_6）所致。表 10-6-2 为铝酸盐水泥和硅酸盐水泥掺合后的凝结时间和强度。

表 10-6-2 温度对不同品种水泥混凝土强度的影响

水泥种类	龄期/d	抗压强度/MPa		
		2℃	18℃	35℃
硅酸盐水泥	3	2.9	11.2	16.8
	7	7.5	18.4	22.0
	28	26.0	28.4	28.7
快硬硅酸盐水泥	3	3.3	15.5	22.0
	7	8.4	22.6	27.0
	28	31.7	33.8	34.5
铝酸盐水泥 CA-50	3	43.7	50.2	35.0
	7	50.2	52.7	17.6
	28	55.4	58.4	14.6

用海水或氯化钙的水调和，对铝酸盐水泥强度十分有害。由于较高温度会使铝酸盐水泥混凝土的强度有显著的降低，而在常温（25～30℃）水中养护，经过许多年后，强度也有一

定程度的降低。但是，在冷水湖中，长期强度下降很少或甚至不下降，见表 10-6-3、表10-6-4。

表 10-6-3 不同配比的硅酸盐水泥与铝酸盐水泥的凝结时间和强度

掺合比/%		凝结时间/min		抗压强度/MPa	
硅酸盐水泥	铝酸盐水泥 CA-50	初凝	终凝	1d	3d
100	0	120	230	18.8	29.0
90	10	20	40	10.9	19.6
80	20	3	11	5.9	9.4
50	50	瞬间	瞬间	—	—
20	80	-	5	2.9	2.4
10	90	1	35	43.1	44.1
0	100	180	225	45.1	48.0

表 10-6-4 铝酸盐水泥混凝土的长期强度

水泥编号	初始强度/7d	抗压强度/MPa					
		1 年		5 年		20 年	
		25～30℃水中	冷湖水中	25～30℃水中	冷湖水中	25～30℃水中	冷湖水中
1	46.2	43.1	51.2	53.5	61.6	48.0	59.1
2	48.8	56.3	56.6	47.4	53.9	41.1	47.4

降低混凝土的水灰比可以使长期强度下降的幅度变小。例如，有一组铝酸盐水泥混凝土，当水灰比为 0.48 时，30 年的强度为 7d 强度的 $50\%\sim60\%$；而当水灰比为 0.30 时，30 年强度为 7d 强度的 $80\%\sim90\%$。

铝酸盐水泥中掺入适量的石灰石或粉煤灰，可以缓和水化铝酸钙晶型转变，从而使长期强度的下降幅度变小。

第七节　铝酸盐水泥的水化热

铝酸盐水泥的总水化热为 $450\sim500J/g$。与硅酸盐水泥相近，铝酸盐水泥的水化热在 24h 内（20℃）放出 $70\%\sim90\%$，而硅酸盐水泥在 24h 仅放出 $25\%\sim50\%$。这不仅表明铝酸盐水化硬化很快，而且使得它具有在 0℃也能正常硬化的特点。

第八节　铝酸盐水泥的耐蚀性

铝酸盐水泥有很好的抗硫酸盐及抗海水腐蚀性能，甚至比抗硫酸盐的硅酸盐水泥还好。这是由于铝酸盐水泥的主要成分是低碱性铝酸钙，水化时不析出游离 $Ca(OH)_2$，水泥石液相碱度低，与硫酸盐介质形成的水化硫酸钙晶体分布均匀。另外，铝酸盐水泥水化生成铝胶 $(Al_2O_3\cdot aq)$，使水泥石结构致密。因此，铝酸盐水泥除对硫酸盐及海水有很好的耐蚀性外，对碳酸水和稀酸（pH 值不小于 4）等也有很好的稳定性。铝酸盐水泥与硅酸盐水泥抗硫酸盐试验对比结果，见表10-8-1。

表 10-8-1　1:3 水泥砂浆在抗硫酸盐溶液中的线膨胀　　　　　%

溶液	硅酸盐水泥				铝酸盐水泥
	4 周	12 周	24 周	1 年	1 年
5.0%　Na_2SO_4	0.018	0.070	0.144	0.320	不膨胀
5.0%　$MgSO_4$	0.018	0.054	0.025	0.910	不膨胀
5.0%　$(NH_4)_2SO_4$	0.100	3.800	破坏	破坏	不膨胀

铝酸盐水泥对浓酸及碱溶液的耐蚀性不好，碱金属的碳酸盐会与水化铝酸钙发生下列反应：

$$K_2CO_3 + CaO \cdot Al_2O_3 \cdot 10H_2O \longrightarrow CaCO_3 + K_2O \cdot Al_2O_3 + 10H_2O$$

$$2K_2CO_3 + 2CaO \cdot Al_2O_3 \cdot 8H_2O \longrightarrow 2CaCO_3 + K_2O \cdot Al_2O_3 + 2KOH + 7H_2O$$

$$K_2O \cdot Al_2O_3 + CO_2（大气中）\longrightarrow K_2CO_3 + Al_2O_3$$

K_2CO_3 又与水化铝酸钙相作用。

第九节　铝酸盐水泥的耐火特性

铝酸盐水泥具有一定的耐高温性，在高温下仍能保持较高的强度。例如，应用 CA-50 配置的耐火混凝土，干燥后在 900℃ 的温度下，还有原始强度的 70%；1300℃ 时尚有 53% 的强度。这是由于产生了固相烧结反应，逐步代替了水化结合的缘故，所以铝酸盐水泥可作为耐热混凝土的胶结剂，配置 1300℃ 以下的耐热混凝土。其配比为：铝酸盐水泥用量 500kg/m³，耐火混凝土含 Al_2O_3 42%~45%，水灰比 0.42。

铝酸盐水泥耐火混凝土经不同温度烧结的抗压抗折强度，见表 10-9-1。

表 10-9-1　铝酸盐水泥耐火混凝土不同温度烧结的抗压抗折强度

项目	20℃ 预养 7d	下列温度下保持 6h/℃												
		100	200	300	400	500	600	700	800	900	1000	1100	1200	1300
抗压强度/MPa	93	75	73	44	52	56	58	53	53	47	28	24	25	34
抗折强度/MPa	9.7	9.2	7.0	3.5	4.2	5.1	4.5	4.2	4.4	4.0	3.2	3	4	9
抗压/抗折	9.6	8.1	10.4	12.6	12.4	11.0	12.9	12.6	12.1	11.8	8.8	8.0	6.3	3.8

铝酸盐水泥的主要用途在于作耐火混凝土的胶粘剂，大约占生产总量的 70% 以上。从我国现有的十几家生产企业来看，大多数工厂仅局限于按照现行的国家标准检验产品质量，即仅以铝酸盐水泥的一般特性去衡量水泥是否符合产品质量要求。在与国外同类企业交流中发现，仅以此检验水泥的质量是不够的，还必须检验铝酸盐水泥作为耐火材料的特性以及在不同条件下的应用性能，才能证明产品质量是否符合耐火材料质量的要求。国外同类企业对此类技术指标非常重视，铝酸盐水泥应用于耐火材料的胶凝材料，还必须检验具有适合耐火材料使用的技术性能，如：（1）高温状态下的破裂模量；（2）高温状态下的冷破碎强度；（3）高温状态下的单位质量；（4）高温状态下的线性变化。

上述所有实验是在同等条件下进行对比的结果。即应有不同大小颗粒的烧结矾土

（Al$_2$O$_3$ 含量大于 75％的烧结矾土）或高铝特性的焦宝石（Al$_2$O$_3$ 含量低于 50％的烧结矾土）加入适量的铝酸盐水泥即配制成耐火混凝土材料。将耐火混凝土材料加水成型，成型的耐火材料试体（2 in×2 in×9 in[※]）72h 后（[※] in—英寸），揩干表面水分经干燥后，分别在高温炉中加热到 540℃、820℃、1200℃、1370℃，随后被冷却至室温。分别测定上述四项的实验结果，见表 10-9-2。

表 10-9-2 铝酸盐水泥高温性能试验比较

	CGWAC		LEHIGH
	1 号样品	2 号样品	3 号样品
加水量/％	12.6	12.6	12.6
破裂摸量/MPa			
初始试体	3.4	7.3	10.2
540℃	2.2	1.9	4.7
820℃	2.4	2.5	3.4
1200℃	2.5	2.5	4.7
1370℃	12.9	12.3	3.0
冷破碎强度/MPa			
初始试体	49.0	47.9	82.3
540℃	36.9	37.7	47.1
820℃	40.4	34.5	46.2
1200℃	21.6	23.0	32.4
1370℃	47.0	47.7	28.6
单位重量/（kg/m³）			
初始试体	2236	2223	2263
540℃	2045	2032	2100
820℃	2039	2031	2081
1200℃	2061	2027	2073
1370℃	2051	1997	2108
线性变化/％			
初始试体	0	0	0
540℃	-0.09	-0.09	-0.02
820℃	-0.31	-0.06	-0.20
1200℃	-0.30	-0.12	-0.30
1370℃	0.02	0.19	-0.30

一、破裂模量

破裂模量就是混凝土试体经不同高温后的抗折强度。从表 10-9-1 中可以看出，1 号和 2 号样品与 3 号样品比较，在 540～1200℃状态下不及 3 号样破裂模量高，即在温度 1200℃以下抗折不及 3 号样品；在 1200～1370℃折力从 2.5MPa 迅速增加到 12.3MPa 或 12.9MPa，虽然强度增加了，但作为耐火材料变得脆性大，失去了柔性，耐火材料将损坏。

二、冷破碎强度

冷破碎强度是评价耐火混凝土在高温后的抗压强度。1# 和 2# 样品与 3# 样品比较,在 1200℃以下不及 3# 样,在 1370℃的高温后强度上升到最大,再次与抗折强度相对应。在 800～1200℃温度区间中,由于水化铝酸钙矿物脱水和化学反应形成二次 CA、CA_2,导致所配制浇注料体积收缩和形成内部气孔,强度呈持续降低趋势。当温度升高到 1370℃左右时,由于烧结作用使浇注料形成了陶瓷结构,所以强度达到顶点。

三、单位质量

单位质量是评估耐火混凝土高温后的单位体积密度是否发生改变。如果水泥熟料煅烧不够充分所造成的水泥需水量较大,流动性不好,因而所配制耐火浇注料(castable)密实性差、孔隙率高、浇注料各组成材料间粘结性差,最终造成浇注料体积密度偏低。

四、线性变化

线形变化是评估耐火混凝土高温后的尺寸变化情况。长城铝业公司的样品在 1200℃以下与里海(LEHIGH)的水泥特征相似,样品缩小(-0.12%～0.30%),但在 1370℃时线性变化出现差别,CGWAC 的样品膨胀量在 0.02% 到 0.19%,LEHIGH 的水泥样品仍保持 -0.30% 不变。

下面是我国不同生产企业的不同品种水泥采用相同的配比,高温后水泥的质量比较,见表 10-9-3～表 10-9-6。

表 10-9-3 耐火混凝土配合比

原料及粒度	比例	原料及粒度	比例
3～5mm 烧结矾土	25%	硅微粉	0
1～3mm 烧结矾土	15%	铝酸盐水泥	25%
0～1mm 烧结矾土	25%	Total	100%
200 目烧结矾土	10%		

表 10-9-4 不同企业不同产品的物理性能

工厂	G W			DF			LD	
CA-50	A600	A700	A900	A600	A700	A900	A600	A700
外加剂/%	0.00							
加水量/%	12.00							
振动流动值/mm								
T0	125	130	127	141	144	151	133	123
T30	40	38	0	80	83	43	51	90
T60	0	0	0	0	0	0		
强度发展的测定/MPa								
6h 抗压	5.0	8.0	4.2	3.6	2.4	2.2	2.6	11.9
6h 抗折	1.3	1.7	1.0	1.1	0.7	0.5	0.7	2.5
24h 抗压	41.1	46.8	60.3	39.0	39.9	61.7	46.5	50.1
24h 抗折	7.0	8.0	9.1	5.9	6.7	9.7	8.1	8.6
110℃x24h 抗压	37.4	37.1	52.3	33.4	36.4	45.8	35.7	41.0
110℃x24h 抗折	7.5	6.3	9.6	6.8	7.3	8.4	7.2	8.4

中、高温强度发展的测定/MPa								
800℃x3h 抗压	26.2	28.2	39.6	21.7	25.7	32.3	26.3	29.0
800℃x3h 抗折	4.0	4.6	5.9	2.8	3.7	4.4	4.2	4.6
1100℃x3h 抗压	19.2	20.6	26.1	17.6	20.5	24.6	20.0	22.8
1100℃x3h 抗折	3.1	3.7	4.2	3.3	3.8	4.6	3.5	4.1
1350℃x3h 抗压	22.5	23.2	28.0	21.4	25.2	26.2	23.0	33.0
1350℃x3h 抗折	6	6	5.5	6.2	6.9	5	5.5	8.5

表 10-9-5　耐火混凝土配合比

原料及粒度	比例
3～5mm 烧结矾土	25%
1～3mm 烧结矾土	15%
0～1mm 烧结矾土	25%
200 目烧结矾土	18%
硅微粉	4%
铝酸盐水泥	13%
Total	100%

表 10-9-6　不同企业不同产品的物理性能

工厂	GW				DF			LD	
CA-50	A600	A700	AT16	A900	A600	A700	A900	A600	A700
振动流动值/mm									
T0	140	147	148	159	142	146	167	145	134
T30	45	25	40	18	112	120	10	127	0
T60	0	0	0	0	104	50	0	0	
高温后的物理强度									
6h 压强/MPa	0.0	0.0	20.0	0.0	0.0	2.0	2.6	2.0	4.1
6h 折力/MPa	0.0	0.0	4.5	0.0	0.0	0.4	0.5	0.4	0.9
24h 压强/MPa	39.4	50.6	32.5	73.7	31.9	36.0	64.7	50.7	46.2
24h 折力/MPa	4.5	6.8	5.8	8.5	5.2	5.2	8.0	7.3	6.5
110℃x24h 压强/MPa	95.7	98.3	105.8	110.9	70.8	85.4	102.3	95.2	101.8
110℃x24h 折力/MPa	11.8	11.7	13.7	14.6	10.0	12.0	13.9	12.8	12.7
800℃x3h 压强/MPa	86.5	89.0	74.8	89.7	76.3	79.7	91.6	83.4	83.9
800℃x3h 折力/MPa	12.8	12.5	9.7	12.6	11.6	12.7	12.4	12.6	12.9
1100℃x3h 压强/MPa	88.8	90.0	82.0	96.5	89.2	90.3	92.6	86.8	84.4
1100℃x3h 折力/MPa	10.3	11.0	10.3	10.5	11.5	10.7	10.5	11.4	11.7
1350℃x3h 压强/MPa	110.0	110.7	87.1	113.6	106.9	109.0	110.2	107.8	123.5
1350℃x3h 折力/MPa	12.2	16.3	10.9	13.3	16.0	15.3	15.5	14.8	18.6

注：1. 减水剂，外加剂量 0.15%；

　　2. 水分加入量 7.6%。

第十节　国外对铝酸盐水泥 CA-50 特性的研究

一、铝酸盐水泥的水化

1. 水化反应

水泥和水之间的反应就是水化反应。铝酸盐水泥的水化反应和硅酸盐水泥的水化反应是不相同的，硅酸盐水泥的水化反应进行得相对慢一些。根据水泥型号、强度等级和养护条件的不同，硅酸盐水泥经过 28d，大约 60%～80% 的水泥都发生了反应。28d 以后，持续进行的反应不仅很慢而且也很稳定。

当铝酸盐水泥和水混合以后，在几分钟之内，化合物铝酸钙就会进行分解。在此过程中会放出少量的热，之后，有 2～3h 的静止期，叫做休眠期。此后的 24h 当中，几乎所有的水要和水泥发生反应，从而生成大量的热。经验告诉我们，当我们把铝酸盐水泥和水在一个塑料杯里进行混合后，开始并没有什么发生什么，一旦反应起来，杯子就会变得很热，甚至没法用手拿，严重时会把杯子烧坏。

经过标定，要使 100kg 的铝酸盐水泥完全水化，大约需要 80kg 的水。但同样数量的波特兰水泥，只需要 40kg 的水。可见铝酸盐水泥的用水量比硅酸盐水泥大得多。

水化物的生成温度对于铝酸盐水泥水化反应有着重要的影响。水化反应过程发生时的温度不同，所生成的水化物也就不同，如 CAH_{10}、C_2AH_8 和 C_3AH_6。

水化物在不同温度时的生成式：

$$t < 20℃ \quad CA+10H \longrightarrow CAH_{10}$$
$$20℃ < t < 60℃ \quad 2CA+11H \longrightarrow C_2AH_8+AH_3$$
$$t > 60℃ \quad 3CA+12H \longrightarrow C_3AH_6+2AH_3$$

2. 水化物的转换

大部分水化物是在 24h 内生成的，从而形成了坚固而密实的水泥胶结母体。应注意到，当温度高于 20℃时，生成的水化物 CAH_{10} 和 C_2AH_8 是不稳定的（亚稳定），等过一定的时间，它们会转变成 C_3AH_6。在一定的气候条件下，只好允许这种变化随时发生。当温度越高时，这种转化就越快。在此转化过程中，现存的水化物 CAH_{10} 和 C_2AH_8 会释放出水，因此在水泥中就形成了许多空隙，里面会充满水。这样水泥的孔隙率和渗透性就会显著增加。其结果造成水泥强度和耐久性都会明显降低。温度高于 20℃时的转换：

$$3CAH_{10} \longrightarrow C_3AH_6+2AH_3+18H$$
$$3C_2AH_8 \longrightarrow 2C_3AH_6+AH_3+9H$$

反应生成物 C_3AH_6 形成时，同时有水释放出，水泥的孔隙率和渗透性就会显著增加。

二、强度的增长

由于水化过程进行得迅速，于是很快就可以获得很高的初始强度。强度的快速增长发生在水泥混合后的 3～9h 之间。在此期间，强度以每小时大于 46.5MPa 的速度增长，因此在 9h 内获得 69.7MPa 的强度是没有困难的。如果温度保持在 20℃以下，强度还会进一步增长。如果温度高于 20℃，发生水化物转换，之后的强度就会降低。当温度高于 38℃时，强度就会急剧下降，如图 10-10-1 所示，这样就须从结构上加以考虑。

三、铝酸盐水泥的耐久性

铝酸盐水泥发生水化反应时，只有微量的氢氧化钙产生，这一点与硅酸盐水泥有明显的不同。因此，铝酸盐水泥混凝土和耐火土能耐受弱酸或水的侵蚀，酸度pH值可达 4 。当遇到强酸时，情况就不同了，和其他水泥一样，很容易受到侵蚀。用铝酸盐水泥做的混凝土和耐火土对硫酸盐的侵蚀有很好的耐受能力，但有一点很重要，就是以不能发生矿物转换为前提。

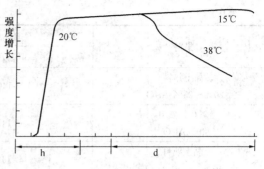

图 10-10-1　初始强度形成后，24h 温度对强度增长的影响

因为发生矿物转换时，会生成一些不耐硫酸盐侵蚀的水化物，这样必然造成孔隙率增加，硫酸盐就很容易渗透进来并生成钙矾石。钙矾石的生成必然会吸收水分而引起膨胀，混凝土就会裂开。铝酸盐水泥的混凝土和耐火土不耐受氢氧化钠和氢氧化钾的侵蚀，因为苛性钠和苛性钾能使水化物分解。

四、加热养护

水化物的转换可使强度和耐久性降低，为此我们可在较高温度条件下使混凝土硬化，从而限制水化物的转换。当温度高于 60℃ 时，可直接生成稳定的 C_3AH_6。为了创造这个温度条件，我们可以在前 24h 通过蒸汽加热来实现。这样，24h 以后生成的强度虽然比在低温条件下生成的强度要低，但所生成的水化物却稳定得多。

五、耐火性能

从一些实例中我们惊奇地发现，混凝土在高温时其强度和耐久性都会显著下降，但仍具有较好的耐火度。这一点可以做如下解释，强度的降低是由于在加热过程中化学水的逐渐丢失所致，但混凝土并不发生分裂，这一点和硅酸盐水泥混凝土很相像，如图 10-10-2 所示。

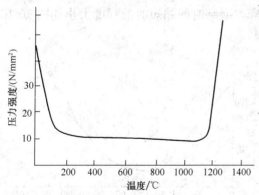

图 10-10-2　温度对铝酸盐水泥混凝土强度的影响

当温度高于 1000℃ 时，由于烧结陶瓷的形成，就会发生戏剧性的变化，其压强就会恢复增加到初始强度值或者更高一些。这样新生成料的抗拉强度比起始料的抗拉强度要高，如果使冷却过程缓慢进行，这种特性就会保持下来。如果温度升得更高，当熔点被超过时，混凝土就会熔化成液体。可见，耐火性能是由水泥中的氧化铝含量和集料的正确选择决定的，水泥的耐火性能与氧化铝的含量成正比。集料的选择应结合水泥的选择同时进行，见表 10-10-1。

表 10-10-1　高铝水泥混凝土的熔点　　　　　　　　　　　　　　℃

集料	铝酸盐水泥品级	
	$40\%Al_2O_3$	$70\%Al_2O_3$
玄武岩	1180	—

续表

集料	铝酸盐水泥品级	
	40%Al₂O₃	70%Al₂O₃
黏土熟料 20%～25% Al₂O₃	1400	—
氧化铝熟料 40%Al₂O₃	1450	—
黏土熟料 40%～42% Al₂O₃	1480	1640
棕刚玉	1675	1800
镁砂	—	1770
白刚玉	—	1860
碳化硅	—	1940

六、铝酸盐水泥和硅酸盐水泥的混合

将铝酸盐水泥和硅酸盐水泥混合，几乎所有的技术书籍上都是明确禁止的。这两种水泥混合会产生一些很有趣的性能，但却很难预测。如果将铝酸盐水泥和 $Ca(OH)_2$ 混合，就会快速凝固。硅酸盐水泥发生水化反应时，也会生成 $Ca(OH)_2$。

七、硅酸盐水泥和铝酸盐水泥混合物的凝结

当我们让 100kg 的硅酸盐水泥和水发生完全反应时，就会生成 30kg 的 $Ca(OH)_2$。如果铝酸盐水泥和硅酸盐水泥混到一起时，一种凝结时间很短的胶粘剂就产生出来了，如图 10-10-3所示。不管是将铝酸盐水泥加入到硅酸盐水泥中，还是将硅酸盐水泥加入到铝酸盐水泥中，都会使凝结时间缩短。当混合水泥中含有 30%～75%铝酸盐水泥时，其凝结时间将少于 3min。这一点对于在短时间内增加初始强度是很有利的。遗憾的是，凝结时间的缩短和较高初始强度的实现却导致最终强度的下降，凝结时间缩短时的强度大小如图 10-10-4所示。

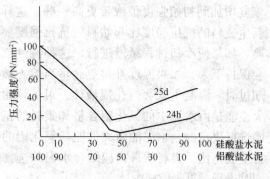

图 10-10-3　硅酸盐水泥与铝酸盐水泥
混合后的强度

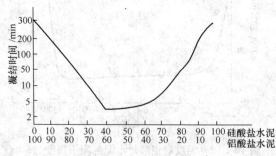

图 10-10-4　硅酸盐水泥与铝酸盐水泥
混合后凝结时间的变化

应该注意，由于化学反应的灵敏度高，同一个货源不同批号的水泥，都会导致最终强度的不同。因此，铝酸盐水泥和硅酸盐水泥的混合应由一定规模的工业公司来实施。由于铝酸盐水泥的价格比较高，当在硅酸盐水泥中加入很少量的铝酸盐水泥时，应该找到一个比较合

适的折中配比，使得凝结时间的缩短和强度的降低都比较合适。

八、水的需用量

铝酸盐水泥的用水量比硅酸盐水泥要少，加水量的多少要通过试验来确定。水泥砂浆一般混合 30min 后就应该稳定了，如果还有水渗出，就要将水量减少。

九、添加剂

一般说来，我们认为用于硅酸盐水泥的添加剂和用于铝酸盐水泥的添加剂所起的反应不同。当使用添加剂时，须和添加剂的供应商建立起必要的联系。添加剂的供应商都会提供添加剂如何使用的书面资料，包括硅酸盐水泥或立窑水泥。从事混凝土工作的技术人员都知道，氯化物能加速硅酸盐水泥的水化反应，因此它是一种加速剂。但对于铝酸盐水泥来讲情况就不同了，氯化物成了一种减速剂。如果我们添加 $CaCl_2$，其作用机理就更为复杂，它既是一种加速剂，同时也是减速剂。柠檬酸作为一种增塑剂和减速剂使用。这些添加剂所起的作用，与我们在硅酸盐水泥中所获得的经验相比，差距很大。我们这里只是列举了几种常用于铝酸盐水泥和硅酸盐水泥作添加剂的物质。

十、经验与教训

铝酸盐水泥由于其具有强度增长快和耐久性较好的优点，自 1920 年以来，就成功地用于制作混凝土。例如，1920 年建于英国叶色科斯的孚灵景大桥（the bridge in Fringingshoe in Essex, UK）直到今天还很完好。1929 年曾经有报告称；当温度高的时候，铝酸盐水泥混凝土的强度不会随时间的延长而增加，相反空气中的水分还会使其强度降低。六年以后，铝酸盐水泥混凝土的强度下降显露了出来，这是因为当温度高于 20℃时，生成的水化物不够稳定所致。直到 1950 年，人们还没有搞清楚其中的道理，只好给它命名为"退化"（conversion）。有一种新观点，认为 0.5 的水灰比对于钢筋混凝土是比较合适的。自 1950 年以来，铝酸盐水泥又在预应力混凝土中得到应用，这时采用了 0.4 的水灰比。由于铝酸盐水泥的初始强度高，18h 以后预应力就一直持续地维持着，直到 1973 年以前，一切都很顺利。1973～1974 年，英国有三个用预应力混凝土梁做的屋顶坍塌了，从此以后在英国禁止将铝酸盐水泥用在建筑构件中。这样，人们对使用了铝酸盐水泥的所有建筑物都产生了怀疑。即使采用高水灰比时，在 18h 内使混凝土产生预应力也是完全可能的。几乎在所有预应力混凝土遭受破坏的案例中，我们发现水灰比都大于 0.5，而且钢筋被水泥裹腹的量太少。在这些事故中，相当数量的案例都是发生在西班牙，其水灰比都是在 0.6～0.7 之间，因此退化过程的发生使得混凝土的孔隙率增加，这样水和空气就将钢筋锈蚀了。这些失败案例的发生与设计不严格直接相关。

十一、标准与规则

荷兰的新水泥标准 NEN3550：1995 对硅酸盐水泥提出了种种要求。许多新标号的水泥被列入此标准之中，但铝酸盐水泥未被列入。在荷兰，铝酸盐水泥还没有一个现行标准，一个新的欧洲标准正在编制当中。在过去的几十年当中，对铝酸盐水泥的认识取得了进展。这种认识是建立在这样的现实基础之上的，即 100kg 的铝酸盐水泥发生完全的水化反应需用的水量是 60～70kg。当水灰比保持在 0.4 时，就可使"退化"完全避免。已经生成的水化物在水"退化"过程中被释放。这种低水灰比中的水泥，在没有发生水化反应之前同正在被释放的水发生反应，生成的空隙被新的水化物所填充。这样就可以防止因强度和耐久性下降而带来的危险如图 10-10-5 所示。保证水泥含量 400kg/m³ 是一项额外预防措施的最低限量。

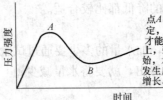

点A由几天内所能达到的温度值所决定，当温度低时（10℃），需要数年才能达到A点；如果温度升到38℃以上，强度将迅速跌到B点，从这一点开始，水被释放出来并同未水合的水泥发生反应，因此其强度和稳定度再次增长。

图 10-10-5　当遵守规则规定时，即水灰比小于 0.4，
水泥含量大于 400kg 时，铝酸盐水泥强度的增长图

十二、应用

铝酸盐水泥混凝土和耐火砂浆的主要性能如下：

（1）快速硬化；

（2）良好的耐火性能；

（3）非常好的耐硫酸盐腐蚀性能；

（4）抗弱酸腐蚀（pH ＞ 4）；

（5）较高的耐磨蚀性能；

（6）低温施工性能好，温度可达 －10℃。

铝酸盐水泥有时候须和其他材料混合到一起，从而可使其使用性能更多更好。例如，铝酸盐水泥和硅酸盐水泥混合可以生产出快凝快硬的修补用耐火土。铝酸盐水泥因其耐火性能好而用做回转窑的窑衬，如图 10-10-6 所示。

十分重要的一点是，不管做什么用途，一定要保证各种成分混合得很均匀而且整个制作过程要精细操作、捣固密实。当对耐火度和耐磨性要求很高时，还要添加适量的集料。如果所有的需求都能得到满足，铝酸盐水泥可用于制作耐火混凝土、食品加工业的隔板（floors in the food processing industry）、工业窑炉的放料口（effluent discharge）、耐磨地板等。

图 10-10-6　铝酸盐水泥因其耐火
性能好而用做回转窑的窑衬

参考文献

［1］　张宇震. 国外铝酸盐水泥施工性能的检验方法介绍［J］，北京：水泥，2003.5.

［2］　美国里海公司. 美国里海公司与中国长城铝业公司水泥厂实验报告，1997.5.

［3］　姚燕，王文义. 我国水泥标准同国际接轨后改进产品质量的分析［J］. 北京：水泥，2003.6.

［4］　沈威，黄文熙，闵盘荣. 水泥工艺学［M］. 北京：中国建筑工业出版社，1986.7.

［5］　Betoniek september. 王建军译《High alumina cement》. 1998.

第十一章 铝酸盐水泥在耐火材料中的应用

铝酸盐水泥以其快凝早强、耐高温和低温下硬化快等优良特性在冶金、化工、电力、建材等行业得到广泛的应用，在我国工业生产中占有十分重要的地位。

以铝酸盐水泥做胶凝材料，耐热粗、细骨料，高耐火度磨细掺合料及水配制而成具有耐火性质的混凝土称为铝酸盐系列耐火混凝土。一般来说采用烧结法和熔融法制成的以铝酸钙（CA）为主要矿物成分的水硬性胶凝材料，在一系列水化反应中使水泥石由低密度水化产物转变成高密度非水化产物，固相摩尔体积缩小，体系结构间隙增大。因此，在 850～1200℃时，强度随温度的升高而降低，到了 1200℃以上时，材料开始发生烧结并产生陶瓷粘结，强度提高。高纯铝酸盐水泥是以二铝酸一钙（CA_2）或铝酸一钙（CA）为主要矿物的水硬性胶凝材料。由于该水泥的化学组成中含有较多的 Al_2O_3，因此在 1200℃发生烧结产生陶瓷结合后，具有更高的烧结强度和耐火度，其最高使用温度可达 1600℃以上。

第一节 耐火材料的一般知识

一、耐火材料的概念、用途及要求

耐火材料是指能够在高温环境中满足一定使用要求的非金属材料，是用来满足采用高温工艺生产诸如钢铁、水泥、玻璃、有色金属、陶瓷、石化产品等或采用高温工艺加工其他材料所用的基础和关键材料，可用作热工设备的内衬结构材料，也可用作某些高温装置的部件和功能性材料。耐火材料的主要原料是高温氧化物，如氧化硅、氧化铝、氧化镁、氧化钙等，也有部分是石墨、碳化物（如 SiC）、氮化物（如 Si_3N_4、BN 等）。总之，是高温无机材料。所用原料要求资源储量大，可稳定供给且物美价廉。耐火制品大多采用机压成型，也有采用等静压、热压、熔铸、浇注等成型的；成型后，有的需要高温烧成，有的则只需低温烘烤，近年来免烧成耐火材料得到大力发展。

耐火材料与其他材料的不同之处在于其要在高温下承受热、化学和机械因素的破坏作用，必须具备特定的使用性能以保证耐用性和安全性。由于主要用作高温窑炉、高温容器的衬里、部件和功能材料，耐火材料须具备以下几方面的基本要求：

（1）耐高温。在高温下（如炼钢温度有的可达 1750℃）不软化、不熔融；

（2）高强度。能够承受构件荷重和在操作过程中所作用的应力，在高温下不丧失结构强度、不发生变形和坍塌。

（3）热震稳定性。承受温度急剧变化和受热不均产生的破坏作用。

（4）体积稳定性。在高温下体积稳定，砌体不因过大膨胀或收缩而出现开裂。

（5）抗渣性。优良的抵抗液、气或固态介质的化学作用对衬体造成的侵蚀损坏。

（6）耐磨性。抵抗熔融金属和熔渣、高温高速流动的火焰、炉气的磨蚀、冲刷及各物料的撞击磨损破坏。

（7）保温性。防止热量过多散失。

（8）功能性。执行特定的作用，如控制钢流、净化钢水、热交换、过滤，等等。

二、耐火材料的定义、分类、称呼

耐火材料一般是指由无机非金属材料构成的材料和制品。耐火度是指材料在高温作用下达到特定软化程度时的温度。它表示材料抵抗高温作用的性能。凡是不燃烧或火烧不熔的材料都应属广义的耐火材料。例如建筑物的砖、瓦、土、石，当发生火灾时大约在 $1000\sim1200℃$ 高温都烧不坏，可以说都是耐火物质。狭义的耐火材料就不包括上述的耐火物质，而指砌筑工业窑炉的、在高温下不熔化、不变形的材料。然而能耐多高的温度才算是耐火材料，必须要有明确的定义。以前各国的提法也不统一，有的提出在 $1482℃$（$2700℉$）下使用不软化、不变形的材料可以称作耐火材料；有的提出凡是缓慢加热到 $1500℃$（$2732℉$）时出现明显软化现象的物质都不能作为耐火材料。

耐火材料（耐火性物质）中最多采用的是氧化类物质（Al_2O_3、MgO）。除此之外还有碳化物类（SiC 等）、氮化物类（Si_3N_4、BN）等，也有 W、M_O 等金属类的耐火性物质。通常来讲，耐火材料的使用物质是以氧化物为中心，换句话说是高温无机材料。特别是钢铁行业使用的耐火材料，由于使用条件（大部分是氧化气氛）和经济性的原因，其大部分是氧化物。近年来，开始使用碳化物类的耐火材料，可以预见，随着时代的发展，耐火材料应用将得到变化和发展。

耐火材料的分类方法一般采用（A）成分和（B）形态两种形式，大致分为酸性、中性、碱性；非氧化物类物质，大致分为耐火砖等定型（shaped refractories）和可铸性等不定形物质，最近又进一步增加了纤维类的分类。具体事例见表 11-1-1 和表 11-1-2。

表 11-1-1　按照耐火材料的结果成分分类

分　类		成　分	材　料　名　称
氧化物类物质	酸性	SiO_2 $Al_2O_3 \cdot SiO_2$ $ZrO_2 \cdot SiO_2$	石英 烧结矾土、黏土 锆石
	中性	Al_2O_3 $MgO \cdot Al_2O_3$ $(Mg,Fe)O \cdot (Al,Cr,Fe)_2O_3$	氧化铝 尖晶石 氧化铬
	碱性	MgO $MgO \cdot CaO$ $MgO \cdot Cr_2O_3$	氧化镁 白云石 铬镁
氧化物类物质	非氧化物类	C SiC BN	石墨 碳化硅 氮化硼
	复合类	$Al_2O_3\text{-}SiC\text{-}C$ $MgO\text{-}C$	氧化铝-碳化硅-碳 氧化镁-碳

表 11-1-2 按照耐火材料的形态分类

表 11-1-2　按照耐火材料的形态分类

分　类	实　例	分　类	实　例
定形材料	各种形态的耐火预制件、块 各种材质的耐火砖 各种材质的耐火件、块、板	不定形材料	灰浆 喷吹材料 浇注料 可塑料 捣打料
	透气砖	纤维	氧化铝纤维

与上述分类方法相关，耐火材料的命名、称呼，也有按化学成分进行分类的方法，见表 11-1-3。

表 11-1-3　耐火材料的名称

主要成分	原料名称	耐火材料成品	
		化学组成	矿物组成
SiO_2	硅质	二氧化硅	
Al_2O_3	高铝质	氧化铝质	刚玉质
Al_2O_3-SiO_2	硅线石质	高氧化铝质	（莫来石）
SiO_2-Al_2O_3	叶蜡石质	高硅酸质	
SiO_2-Al_2O_3	黏土质	硅酸铝质	
MgO	镁质	氧化镁质	方镁石
MgO-CaO	白云石质	氧化镁氧化钙质	
MgO-SiO_2	橄榄石质	硅酸镁质	镁橄榄石

三、耐火材料在国民经济中的作用

耐火材料是高温技术的基础材料。没有耐火材料就没有办法接收燃料或发热体散发的大量热，没有耐火材料制成的容器也就没有办法使高温状态的物质保持一定的时间。因此，耐火材料要在高温下不损坏，而且保持热量尽量不损失，耐火材料应该是隔热的。在另一种情况下要求耐火材料应该具有高的热导率。在高温下有的耐火材料为电流导体，而有的是电绝缘器。这样生产的耐火材料不但要有基本的高温性能，还要各具不同的特殊性能。使用部门可根据使用条件选择合适的耐火材料。随着现代工业技术的发展，不但对耐火材料质量要求越来越高，而且对耐火材料有特殊要求的品种越来越多，形状越来越复杂。

世界上有 35 个国家的耐火材料工业比较发达，而耐火材料的产值在工业发达国家大约占总产值的 0.1%，其中耐火材料的生产和应用（砌筑和修理）占绝大部分。我国耐火材料的产值约占总产值的 0.1% 以上。过去世界上耐火材料一般是由美国和前苏联生产的。1993年我国耐火材料产量达到 1002 万吨，跃居世界第一位。1996 年我国钢产量也成为世界第一。耐火材料工业被描绘为冶金工业的"支撑工业和现代工业"，与高温工业，尤其与钢铁工业的发展密切相关，是相互依存，互为促进，共同发展的关系。中国、美国、日本、俄罗斯等耐火材料使用情况见表 11-1-4，2010 年我国耐火材料产品销售去向，见表 11-1-5。

表 11-1-4　耐火材料使用分配情况　　　　　　　　　　　　%

国名 ＼ 行业	钢铁	有色冶金	机械	建材	化工	其他	出口
美国	62	9.0	—	13.5	5.5	1.0	9.0
日本	71.7	2.2	3.0	8.9	6.1	4.1	4.0
俄罗斯	60.1	4.0	10.3	8.1	4.7	10.9	1.9
中国	67.0	3.0	8.0	12.0	2.0	5.0	3.0

表 11-1-5　2010 年我国耐火材料产品销售去向　　　　　　　　万吨

钢铁	水泥	玻璃	陶瓷	有色	电力	化工	基建	其他	出口
1560	185	60	100	180	150	80	200	100	179
58%	7%	2%	3%	6%	5%	3%	7%	3%	6%

钢铁工业是耐火材料的最大用户，可以说没有耐火材料就炼不成钢。其用量占全部耐火材料的 60%～75%。而在钢铁行业中耐火材料的 70%～80% 是用于炼钢。由于钢铁工艺的技术进步，耐火材料消耗在不断下降。炼钢的方法不同，耐火材料的消耗也有差别，同时也反映了耐火材料的品种和质量。不同炉型及工艺消耗耐火材料量见表 11-1-6。

表 11-1-6　不同炉型及工艺消耗耐火材料量

炉型	消耗/(千克/吨钢)	炉型	消耗/[千克/吨钢(铁)]
氧气转炉	2～5	电炉	8～20
平炉	25～30		
轧钢	6	炼铁	3

随着钢铁工业发展，平炉被取消、连铸钢比例增大、炼铁高炉大型化，采用高效优质耐火材料，其耐火材料消耗逐渐下降，耐火材料成本占钢锭成本的 3.0% 左右，所以耐火材料已不是决定钢锭成本的主要因素。不过炼铁与炼钢炉用耐火材料总有一定的寿命，提高耐火材料的质量，加强管理，降低耐火材料消耗，对经济效益是有好处的。

20 世纪 80 年代以后，世界上工业发达国家的耐火材料发展有两个明显的特征：(1) 开发优质新产品，品种更新换代快；(2) 耐火材料消耗明显下降。耐火材料吨钢综合消耗从 1980 年的 25kg 降到 1990 年的 15kg（美国 15.5 kg，英国 15.3 kg，德国 15.2 kg，日本 11.9 kg），2000 年约 10kg。在耐火材料品种方面，不定形耐火材料产量明显增加，美国 1970 年不定形耐火材料产量占 31%，1986 年达到 50%；日本 1970 年不定形耐火材料产量占 16%，1993 年达到 53%，2000 年达到 60%。生产不定形耐火材料仅为制品消耗的 1/6，施工机械化，减小劳动强度，提高使用寿命，显著提高经济效益。

我国有丰富的耐火材料资源，是耐火材料生产大国，不仅能满足我国超 8 亿吨钢铁生产需要，还大量出口国外，1995 年出口耐火原料 444 万吨，制品 23 万吨，1990 年出口耐火原料 470 万吨，制品 35 万吨。可是长期以来我国耐火材料生产技术装备落后，产品质量不高，耐火材料吨钢综合消耗达到 100kg，高出工业先进国家 5～10 倍（我国最先进的是上海的宝钢，吨钢消耗耐火材料 10kg 左右，达到世界先进水平）。这种状况与我国部分企业的冶金技术落后有关，如部分中小型钢铁企业仍采用锭模浇钢工艺以及陶瓷窑仍采用传统的匣钵烧陶瓷，而匣钵又用自己生产的低档黏土匣钵，其消耗量惊人，约占耐火材料总产量的20％。

我国主要耐火材料的产地在山西阳泉、孝义，河南巩义、新密、登封，辽宁海城、大石桥，贵州青镇等地。这些产地依附耐火原料的自然资源，已逐步形成当地的支柱产业。但大多生产企业设备简陋，技术力量薄弱，低档产品重复生产严重，这是造成我国耐火材料消耗高的重要原因。随着耐火材料工业的进一步发展，建立专业化能力强的耐火材料专业集团，提高产品档次，扩大品种，适应市场需求仍为必然趋势。

第二节　铝酸盐水泥的耐火性能

铝酸盐水泥之所以具有耐火性能，就在于铝酸盐水泥的矿物组成，如图 11-2-1 所示，铝酸盐水泥矿物的化学成分和熔点见表11-2-1。

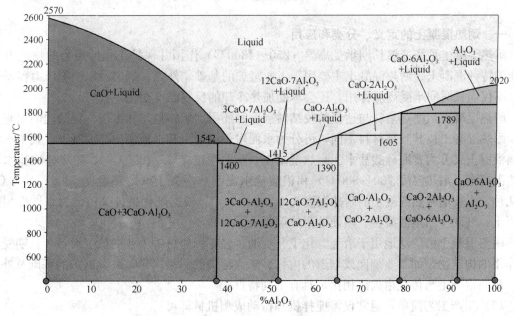

图 11-2-1　铝酸钙液固相图

表 11-2-1　铝酸盐水泥矿物的化学成分和熔点

名称	化学简式	化学成分/%		熔点/℃
		Al_2O_3	CaO	
铝酸三钙	C_3A	37.8	62.2	1535
七铝酸十二钙	$C_{12}A_7$	52.2	47.8	1415
铝酸一钙	CA	64.6	35.4	1600
二铝酸一钙	CA_2	78.4	21.6	1750
六铝酸一钙	CA_6	91.6	8.4	1850

从上图表中看出，铝酸盐水泥的主要矿物是铝酸一钙（CA）、二铝酸钙（CA_2）熔点温度在 1600℃以上。在 $CaO\text{-}Al_2O_3$ 二元系统中，随着 Al_2O_3 含量的增加，其熔点也相应得以

提高。实际上铝酸盐水泥中铝酸三钙（C_3A）是很少见的，它多见于硅酸盐水泥中，对水泥的早强具有一定的作用。七铝酸十二钙（$C_{12}A_7$）在水泥中具有速凝作用，是不希望存在的水泥矿物，当熟料烧结不好时将会出现。六铝酸一钙（CA_6）存在于高品质铝酸盐水泥CA-70/80，一般为六方板状晶体，在1850℃不一致熔融，形成刚玉和液相，在水泥的水化中，水硬性很弱，几乎不起作用。

除此之外，在铝酸盐水泥中还有铝黄长石（C_2AS），熔点为1590℃，无胶凝性质；偶尔存在的硅酸二钙（C_2S）矿物，有促凝的效果；五铝酸三钙（C_3A_5）偶尔在CA-70中见到，具有较弱的水硬性；另外还有少量的钙钛石（CT）和铁铝酸钙（C_4AF 或 C_2F）等。这些矿物属于杂质成分，对水泥的耐火性能不利。

第三节　铝酸盐耐热混凝土

一、耐热混凝土的定义、分类和应用

耐热混凝土是指能够长期承受高温（250～1300℃）作用并保持工作所需要的物理力学性能的特种混凝土。耐热混凝土主要用于工业窑炉的基础、外壳、烟囱及原子能压力容器等处，不仅能长时间承受高温作用，还会承受加热冷却的反复温度变化。

耐热混凝土由耐热集料与适量的胶结料（有时还添加矿物料）和水按一定的比例配制而成。耐热混凝土按其胶结材料不同，可分为水泥耐热混凝土和水玻璃耐热混凝土。其中水泥耐热混凝土又分为普通硅酸盐水泥耐热混凝土（耐热温度700～1200℃）、矿渣硅酸盐水泥耐热混凝土（耐热温度700～900℃）和铝酸盐水泥耐热混凝土（耐热温度1300～1700℃）等几种。水玻璃耐热混凝土的耐热温度为600～1200℃。根据硬化条件又可分为水硬性耐热混凝土、气硬性耐热混凝土、热硬性耐热混凝土。

耐热混凝土已广泛地用于冶金、化工、石油、轻工和建材等工业的热工设备和长期受高温作用的构筑物，如工业烟囱或烟道的内衬、工业窑炉的耐火内衬、高温锅炉的基础及外壳等。耐热混凝土与传统耐火砖相比，具有下列特点：

（1）生产工艺简单，通常仅需搅拌机和振动成型机械即可；

（2）施工简单，并易于机械化；

（3）可以建造任何结构形式的窑炉，采用耐热混凝土可根据生产工艺要求建造复杂的窑炉形式；

（4）耐热混凝土窑衬整体性强，气密性好，使用得当，可提高窑炉的使用寿命；

（5）建造窑炉的造价比耐火砖低；

（6）可充分利用工业废渣、废旧耐火砖以及某些地方材料和天然材料。

二、铝酸盐水泥耐火混凝土

铝酸盐水泥耐热混凝土属于火硬性耐火混凝土，胶凝材料为铝酸盐水泥。火硬性耐火混凝土的胶结材料仅在混凝土浇筑成型后的一段时间由水泥水化产物产生胶凝作用，形成混凝土的初期强度，对结构本身起支撑作用。当温度升高时，在温度300～1200℃阶段，混凝土内部产生一系列化学反应，水泥石由低密度水化产物转成高密度非水化产物（焙烧产物），固相体积缩小，而固体间空隙增大，混凝土强度反而降低。当继续升温，温度超过1200℃后，固相材料经烧结作用产生陶瓷结构，强度显著提高，成为工作所需要的耐火混凝土。

三、铝酸盐水泥的水化特性

铝酸盐水泥的主要矿物为铝酸一钙（CA），次要矿物为二铝酸一钙（CA_2），遇水后可能发生如下反应，且反应速度较快，如图 11-3-2 所示。

从图 11-3-1 中看出，水化温度不同，水化产物也不同。在低温养护时，CA 主要生成针状或板状的水化铝酸一钙（$CaO \cdot Al_2O_3 \cdot 10H_2O$，缩写：$CAH_{10}$）、水化铝酸二钙（$2CaO \cdot Al_2O_3 \cdot 8H_2O$，缩写：$C_2AH_8$）和颗粒状的氧化铝胶质体（简称：铝胶，$Al_2O_3 \cdot aq$，缩写 $A \cdot aq$）；当养护温度升高时，则生成偏八面体或立方形的水化铝酸三钙（$3CaO \cdot Al_2O_3 \cdot 6H_2O$，缩写：$C_3AH_6$）和颗粒状的 $Al_2O_3 \cdot 3H_2O$（缩写 AH_3）及铝胶。

铝酸盐水泥在常温下的水化产物 CAH_{10}、C_2AH_8 和 C_3AH_6 都属于介稳产物，它们在温度超过 35℃情况下会转变成稳定的 C_3AH_6，在这种晶形转变过程中，会引起强度下降，其原因为：（1）CAH_{10} 和 C_2AH_8 是六角片状晶体，C_3AH_6 为立方晶形晶体，C_3AH_6 的结合力比 CAH_{10} 和 C_2AH_8 差。（2）在晶形转变过程中释放出结晶水而使孔隙率增大。（3）水化初期或低温下形成的 $Al(OH)_3$ 为胶状体，充填在晶体间起增强的作用。温度提高后铝胶转变为晶体三水铝石（$Al_2O_3 \cdot 3H_2O$）降低了胶体的增强作用。铝酸盐水泥水化的产物 C_3AH_6、AH_3、CAH_{10}、C_2AH_8 在高温作用下会发生脱水，脱水产物之间发生反应。

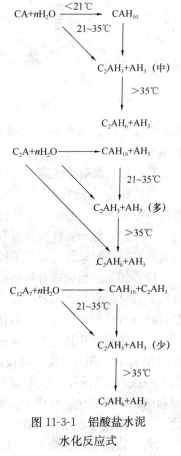

图 11-3-1 铝酸盐水泥
水化反应式

如：300～500℃　　$7C_3AH_6 \longrightarrow 9CaO + C_{12}A_7 + 6H_2O$

$AH_3 \longrightarrow Al_2O_3 + 3H_2O$

500～1200℃　　$Al_2O_3 + CaO \longrightarrow CA$

$5Al_2O_3 + C_{12}A_7 \longrightarrow CA$（或 CA_2）

$Al_2O_3 + CA \longrightarrow CA_2$（在 Al_2O_3 较多时）

由上述反应式可知，在 500℃以前，水泥石由铝酸盐水泥的水化物组成；500～900℃时由水化产物及由脱水产物之间的二次反应物组成；1000℃开始发生固相烧结；1200℃以上时变为陶瓷结合的耐火材料。其强度的变化如图 11-3-2 所示。

Al_2O_3 含量超过 70％以上的铝酸盐水泥（铝酸盐水泥 CA-70/80），由于水泥的化学组成中含有更多的 Al_2O_3，因此在 1200℃发生烧结产生陶瓷结合后，具有更高的烧结强度和耐火度，其最高使用温度可达 1600℃以上。

四、铝酸盐水泥对骨料和掺合料的要求

（1）骨料。由于铝酸盐水泥可以配制工作温度较高的耐火混凝土，因此，需采用耐火度更高的骨料，如矾土熟料、碎高铝砖、碎镁砖和镁砂等。如使用温度超过 1500℃，最好用铬铝渣、电熔刚玉等。

（2）掺合料。为提高耐火混凝土的耐高温性能，有时在配制混凝土时掺加一定量的与水

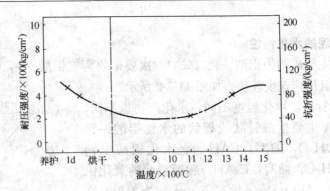

图 11-3-2 铝酸盐耐热混凝土加热温度与强度的关系

泥化学成分相近的粉料，如硅微粉、刚玉粉、高铝矾土熟料粉等。粉料的细度一般应小于 1μm。

五、耐火混凝土的施工设计要点

（1）在施工条件允许的前提下，要尽可能降低水灰比，减少用水量。这是因为耐火混凝土在高温下水分容易散失，致使混凝土孔隙增加、强度降低。

（2）在满足和易性和常温强度的前提下，要尽可能减少胶结材料和水泥的用量。这是因为通常集料的耐火程度要高于胶结材料，高温胶结材料先于集料发生软化、变形。

（3）加入适当的掺合材料可提高混凝土的耐火性，同时可改善和易性并减少水泥用量。常用掺合材料有黏土熟料、黏土耐火砖、矾土熟料、镁砂、铬铁矿、粉煤灰、高铝砖的磨细粉料，具有高耐火性能的有氧化硅微粉、刚玉粉。

（4）集料要选择适当的级配使密度达到最大，还要注意与胶凝材料的匹配相适应。砂率控制在 40%～60%。配合比设计一般以经验配合比为基础，通过试验调整后确定。耐火混凝土一般不配钢筋，因为钢筋的热膨胀系数与耐火混凝土差别很大，高温下会导致混凝土开裂剥落，钢筋氧化、软化失去增强作用。必须配筋时要采取特殊措施，如钢筋表面渗铝抗氧化、用型钢或埋入冷却水管等。

六、铝酸盐水泥耐火混凝土在工程施工中注意的问题

（1）铝酸盐水泥一般不与硅酸盐水泥、生石灰等析出 $Ca(OH)_2$ 的胶凝物混合，因为两者相混合会产生闪凝，并且能生成高碱性的水化铝酸钙，使混凝土开裂，甚至破坏。

（2）铝酸盐水泥硬化时放热量较大，且集中在早期放出，故水泥硬化开始时应立即给水养护，适宜施工温度在 15～25℃，温度超过 25℃时应采用降温措施，养护期不少于 3d。

（3）混凝土每次的拌和量应控制在 20min 内用完，拌和水应采用饮用水，期间应不断搅拌，已硬化的混凝土不可再次给水使用，否则混凝土有可能不硬化。

（4）铝酸盐水泥一般不浇筑大体积混凝土，厚度不应超过 300mm。当用于钢筋混凝土时，钢筋混凝土保护层不应小于 3mm。

第四节 铝酸盐水泥耐火浇注料

新型胶结料的开发带来了耐火混凝土的创新。以新型低水泥耐火混凝土为例，它的结合剂（高浓度陶瓷泥浆结合剂）是一种综合性系统，该系统组成中不仅包括铝酸盐水泥，而且还包括高分散性细粉（如 SiO_2）及各种无机和有机加入剂，后者为浇注料混合物的流变学性能及工艺性能的调节剂。耐火混凝土配料组成中的高分散性组分的功能不仅保证混凝土具有较高的初始强度及密度，而且还使混凝土在较低温度下（800～1000℃）的强度有所提高。

　　铝酸盐水泥耐火浇注料是用铝酸盐水泥作结合剂，与耐火骨料和粉料按一定配合比加水搅拌成型并经潮湿养护后而成的。按结合剂品种分为 CA-50、CA-60、CA-70、CA-80 和熔融铝酸盐水泥耐火浇注料等；按耐火骨料品种分为黏土质、高铝质、莫来石质和刚玉质等耐火浇注料。铝酸盐水泥耐火浇注料具有快硬高强和施工方便等特点，因此应用广泛，其使用温度一般为 1400～1600℃，有的高达 1800℃左右。但是，个别浇注料在加热过程中发生矿相转化，致使中温强度降低，易产生结构剥落，也限制了使用。

一、铝酸盐水泥 CA-50 耐火浇注料

　　铝酸盐水泥 CA-50 水泥耐火浇注料是用 CA-50 水泥作结合剂，耐火骨料和粉料或掺入适量的外加剂，按比例配合并经加水搅拌、成型及养护后制成的。其特点是快硬高强，价廉易得，施工方便。当采用硅酸铝质材料配置耐火浇注料时，具有一定的抗硫酸盐侵蚀性能。该浇注料的使用温度为 1400℃左右。过去，CA-50 水泥耐火浇注料广泛用于轧钢加热炉等热工设备，能实现机械化筑炉，使用寿命 2～4 年；现在，该浇注料主要用于锅炉和石化工业炉等窑炉，在冶金系统中，低温热工设备上也应用，并取得良好的效果。

　　1. 常用配合比

　　CA-50 水泥耐火浇注料是不定形耐火材料中的重要品种，常用配合比，列于表 11-4-1。表内编号 1～3 所用耐火骨料和粉料是用二级矾土熟料制备的，编号 4 为一级矾土熟料，编号 5 为一级黏土熟料。

表 11-4-1　CA-50 水泥耐火浇注料的常用配和比　　　　　　　　　　　%

编号	结合剂	粉料	骨料			减水剂（外加）	水（外加）
	CA-50 水泥	高铝质	高　铝　质				
			5～10mm	<5mm	<15mm		
1	15	15			70		10
2	14	14	40	32		0.95	7～8
3①	14	14	40	32		0.15	7～8
4	12	15	38	34		0.15	8
5	15	15 黏土质			70 黏土质		10～11

注：①外加 3.0%的烧结剂。

　　在一般情况下，CA-50 水泥和耐火粉料的总用量为 27%～30%，耐火骨料用量为 33%～70%，CA-50 水泥用量为 10%～20%。当耐火浇注料用于中高温部位时，应尽量减少水泥用量，同时增加耐火粉料的用量，其品级应与耐火骨料相同或高一个等级；耐火骨料应根据窑炉使用温度合理选择，做到物尽其用。其颗粒级配，通常采用两级级配，也可用通料，一般以砂率（即细骨料占整个骨料的比值）为 0.45～0.55 来控制；用水量一般以质量百分比表示，也可用千克每立方米或水灰比（即水与水泥和粉料之比）来表示。其总原则是，在保证浇注料拌合物的和易性情况下，应尽量减少用水量。

应当指出，常用配合比并不是一成不变的。它将根据原材料的品种和使用条件，在生产与施工时，经试验确定耐火浇注料的配合比，以满足窑炉工程的使用要求。同时，应尽量掺入外加剂，以改善浇注料的施工性能和耐火性能。

2. 主要性能

CA-50 水泥浇注料的常温抗压强度，列于表 11-4-2，编号同表 11-4-1。

表 11-4-2　CA-50 水泥浇注料的常温抗压强度　　　　　　　　　　　　　MPa

编号		1	2	3	4	5
标准养护时间	1d	30	31	33	53	29
	3d	36	37	39	60	34
	7d	38	39	42	64	36

从表 11-4-2 中可以看出，常温抗压强度随着养护龄期的延长而增大。同时，1d 强度很高，其后强度增加的幅度不大。因此 CA-50 水泥的主要矿物 CA 水化快，80% 左右的热量是在水化约 10h 内放出，24h 后已放热很少。也就是说，CA-50 水泥浇注料拌合物，一般在 1h 左右即能生成铝胶和 CAH_{10} 等，并包裹耐火骨料和粉料的颗粒，同时水泥颗粒不断内吸水分而水化，其晶体交叉生长和发育，这样就使耐火浇注料获得了强度。1d 之后，CA 已基本水化，因此强度增幅很小。应当指出，CA-50 水泥耐火浇注料初凝后，因放热反应强烈，必须在潮湿环境中养护，并应及时浇水或置于水中养护。

在潮湿环境中养护，CA-50 水泥耐火浇注料表面挂"白霜"，或在其表面和水中常见到有松散的胶状白色沉淀物。这是由于浇注料表面为水化的水泥颗粒遇水后，形成过饱和溶液，随之沉淀出铝胶和水化铝酸钙所致。但是，这种溶解不会超过早已形成的表面铝胶薄膜，因此对浇注料性能并无影响。不过，沉淀物过后，易形成疏松层，致使其表面粗糙不平，影响外观。

CA-50 水泥耐火浇注料成型、养护 3d 到期后，经过 110℃ 烘干和加热，所测得的主要性能见表 11-4-3，编号与表 11-4-1 对应。

表 11-4-3　CA-50 水泥耐火浇注料的主要性能

编号		1	2	3	4	5
抗压强度/MPa	110℃	24	32	33	51	23
	800℃	21	28	31	42	19
	1000℃	19	24	29	36	18
	1200℃	14	21	28	30	14
	1400℃	25	29	35	46	24 (1350℃)
烧后线变化/%	1400℃	−0.54	−0.40	−0.50	−0.90	−0.60 (1350℃)
线膨胀系数/ K^{-1}	2～1200℃	$5.5×10^{-6}$	$6.0×10^{-6}$	$5.8×10^{-6}$	$6.2×10^{-6}$	$5.3×10^{-6}$
抗热震性/次	850℃水冷	>50			>50	>50
耐火度/℃		>1710	1770	1770	>1790	1690

续表

编号	1	2	3	4	5
荷重软化温度（4％）/℃	1380	1400	1400	1410	1380
常温热导率/W・(m・K)$^{-1}$	0.963			1.144	0.962
显气孔率/％	20	19	17	18	21
体积密度/g・cm^{-3}	2.15	2.28	2.50	2.70	2.18

从表 11-4-3 中看出，编号 1 和编号 5 的烘干耐压强度比 3d 常温耐压强度降低 20％左右，而编号 2、编号 3 和编号 4 的降低较少，这是由于掺减水剂所致。随着加热温度的升高，烧后耐压强度降低，到 1000～1200℃时，其强度最低。随后，由于陶瓷结合增强，所以烧后耐压强度有较大的提高。应当指出，掺减水剂和烧结剂的试样，特别是掺烧结剂的试样，其强度降低较少，即能够提高其烧后耐压强度。

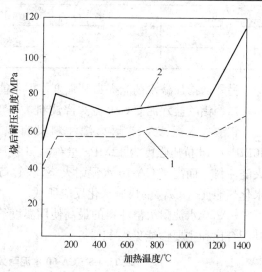

图 11-4-1 微膨胀耐火浇注料的强度-温度曲线
1、2 分别是 CA-50 和 CA-70 水泥耐火浇注料

3. 提高中温强度

（1）中温强度下降的机理。中温强度系指 900～1200℃时的强度，铝酸盐水泥耐火浇注料中温强度下降是普遍规律，尤其是 CA-50 水泥耐火浇注料，中温强度降低较大，具有代表性。该浇注料中温强度与烘干强度相比，其下降率为 22％～60％。

在 900～1200℃的温度下，CA-50 水泥耐火浇注料的水化铝酸钙，已基本上二次 CA、CA$_2$ 化了，由于化学反应而导致体积收缩和形成内部气孔；在 900℃之前，脱除 90％左右的游离水和部分结合水，其强度降低较小，气孔率增加较大。剩余 6％～10％的结合水，可能是进入配位结构以羟基形态存在的结合水，在 900～1200℃之间脱除时，使原有晶格破坏，形成新的矿物结构，即二次 CA、CA$_2$ 化。同时由于温度低烧结作用不明显，其结构成疏松状，因此强度下降较大。也就是说，在该温度范围内，其中温强度降低，是由于尚未形成陶瓷化和水化矿物，化学反应形成疏松状结构且导致体积收缩所致。

（2）提高中温强度的措施。在铝酸盐水泥耐火浇注料中，掺加 α-Al$_2$O$_3$ 细粉，中温时产生具有膨胀效应的化学反应，可弥补由于体积收缩造成的中温强度下降。其反应式如下：

$$CaO + Al_2O_3 \longrightarrow CaO \cdot Al_2O_3 \tag{11-1}$$

$$CA + Al_2O_3 \longrightarrow CA_2 \tag{11-2}$$

经计算式（11-1）的体积膨胀效应为 19.6％，而式（11-2）则为 12.86％。图 11-4-1 为微膨胀耐火浇注料的强度-温度曲线。

从图 11-4-1 中可以看出，CA-70 水泥耐火浇注料掺加 α-Al$_2$O$_3$ 后，因增大了收缩补偿效应（即增大了膨胀率），中温强度不下降还有所提高；CA-50 水泥耐火浇注料的中温强度下降较小，其下降率仅为 12％。

在 CA-50 水泥耐火浇注料中，掺加烧结剂也能提高中温强度，见表 11-4-4。烧结剂主要有软质黏土等，用量为 3%～6%，其作用是使浇注料在较低温度下烧结，防止或改善其组织结构的剧烈变化，从而提高了中温强度，有的比烘干强度还要高。

表 11-4-4　烧结剂对耐火浇注料强度和烧后线变化的影响

烧结剂用量/%	抗压强度/MPa			烧后线变化/%
	110℃	1000℃	1300℃	1000℃
0	21.8	17.4	41.2	−0.07
3	32.9	28.6	52.4	−0.09
6	40.8	53.4	50.4	−0.14

另外，掺加减水剂能提高其强度，但不能改变中温强度的下降规律和下降幅度。

二、铝酸盐水泥 CA-60 耐火浇注料

铝酸盐水泥 CA-60 耐火浇注料具有快硬高强特点。成型养护后 1d 抗压强度约为 30MPa，3d 抗压强度为 42MPa 左右，7d 抗压强度约为 50MPa。1d 强度接近 CA-50 水泥耐火浇注料，而高于 CA-70 水泥耐火浇注料。这是由于水泥中含有较多的 CA 矿物所放出的水化热能促进 CA_2 的快速水化反应所致。

CA-60 水泥耐火浇注料的最高使用温度约为 1500℃，可满足一般工业窑炉的使用要求。其配合比和主要性能见表 11-4-5。

表 11-4-5　CA-60 水泥耐火浇注料的配合比和主要性能

	编号	1	2	3
配合比/%	CA-60	12	15	14
	耐火粉料	一级烧结矾土（含烧结剂）13	一级烧结矾土 15	特级烧结矾土 15
	耐火骨料	三级烧结矾土 75	二级烧结矾土 70	一级烧结矾土 71
	水	9.2	9.0	9.0
抗压强度/MPa	110℃	44	34	32
	800℃	39（600℃）	32	28
	1000℃	39	24	23
	1200℃	42（1300℃）	18	17
	1400℃	68（1500℃）	31	27
烧后线变化/%	1400℃	＋0.68（1500℃）	−0.42	−0.35
线膨胀系数/ K⁻¹	20～1200℃	5.3×10^{-6}	5.0×10^{-6}	4.6×10^{-6}
荷重软化点温度	4%	1430	1410	1420
耐火度/℃		1770	1790	＞1790
体积密度/g·cm⁻³		2.30	2.34	2.65

从表 11-4-5 中可以看出，烘干抗压强度一般在 30～35MPa，略高于 1d 抗压强度；烧后抗压强度随着加热温度的提高而降低，与 CA-50 水泥耐火浇注料一样，也存在中温强度低

的问题。1200℃之后，因液相量不断增多，已发生烧结，浇注料形成了陶瓷结合，因此强度随着加热温度的提高而增加；烧后线变化和线膨胀系数与 CA-50 基本相似，荷重软化温度和耐火度略高些。因此，CA-60 水泥耐火浇注料是比较好的筑炉材料。

三、铝酸盐水泥 CA-70 耐火浇注料

铝酸盐水泥 CA-70 的主要矿物是 CA_2，它与 CA-50 水泥相比，其特点是水化速度慢，后期强度大和耐火度高。因此，采用 CA-70 水泥配制耐火浇注料，在常温和潮湿条件下养护，也表现为早期强度较低，后期强度较大。如在较高温度下或采用蒸汽养护，也可达到快硬高强的效果。另外，由于 CA_2 含量多，水化形成的铝胶也多，所以加热后产生较多的活性氧化铝并形成新矿物，有利于提高耐火浇注料的性能。

CA-70 水泥耐火浇注料的主要配合比见表 11-4-6。该浇注料主要用于高温部位，故多用 Al_2O_3 含量高的烧结矾土作耐火骨料和粉料，也可用刚玉、莫来石和铬渣等材料。耐火骨料临界粒径可用 15mm 或 10mm，视衬体厚度而定。为提高其施工性能和高温性能，应采用外加剂。

表 11-4-6　CA-70 水泥耐火浇注料的主要配合比　　　　　　　　　　　　%

编号	水泥	耐火粉料	耐火骨料/mm		水
			5—10	5	
1	12	一级烧结矾土 12	一级烧结矾土		0.93
			42	34	
2	15	一级烧结矾土 15	二级烧结矾土		10
			35	35	
3	15	一级烧结矾土 15	二级烧结矾土		11
			70		
4	12	铬渣粉 12	铬　渣		9
			41	35	

CA-70 水泥耐火浇注料成型初凝后，可采用两种方法养护，即标准养护和蒸汽养护。养护方法不同，常温抗压强度也有差异。标准养护至 28d，抗压强度可达 40～60MPa。如以 28d 强度为 100% 计，其强度随龄期增长的百分比为：养护 1d 的常温抗压强度为 15%～17%，3d 的为 35%～40%，7d 的为 50%～60%，14d 的为 70%～80%，21d 的为 85%～90%。当采用蒸汽养护时，其升温—恒温—降温的时间分别为 4h—10h—4h，恒温温度为（80±5）℃。蒸汽养护后的抗压强度可达到标准养护 28d 强度的 60%～80%。

表 11-4-7 为 CA-70 水泥耐火浇注料的主要性能。编号与表 11-4-6 对应。

表 11-4-7　CA-70 耐火浇注料的主要性能

编号		1	2	3	4
常温抗压强度/MPa	3d	16.0	19.0	17.2	14.7
	蒸养	28.0	34.0	30.1	28.5
烧后抗压强度/MPa	110℃	30.0	32.1	29.0	30.0
	800℃	26.5	2.1	25.5	27.0
	1000℃	20.8	21.0	21.5	19.7
	1200℃	19.5	20.5	20.0	19.4
	1400℃	24.2	26.0	25.1	23.1

编号		1	2	3	4
烧后线变化/%	1400℃	−045	−0.50	−0.46	+0.25
线膨胀系数/ K^{-1}	20～1200℃	5.9×10^{-6}	5.5×10^{-6}	5.7×10^{-6}	5.3×10^{-6}
荷重软化温度/℃	4%	1430	1410	1400	1650
耐火度/℃		>1790	>1790	1790	>1790
热导率/W·$(m·K)^{-1}$		1.08	1.06	1.04	1.09
显气孔率/%		19	18	17	17
烘干容重/ kg·m^{-3}		2700	2500	2450	2810

从表 11-4-7 中可以看出，养护 3d 的抗压强度较低，其余性能比 CA-50 水泥和 CA-60 水泥耐火浇注料要好。当在高温下或采用蒸养时，浇注料的水分起自蒸养作用，促进了 CA_2 的水化进程，同时游离水的逸出，使凝胶体干缩而密实，也有利于强度的增长。因此，其强度与 CA-50 水泥耐火浇注标准养护 3d 的强度基本相似。CA-70 水泥耐火浇注料的强度变化特征，与前述基本相似，但中温强度下降幅度较小，这是由于铝胶多，能缓冲晶型转变带来的危害，同时氧化铝与水化铝酸钙反应生成新的 CA_2、CA_6 等，产生体积膨胀，也能提高中温强度。当加热温度超过 1200℃时，由于液相量的不断增加，已形成陶瓷结合，以此烧后抗压强度增加。

CA-70 水泥耐火浇注料的耐火度较高，一般为 1790℃左右，荷重软化温度比高铝砖低是由于未预先煅烧所致。当其经过 1450℃煅烧后，再作检验，变形 4.0% 的荷重软化温度为 1500℃左右。图 11-4-2 为 CA-70 水泥高铝质耐火浇注料的高温蠕变曲线。

从图 11-4-2 中可以看出，荷重 0.2MPa，在 1250℃的温度下恒温 6h，其变形为 2.7%；1350℃时为 15.9%，而 1400℃时恒温 3h，其变形达 23.3%，恒温至 3.5h 即破坏了，这说明该材料已发生了较大的塑性变化。

图 11-4-3 为 CA-70 水泥高铝质耐火浇注料显气孔率和烧后线变化与加热温度的关系。从图 11-4-3 中看出，在 400℃之前，因游离水和结合水的大量排除，显气孔率增加较大。然后随着加热温度的升高，显气孔率不断增大。到 1000～1200℃时，显气孔率达到最大值，一般为 23%～17%。显气孔率大，致使试样组织结构不密实，这也是中温强度下降的一个原因。至 1200℃，烧后线变化一直变化较小；1200℃之后，液相量逐步增多，试样开始烧结，因此显气孔率减小，烧后线收缩最大。加热到 1500℃时，已形成陶瓷结合，显气孔率将为 15%～20%，烧后线收缩约为 0.8%。

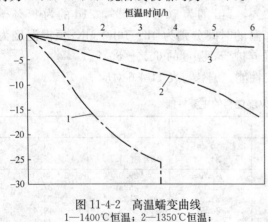

图 11-4-2　高温蠕变曲线
1—1400℃恒温；2—1350℃恒温；
3—1250℃恒温

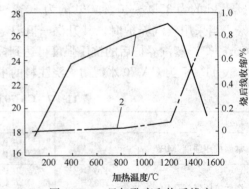

图 11-4-3　显气孔率和烧后线变化与加热温度的关系
1— 显气孔率；2— 烧后线收缩

CA-70 水泥耐火浇注料的线膨胀约为 0.5％；抗热震性较好，850℃加热—水冷循环一般大于 50 次；500℃时热导率为 1.1W/（m·K）左右，1000℃时约为 1.28W/（m·K）。同时由于其强度高，故耐磨性也好。

四、铝酸盐水泥 CA-80 耐火浇注料

CA-80 水泥耐火浇注料使用较纯的 CA-80 水泥作结合剂，与刚玉、莫来石、特级烧结矾土和氧化铝微分等骨粉料或外加剂按比例配合，并加水搅拌、成型及养护后制成。其特点是耐火度和荷重软化温度高、高温强度大、抗渣性好、抗还原性气体能力强。该浇注料的最高使用温度约为 1800℃，是当前应用较多的一种材料。CA-80 耐火浇注料的配合比及性能见表 11-4-8。

表 11-4-8 CA-80 耐火浇注料的配合比及性能

编号		1	2	3
配合比/%	水泥	15	13	13
	粉料	$\alpha\text{-}Al_2O_3$ 微粉 15	刚玉微粉 15	$\alpha\text{-}Al_2O_3$ 微粉 17
	骨料	电熔刚玉 70	棕刚玉 72	特级烧结矾土 70
	水	11	10	12
烧后抗压强度/MPa	3d	29.4	30.0	26.5
	110℃	39.2	40.3	34.3
	1000℃	27.5	—	23.5
	1300℃	30.4	30.8	—
	1400℃	37.3	35.0 (1500℃)	30.4
烧后抗折强度/MPa	1300℃	5.9	6.0	—
烧后线变化/%	1500℃	+0.31 (1400℃)	+0.20	−0.6
荷重软化温度/℃	4%	>1630	>1600	1590
显气孔率/%		20	19	19
烘干容重/kg·m⁻³		2850	2810	2800

编号 1 所用电熔刚玉骨料的最大粒径为 3mm，颗粒级配：1.2～3mm，55％；0.3～1.2mm，35％；小于 0.3mm，10％。编号 2 和编号 3 所用骨料的最大颗粒为 5mm，颗粒级配为：3～5mm，45％～55％；1～3mm，25％～30％；<1mm，20％～25％。在配制浇注料时，均掺加适量的减水剂，以提高施工的和易性和使用性能。

常温抗压强度是在标准养护后测定的。1d 耐压强度一般约为 15 MPa，7d 抗压强度为40MPa，相当于烘干抗压强度。耐火度大于 1790℃。刚玉耐火浇注料的荷重软化温度开始点大于 1400℃，变形 4％时约为 1700℃；抗热震性为 850℃水冷循环一般大于 30 次，常温热导率约为 1.28W/（m·K）。该浇注料中温强度略有下降，与其他铝酸盐水泥耐火浇注料基本相同。同时，由于原材料品极高、杂质少，因此具有良好的抗渣性和抗还原气体的能力。

CA-80 水泥耐火浇注料性能优良，施工方便，但成本较高，一般只用于窑炉和热工设备的特殊部位。例如，炉外精炼装置的真空吸嘴衬体，喷粉用的整体喷枪渣线，工频感应电炉熔沟和高温转化炉衬里等部位采用 CA-80 水泥耐火浇注料，满足了使用要求。

第五节　铝酸盐耐火浇注料（混凝土）外加剂

铝酸盐水泥耐火浇注料常用的外加剂，一般分为减水剂（缩化剂）、促凝剂和缓凝剂，另外还掺加烧结剂、膨胀剂等。

减水剂是应用最多的外加剂，也称为表面活化剂。亚甲基二萘磺酸钠（牌号 NNO）、β-萘磺酸盐甲醛缩合物（牌号 JN、NF……）、聚亚甲基磺酸钠聚合物（牌号 MF）、木质素磺酸盐（分为 M 型、木钙和木钠等）、磺化焦油类、烷基磺酸钠、磺化三聚氰胺甲醛缩合物（即蜜胺树脂）、盐酸羟胺、尿素、羟基羧酸及其盐类（包括酒后酸、柠檬酸和葡萄糖及其钠盐等）、碳酸氢钠、硼酸、三聚磷酸钠和六偏磷酸钠等，其用量占水泥质量的 $0.005\%\sim1.0\%$。

促凝剂有 $NaOH$、Na_2CO_3、三乙醇胺、硅酸钠、锂盐和硅酸盐水泥等，一般在特殊情况下使用。例如，配置喷涂料时，采用 70% 的 CA-50 水泥和 30% 的硅酸盐水泥混合成复合胶结剂，当达到受喷面时能较快凝结硬化。

缓凝剂有 $NaCl$、$AlCl_3$、硼酸、羟甲纤维素、葡萄糖酸钠、异丙醇、木质素磺酸盐等，多数减水剂也有缓凝剂效应。例如 CA-50 水泥耐火浇注料掺入 0.1% 的 $AlCl_3$，凝结时间由 4h 延长到 6h，1d 抗压强度由 50MPa 提高至 56MPa。

烧结剂有软质矾土、锂辉石、膨润土和金属硅等，目的是提高耐火浇注料的中温强度。

膨胀剂有蓝晶石、硅线石和硅石等，在高温下产生膨胀以补偿浇注料的收缩，提高其使用效能。

众所周知，铝酸盐水泥耐火浇注料加水搅拌时，水泥颗粒间形成一种絮凝构造，拌和水的一部分形成水膜，另一部分则被水膜包围的游离水，不起改善浆体流动性的作用。为了提高浇注料的流动性，必须增加用水量，从而降低其性能。当掺加减水剂后，减水剂的疏水基团定向地吸附于水泥质点表面，亲水基团指向水溶液，组成了单分子或多分子吸附膜。由于减水剂分子的定向吸附，使水泥质点表面上带有相同符号的电荷，在电性斥力的作用下使水泥颗粒间的絮凝构造分散解体，释放出游离水，起到了减水作用。同时减水剂能湿润和润滑水泥颗粒，便于流动，也可减少水用量。总之，减水剂能分散、湿润和润滑水泥颗粒，达到减水增强的目的，其本身一般不参与反应，也不能提高浇注料的强度。表 11-5-1 为减水剂对耐火浇注料性能的影响。

表 11-5-1　减水剂对耐火浇注料性能的影响

结合剂	用水量/%	减水剂		减水率/%	抗压强度/MPa		
		名称	占水泥量的比例/%		3d	110℃	1000℃
CA-50 水泥	12				29.6	19.0	12.1
	10.2	NNO	1.0	15	36.1	23.4	15.9
	10.5	磺化焦油	1.0	12	36.1	25.5	17.2
	10.8	木钙	0.25	10	34.1	29.8	20.2
	10.5	JN	1.0	12	32.4	30.1	23.2

续表

结合剂	用水量/%	减水剂		减水率/%	抗压强度/MPa		
		名称	占水泥量的比例/%		3d	110℃	1000℃
电熔铝酸盐水泥①	11.5				17.3	19.4	11.2
	8	CB	0.09	30	41.2	42.0	36.4
	9	CBM	0.1	22	50.4	41.7	28.7
	7	TNH	2.0	39	36.0	63.0	44.7

注：① 常温抗压强度为养护 1d 的测定值

CA-50 水泥耐火浇注料的配比为（％）：水泥：一、二级烧结矾土混合粉：一级烧结黏土骨料＝15：15：70；酒石酸或柠檬酸与碳酸氢钠组成复合减水剂（称为 CB 型），再加占水泥质量 0.1％～0.05％的木钙减水剂（则称为 CNM 型），表中两者用量为总料质量的百分比；TNH 为水溶性蜜胺树脂。这几种减水剂适用于电熔铝酸盐水泥刚玉质耐火浇注料。从表 11-5-1 中看出，掺加极少量减水剂，其减水率为 10％～39％，对于 CA-50 水泥耐火浇注料常温 3d 和 1000℃烧后抗压强度分别提高 7％～22％和 24％～47％；对于电熔铝酸盐水泥刚玉质耐火浇注料常温 1d 和 1000℃烧后抗压强度，则分别提高 52％～65％和 61％～75％。这就是说，复合减水剂的使用效果比单一减水剂好，总的看来，均具有减水增强的作用。

应当指出，耐火浇注料所用的铝酸盐水泥的品种不同，选择的外加剂及其用量也有所区别，一般应通过实验确定。一般情况下，在保证铝酸盐水泥耐火浇注料原有性能的前提下，掺加减水剂后可适量降低铝酸盐水泥的用量，从而可节约水泥、降低成本。再则，因低熔点物质带入得较少，还能提高浇注料的使用性能。

参考文献

[1] 北京慕湖外加剂有限公司. 耐热(耐火)混凝土.
[2] ［日］杉田清. 张绍林，马俊译. 钢铁用耐火材料[M]. 北京：冶金工业出版社，2004.
[3] 韩行禄. 不定形耐火浇注料(第二版)，[M]. 北京：冶金工业出版社，2004.
[4] 徐平坤，魏国钊. 耐火材料新工艺技术[M]. 北京：冶金工业出版社，2005.
[5] 蒋亚清. 混凝土外加剂应用基础[M]. 北京：化学工业出版社，2004.

第十二章　铝酸盐水泥及铝酸盐相关产品的应用

第一节　铝酸盐熟料用作炼钢的辅助材料

冶金工业是国民经济中的支柱产业，冶金工业的技术水平是一个国家基础工业技术水平的总体标志之一。随着工业技术的不断进步，钢铁工业的炉外精炼和高质量低硫钢的冶炼技术也在迅速发展。在炉外精炼过程中，造渣技术由钙氟渣（$CaO\text{-}CaF_2$）转向钙铝渣（$CaO\text{-}Al_2O_3$），而高碱性钙铝渣具有很好的脱硫作用，这又为精炼洁净钢创造了更为有利的条件。

在炼钢过程中，由于铝酸盐熟料具有熔点低、形成的熔渣黏度小、流动性好、脱硫能力强、对炉衬侵蚀小并对环境无污染等特点，因此在炼钢或炉外精炼的过程中被认为是一种效果较好的环保型造渣剂，或者说是一种最有前途的可取代萤石的造渣添加剂。

由于含萤石渣对炼钢炉衬有较强的腐蚀作用，在高温条件下产生的气态氟化物对环境有严重影响，目前西方发达国家在炼钢过程中限制萤石的使用量，而铝酸盐熟料作为环保型的精炼剂已被国内外许多大型钢铁企业推广使用。

一、铝酸盐熟料用于炼钢造渣剂

铝酸盐熟料是经过精选的钙质、铝质原料按适当比例配合（或粉磨成一定细度，均化后直接烧结，或成型后烧结），经工业窑炉高温烧至部分熔融或全部熔融而制得。其矿物组成为铝酸一钙（CA）、二铝酸钙（CA_2）、铝酸三钙（C_3A）、七铝酸十二钙（$C_{12}A_7$），或根据不同要求加入少量的铁质、镁质可生成铁铝酸四钙（C_4AF）、镁铝尖晶石（MA）等矿物。这种作为造渣剂的铝酸钙熟料，其矿物组成是依据化学成分的不同而形成矿物的差异。

1. 熔融法生产铝酸盐 FCA 型

FCA 型熔融法生产铝酸盐熟料主要原料为生灰石、烧结铝矾土。有的还采用部分工业废料，如生产金属钙的副产品被称为钙渣的产品；或电解铝生产过程中铝液成型中的部分氧化物，铝加工过程中金属铝加热被氧化的氧化物，这些通常被称为"铝灰"的原料，作为电熔或固定式反射炉生产矫正性的原料。不同类型熔融法生产铝酸盐的化学成分，其品种及指标见表 12-1-1。

表 12-1-1　不同类型熔融铝酸盐的化学成分　　　　　　　%

品种/指标	FCA-1		FCA-2		FCA-3		FCA-M		FCA-F	
	典型值	控制值	典型值	控制值	典型值	控制值	典型值	控制值	典型值	控制值
CaO	51.76	49～54	51.56	49～54	51.56	45～51	34.0	32～36	51.27	48～55
Al_2O_3	42.67	41～45	42.35	41～45	42.35	38～42	40.5	39～43	3.86	1.0～5.5
SiO_2	2.57	≤2.8	3.58	≤3.8	4.78	≤5.5	4.7	≤5.5	4.23	≤5.0
Fe_2O_3	0.57	≤1.5	0.67	≤1.5	0.67	≤1.3	2.3	≤3.0	35.6	30～43
MgO	0.86	≤1.0	0.76	≤1.0	0.76	≤1.0	12.8	11～15	3.06	≤3.5
TiO_2	0.34	≤1.0	0.48	≤1.0	0.48	≤1.0	2.1	≤4.0		
S/P		≤0.05		≤0.05		≤0.05		≤0.05		≤0.05

熔融法生产铝酸盐的工艺技术第八章已有比较明确的论述。我国大多为电熔法生产，尚有少量的热反射式的熔池炉。

表 12-1-1 中 FCA-1、FCA-2、FCA-3 为高钙低硅系列产品，铝酸盐熟料的主要矿物是七铝酸十二钙（$C_{12}A_7$）。矿物一般为颗粒状或八面体晶体，属于立方晶系，折光率为 1.608，密度为 $2.69g/cm^3$，熔点为 1415℃。与少量的 SiO_2、Fe_2O_3、TiO_2 形成不一致熔铝酸盐化合物，成分均匀，矿物熔点温度低于 1350℃。作为炼钢造渣剂的铝酸盐熟料溶化速度快，可缩短炼钢的冶炼时间，使得钢渣成渣快。熔渣黏度适当，促进渣与钢水间的脱氧脱硫反应，具有有效吸附夹杂物的能力。当其应用于 LF、SKF、VHP 等精炼过程时，能大幅度提高钢水质量和钢包使用寿命。其主要矿物见表 12-1-2。

表 12-1-2　熔融法生产高钙低硅铝酸盐的矿物组成 %

$C_{12}A_7$	C_2AS	C_4AF	CT	f-CaO
≥78	≤12	≤3.5	≤4	≤1.5

熔融法生产高钙低硅型铝酸盐，其外观如图 12-1-1 所示。

SiO_2 小于 2.8% 的铝酸盐　　　　　　　　SiO_2 小于 4.5% 的铝酸盐

图 12-1-1　熔融法生产铝酸盐熟料

熔融法生产铝酸盐矿物相 X-衍射图谱如图 12-1-2 所示。

表 12-1-1 中熔融法生产铝酸盐 FCA-M、FCA-F 型炼钢精炼渣，为熔融法生产高 MgO 铝酸盐和高 Fe_2O_3 铝酸盐，属于两种不同碱度的熔渣性铝酸盐。FCA-M 型熔融铝酸盐的主要矿物是 $C_{12}A_7$ 和镁铝尖晶石 MA，由于 MgO 含量增加，精炼渣的碱度偏高。FCA-F 型熔融铝酸盐的主要矿物在于 Fe_2O_3 的含量不同，区别也在于作为精炼渣的熔融铝酸盐含有大量的铁铝酸四钙 C_4AF，精炼渣中 Fe_2O_3 的含量大于 30％时，使得铝酸盐的碱度大幅降低。由于碱度的差异，在炼钢应用中，分别适用于不同渣系的熔渣性铝酸盐精炼剂。

FCA-M 型通常要求 MgO 含量大于 12％以上。对于作为炼钢造渣剂的 FCA-M 型精炼渣，其熔点主要由化学成分决定。针对 CaO-SiO-Al_2O_3-MgO-CaF_2 渣系，研究结果表明，渣中的熔点随着 CaO 和（CaO ＋MgO）含量增加而提高，为了使渣的熔点低于 1500℃，要求 W（CaO ＋MgO）≤63％。使用 Al_2O_3 代替 CaO 时，渣的熔点会急剧降低。精炼渣必须具有合适的黏度，它直接影响到精炼渣的传热、脱硫、脱氧、去除夹杂的效果。在一定的碱度下，适当提高渣 W（Al_2O_3）可以实现降低精炼渣的黏度和熔点。适当控制渣中的 W（MgO）以调节渣的熔点和黏度，还可以减轻精炼渣对钢包渣线部位耐火材料的侵蚀，对钢包内衬起到一定的保护作用。另外，渣中的 W（MgO）不高时，能起到与 CaO 类似的脱硫效果，但当

渣中 $W(MgO)$ 大于 12％时，则会降低硫的分配比。

熔融法生产铝酸盐 FCA-M 型炼钢精炼渣，由于 MgO 的增加，产品的熔点温度大于高钙低硅 FCA 系列产品。外观颜色同样为淡黄色，但 FCA-M 型颜色发白，FCA-F 型颜色发红。产品外观如图 12-1-3 所示。

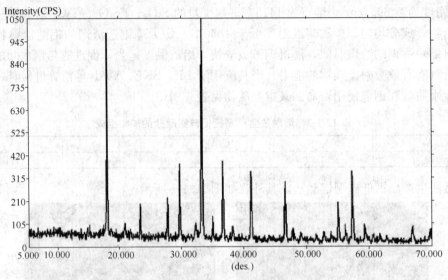

图 12-1-2　熔融法铝酸盐（CaO 含量大于 50％）XRD 图

MgO大于12%的铝酸盐　　　　　　　　　Fe_2O_3 大于30% 熟料

图 12-1-3　熔融法生产铝酸钙 FCA-M 型、FCA-F 型

2. 烧结法生产铝酸盐 SCA 型

烧结法生产铝酸盐熟料与生产铝酸盐水泥熟料相同，起初就是将铝酸盐水泥熟料用于炼钢辅料，21 世纪初期由于工业的细分化及采用铝矾土配料成本的升高，已逐渐细分出一些烧结法专业工厂。近年来，一些生产企业为了更好地节约铝矾土资源，降低铝酸盐熟料生产成本，采用电解铝生产过程中铝液在形成铝锭时出现的铝液被氧化的产物，以及铝锭加工型材过程中金属铝被加热时部分被氧化，这种由金属铝氧化之后的氧化物，即为氧化铝（Al_2O_3）。由于其外表颜色呈黑色，工厂称其为"铝灰"。"铝灰"的主要成分是 Al_2O_3，并含有 K_2O、Na_2O 和呈现酸性物质的 S^-、F^-，酸性化合物的存在主要是电解氧化铝时外加的氟化盐做助溶剂，这样"铝灰"中必然存在硫化物与氟化物的残存。铝型材加工企业为了提高型材的物理特性，通常在

原铝(电解铝)中加入适量的其他与其相关的有色金属，例如加入适量的金属镁，可大幅度地改善铝型材的物理强度。所以，铝型材加工企业的工业废料，或称为工业垃圾的"铝灰"中的MgO将会大幅度地提高。"铝灰"的化学成分见表12-1-3。

表 12-1-3 "铝灰"的化学成分 %

Al_2O_3	SiO_2	MgO	R_2O	S^-	F^-
≥82	≤2.54	≤2.7	>1.2	≤0.22	<1.0

"铝灰"尽管含有82%以上的Al_2O_3，而碱含量高达1.2%，硫化物、氟化物的残存也相当高，为此采用"铝灰"配料生产的铝酸盐熟料，不能用于生产铝酸盐水泥。作为冶金辅料的铝酸盐熟料含有少量的K_2O、Na_2O及少量的氟化物，具有降低成渣时的熔点温度，对钢液表层的钢渣成渣速率是有利的。所以，少量的K_2O、Na_2O、氟化物有益于铝酸盐作炼钢造渣剂。但有些国家对氟化物有明确的限制，原因在于，高温下氟蒸发后形成的氟化氢气体破坏环境，同时炼钢的工作现场也有一种刺鼻的异味。烧结法生产铝酸钙SCA型产品见表12-1-4。

表 12-1-4 烧结法生产铝酸钙SCA型产品 %

品种/指标	SCA-1		SCA-2*		SCA-3*		SCA-M*	
	典型值	控制值	典型值	控制值	典型值	控制值	典型值	控制值
CaO	35.65	31~36	33.46	30~36	38.46	36~43	35.4	32~36
Al_2O_3	50.22	50~55	54.96	52~56	41.96	38~43	41.8	39~43
SiO_2	7.78	6.5~8.0	4.90	≤6.0	4.90	≤6.0	4.2	≤5.5
Fe_2O_3	1.94	≤2.5	0.56	≤2.5	0.56	≤2.5	2.5	≤3.0
MgO	0.89	≤1.5	3.69	≤4.0	3.69	≤4.0	12.2	8~14
TiO_2	2.18	≤3.0	2.60	≤3.0	2.60	≤2.0	1.1	≤2.5
S		≤0.1		≤0.1		≤0.1	0.07	≤0.1
F^-		—		≤2.0		≤2.0		≤1.5

注：* 铝灰配料

烧结法铝酸盐熟料实物如图12-1-4所示。

铝矾土配制的铝酸盐熟料

铝灰配制的铝酸盐熟料

图 12-1-4 烧结法铝酸盐熟料

烧结法生产铝酸盐熟料X-衍射图谱如图12-1-5所示。

铝酸盐熟料的矿物相主要是CA，次矿物相是CA_2、C_2AS，铝酸盐熟料的矿物相如表12-1-5所示。

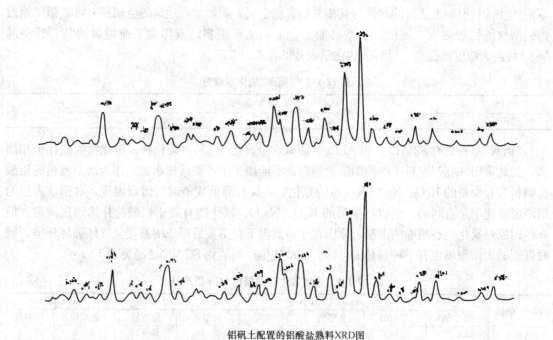

铝矾土配置的铝酸盐熟料XRD图

图 12-1-5　烧结法生产铝酸盐熟料 X-衍射图谱

表 12-1-5　烧结法铝酸盐熟料的矿物相　　　　　　　　　　　　　　%

CA	CA$_2$	C$_2$AS	C$_4$AF	CT	MA	C$_{12}$A$_7$
40～52	9～15	14～28	2.5～8.0	4～5	1.5～15	微量

　　从外观颜色看，在熟料成分基本相同的情况下，铝矾土配置的铝酸盐熟料颜色呈棕红色，"铝灰"配料的铝酸盐熟料的颜色与上述比较略发白。但"铝灰"配制的熟料 SiO$_2$ 含量较低，由于"铝灰"的主要成分是 Al$_2$O$_3$，并伴有少量的 MgO。所以，"铝灰"配制的铝酸盐熟料 MgO 高达 4.0％以上。MgO 对水泥熟料是有害成分，碱性物质越高，使得水泥的耐火度降低。用作炼钢造渣剂的铝酸盐增加 MgO 的含量反而是有利成分，提高 MgO 含量，使得钢渣的碱度增高，当钢水排出之后，部分钢渣会粘附在炼钢炉的炉衬上，类似于回转窑"补挂窑皮"。所以，有利于延长炼钢炉内衬的使用寿命。

　　二、铝酸盐熟料用于炼钢造渣剂的作用

　　为了加快精炼化渣速度，提高精炼效果，促进连铸工艺流程生产组成。用天然原料人工合成以 CA、CA$_2$、C$_3$A、C$_{12}$A$_7$、MA、C$_4$AF 等为主要矿物的铝酸盐熟料，炼钢精炼中有效地改善了造渣性能，减少钢液中的夹杂及硫化物，是上好的冶金辅助性材料。根据冶金学的造渣原理，CaO-Al$_2$O$_3$-SiO$_2$ 系铝酸盐人工合成造渣剂是改善钢质量最有成效的方法之一。它的主要作用是脱硫、脱磷和吸附钢中的杂质以及保温绝热。用这种方法可使得钢中硫含量大幅度地降低。其产品的主要用途为：可用于覆盖钢（铁）液表面，起保温绝热作用；隔绝空气与钢（铁）液接触，防止氧化以及大气中氧、氮、氢等气体吸入溶解于钢液；吸附钢（铁）液中的夹杂物（夹杂物可分为外夹杂和内生夹杂，也可分为溶解夹杂，如磷、氧、硫、氮、氢、碳等，和第二相夹杂，如尖晶石、氧化铁、氧化铝、氧化镁、氧化铬、氧化锰、硫化钙等）；脱硫作用；脱磷作用。其产品的主要特点是：熔点温度较低，通常在 $1250 \sim 1430℃$ 之间，并且黏度低（$1600℃$，$\leqslant 0.2Pa$）。当钢液在外力的作用下，处于流动状态时，铝酸盐对吸附钢（铁）液中的夹杂及脱硫效果最好，具有很高的脱硫能力。其脱硫的主要反应：

脱硫时 $$[FeS] + (CaO) = (CaS) + (FeO)$$

由此可得浓度平衡常数 $$K_S = \frac{(S)(FeO)}{[S](CaO)} \frac{FeO}{CaO}$$

脱硫量 $$L_S = \frac{(S)}{[S]} = K_s \frac{(CaO)_{自由}}{(FeO)}$$

其中 $$(CaO)_{自由} = \sum(CaO) - \frac{2.56}{60}(SiO_2) - \frac{56}{102}(Al_2O_3)$$

随 $\frac{CaO}{FeO}$ 比值的增大，L_S 比值也有所提高。另外钢包内熔渣中的相化组分（$CaO + MgO$）的总量与 L_S 值也发现有类似的关系。为了增大 L_S 值，必须降低（$CaO + MgO$）的总量，并提高稀渣组分（$SiO_2 + Al_2O_3$）的总量。

炼钢生产实践表明，造好渣是炼好钢的重要前提。所谓造渣，是指通过控制入炉渣料的种类和数量，使炉渣具有某些性质，以满足熔池内有关炼钢反应需要的工艺操作。转炉的造渣制度就是，根据原材料的情况和所炼钢种的要求确定造渣方法、渣料用量及加入时间，以尽早成渣。转炉炼钢过程的时间很短，应设法加速渣料的熔化，以保证脱硫、磷所需的碱度，同时提高渣料的利用率。

转炉炼钢对渣料的要求：（1）快速成渣，使炉渣尽快具有适当的碱度、氧化性和流动性，以便迅速把金属中的 P、S 等杂质去除到所炼钢种规格的要求以下；（2）避免炉渣溢出和喷溅，以减少原材料和金属损失；（3）保护炉衬，提高炉衬寿命。

精炼渣主要通过两个方面吸附钢中夹杂：一是钢中原有的夹杂通过与渣滴或渣面的接触、碰撞，被渣所吸附、同化随渣滴上浮而去除；在精炼过程中乳化的渣滴与钢液的强烈搅拌，使渣滴与钢中的夹杂（特别是大颗粒的夹杂）接触的机会急剧增加，由于渣和夹杂间的界面张力 σ_{s-1} 远小于钢液与夹杂间的界面张力 σ_{m-1}，所以钢中夹杂很容易被与它相撞的渣滴所吸附；采用 CaO-Al_2O_3-SiO_2 渣系均为氧化物熔体，而夹杂大都是氧化物，所以，被渣吸附的夹杂比较容易溶解于渣中，并使渣滴逐步长大，从而加速了渣滴的上浮过程。二是乳化渣滴表面，可作为二次脱氧反应新相形成的晶核，从而加速脱氧反应的进行，使脱氧产物比较容易被渣滴同化并随渣滴一起上浮排出。

铝酸盐熟料的化学成分表明，选择合适的精炼渣系和精炼渣操作工艺尤为重要。这种人工合成造渣剂可有效降低精炼渣熔点、黏度，改善了精炼渣流动性，缩短成渣时间，提高精炼渣的精炼效果和钢包的使用寿命。

不同化学成分的铝酸盐作为钢包渣料使用具有如下功能和作用：（1）起绝热作用，有利于保温，减少热损失；（2）隔绝大气与钢液的接触，防止钢液氧化以及大气中氧、氮、氢等气体溶进钢液；（3）吸附钢液中夹杂；（4）脱硫。其中（2）（3）（4）的作用非常重要，当钢液（体）适当地流动时对吸附硫的效果会更好。因此，能够使得钢液流动就显得非常重要。

铝酸盐熟料作为炼钢造渣剂的脱硫效果，根据不同的炼钢工艺与条件，选择不同的铝酸盐熟料，可使钢中氧含量降低到 0.002%，硫含量降低到 0.003%。

目前国内钢铁企业多采用的 $CaO-CaF_2$、$CaO-SiO_2-CaF_2$、$CaO-Al_2O_3-SiO_2-CaF_2$、$CaO-Al_2O_3-SiO_2-MgO-CaF_2$ 系，多为天然的石灰、萤石、铝矾土或耐火砖、镁砂，这种未经人工合成的造渣剂在使用中熔点高、成渣时间长、流动性和均匀性较差，不利于渣的传热、传质和泡沫化等问题，不仅使用量高，而且效果远不及铝酸盐熟料。$CaO-Al_2O_3-SiO_2$ 系铝酸盐人工合成渣，其杂质 SiO_2、Fe_2O_3 含量低，由于用大量的 Al_2O_3 代替 CaO 使得该精炼渣的熔点低于 1400℃，降低精炼渣的黏度和熔点。一般估计，炼 1t 钢要用 5～10kg 此种精炼剂，如铁水预处理过程中也用此种精炼剂，则吨钢综合使用量可达 10kg 以上。以我国年产钢 8 亿 t 到 8.5 亿 t 计算，其市场前景相当可观。遗憾的是，目前国内钢铁企业仍没有广泛采用该精炼剂，其主要原因是我们国家对氟化物使用和废气排放没有严格要求，另外对使用该精炼剂的好处没有被充分认识，再则就是铝酸盐熟料生产工厂不了解该产品在冶金工业的用处，对该产品的市场开拓不力。因此该造渣剂目前在国内钢铁企业尚未得到广泛的推广和应用。

三、铝酸盐水泥用于制造炼钢挡渣球（塞）

挡渣球（塞）是一种在出钢将结束时堵住出钢口以阻断渣流入钢包内的球体（或塞体）。1970 年日本新日铁公司发明，其原理是利用挡渣球密度介于钢、渣之间（一般为 3.6～4.5g/cm³），在出钢将结束时堵住出钢口以阻断渣流入钢包内。挡渣球（塞）的形状为球形（或锥形），其中心一般用铸铁块、生铁屑压合块、小废钢坯等材料做骨架，外部包砌耐火泥料，可采用铝酸盐水泥、耐火砖粉为掺合料的高铝矾土耐火混凝土或镁质耐火泥料（亦有采用铝酸盐水泥、铁矿石、铁粉、铁球、刚玉、水玻璃等耐火材料组成）。只要满足挡渣的工艺要求，力求结构简单，成本低廉。其理化指标见表 12-1-7，实物如图 12-1-6 所示。

表 12-1-7 挡渣球（塞）物理化学指标

项目	物理指标				
	规格/mm	密度/（g/cm³）	耐火度/℃	耐压强度/MPa	抗折强度/MPa
挡渣球	φ160～280	3.6～4.5	≥1750	≥60	—
挡渣锥	φ220～300	4.0～4.5	≥1790	≥50	≥20
化学成分	Fe	40	$Al_2O_3+SiO_2$		45

挡渣球（塞）的密度应介于钢液与炉渣密度之间。钢液的密度约为 7.15g/cm³，炉渣的密度约为 3.0～3.5g/cm³，根据经验证明，挡渣球（塞）的密度一般为 3.6～4.5g/cm³ 为宜。挡渣球（塞）的直径要与转炉出钢口的直径相适宜，经实践证明出钢口的直径与挡渣球的直径比为 2∶3 时挡渣效果较好。在转炉出钢过程中进行挡渣操作，不仅可以稳定钢液化学成分，还能减少钢中夹杂物，提高钢水清洁度，还可以减少钢包粘渣，延长钢包使用寿命。此外还可以相应提高转炉出钢口耐火材料的使用寿命，减少耐火材料消耗，并为钢水精炼提供良好的条件。

挡渣球　　　　　　　　　　　　　　挡渣塞

图 12-1-6　铝酸盐水泥制作的挡渣球（塞）

第二节　铝酸盐水泥用于化学建材

在耐火材料之后，化学建材（building chemistry）目前已引起铝酸盐水泥生产商的高度关注，是一个具有一定增长潜力的新兴市场。凝结时间快、早期强度高的特性是铝酸盐水泥在化学建材中得到较好应用的主要原因。铝酸盐水泥在混凝土外加剂的作用下，与硅酸盐水泥混合应用对硅酸盐水泥的早强具有明显的促进作用。添加了铝酸盐水泥的混凝土在流动性、保水性、粘结力或收缩性等方面显示出更加明显的优越性。铝酸盐水泥还比硅酸盐水泥能吸附更多的结合水，并使凝固更快，同时可对混凝土的水化及养护时间进行有效控制。

铝酸盐水泥已有近百年的应用开发历史，过去主要利用其单一水泥的特性进行使用，因其具有耐海水侵蚀性而使用于海港工程；利用其快速硬化性能而用于军事抢修工程；利用其耐火耐热性而应用于不定形耐火材料等。近代，随着化学建材的开发，铝酸盐水泥和硅酸盐水泥的复合性能已愈来愈被人们重视。因为两种水泥复合后既能保留硅酸盐水泥的后期强度，又能利用铝酸盐水泥的早强特性；既能保留硅酸盐水泥的耐久性，又能克服铝酸盐水泥因水化产物晶形转化而产生的后期强度损失问题；同时还能利用铝酸盐水泥、硅酸盐水泥和石膏共同反应形成钙矾石这一高含水矿物，起到快速硬化、快速吸水、收缩补偿等作用，从而获得良好的砂浆性能。所以，随着化学建材的迅速兴起，铝酸盐水泥已经是硅酸盐水泥凝结硬化时间的调节添加剂，已成为化学建材的重要原材料之一。利用铝酸盐水泥和硅酸盐水泥混合后的快凝和早强特性，配制自流平地面材料；密封材料，止水堵漏材料；快硬砂浆，修补砂浆，粘结砂浆，浇注砂浆。利用预拌砂浆具有促进凝结硬化和收缩补偿功能，配制地面用水泥基自流平砂浆，混凝土补偿剂。利用铝酸盐水泥快硬早强的建筑特性，制作各种建筑装饰造型，瓷砖胶粘剂和瓷砖薄胶泥。利用 Al_2O_3 含量高的化学特性，用于管道防腐蚀，配制防辐射混凝土。调整铝酸盐水泥的化学成分，在外加剂的作用下所生产的高水速凝固结充填材料，广泛用于煤矿支护、密闭风堵、有色金属矿的回填等。所以，铝酸盐水泥用于化学建材的开发，具有广泛的发展前景。

一、制作各种建筑装饰造型

近年来，韩国在我国设立的建筑装饰造型方面的专业生产企业很多，分布于青岛、上海、广州及我国东部沿海经济较发达地区。生产的产品部分销往国内，大部分销往国外，尤其偏重于欧洲建筑风格的楼宇建筑区域。生产技术多采用小规模劳动密集型的人工浇筑成型技术，造型多为门檐，窗檐，大型建筑的屋檐，建筑物的内、外部柱体装饰和艺术体造型等。生产上述装饰制品，对铝酸盐水泥有特定的技术要求，尤其重视铝酸盐水泥的相关技术指标，要求凝结硬化快、早期强度高、制品脱模（养护）时间短等；同时还要求产品白度高、色度均匀稳定、色差小，便于制品色调设计和调配；另外还要求产品粒度分布合理，具有较好的流动性，有助于制品具有良好的致密性和外观质感。

硫铝酸盐水泥（CA）同样具有上述早强、快硬的特性，20 世纪末期许多生产此类建筑装饰的生产企业多采用硫铝酸盐水泥。由于硫铝酸盐水泥色泽的缘故，在应用过程中建筑饰品的色泽不好把握，近年来逐步退出建筑装饰造型领域。所以，铝酸盐水泥成为建筑装饰生产企业首选的粘结硬化剂。

由于铝酸盐水泥非常适用于人造石材、欧式挂件、罗马柱、西班牙风格挂件等高档墙饰制品的制造，因此对铝酸盐水泥颜色有特定的技术要求。这使得铝酸盐水泥在化学建材领域强化了对水泥颜色和色度的重视。对于突出建筑物外观的装饰品，水泥的相对白度要求大于40％以上，三维白度仪要求相对白度大于 75％，同时水泥的色差越小，成型饰品的外观感也就越好。浆料搅拌时，须选用白色的白云石作骨料。白云石在投用前必须加工成不同粒径的砂砾（工厂称为白砂），对砂砾的颗粒级配有特殊的要求，这样不仅便于浆体的搅拌，更重要的在于浇注成型时浆体的流动性好。水泥的用量通常不少于 20％，并根据建筑装饰品的色泽，适当加入调色的色料（用于建筑饰品的外观颜色，如有白色、红色、绿色等）。人工浇注成型后的养护条件多为自然养护，也有在 50℃ 热水条件下养护，成品的物理强度通常不小于 30MPa，因此对建筑饰件的耐久性要求比较高。建筑装饰件如图 12-2-1 所示。

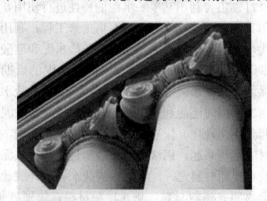

图 12-2-1　铝酸水泥制作的建筑装饰件

二、用于建筑内外墙体贴挂瓷砖、大理石的胶粘剂

化学建材市场是一个正在增长壮大的领域，该领域在发展中国家房屋建筑形式正在发生着变化或更多地采用瓷砖的地区迅速蔓延。对化学建材应用来说，美国、东欧和中欧以及亚洲已表现出潜在增长势头。在我国建筑墙体装饰粘贴瓷砖、大理石仍然多采用硅酸盐水泥，少有应用铝酸水泥做胶粘剂。欧洲市场上用于墙体装饰粘贴材料的铝酸盐水泥消费量每年在5万t左右。而这种铝酸盐水泥的 Al_2O_3 含量在 $40\%\sim50\%$。例如法国生产的铝酸盐水泥、矾都水泥（FONDU CEMENT），水泥的 Fe_2O_3 含量为 16.0%，Al_2O_3 含量大于 40% 以上；另一种赛卡（secar-41）水泥，水泥的 Fe_2O_3 含量为 6.0%，Al_2O_3 含量小于 50%；克罗地亚的伊斯特（Istra）水泥公司从希腊采购的高铁矾土（Fe_2O_3 大于 12% 以上），生产低品位的（Al_2O_3 含量 40%）铝酸盐水泥，也被大量应用于该市场领域。

三、水泥基自流平砂浆

水泥基自流平砂浆，主要由铝酸盐水泥、硫酸钙、生石灰或硅酸盐水泥、精选骨料（骨料的粒径与形状，对浆料的流动度影响很大）以及有机添加剂组成，而添加剂主要为多种表面活性剂与分散乳胶粉。水泥基自流平砂浆与水混合后形成一种流动性强、高塑性的自流平基材料，用于混凝土地面的精找平且适用于所有铺地材料。自流平基材料硬化速度快，24h即可在上行走或进行后续工程（如铺木地板、金刚板等），施工快捷、简便是传统人工找平所无法比拟的。《地面用水泥基自流平砂浆》（JC/T 985—2005）技术指标见表 12-2-1。

表 12-2-1　地面用水泥基自流平砂浆技术指标

项　目		性　能　指　标
流动度/mm	初始流动度	≥135
	20min 流动度	≥130
拉伸粘结强度/MPa		≥1.0
耐磨性/g		≤0.50
尺寸变化率/%		−0.15～ +0.15
抗冲击性		无开裂或脱离底板
24h 抗压强度/MPa		≥6.5
24h 抗折强度/MPa		≥2.5

抗压强度等级						
强度等级	C16	C20	C25	C30	C35	C40
28d 抗压强度/MPa	≥16	≥20	≥25	≥30	≥35	≥40

抗折强度等级				
强度等级	F4	F6	F7	F10
28d 抗折强度/MPa	≥4.2	≥6.0	≥7.5	≥10.5

水泥基自流平砂浆用途广泛，可用于工业厂房、车间、仓储、商业卖场、展厅、体育馆、医院、各种开放空间、办公室等，也用于居家、别墅、温馨小空间，可作为饰面面层，亦可作为耐磨基层。水泥基自流平砂浆与传统水泥砂浆人工找平比较见表 12-2-2。

中国铝酸盐水泥生产与应用

表 12-2-2　水泥基自流平砂浆与传统砂浆人工找平比较

对 比 项 目	水泥基自流平砂浆	传统人工找平砂浆
平 整 度	非常平整	不易找平
施工速度	快 5~10 倍	慢
饰面材料铺贴或环氧涂刷	平顺、美观、省料	易出现质量问题
投入使用	24h 后即可行走	需较长时间才能使用
抗返潮性	强	弱
抗 折 性	柔韧性佳，不龟裂	刚性大，易龟裂
施工厚度	3~5mm 即能满足要求	约需 20mm
整体效益评估	优	一般

　　表面层自流平通常用于工业地板或装饰性地板，它们的性能标准要求比底层自流平更高。由于它们没有东西覆盖着，因此需要更高的耐磨损性、耐冲击性和硬度。此外，出于美观角度考虑，这些砂浆的表面颜色需要非常稳定、均匀，并且不泛碱。

　　水泥基自流平砂浆的特点：施工简单、方便快捷、耐磨、耐用、经济、环保（工业型有少量污染，家居型无污染），优良的流动性，自动精确找平地面。3~4h 后可上人行走，24h 后可开放轻型交通，不增加标高，地面层薄 2~5mm，节省材料，降低成本。良好的粘结性、平整、不空鼓，对人体无害、无辐射。其应用实例如图 12-2-2 所示。

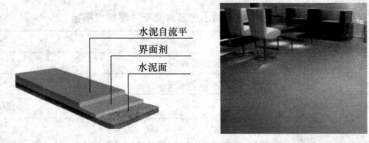

图 12-2-2　水泥基自流平砂浆应用实例

四、预拌砂浆

　　随着我国大规模建设的不断发展，预拌砂浆的应用越来越多，发展得也越来越快。预拌砂浆亦称干混砂浆、干粉砂浆、预混（干）砂浆。它是由胶凝材料（有机、无机）、细骨料、矿物外加剂、化学外加剂、颜料、纤维等固体材料组成，经工厂准确配料和均匀混合而制成的砂浆半成品，不含拌合水。拌合水是在使用前在施工现场搅拌时加入。

　　预拌砂浆分为普通水泥砂浆、聚合物水泥砂浆、特种功能砂浆和快速修补砂浆等等。其中特种水泥砂浆就是由特种水泥、砂子、添加剂及按功能要求配置的材料组成。

　　铝酸盐水泥用于预拌砂浆，由于它是一种高性能的胶粘剂，在低温下强度发展依然很快并具有较高的耐火性和化学稳定性。在预拌砂浆中铝酸盐水泥作为复合胶粘剂的一个组分，在不同的复合胶粘剂中发挥不同的作用。它对砂浆的和易性、硬化、强度、收缩率都有着重要的影响。铝酸盐水泥预拌砂浆技术是一种经得起考验、使用灵活方便、应用中能够达到所有性能要求的配方技术。铝酸盐水泥在预拌砂浆行业中作为化学反应物的用途越来越多，例如，通过与其他无机胶凝材料（硅酸盐水泥、硫酸钙等）以及各种添加剂相结合而生产出各种具有专业用途的砂浆。应用的典型实例是建筑物的非结构饰面作业。

1. 硅酸盐水泥—铝酸盐水泥系列

这一系列复合胶粘剂主要用于需快速硬化的预拌砂浆中，硬化和凝结时间的调节主要是由复合胶粘剂中铝酸盐水泥的含量和硅酸盐水泥之间的比例来确定。它主要作为装饰板块的粘结砂浆、修复砂浆、防水砂浆等等。修复砂浆用于已有的砌体和混凝土建筑物，无论是施工缺陷、还是风化引起的结构裂缝及各种破损，利用现有的各种技术和相应的材料可以恢复原建筑物表面，并可以提高原建筑物的整体强度。防水砂浆不仅能防止液体渗漏，还有一定的耐蒸汽渗透性和防止分层剥离的良好附着力。所以，这种砂浆可用于各种蓄水池、建筑物屋面和外墙面等。

2. 铝酸盐水泥—石膏系列

复合胶粘剂系列中，大多数希望采用 CA-40 铝酸盐水泥，并要求 Fe_2O_3 含量 12%～16%，还要加入相当多的建筑石膏。该系列水化的主要矿物是钙矾石，具有自动均衡的结构，能快速干燥，强度增长速度快，可以抵消干燥收缩。这类预拌砂浆可以作为精密几何尺寸装饰板块的粘结砂浆。

多数预拌砂浆都是基于钙矾石的形成，它的数量和质量决定了砂浆的短期和长期性能。因此，最复杂的产品（例如，快速修补砂浆、无收缩灌浆等）需要对水化过程进行非常精确地控制，这仅可以通过采用铝酸盐水泥来实现。前提条件是这些水泥必须具有足够的活性和稳定性。

预拌砂浆由于其使用的方便性、灵活性而受到工程界的青睐，近年来已在我国经济较发达的北京、上海、广州及其周边地区，得到了越来越广泛的应用。

五、混凝土膨胀剂

混凝土膨胀剂是指其在混凝土搅拌过程中与水泥、水拌和后经水化反应生成钙矾石和氢氧化钙，使混凝土产生体积膨胀的外加剂。混凝土膨胀剂属硫铝酸钙型，不含钠盐，不易引起混凝土碱-骨料反应，而耐久性良好，膨胀性能稳定，强度持续上升。普通混凝土由于收缩开裂，往往发生渗漏，降低了它的使用功能和耐久性。在水泥中掺 1.5%～2.0% 的膨胀剂，可拌制成补偿收缩混凝土，大大提高混凝土结构的抗裂防水能力。这样，可取消外防水作业，延长后浇缝间距，防止大体积混凝土和高强混凝土出现温差裂缝现象。

钢筋混凝土建筑物产生裂痕的原因很复杂，就其材料而言，混凝土干缩和温差收缩是主要原因，混凝土膨胀剂加入到普通水泥混凝土中，拌水后和水泥组分共同作用生成大量膨胀结晶水化物——水化硫铝酸钙（$C_3A \cdot 3CaSO_4 \cdot 32H_2O$ 即钙矾石），使混凝土产生适度膨胀，在钢筋的约束下，混凝土结构中产生 0.2～0.7MPa 预应力，这一预应力可大致抵消混凝土在硬化过程中产生的收缩拉应力，从而防止或减少混凝土的收缩开裂，并使混凝土致密化，提高混凝土结构的抗裂防渗能力。

目前我国市场上流通的混凝土膨胀剂见表 12-2-3。

表 12-2-3　混凝土膨胀剂

膨胀剂品种	代　号	基本组成	膨胀源泉
CSA 型膨胀剂	CSA	硫铝酸钙熟料，石灰石，石膏	钙矾石
U 型膨胀剂	UEA	硫酸铝盐熟悉料，明矾石，石膏	钙矾石
U 型高效膨胀剂	UEA-H	硅铝酸盐熟料，明矾石，石膏	钙矾石
复合膨胀剂	CEA	石灰系熟料，明矾石，石膏	氧化钙，钙矾石
铝酸钙膨胀剂	AEA	铝酸钙熟料，明矾石，石膏	钙矾石
明矾石膨胀剂	EL-L	明矾石，石膏	钙矾石

从表 12-2-3 和市场产品的流通情况看，其中以硫铝酸盐水泥熟料和铝酸盐水泥熟料配制的混凝土膨胀剂较多，并且使用效果较好。两种熟料生产工艺基本相同，不同之处在于生料配料的差异。硫铝酸盐水泥熟料是将石膏在生料制备时配入，水泥熟料的主要矿物是硫铝酸钙（$CaO \cdot Al_2O_3 \cdot CaSO_4$）。不管是硫铝酸盐水泥熟料还是铝酸盐水泥熟料来生产混凝土膨胀剂时，都要以明矾石、无水石膏作为生产配料的主要辅助性材料，应用中水化产物是相同的。为区别两种不同材料的使用性能，硫铝酸盐水泥熟料配制的混凝土膨胀剂简称为 UEA，铝酸盐水泥熟料配制的混凝土膨胀剂简称为 AEA。从市场流通情况看，UEA 的用量明显大于 AEA，主要是硫铝酸钙与无水石膏水化时，比铝酸钙与无水石膏在水化反应时快，形成的水化产物更稳定。工厂生产实践的大量结果表明，硫铝酸盐熟料应用于膨胀性的补偿混凝土或与其相同特性的水泥时，其性能优于铝酸盐熟料，尤其在矿用高水材料的生产应用中，更加表明上述的结果。同时硫铝酸盐熟料的生产质量控制，比铝酸盐熟料的生产控制容易，尤其是原材料的选择更宽泛一些，详见两种熟料的化学成分，见表 12-2-4。

表 12-2-4　硫铝酸盐水泥熟料与铝酸盐水泥熟料化学成分的比较　%

	SiO_2	Al_2O_3	Fe_2O_3	CaO	MgO	TiO	SO_3	R_2O
铝酸盐	5～8	50～55	1.2～2.5	33～36	0.8～1.2	2.0～3.0	—	≤0.4
硫铝酸盐	6～12	35～40	≤2.5	38～45	≤1.5	1.5～2.0	8～13	≤0.4

生产硫铝酸盐水泥熟料，由于生料中配有石膏，对铝矾土的要求相对比较宽泛，熟料中的 SiO_2 含量比较高，通常在 10% 左右，回转窑烧结硫铝酸盐水泥熟料时易控制，因此生产成本比铝酸盐水泥熟料要低得多。为此，硫铝酸盐水泥熟料配制各种混凝土外加剂具有较好的使用性能及经济性，所以，UEA 在市场的应用范围比较广泛。

遵照混凝土膨胀剂 2010 年 3 月 1 日实施的国家标准 GB 23439—2009，规定产品中 MgO 的含量不得大于 5.0%。这是由于 MgO 在水化中同样具有明显体积增大的水化产物，而且 MgO 后期继续水化，使混凝土后期产生不稳定状态。同时规定混凝土膨胀剂的碱含量 $Na_2O + 0.658K_2O$ 不应大于 0.75%。这是因为尽管混凝土膨胀剂在应用时仅占水泥用量的 6%～10%，但如果过高的碱含量将产生混凝土碱-骨料反应，同样会影响混凝土的稳定性。混凝土膨胀剂的物理性能指标见表 12-2-5。

表 12-2-5　混凝土膨胀剂的物理性能指标

项　　目			指　标　值	
			Ⅰ 型	Ⅱ 型
细度	比表面积/m^2/kg	≥	200	
	1.18mm 筛筛余/%	≤	0.5	
凝结时间	初凝/min	≥	45	
	终凝/min	≤	600	
限制膨胀率/%	水中 7d	≥	0.025	0.050
	空气中 21d	≥	−0.020	−0.010
抗压强度/MPa	7d	≥	20.0	
	28d	≥	40.0	

注：本表中的限制膨胀率为强制性的，其余为推荐性的。

混凝土膨胀剂的应用：（1）补偿收缩混凝土。混凝土在浇筑硬化过程中，由于化学缩减、冷缩和干裂等原因会引起体积收缩，这些收缩给混凝土带来开裂，产生抗渗性不好并导致混凝土中的钢筋锈蚀，影响混凝土体积的稳定性。混凝土掺入适量的膨胀剂后，在硬化的初期 1~4d 内产生一定的体积膨胀，用以补偿混凝土收缩。用膨胀产生的自应力来抵消收缩的应力，从而保持混凝土的体积稳定性。（2）混凝土自防水。许多混凝土构筑物有防水、抗渗要求，除采取混凝土外部的防水处理之外，混凝土的结构防水也是非常重要的。膨胀剂常常用来做混凝土构件的自防水材料。如用于地下防水工程、地下室、地下建筑混凝土、地铁、储水池、游泳池、屋面防水工程等。（3）自应力混凝土。混凝土掺入膨胀剂后，除了补偿自身收缩外，在限制条件下还保留一部分的膨胀能力，形成自应力混凝土。也就是说混凝土还具有一定的内能，形成了膨胀预应力。自应力混凝土可用于有压容器、水池、自应力管道、桥梁、预应力钢筋混凝土等。

六、自应力铝酸盐水泥

自应力水泥是指水泥水化、硬化后体积膨胀，能使砂浆或混凝土在受约束条件下产生供应用的化学预应力。以铝酸盐水泥熟料和二水石膏及 1%~2% 的助磨剂共同磨细制成具有较高膨胀性能的水硬性胶凝材料，用于配置混凝土的自应力可达 6.9MPa，抗渗性能好。适用于高压输水管、大口径水管等管道。其品质指标见表 12-2-6。

表 12-2-6　自应力铝酸盐水泥品质指标

项　　目		品质指标				
物理性质	细度 （比表面积 m^2/kg）	混合粉磨	≮560			
		分别粉磨	铝酸盐水泥≮240			
			二水石膏 450			
			混合后水泥≮450			
	凝结时间	初凝不早于 30min，终凝不迟于 4h				
	龄期	应力值/MPa			自由膨胀率 /%	抗压强度 /MPa
		3.0 级	4.5 级	6.0 级		
	7d	2.0	2.8	3.8	<1.0	>28
	28d	3.0	4.5	6.0	<2.0	>34.30
化学成分	SO_3	不大于 17.5%				

七、快硬高强铝酸盐水泥

以铝酸钙为主要成分的水泥熟料，加入适量的硬石膏，磨细制成具有快硬高强性能的水硬性胶凝材料，称为快硬高强铝酸盐水泥。产品品级分为：625、725、825、925 四个等级。适用于早强、高强、抗渗、抗硫酸盐及紧急抢修等特殊工程。产品技术指标见表 12-2-7。

表 12-2-7　快硬高强铝酸盐水泥技术指标

项　　目	技术指标			
比表面积	水泥比表面积不得低于 400m^2/kg			
凝结时间	初凝不得早于 25min，终凝不得迟于 3h			
SO_3 含量	水泥中 SO_3 含量不得超过 11.0%			
	抗压强度/MPa		抗折强度/MPa	
龄期	1d	3d	1d	3d
625	35.0	62.5	5.5	7.8
725	40.0	72.5	6.0	8.6
825	45.0	82.5	6.5	9.4
925	47.5	92.5	6.7	10.2

八、铝酸盐水泥用于管道防腐蚀

自 1950 年以来，人们就知道污水管网的过早损坏和高昂的使用费是由于受细菌活动而产生的硫酸腐蚀造成的。这种情况可以通过不同的措施加以防范，包括设计时选用更耐腐蚀的材料和合理构建管网等。几十年来，铝酸盐水泥一直用于废水行业，为管网内微生物的侵蚀起到保护作用，如铝酸盐水泥用于窖井、提水站、输送废水混凝土管网和废水处理厂设备的防腐蚀材料。由于流动的废水（物）在输送或储存设施内变得比较集中，所以需要更多的有高抗污能力、超常规抗磨能力以及高抗硫酸引起生物侵蚀能力的建筑材料，所以铝酸盐水泥成为解决建筑物、构筑物污水侵蚀问题十分合适的选择，该水泥用于球墨铸铁排污管衬里（如在欧洲）和混凝土排污管（如在南非）。这种水泥配置的灰浆 pH 值在 10 以下，适度的碱性使其具有良好的防锈能力，在这个特点上，其强度超过硅酸盐水泥，同时只有几毫米厚的灰浆就足以有效抗磨至少十年，如图 12-2-3 所示。

图 12-2-3　铝酸盐水泥用于管网防腐蚀

1. 硫化氢的生成及其腐蚀作用[注]

污水中的硫酸盐在流动输送过程中，因受到污泥中厌氧菌的作用，产生了硫化物。生成的硫化物主要是硫化氢（H_2S），它存在于流体中。硫化物的生成比率由多种因素所决定，其中包括硫酸盐的含量、环境温度的高低、流体的 pH 值、流动速度、滞留时间等等。当它达到饱和时，就会溢出进入污水管网的大气中。这种情况的发生会使紊流加剧，但对于某些特殊区段的管网或许会使水流更平稳。

一般情况下水流的温度要比管道的温度高，硫化氢虽然比空气要重，但由于对流的输送作用，最终要聚集在管网的最高处。因此 H_2S 腐蚀总是发生在人孔和管帽这些地方。在某些情况下，酸液容易浓集在水流的液面处，于是在水流的界面处也是发生严重腐蚀的地方。

还有一种需氧菌，它能把气体加工成低 pH 值的硫酸，对管网构造造成严重腐蚀。但目前在多数情况下，还都是用硅酸盐水泥混凝土来建造管网。

腐蚀的防治：酸性环境向所有的水硬性水泥提出了严峻的挑战，然而有多种因素能够解释铝酸盐水泥的耐腐蚀性能远比硅酸盐水泥要好。

（1）铝酸盐水泥水化物的生成与硅酸盐水泥不同，故其抗腐蚀机理也不相同。但铝酸盐水泥并不是宣称的那样具有足够抗腐蚀性能，而是能够大大提高由其制成的混凝土和灰泥的使用寿命。

硫酸能够同氢氧化钙和硅酸钙的水化物起反应而生成石膏，之后石膏会被水流冲刷掉，从而使水化后的硅酸盐水泥得到破坏。

当 pH<7 时：

$$Ca (OH)_2 + H_2SO_4 \longrightarrow CaSO_4$$

$$CSH + H_2SO_4 \longrightarrow CaSO_4 + SiO_2 + 水$$

铝酸盐水泥不含氢氧化钙的水化物，因此就不怕这种侵蚀。再则，受硫酸腐蚀生成的氧化铝胶体比铝酸一钙更耐损蚀，表面的空隙也被堵塞上了，这种自我防腐蚀的结果形成了更为稳定的耐用材料。

当 pH>3.5 时：

$$C_3AH_6 + H_2SO_4 \longrightarrow Al (OH)_3$$

当 pH<3.5 时：

$$Al (OH)_3 + H_2SO_4 \longrightarrow Al_2SO_4$$

应指出氧化铝胶体在 pH 值比较低的情况下很难腐蚀，而氢氧化钙在 pH 值较高的情况下已经开始腐蚀了。

（2）与硅酸盐水泥相比，铝酸盐水泥有更强的中和能力。一种材料的中和能力一般用中和这种材料（以 g 为单位）所需用酸的数量（以 mM 为单位）来表示。一种材料的中和能力越高，那么要使这种材料得到中和所需用的酸就越多；或者说，对于给定量的酸而言，所需要的中和时间就越长。

一种材料的中和能力可以从这种材料含的摩尔量计算得到，或者通过滴定法来确定。对于铝酸盐水泥而言，大多数情况下，是采用滴定法更为合适。在滴定过程中，pH 值逐步向中性点靠近，但很难准确测定出氧化铝再析出的份额，如图 12-2-4 所示。

（3）能够阻止产生硫酸细菌的新陈代谢。作为汉堡大学博士论文命题的实验结果表明，铝酸盐水泥由于能够释放出铝离子使这种产生硫酸的细菌活动受阻，这样，铝酸盐水泥细菌产生的酸量就比硅酸盐水泥要少，如图 12-2-5 所示。

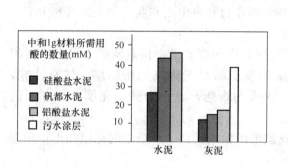

图 12-2-4　中和 1g 材料所需用
酸的数量/mM

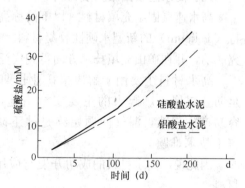

图 12-2-5　铝酸盐水泥和硅酸盐
水泥细菌产生的酸量对比

这种情况还可以通过一个试样的表面耐受 pH 值的效力来得以验证。我们可以说，当试样的中和能力强时，就需要较多的酸才能使之破坏；我们还可以说，由于产生的酸量比较少，铝酸盐水泥试样的耐用期要比硅酸盐水泥的耐用期更长一些，如图 12-2-6 所示。

据此我们可以得出如下结论，使用铝酸盐水泥可以做到损耗少而寿命长，如图 12-2-7 所示。

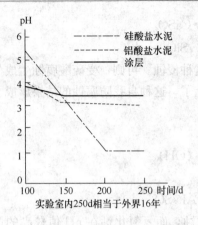

图 12-2-6　铝酸盐水泥试样与
硅酸盐水泥试样比较

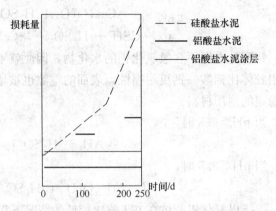

图 12-2-7　铝酸盐水泥与硅酸盐
水泥损耗及寿命比较

2. 使用方法

铝酸盐灰泥是很脆弱的，安装不当容易断裂。因此，铝酸盐灰泥的衬里大都使用离心法或喷射法来施工。大的管道也可以采用边侧垂直浇注法来实施。

铝酸盐灰泥作为离心管道的内衬使用已经遍及澳大利亚、中国台湾、甚至整个远东地区。南非已经把铝酸盐水泥列入混凝土管道的国家规范，30多年来已经在南非很多混凝土管道工程中得到应用。现在带内衬的球墨铸铁管道（DIP）在世界范围内销势很好。一些主要的生产商家已经把这种内衬推广到西欧、中欧、北美、南美等世界各地。用铝酸盐灰泥来更新替换那些容易锈蚀的人孔正在美国市场上悄然兴起，此外在其他一些大型工程上也都得到应用。

九、高水速凝固结充填材料

高水速凝固结充填材料（以下简称高水材料）是一种性能类似于英国生产的称为特克本特（Tekebnt）的新型水硬性胶凝材料。在国内，高水材料由中国矿业大学北京研究生部研究成功，并在矿山充填技术方面得到广泛应用。

高水材料主要用于解决采矿业长期未能很好解决的煤矿沿空留巷支护。采空区密闭是防止煤层自燃起火的主要安全措施，传统的黄土和水泥构筑的密闭墙，气密性差，容易产生裂隙，漏气问题始终是井下防火、灭火的难题，也是金属矿充填采矿方面的若干技术难题。

因此说，高水材料的成功开发与应用为我国采矿领域找到了一个新的充填和支护理想材料。

1. 高水材料的组成

高水材料由A组分（亦称甲料）和B组分（亦称乙料）两种材料等量配合而成。其中高水材料的A组分，由高铝类特种水泥熟料、悬浮剂、缓凝剂等按适当比例配制而成。其中的缓凝剂能够保证A料浆液长时间的可泵性；悬浮剂能提高A料固体颗粒的分散性和悬浮性，避免沉降泌水现象。高水材料的B组分是由石膏、生石灰、悬浮剂、速凝剂等材料配置而成。B料的合理配比是保证高水材料高含水量、长时间可泵、速凝三种特性的充分发挥。硫铝酸盐水泥熟料中的 C_4A_3 在水化时，必须与足够的石膏、生石灰反应才能生成大量的钙矾石，以形成高含水量的硫铝酸盐矿物才能支撑充填体的物理强度。为了使充填体尽量凝固，还必须加入一定量的促凝早强剂。

可供高水材料 A 料用的主体材料有：铝酸盐、硫铝酸盐和铁铝酸盐水泥熟料。以它们配置的 A 料分别称为高铝型、硫铝型及铁铝型 A 料。通过大量的实验表明，硫铝型高水材料的物理力学性能最好。实验结果见表 12-2-8。

表 12-2-8 配置 A 料用的高铝型、硫铝型及铁铝型实验结果

甲料类型		高铝型			铁铝型			硫铝型		
养护龄期/h		12	24	72	12	24	72	12	24	72
水灰比	2.2:1	2.6～2.9	3.4～3.6	4.0～4.4	2.9～3.8	3.8～4.0	4.4～4.8	2.9～3.5	4.5～5.4	4.8～6.0
	2.57:1	2.0～2.3	2.2～3.0	3.2～3.3	2.5～2.7	3.1～3.2	3.7～3.8	2.5～3.0	3.5～4.0	4.4～4.6

因为硫铝酸盐 A 料的生料中配有部分二水石膏，以石膏作诱导，有效地抑制了熟料中惰性 C_2AS 矿物的生成，减少了活性 CaO 和 Al_2O_3 的消耗，促进了活性矿物 β-C_2S 的生成。与铝酸盐水泥熟料比较，它的优点是原燃材料质量要求低，烧成温度范围宽（1350±50）℃不易结圈，熟料的易磨性好。所以，硫铝酸盐水泥熟料用以高水材料以及在水泥应用中，凡是生成钙矾石的水化产物，它都是最理想的高铝型水泥熟料。

2. 高水材料的特性

(1) 高水材料由 A、B 两种固体粉料组成，A、B 两种粉料加水混合凝结而形成的硬化体中，体积比含水率高达 86%～90%［质量水固比为（2.0～2.5）：1］。除此以外，材料还具有明显的速凝、早强特性，高水材料的 A、B 两种浆液混合均匀后，20～60min 之内即可凝结成固体，并且其强度增长迅速，2h 强度达 1.0～1.5MPa，24h 强度达 2.5～3.0MPa，3d 强度可达 3.0～4.0MPa，最终强度可达 4.0～5.0MPa。高水材料的力学性能指标见表 12-2-9。

表 12-2-9 高水材料的力学性能指标

龄期/d	极限强度/MPa	弹性模量/MPa	极限强度的应变量	泊松比
1	2.82	218	3.2×10^{-2}	0.16
3	3.70	449	2.6×10^{-2}	0.20
7	4.85	690	2.3×10^{-2}	
28	5.01	720	2.2×10^{-2}	

高水材料的强度特性如图 12-2-8 所示。

(2) 高水材料的可泵型。组成高水材料的 A、B 粉体材料按 1:1 比例分别加入同等水量，分别单独存放时间在 16h 以内不凝固，不结底，保证泵送流动性要求。两种料浆单独存放时间越长，说明胶凝材料的可泵性越好。料浆的可泵时间须大于 24h，具有良好的流动性，易于实现长距离输送。

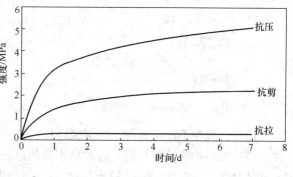

图 12-2-8 高水材料的强度发展曲线

(3) 高水材料的全应力-应变曲线。材料的全应力-应变特性是一个重要性能，主要反映材料在不同应力作用的状态下所表现的应变形式。胶凝材料的应变曲线如图 12-2-9 所示。

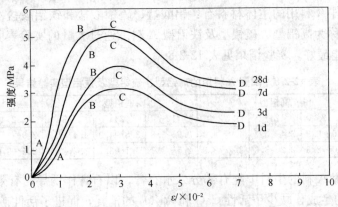

图 12-2-9　胶凝材料的全应力-应变曲线

图 12-2-9 是高水材料硬化体龄期分别为 1d、3d、7d 和 28d 的应力-应变曲线。从图 12-2-9 中可以看出，四种龄期的全应力-应变曲线有着共同的特点，曲线的形状基本一致。

3. 高水材料的用途

（1）作为矿山采空区堵漏、灭火、阻燃材料；（2）作为矿山采空区充填材料；（3）作为井巷壁后充填和锚固支护材料；（4）作为各类矿山充填采矿的胶结材料；（5）作为道路紧急抢修底层基础材料。

4. 高水材料的施工工艺

高水速凝固结充填材料作为一种新的材料要求采用新的应用施工工艺。这种工艺主要分为三大部分：（1）制浆系统。使用甲、乙两套专用的泥浆搅拌设施及加水设施。（2）输送系统。使用两套泥浆输送系统，将甲、乙两种料浆同步泵送至使用地点。（3）混合成型系统。包括将甲、乙两种浆液混合在一起的混合器、充填袋（或充填槽）。施工工艺如图 12-2-10 所示。

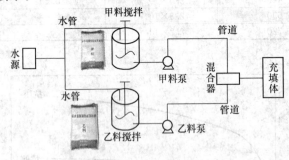

图 12-2-10　高水材料的施工工艺

5. 高水材料施工中应注意的事项

高水材料与其他胶凝材料不同，尤其是在施工方法及施工环境上的差异。因此在包装、运输、存放和施工过程中要特别注意：（1）生产的高水材料包装袋通常采用两层缝口包装，外层是塑料编织、内层为塑料薄膜袋。甲、乙两种材料每袋均重为（50±0.5）kg 或 25kg，甲料袋为红字印刷，乙料袋为蓝字印刷。（2）在运输过程中不能与其他杂物混装，甲、乙两种材料分别存放于干燥的库房，不得混合码放。（3）用户购买该材料后，存放期不得超过三个月。超过储存期应重新做实验后方可使用。袋装料在井下存放时间一般不超过 5d，并切忌与水接触。（4）甲、乙料在使用时必须整袋使用，不得一次半袋或不足一袋使用，以免使用中出现不凝固问题。（5）冬季施工，充填体可能出现缓凝现象，当气温在 $-5℃$ 以下充填时，各种型号材料的水灰比均以 2.0：1

为宜。

十、铝酸盐水泥用于防辐射混凝土

能遮蔽 X、γ 等射线对人体危害的铝酸盐水泥混凝土，称为防辐射混凝土。它由水泥、水及重骨料配制而成，其表观密度一般在 $3000kg/m^3$ 以上。混凝土愈重，其防护 X、γ 射线的性能越好，且防护结构的厚度可减小。但对中子流的防护，除需要混凝土很重外，还需要含有足够多的氢元素。

利用铝酸盐水泥生产防辐射水泥，通常是选用铝酸盐水泥熟料，加入适量经过煅烧的硼镁石和天然硬石膏，按一定比例配合粉磨至规定细度的胶凝材料，称为含硼水泥。该水泥的化学成分见表 12-2-10。

表 12-2-10　含硼水泥的化学成分

水　泥	化学成分/%							
	烧失量	B_2O_3	Al_2O_3	SiO_2	Fe_2O_3	CaO	SO_3	MgO
含硼水泥	0.99	8.61	30.63	6.44	5.21	25.45	8.03	13.02

含硼水泥具有良好的热稳定性，配制的混凝土经 500℃ 处理后强度不下降。含硼水泥具有较高含量的结晶水和一定的硼含量，因此对快中子的慢化，热中子的吸收和减少，以及 γ 射线辐射的俘获有明显的效果。表 12-2-11 对含硼水泥和硅酸盐水泥混凝土的硼元素含量及结晶水含量作了比较。

表 12-2-11　含硼水泥和普通水泥防中子效果比较

	混凝土配比	水灰比	容重	kg/m^3	质量（%）	kg/m^3	质量（%）
				混凝土中硼元素含量		混凝土中结晶水含量	
含硼水泥砾石混凝土	1：2.1：4.5	0.47	2447	7.91	0.32	81.0	3.31
含硼水泥重晶石混凝土	1：3.1：4.9	0.45	3364	8.99	0.25	97.6	2.90
含硼水泥、硼镁砂、重晶石	1：1.9：4.2	0.43	2983	37.60	1.26	181.2	6.07
硅酸盐水泥砾石混凝土	1：2.0：4.6	0.50	2500	—	—	64.8	2.55
硅酸盐水泥重晶石混凝土	1：2.7：4.2	0.45	3319			80.0	2.49

含硼水泥用于涉及快中子和热中子防护的屏蔽工程，如原子能反应堆的生物防护层和中子应用实验室的防护墙等。

另外，还可以直接采用铝酸盐水泥做胶凝材料，常用重金属骨料做混凝土骨料，主要有重晶石（$BaSO_4$）、褐铁矿（$2Fe_2O_3 \cdot 3H_2O$）、磁铁矿（Fe_3O_4）、赤铁矿（Fe_2O_3）等。以此制得的混凝土，具有较好的防辐射性能。

最好选用以 $3BaO \cdot SiO_2$ 和 $3SrO \cdot SiO_2$ 为主要矿物的硅酸钡、硅酸锶重水泥。制得的防辐射混凝土，防辐射性能更好。

另外，掺入硼和硼化物及锂盐等，也能有效改善混凝土的防护性能。防辐射混凝土主要用于原子能工业以及应用放射性同位素的装置中，如反应堆、加速器、放射化学装置、海关、医院等的防护结构。

第三节　铝酸钙用于工业废水处理

铝酸盐水泥不仅是耐火材料的结合剂，建筑材料的外加剂，近年来随着科技的不断发展和应用技术的进步，铝酸盐还已被广泛应用于工业废水、城市生活饮用水的处理和净化，为铝酸盐水泥应用市场的开发提供了非常广阔的发展前景。

铝酸盐水泥是以铝酸一钙（CA）和二铝酸一钙（CA_2）为主的矿物相熟料，经粉磨至一定细度的粉末加入一定量的工业用酸（HCl、H_2SO_4），生成以氯化铝或硫酸铝为主的基盐（或称为铝盐），由于同时加入适量的生活用水，主要生成高分子结构的聚合氯化铝 $\{[Al_2(OH)_mCl_{6-m}]n\}$ 和聚合硫酸铝 $[Al_2(SO_4)_3 \cdot nH_2O]$。它们被广泛用于工业废水处理的絮凝剂，在水处理行业被称为净水剂。由于高效净水剂是工业、城市废水深度处理过程中不可缺少的外加剂，它不仅可显著去除水中各种悬浮物，而且还能有效去除水中油分、色度、COD、磷、藻等污染物，去除率高达 95％ 左右。随着我国社会经济的快速发展，城市和工业用水量迅速持续增长，对水资源的二次利用是工业社会发展的必然趋势。由于工业技术进步的推进，积极采用低成本、高效率的铝酸盐产品作生产清洁用水的高效净化剂，具有非常广阔的市场前景。

由于硫酸铝对水处理设施的腐蚀及使用效果的影响，近年来大多以工业盐酸作溶解质，以生产聚合氯化铝为主。

其生产工艺按聚合氯化铝的方法不同，分为碱溶法和酸溶法。

一、碱熔法

碱熔法是用铝酸盐水泥（水处理行业通常称为铝酸钙粉或钙粉）与纯碱溶液反应得到偏铝酸钠溶液，反应温度为 100～110℃，反应时间大约 4h。然后在偏铝酸钠溶液中通入二氧化碳气体，当溶液 pH 值为 6～8 时，形成大量氢氧化铝凝胶，这时停止反应。这一过程反应温度不超过 40℃，否则会形成老化的难溶胶体。最后在所生成的氢氧化铝中加入适量的盐酸加热熔解，得到无色、透明、黏稠状的液体聚合氯化铝，干燥得到聚合氯化铝固体。铝酸钙粉与聚合氯酸铝联合生产工艺流程如图 12-3-1 所示。

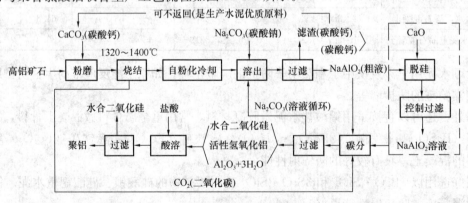

图 12-3-1　铝酸钙粉与聚合氯化铝联合生产工艺流程图

此法生产的产品重金属含量低，纯度高，但生产工艺难度较高，设备投资大。由于用碱量大，还要大量盐酸中和至 pH 为 6 左右。生产成本较高，应用受到限制。

二、酸溶法

把铝酸钙粉直接与盐酸反应，调整完成盐度并熟化后即得到聚合氯化铝液体，烘干后即为粒状固体产品。铝酸钙粉酸溶法生产工艺流程如图 12-3-2 所示。

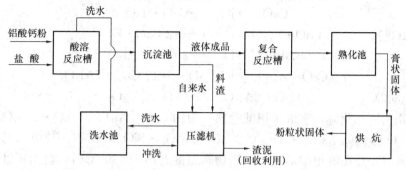

图 12-3-2　铝酸钙粉酸溶法生产工艺流程

该法生产工艺简单，投资省、操作简单，生产成本低，是目前工厂采用的生产技术。但产品的不溶物、重金属含量高，固体产品氢氧化铝含量通常不高，产品质量不稳定，外观色泽不一致，铁离子含量高，生产设备腐蚀严重。

三、酸溶法生产聚合氯化铝对铝酸钙粉的技术要求

用于生产聚合氯化铝的铝酸钙粉有别于作为水泥的应用形态，尽管化学成分相同，但要求形成的铝酸盐矿物有所差别。用于水泥的铝酸钙，希望水泥的矿物越稳定越好，有利于水泥的凝结时间与物理强度的发挥。而用于生产聚合氯化铝时，希望铝酸钙矿物便于被酸迅速溶解。所以在生产中应注意以下差别。

1. 铝酸钙粉的化学成分

要求熟料中化学成分 Al_2O_3 与 CaO 含量保持一个合理的比值，应用铝酸钙粉生产聚合氯化铝，它的有用成分是 Al_2O_3，然而在生产铝酸钙熟料时，不能片面地追求 Al_2O_3 的含量。如果配料时过高地增加 Al_2O_3，高温烧结时，可能会形成部分的 α-Al_2O_3，这部分铝酸盐矿物相没有活性，工业盐酸短时间很难溶解它。配料时应适当调整石灰石的配入量，以保证所需要的 CaO 含量，以此希望生成更多的铝酸一钙（CA）和二铝酸一钙（CA_2）矿物相。配料时，按 $Al_2O_3 \cdot CaO$ 含量的矿物相计算，其 CaO/Al_2O_3 的摩尔质量比为 0.55，考虑到还可能生成 $2CaO \cdot SiO_2$ 等不可溶矿物质，应适当增加 CaO 的含量，可将上述比值增加到 0.6 为宜。即当 Al_2O_3 含量为 50%～55% 时，CaO 含量应为 30%～33% 较好。CaO 含量过低使得部分 Al_2O_3 无效，过高则耗酸量大，只适宜作调盐基度。

2. 铝酸钙熟料的烧结温度

铝酸盐水泥生料大约有 40% 左右的石灰石和 60% 的铝矾土，石灰石（$CaCO_3$）的分解温度大于 750℃ 开始分解成 CaO 和 CO_2，970℃ 以上已基本分解完成。铝矾土超过 450℃ 开始分解，750℃ 结晶水分解完，形成 γ-Al_2O_3、超过 750℃ 以上转变成 β-Al_2O_3。铝矾土中伴有 SiO_2，部分形成高岭土状的矿物，当 $Al_2O_3 \cdot 2SiO_2 \cdot 2H_2O$（高岭土）被加热到 500～700℃，结晶水分离，形成 $Al_2O_3 \cdot SiO_2 + 2H_2O$。当温度继续升高到 700～800℃，$Al_2O_3 \cdot SiO_2$ 转变成 γ-$Al_2O_3 + 2SiO_2$。

由于两者是在超细比表面积的条件下相互接触，所以 800℃ 以上即开始出现铝酸盐固相

203

反应。铝酸盐水泥熟料烧结在第七章中有比较详细的描述。

$$800 \sim 900 \ ℃ \qquad CaO + Al_2O_3 \longrightarrow CaO \cdot Al_2O_3 \qquad (CA)$$

$$CaO + Fe_2O_3 \longrightarrow CaO \cdot Fe_2O_3 \qquad (CF)$$

$$CaO + TiO_2 \longrightarrow CaO \cdot TiO_2 \qquad (CT)$$

$$900 \sim 1100 \ ℃ \qquad CaO \cdot Fe_2O_3 + CaO \longrightarrow 2CaO \cdot Fe_2O_3 \qquad (C_2F)$$

$$2CaO + Al_2O_3 + SiO_2 \longrightarrow 2CaO \cdot Al_2O_3 \cdot SiO_2 \qquad (C_2AS)$$

$$7(CaO \cdot Al_2O_3) + 5CaO \longrightarrow 12CaO \cdot 7Al_2O_3 \qquad (C_{12}A_7)$$

$$1100 \sim 1300 ℃ \qquad CaO + 2Al_2O_3 \longrightarrow CaO \cdot 2Al_2O_3 \qquad (CA_2)$$

上述一系列固相反应，生成了铝酸盐熟料中的 $CaO \cdot Al_2O_3$、$CaO \cdot 2Al_2O_3$、$12CaO \cdot 7Al_2O_3$、$2CaO \cdot Fe_2O_3$、$CaO \cdot TiO_2$、$2CaO \cdot Al_2O_3 \cdot SiO_2$ 等矿物，其中水泥熟料的主要矿物 $CaO \cdot Al_2O_3$ 是在液相中形成的。当物料温度升高到 1300℃ 时，会出现液相。形成液相的主要矿物为 $2CaO \cdot Fe_2O_3$、$CaO \cdot TiO_2$、$2CaO \cdot Al_2O_3 \cdot SiO_2$、$R_2O$（碱的化合物）等溶剂矿物，此时大量的 $12CaO \cdot 7Al_2O_3$ 和 Al_2O_3 仍为固相，然而它们很容易被高温的熔融相所溶解，溶解于液相中的 $12CaO \cdot 7Al_2O_3$ 和 Al_2O_3 很容易起反应，生成铝酸钙 $CaO \cdot Al_2O_3$（CA）。由此可见如果用以生产聚合氯化铝的铝酸钙，较好的温度条件是铝酸盐固相反应，一旦烧结温度出现超过 1300℃ 以上，将会出现部分液相，而稳定的铝酸盐相又是在液相中形成的，所以在此，我们希望形成的是不稳定低温条件下形成的铝酸钙相，这样便于与酸迅速溶解。生产实践表明，铝酸钙粉与酸溶解后，静止沉降时发现有的清液层仅有 1/3，大量悬浮物形成中间层极难分离，分离后清液黏度大，但 Al_2O_3 含量并不高，这将是铝酸钙粉烧结温度偏高而引起的不溶物所致。同时超过 1300℃ 的烧结温度形成的铝酸钙熟料，由于高温条件下形成的铝酸钙矿物比较稳定，消耗盐酸更多，而 Al_2O_3 的溶出率相对较低。

3. 铝酸钙粉体的合理细度

对于生产铝酸盐水泥要求粉磨细度控制在 325 目以下，也就是要求颗粒细度在 $44\mu m$ 以下，因为 $30\mu m$ 以下的水泥颗粒不利于溶出。而作为用于生产聚合氯酸铝的铝酸钙，其粉磨细度并非是粉磨得越细越好，生产应用证明，铝酸钙粉超过 60 目（$250\mu m$），溶出率是 96.5%；80 目（$180\mu m$）溶出率是 97.7%。再细则溶出率增加有限，但渣液分离相对困难。由于低温煅烧的铝酸钙熟料，粉磨时比较易磨，所以粉磨时一定注意粉磨粒度，并非颗粒粉磨得越细越好。对于铝酸钙粉体超细的颗粒与酸溶出之后难于分离渣液，氯化铝得出率反而下降。所以铝酸钙粉体的粉磨细度控制在 $80 \sim 120$ 目及 $125 \sim 180\mu m$ 为好。

4. 合理控制溶解度

铝酸钙粉极易溶于盐酸，且反应热大，在较低的浓度时，溶出率可达 90% 以上。在同等条件下铝酸钙粉与铝灰的溶解度见表 12-3-1。

表 12-3-1　铝酸钙粉与铝灰的溶解度

HCl 浓度/%	投料		搅拌		酸浸溶液		
	物料/	（g/L）	温度/℃	时间/h	Al_2O_3/%	盐基度/%	pH
8	铝酸钙粉	100	95	1	4.40	70.2	3.4
10	铝酸钙粉	150	60	2	5.82	69.1	3.2
8	铝灰	200	95	2	3.20	38.4	2.1
10	铝灰	300	60	3	4.10	27.1	2.0

注：铝酸钙粉、铝灰的 Al_2O_3 含量均为 48%~51%

铝酸钙粉在常压、自热、多次投料法生产聚合氯化铝，铝酸钙与盐酸的反应式为：

$$Al_2O_3 + 6HCl \longrightarrow 2AlCl_3 + 3H_2O$$

$$2AlCl_3 + Ca(AlO_2)_2 + HCl + H_2O \longrightarrow Al_2(OH)_nCl_{6-n} + CaCl_3$$

在反应过程中，生成碱式氯化铝，并伴有少量碱式氯化铁。当 pH 值升高到一定值时，在相邻两个羟基发生架桥聚合及自聚，直至达到一定的聚合度：

$$mAl_2(OH)_nCl_{6-n} \longrightarrow [Al_2(OH)_nCl_{6-n}]_m$$

就成为聚合氯化铝（液体）；氧化钙作为基盐度调整剂而达标，同时产生可溶性氯化钙。

根据铝酸钙粉在稀盐酸中溶出性好的特点，生产时，采用如下工艺控制指标：（1）总酸浓度 16%～20%HCl（用含 HCl 28%以上的工业酸加水调配）；（2）反应时的起始酸浓度 8%～14%；（3）反应温度>50℃。

5. 投料比

物料（实物重量）∶酸（按 100%计）＝0.9～1.4。

用铝酸钙粉为原料生产的聚合氯化铝，比其他原料生产的产品所含的可溶性氯化钙要多些，通常含 $CaCl_2$ 为 9.5%～10.8%，经对比试验，含较多量的钙离子对除浊效果和沉降速度无不利影响。

四、水处理剂用铝酸钙标准

目前国内水处理行业广泛使用铝酸钙粉来生产聚合氯化铝、硫酸铝、铝酸钠等铝盐的产品，也可用于碱化度的调整。可以认为，铝酸钙粉在生活饮用水和工业污水处理中，已收到良好的效果，具有高效、质优、价廉、性能好、酸溶性高、反应物容易分离即过滤性好的特点。铝酸钙粉质量通常要求符合化工行业标准《水处理用铝酸钙》（HG 3746—2004）的要求。此标准由中华人民共和国发展和改革委员会发布，2005 年 6 月 1 日实施。本标准主要适用于水处理剂用铝酸钙。该产品主要用于饮用水、工业用水和各种废水处理用聚氯化铝等的生产。示性式：$CaO·Al_2O_3$。水处理剂用铝酸钙符合表 12-3-2。

表 12-3-2 用于生产水处理剂的铝酸钙产品质量指标

指标名称		指 标	
		优等品	合格品
氧化铝（以 Al_2O_3 计）含量/%	≥	58.0	55.0
可溶氧化铝（以 Al_2O_3 计）含量/%	≥	55.0	50.0
氧化钙（CaO）含量/%	≥	27.0～36.0	
过滤时间/min		5.0	10.0
酸不溶物含量/%	≥	15.0	20.0
铅（Pb）含量/%	≥	0.003	
铬 [Cr（VI）] 含量/%	≥	0.002	
砷（As）含量/%		0.0003	
镉（Cd）含量/%	≥	0.001	

五、聚合氯化铝的性能与用途

聚合氯化铝是一种具有立体网状结构的无机高分子核络合物，为水溶性多价聚合电解混凝剂，易溶于水，有较强架桥吸附能力。在水解过程中，伴随发生电化学、凝聚、吸附和沉淀等物理化学变化，从而达到净化的目的。絮凝体成型快，活性好，过滤性快；不需加碱助剂，如遇潮解，其效果不变；适应 pH 值高，适应性强，用途广泛；处理过的水中盐分少。

图 12-3-3　聚合氯化铝

聚合氯化铝（Polyaluminium Chloride，缩写 PAC），分子式：$[Al_2(OH)_nCl_{6-n}]_m$，产品外观呈金黄色、土黄色、褐色、红色颗粒状或片状，产品形态有粉状固体、液体两种，如图 12-3-3 所示。

聚合氯化铝作用机理：聚合氯化铝是一种无机高分子混凝剂，由于氢氧根离子的架桥作用和多价阴离子的聚合作用而产生的分子量大，电荷较高的无机高分子水处理药剂，分子式：$[Al_2(OH)_nCl_{6-n}]_m$（n 为 $1\sim5$，$m\leqslant10$），盐基度：$B=n/6\times100\%$，其混凝作用表现为：水中胶体物质的强烈电中和作用；水解产物对水中悬浮物的优良架桥吸附作用；对溶解性物质的选择性吸附作用。

形态分类：液体聚合氯化铝，未干燥的形态。不用稀释，装卸使用方便，价格相对便宜。缺点是运输需要罐车，单位运输成本增加（每吨固体相当于 $2\%\sim3t$ 液体）。颗粒状聚合氯化铝是由喷雾造粒装置将液态的聚合氯化铝干燥成微小的颗粒。即将 $40\%\sim50\%$ 固含量的聚合氯化铝溶液引入高压泵中，加压后由雾化器雾化成微小的雾滴，在干燥器中雾滴被干燥后得到颗粒状产品。

聚合氯化铝是一种新型无机高分子絮凝剂，生产和应用较早的是日本，20 世纪 60 年代后期就正式投入工业化生产和应用。我国已于 20 世纪 70 年代初期开始生产和应用。聚合氯化铝的应用范围很广泛，可应用于净化工业废水，生活污水，污泥的处理。还可用于造纸胶剂，耐火材料胶粘剂，纺织工业媒染剂以及用于医药、铸造、机械、制革、化妆等方面。尤其作为净水剂，能除菌，除臭，除氟、铝、铬，除油，除浊，除重金属盐，除放射性污染物质。应用于生活饮用水的净化，生产用水及各种废水、污水的净化处理，以及特殊水质的处理，不受水源浊度的限制。被广泛地用在石化、冶炼、医药、造纸、洗煤等行业。

六、聚合氯化铝应用标准

聚合氯化铝主要用于工业用水与生活饮用水的处理，为此用于工业级聚合氯化铝水处理剂采用国家标准 GB/T 22627—2008，本标准适用于水处理剂聚合氯化铝。该产品主要用于工业给水、废水和污水及污泥处理。产品的物理化学指标见表 12-3-3。

表 12-3-3　工业级聚合氯化铝水处理剂国家标准 GB/T 22627—2008

指标名称		指　　　标	
		液　体	固　体
氧化铝（以 Al_2O_3 计）的质量分数/%	$\geqslant$	6.0	28.0
盐基度/%		$30\sim95$	
密度（20℃）/（g/cm³）	$\geqslant$	1.10	
不溶物的质量分数/%	$\leqslant$	0.5	1.5
pH 值（10g/L 水溶液）/%	$\leqslant$	$3.5\sim5.0$	
铁（Fe）的质量分数/%	$\leqslant$	2.0	5.0
砷（AS）的质量分数/%	$\leqslant$	0.0005	0.0015
铅（Pb）的质量分数/%	$\leqslant$	0.002	0.006

注：表中液体产品所列不溶物、铁、砷、和铅的质量分数均指 Al_2O_3 的产品含量，当 Al_2O_3 含量不等于 10% 时，应按实际含量折算成 Al_2O_3 10% 产品比例计算出相应的质量分数。

生活饮用水用聚合氯化铝国家标准 GB 15892—2009，主要适用于生活饮用水用聚合氯化铝。该产品主要用于生活饮用水的净化，它比工业水处理要求更高。对生产聚合氯化铝的原料、产品要求如下：原料为盐酸，应采用工业合成盐酸；含铝原料，应采用工业氢氧化铝、高岭土、一水软铝石、三水铝石和水处理剂用铝酸钙。外观：液体聚合氯化铝为无色至黄褐色液体；固体聚合氯化铝为白色至黄褐色颗粒或粉末。产品的物理化学指标见表12-3-4。

表 12-3-4　生活饮用水用聚合氯化铝水处理剂国家标准 GB 15892—2009

指标名称		聚氯化铝 GB 15892—2009 指标	
		液 体	固 体
氧化铝（Al_2O_3）的质量分数/%	≥	10.0	29.0
盐基度/%		40.0～90.0	
密度（20℃）/（g/cm³）	≥	1.12	—
不溶物的质量分数	≤	0.2	0.6
pH 值（10g/L 水溶液）		3.5～5.0	
砷（AS）的质量分数/%	≤	0.0002	
铅（Pb）的质量分数/%	≤	0.001	
镉（Cd）的质量分数/%	≤	0.0002	
汞（Hg）的质量分数/%	≤	0.00001	
六价铬（$Cr+5$）的质量分数/%	≤	0.0005	

注：表中液体产品所列 As、Pb、Cd、Hg、Cr+5 不溶物指标均按 Al_2O_3 10%计算，Al_2O_3 含量 ≥10%时，应按实际含量折算成 Al_2O_3 10%产品比例计算各项杂质指标。

参考文献

[1] 杨印东. THE USE OF CALCIUM ALUMINATE FLUXES TO HOT METAL AND STEEL DESUL-FURIZATION，2008.

[2] 张宇震. 铝酸盐水泥熟料作炼钢造渣剂[J]. 郑州：炼钢杂志，2003.

[3] 中国设备网. 档渣技术在炼钢转炉炼钢的实际应用. 2007.

[4] 龚志翔，周受好等. 马钢 SKF 炉精炼渣工业试验研究[J]. 郑州：炼钢杂志，No.5，2000.

[5] 胡冲，林栋. 应用铝酸盐水泥的高性能干混砂浆，首届全国商品砂浆学术会议论文集. 2005.

[6] 张继忠. 干粉砂浆的组分及其作用机理研究. 石河子科技.

[7] 鞠丽艳，张维等. 干粉砂浆的组分及其作用机理[J]. 北京：新型建筑材料，2002.7.

[8] 王培铭、张国防. 中国干混砂浆的应用研究概况. 硅酸盐通报，2007.2.

[9] GB 23439—2009. 混凝土膨胀剂.

[10] 吉林建筑工程学院. 高分子教研室. 混凝土膨胀剂.

[11] 王建军译. 法国拉法基 R Letourneux. 铝酸盐水泥在废水处理上的应用.

[12] 中国长城铝业公司水泥厂，中国矿业大学北京研究生部. 高水速凝充填材料. 1994.4.

[13] 蚌埠市化工研究所金洪珠、邵延安等. 用铝酸钙粉生产聚合氯化铝[J]. 无机盐工业.

[14] 成都大学轻工系王儒富. 铝酸钙粉与聚合氯化铝联合生产工艺，2008 全国水处理技术研讨会论文集.

[15] 暨南大学环境工程，江门慧信化工有限公司董申伟，李善得等. 利用铝土矿和铝酸钙制备聚合氯化铝的研究. 无机盐工业. 2005.12.

[16] 胡宏泰，朱祖培等. 水泥的制造和应用[M]. 济南：山东科学技术出版社. 1994.

[17] GB/T 22627—2008. 工业级聚氯化铝国家标准.

[18] GB 15892—2009. 聚氯化铝国家标准.

[19] 化工行业标准. HG 3746—2004 水处理用铝酸钙.

第十三章　铝酸盐水泥的质量控制与检验

第一节　铝酸盐水泥生产的质量管理与控制

水泥厂生产质量管理与控制是保证产品稳定生产和提高水泥质量的关键。作为水泥企业质量管理的专门机构，化验室要建立完善的规章制度，对生产过程进行组织和全方位的监督，正确地指导生产，保证水泥质量。水泥生产是流水线式的多工序连续过程，各工序之间关系密切，每道工序的质量都与最终的产品质量有关。在生产中原燃料的成分与生产状况又是不断变化的，如果前一工序控制不严，就会给下道工序的生产带来影响。为此，在水泥生产中，要根据生产流程经常地、系统地、及时地对生产全部工序包括从原料、燃料、辅助性材料、生料磨、熟料直至成品水泥进行全过程的质量管理与控制，只有把质量管理与控制工作做到水泥生产的全过程中，才能保证出厂水泥的产品质量符合国家标准。

水泥生产质量管理与控制主要做三方面的工作：一是水泥企业要有完善的质量管理机构对生产进行全面的监督；二是保证主机设备回转窑、生料磨、成品磨在控制范围内的正常运转；三是管理和控制好原料、燃料、辅助性材料、生料、熟料及水泥的质量，保证水泥生产按技术标准要求进行，确保出厂水泥的优质和稳定，实现优质高产、低消耗。

一般来讲，在铝酸盐水泥生产过程中，质量上要认真把好三关。

第一把好原燃料的质量关。原料和燃料是铝酸盐水泥生产的基础。所以，把好原料和燃料的质量关是很重要的。对原料、燃料的质量要求主要有两点：一是要求其化学成分、物理性能及矿物组成符合铝酸盐水泥生产所要求的工艺指标；二是要求其成分均匀、稳定，这样才能有利于水泥企业稳定的生产。

第二把好半成品的质量关。在铝酸盐水泥生产过程中，最主要的半成品是生料的制备与熟料的烧结。生料和熟料的质量状况对水泥的质量具有至关重要的影响。在某种意义上可以这样说，生料和熟料质量控制得好，就为水泥的质量打下了基础，对水泥的质量控制相对就容易多了。要保证生料与熟料的质量，一般要做到如下几点：

（1）要采用符合要求的原料和燃料及其合理的配料方案。

（2）要有精确的计量设备，以保证配料方案的准确实施。

（3）采用先进可行的均化措施，保证原料、燃料预均化和生料及熟料的均化，保证半成品质量的均匀性。

（4）采用先进的工艺技术和装备，完善生产工艺条件。

（5）加强培训与岗位练兵，提高工艺质量与操作人员的技术水平。

第三把好最终产品的质量关。这是铝酸盐水泥生产的最后一关，也是决定产品质量合格与否的关键，要从熟料入水泥磨抓起。为了保证最终产品水泥的质量，在水泥粉磨时，要充分了解熟料的质量情况，根据熟料的各种性能和本厂生产的水泥品种、标号及粉磨细度的质量要求进行粉磨。

水泥出磨之后不能直接包装。有均化库的要进入均化库均化之后才能包装；没有均化库的工厂，要根据每库水泥的质量情况进行合理搭配出库，才能进行包装。总之必须保证水泥出厂的均匀性。经检验不合格的水泥或未经检验的水泥绝对不允许出厂。

铝酸盐水泥生产中把好质量关的主要内容，就是要全面了解生产情况，对生产过程中每道工序的质量指标完成情况进行检验。水泥生产过程中的质量检验是一项十分重要与复杂的工作，只有通过对整个生产过程中每道工序的工艺质量进行检测和检验，才能系统地、全面地了解水泥生产过程中的实际情况，才能随时发现问题，以便及时改进工艺，指导生产。所以说，及时、准确的质量检验是水泥生产过程中保证质量必不可少的手段。这对于加强水泥企业质量管理、改进工序质量，直至保证最终产品的质量都具有非常重要的意义。

第二节　铝酸盐水泥生产过程质量控制的内容

铝酸盐水泥生产过程中的质量检验内容繁多。尤其是铝矾土，几乎所有的工厂都没有固定的矿山，由于石灰石（或生石灰）质量要求的局限性，大多也是多点（或多厂、矿）供应。所以，从铝酸盐水泥生产企业的原料供应上，必须要求增加原材料的检验频次，以保证生产的稳定性。从检验的对象上来说，可概括为以下几个方面：

一、待用原料和燃料的质量检验

待用原料和燃料，是指准备在铝酸盐水泥生产中使用而还未用的原料和燃料。如进厂的石灰石、铝矾土、氧化铝、生石灰、原煤、重油（轻质油或煤焦油）、辅助性原料（如钙渣、生石灰、熟料晶种）等等。对这些原料和燃料一定要坚持先检验后使用的原则，在使用前要先取样检验，经检验符合要求后才准予使用。

二、再用原料和燃料的质量检验

再用原料和燃料，是指已经用于生产过程中的原燃料。随着铝酸盐水泥生产工艺过程的物质流动，原燃料变为流动物料，并发生着某种变化。如需要经过破碎的铝矾土、石灰石及原煤，通过输送进入储库进行预均化，再进入生料配料系统，然后进入生料磨进行粉磨，最终变为半成品生料或煤粉。

三、生料和熟料的质量检验

在铝酸盐水泥生产过程中，生料与熟料是最主要的半成品，其质量的好坏，对最终产品影响极大。因此，必须严格进行质量检验与控制。

四、出磨水泥与出厂水泥的质量检验

出磨水泥与出厂水泥已经接近或达到质量检验与控制的最后一关。所以，一定要加倍小心，严格把关，坚决杜绝不合格水泥出厂。

五、其他物料的质量检验

在水泥生产工艺过程中，还有一些需要检验的其他物料。如在半干法生产过程中要定时检验生料的成球率和原煤粉磨后的入窑煤粉细度等。

第三节　铝酸盐水泥生产过程的质量控制

一、生产企业必须严格遵循国家标准

铝酸盐水泥生产企业首先应当按照国家标准、质量管理规程及上级有关规定，并结合本企业的实际情况，制定出本企业的工艺质量标准（或质量管理办法）和工艺质量检验方法，并严格执行。现在，各铝酸盐水泥生产企业都普遍绘制有生产流程质量控制图、表。在这些图、表中实际上就给出了工艺质量检验的内容、检验项目、检验频次、工艺技术指标等，可作为水泥生产工艺质量检验的参照依据。

二、必须严格遵循检验标准和检验方法

严格按照制定的标准和方法中所要求的内容按规定进行取样检验，并将检验结果及时反馈给工艺质量管理部门，以指导水泥生产的顺利进行。

根据上述质量检验的管理要求，在此列举国内某家干法铝酸盐水泥生产企业，年产5万吨CA-50铝酸盐水泥其生产工艺流程中质量检验控制图、表。

（1）进厂原燃材料质量检验、控制，见表13-3-1。

表 13-3-1　原燃材料质量检验控制

进厂原燃材料	石灰石（CaO、MgO、SiO_2） 现场考察确认后，每车约 40t 检验一批次
	铝矾土（Al_2O_3、SiO_2、Fe_2O_3） 现场考察确认后，每车约 40t 检验一批次
	原煤（固定碳、挥发分、灰分、水分） 现场考察确认后，每车约 30t 检验一批次

（2）生料磨、生料库质量检验、控制，见表13-3-2。

表 13-3-2　生料库质量检验控制

生料磨质量控制		
控制项目	出磨细度	出磨 CaO
控制范围	<15%	25%～27%
控制频次	1 次/h	1 次/h

生料库质量控制	
控制项目	入窑 CaO 含量（26±0.5）%
控制频次	1 次/4h

（3）熟料窑质量检验、控制，见表13-3-3。

表 13-3-3　熟料窑质量检验控制

回转窑质量控制（熟料物理、化学性能）					
控制项目	立升重	颜色	化学成分	矿物结构	物理强度	凝结时间
控制范围	950±50	棕红色	全分析	CA、CA$_2$ ……	1d、3d	1d、3d
控制频次	次/h	次/h	次/d	不定期抽检	次/d	次/d

（4）熟料库质量检验控制，见表 13-3-4。

表 13-3-4　熟料库质量检验控制

熟料库区域堆放质量检验、控制项目				
控制项目	熟料强度/MPa		熟料凝结时间/min	
	1d	3d	1d	3d
控制频次	一个堆区或一个熟料圆库/一次			

（5）水泥磨质量检验、控制，见表 13-3-5。

表 13-3-5　水泥磨质量检验控制

水泥磨质量检验、控制项目控制				
控制项目	水泥强度	水泥凝结时间	出磨细度	出磨表面积
控制值	根据品种确认指标	根据品种确认指标	<15%	>360m^2/kg
	1d　　3d	1d　　3d		
控制频次	24h/次		1次/h	1次/h

（6）水泥库质量检验、控制表，见表 13-3-6。

表 13-3-6　水泥库质量检验控制表

水泥库质量控制（每库的库样）				
控制项目	水泥强度 /MPa	水泥凝结时间 /min	出磨细度 0.045mm/%	出磨比表面积 m^2/kg
控制值	根据品种确认指标	根据品种确认指标	<15%	>360
控制频次	1d　　3d	1d　　3d	—	—
	每库/次			

（7）水泥包装及产品出厂质量检验、控制表，见表 13-3-7。

表 13-3-7　水泥包装及产品出厂质量检验控制表

控制项目	化学成分	标准稠度加水量/mL	流动度/mm	水泥白度/耐火性	物理强度/MPa		凝结时间/min		水泥细度 0.045mm/%	水泥表面积 m^2/kg
					1d	3d	1d	3d		
控制值	全分析	<95	>130	>40/1350℃	>45	>55	>40	<60	<15	>350
控制频次	60t/编号	—	—	不定期抽检	根据品种确定		根据品种确定		—	—

第四节　铝酸盐水泥的质量检验方法

铝酸盐水泥的检验方法，与硅酸盐水泥基本相同，检验设施也可以通用。所不同的是铝酸盐水泥生产企业相对规模比较小，而且大多为小批量多品种（单独生产净水剂用的铝酸钙粉除外），需要满足不同市场的个性化需求。所以，不管是生产工艺流程，还是产品的最终出厂，铝酸盐水泥的检验频次与检验项目比硅酸盐水泥要繁杂得多。而且不同工厂的生产流程与生产设施相对差异较大，多数企业生产条件相对不够规范，加强生产过程的检验频次、增加检验项目显得更加重要。

《铝酸盐水泥》（GB 201—2000）规定了铝酸盐水泥的检验项目与检验方法，通过在本标准中"引用的标准"均为有效，故要求使用本标准的各方应探讨使用下列标准最新版本的可能性。

GB/T 205—2000 铝酸盐水泥化学分析方法

GB/T 1345—1991 水泥细度检验方法（80μm 筛筛析法）

GB/T 1346—1989 水泥标准稠度用水量、凝结时间、安定性检验方法

GB/T 2419—1994 水泥胶砂流动度测定方法

GB/T 8074—1987 水泥比表面积测定方法（勃氏法）

GB 9774—1996 水泥包装袋

GB 12573—1990 水泥取样方法

GB/T 17671—1999 水泥胶砂强度检验方法（ISO 法）

JC/T 681—1997 行星式水泥胶砂搅拌机

鉴于铝酸盐水泥生产企业的生产特点，同时又有不少企业的产品小批量流向国际市场，为此有必要了解不同国家产品质量检验方法，以及产品的质量差异，尽量减少我国铝酸盐水泥大批量走向国际市场时因质量问题造成的影响。国外铝酸盐水泥的检验方法突出产品应用性能，而我国《铝酸盐水泥》（GB 201—2000）虽已有很大的改进，也在向水泥的应用性能方面靠近，但在检验方法上仍存在不少差异。现将几个不同国家铝酸盐水泥质量检验与控制方法介绍如下：

一、日本对铝酸盐水泥流动性的检验方法

1. 检验方法

（1）流动台、试体模用干布擦干净，将试体模放在流动台的正中。

（2）将水泥 350g 和骨料 700g 按规定正确称量，放在搅拌锅里经 2min 搅拌混合后，再加水 210g，然后搅拌 3min。

（3）将以上材料放入试体模中（分成 2 份），每一层用搅拌棒在大约 1/2 处全面捣 15次，最后将不足部分补平。

（4）将试体模从正上方取走，在跳台上 15s 做 15 次上下跳动，然后测最大直径和此直径成直角方向的直径。

（5）取这两个直径的平均值，为流动度。

（6）按上述实验方法，分别做出初始（T_0）流动度；$T_{10}\min$；$T_{30}\min$；$T_{40}\min$ 的实验结果。

2. 骨料材质

骨料为焦宝石。实验骨料粒度见表 13-4-1。

表 13-4-1 焦宝石实验骨料粒度

粒度/mm	+4.75	+3.35	+2.8	+1.0	+0.5	+0.3	+0.075
标准值/%	0.1	5	12.5	46.5	62.5	74.5	91.5
范围/%	0~1	±1.5	±3.0	±3.0	±3.0	±3.0	±3.0

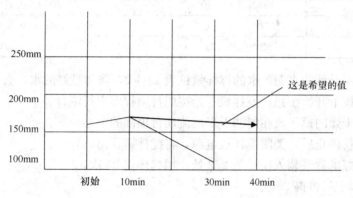

图 13-4-1 铝酸盐水泥 CA-50 流动性第一次实验

3. 试验举例

日本品川白炼瓦株式会社 2002.10.22 检验中国长城铝业公司水泥厂铝酸盐水泥 CA-50 的流动度结果。第一次试验结果如图 13-4-1 所示。流动度（加水量 15.0%，温度 24～26℃）。

2002.11.22 第二次实验，流动性检测结果如图 13-4-2 所示。流动度（加水量 14.5%，温度 24～26℃）。

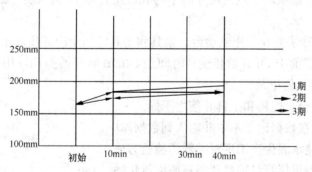

图 13-4-2 铝酸盐水泥 CA-50 流动性第二次实验

二、法国铝酸盐水泥生产商对流动性的检验方法

项目：砂浆流动度的 AFNOR 测试。

目的：此文件定义了如何完成 AFNOR 流动度的测定。

范围：适用于要求采用 AFNOR 法测定流动度的产品。

工作指导步骤：

（1）准备好实验所需工具（模具、勺子、捣棒、塑料袋、游标卡尺）。

（2）检查实验室温度和湿度是否符合实验要求［温度：（20±2）℃，湿度：＞50%］。

（3）记录时间、样品编号、日期［需待样品达到（20±2）℃后再进行测试］。

（4）将一袋标准砂(1350±5)g 倒入搅拌机的漏斗中。

（5）根据不同品种的水泥，水泥的称样量见表 13-4-2，将称量好的水泥，倒入干燥的搅拌锅中。

表 13-4-2　不同品种水泥的水灰比

水泥品种	水泥称样量	用水量
CA-50	500g（±0.5g）	200g（±0.5g）
CA-70	450g（±0.5g）	225g（±0.5g）
CA-75	500g（±0.5g）	200g（±0.5g）
CA-80	500g（±0.5g）	200g（±0.5g）

（6）根据不同品种的水泥，水的称样量见表 13-4-2，将称量好的水，直接加入已装有水泥的搅拌锅中，按下开始按钮，搅拌机开始按照自动程序进行混合。

（7）将清洁干燥的模子放在清洁干燥的流动台顶部的中心。

（8）当搅拌机停止后，关闭搅拌机电源，将搅拌锅移出。

（9）将混合好的砂浆装入模子至 2/3 处，用捣棒捣 25 次。

（10）装满模子后再捣 25 次。

（11）用捣棒刮平模子的顶部。

（12）小心地从顶部提起模子，同时开启已设置好的流动台程序开关。

（13）尽快将搅拌锅中剩余砂浆装入塑料袋中密封，这些材料将被用来测试 T30 流动性能。

（14）跳动停止后，在流动台上沿着做好的标记，用尺子测量砂浆振动后的 4 个直径，以 mm 为单位表示，记录四个点的尺寸的平均数，此值为 T_0 值（实际距加水时间为 5min），做好记录。

（15）测完后将砂浆丢弃，把流动台、模具和工具清洁干净并使之干燥。

（16）做 T_{30} 时提前 1min 开始装模，时间到 30min 时开始振动，用和测量 T_0 同样的方法测量出 T_{30} 的结果并做记录。

（17）清洁流动台、模具和工具并使之干燥。

（18）结果记录在数据记录本中并输入到数据库中。

三、法国铝酸盐水泥生产工厂对熟料的检验方法

项目：电导率测量仪测量铝酸盐熟料游离氧化钙。

目的：此文件定义了如何使用、校正电导率测量仪及游离氧化钙的测试方法。

范围：此文件适用于实验室相关人员，产品及流程。

相关文件：《电导率检测原始记录》

工作指导步骤：

1　电导率测量仪的准备工作

1.1　检查电源，打开仪器开关（on/off）。

1.2　校正操作：本仪表只需要进行一点校正。校正周期为一周。即每周一开始测第一个样品时对仪器进行校正。校正过程如下：

1.2.1 按键 ⊕，当前的校正设置开始闪烁。

1.2.2 使用 ⊕ 键或 ☰ 键来选择需要的标准溶液，并按 ⓡ 确认。

1.2.3 将电极放入标准溶液中，按 ⓒ 开始校正。

1.2.4 SevenEasy 电导率测量仪在校正时是自动判断终点的，也可以按 ⓡ 手动判断终点。

1.2.5 按 ⓡ 键确认并返回正常测量状态。

1.3 样品测试：校正结束后，就可以进行样品测量。

1.3.1 用蒸馏水反复冲洗电极 4～5 遍，用滤纸将电极上附着水吸掉。

1.3.2 将电极放入待测样品中，然后按 ⓡ 开始测量。测量时小数点在闪动。

1.3.3 当结果稳定后，测量停止，小数点不再闪动，同时 $\sqrt{A}$ 显示在屏幕上。

1.3.4 长按 ⓡ 键 2s，可在自动终点判断和手动终点判断方式之间切换，在手动终点判断方式下，按 ⓡ 键终止测量。此时，小数点不再闪动，同时 $\sqrt{A}$ 显示在屏幕上。

1.3.5 再次用蒸馏水反复冲洗电极 4～5 遍。

2 游离氧化钙的测试

2.1 用途

采用电导率测量仪来测定产品中的游离氧化钙或者产品中添加剂的含量。

2.2 原理

电导率为电阻的倒数，是物体传导电流的能力，基本单位是西门子（S）。就溶液而言，其电导率和溶液里的离子浓度成正比。电导率测量仪的测量原理是将两个电极放到被测溶液中，在电极的两端加上一定的电势，然后测量电极板流过的电流。根据欧姆定律，由测得的电压和电流就可以计算出电导率。

2.3 游离氧化钙测试

2.3.1 用一个清洁的烧杯称量（222±0.5）g 的乙二醇，在烧杯上盖上玻璃盖子，放入设定82℃的烘箱中预热至少30min。打开电磁加热器加热开关至适当位置，开始预热。

2.3.2 称量待测产品样品（4±0.01）g。

2.3.3 把烧杯从烘箱中取出放在电磁加热器上，加入一个磁搅拌棒，启动搅拌开关。

2.3.4 把一个清洁的温度计探棒和电导率仪的电极放入烧杯。

2.3.5 加热溶液至温度稳定于（80±2.5）℃时，记录空白溶液的电导率指示值。

2.3.6 把已称好的样品倒入溶液中，用秒表开始记录时间。

2.3.7 每隔30s记录一次电导率仪指示值，直到读值没有变化为止。在记录读值的同时也要注意温度需保持在（80±2.5）℃。

2.3.8 测试结束后，用蒸馏水清洁探针、温度计、磁棒和烧杯并干燥烧杯，以备下次使用。

3 添加剂含量测试

3.1 称量 500mL 蒸馏水至清洁的烧杯中。

3.2 将烧杯放于磁搅拌器上，加入一个磁搅拌棒，启动搅拌开关。

3.3 将电子温度计探棒及电导率仪电极放入烧杯中。

3.4 检查蒸馏水电导率值（空白），确认设备清洁及水的纯净度。

3.5 调整搅拌器转速为（400±50）r/min，将温度控制在（20±2）℃。

3.6 加入100g待测产品的样品至烧杯中。

3.7 电导率测量仪自动判断终点，显示数值即为该样品电导率数值。

3.8 校准曲线的制作

◆利用加入添加剂前"中间产品"及所加添加剂制成实验室"产品"；

◆用上面的方法测试采用不同比例添加剂时实验室"产品"的电导率，比如选择1％和2％两个点，分别测到电导率值 X_1 和 X_2；

◆在电导率值和添加剂含量在应用范围内是线性的条件下，生产产品的添加剂含量可以根据其电导率值用以下公式算出：

$$添加剂\% = \frac{电导率值 + (X_2 - 2X_1)}{X_2 - X_1}$$

◆校准曲线应定期修正，当产品或添加剂发生变化时，也应进行修正。

四、法国铝酸盐水泥生产工厂对凝结时间的检验方法

项目：铝酸盐水泥凝结时间 AFNOR 的测定。

目的：此文件定义了如何完成 AFNOR 凝结时间的测定。

范围：适用于要求采用 AFNOR 法测定凝结时间的产品。

工作指导步骤：

(1) 做实验前先在模具上刷一层脱模剂。

(2) 检查实验室温度和湿度是否符合试验要求〔温度：（20+2）℃，湿度：＞50％〕。

(3) 记录时间、样品编号、日期〔需待样品达到（20±2）℃后再进行测试〕。

(4) 调节探针位置，使探针距检测凝结时间所用模具外模底部约2mm。

(5) 将一袋标准砂（1350±5）g 倒入搅拌机的漏斗中。

(6) 不同品种水泥的称样量见表13-4-3，将称量好的水泥，倒入干燥的搅拌锅中。

表13-4-3 不同品种水泥的水灰比

水泥品种	水泥称样量	用水量	养护条件
CA-50	（500±0.5）g	（200±0.5）g	水中养护
CA-70	（450±0.5）g	（225±0.5）g	水中养护
CA-75	（500±0.5）g	（200±0.5）g	水中养护
CA-80	（500±0.5）g	（200±0.5）g	水中养护

(7) 不同品种的水泥所需用水的称样量见表13-4-3，将称量好的水，直接加入已装有水泥的搅拌锅中，按下开始按钮，搅拌机按照自动程序进行搅拌，同时记下加水时间。

(8) 设置好自动维卡仪，下落模式选择 FREE，时间控制类型选择 FIX，测试时间间隔选择3～5min（具体方法见自动维卡仪的操作说明）。

(9) 当搅拌机停止后，关闭搅拌机电源，将搅拌锅移出。

(10) 用砂浆填充模具，并用小勺一边填充一边压实。填充完毕后用双手压紧模具并振实，避免未填充实影响测试结果。

(11) 用小勺将砂浆表面抹平，将模具放于自动维卡仪底部托盘上。

（12）根据产品要求对需要在水中养护的，在模具外模内注入水，使水覆盖砂浆，注意不要将水直接冲刷到砂浆表面。

（13）凝结时间由线条给出，初使线条为 0min，每条线间隔 5min，初凝线至少比前面的线短 10mm 左右，以此线对应得时间表示初凝时间。终凝时间判断标准为线条至少大于30mm，并且在大于 30mm 之后连续三针线长之差在 1mm 以内，以连续三针的第一针对应得时间表示终凝时间。（此判断依据特殊样品除外）

（14）移出模具并清洁干净。在模具内侧刷一层脱模剂以备下次使用。

（15）清洁维卡仪探针、底盘时用手托住下落杆，防止扎伤手指。

（16）注意事项：测试加装（700±1）g 的砝码，一定要将砝码固定紧，并经常检查是否固定紧，以免在使用过程中砝码掉落。

五、法国铝酸盐水泥生产商对物理强度的检验方法

项目：铝酸盐水泥 AFNOR 强度的测定。

目的：此文件定义了如何完成 AFNOR 强度的测定。

工作指导步骤：

（1）准备好所需工具，把强度成型用三联模具放在振动台上固定好，刷好脱模剂。

（2）检查实验室温度和湿度是否符合试验要求［温度：（20±2）℃，湿度：＞50％］。

（3）记录时间、样品编号、日期［样品达到（20±2）℃后再进行测试］。

（4）将一袋标准砂（1350±5）g 倒入搅拌机的漏斗中。

（5）不同品种水泥的称样量见表 13-4-4，将称量好的水泥，倒入干燥的搅拌锅中。

表 13-4-4　不同品种水泥的水灰比

水泥品种	水泥称样量	用水量	养护条件
CA-50	（500±0.5）g	（200±0.5）g	养护箱养护
CA-70	（450±0.5）g	（225±0.5）g	养护箱养护
CA-75	（500±0.5）g	（200±0.5）g	养护箱养护
CA-80	（500±0.5）g	（200±0.5）g	养护箱养护

（6）不同品种的水泥用水的称样量见表 13-4-4，将称量好的水，直接加入已装有水泥的搅拌锅中，按下开始按钮，搅拌机开始按照自动程序进行搅拌，并记下加水时间。

（7）当搅拌机停止后，关闭搅拌机电源，将搅拌锅移出。

（8）用一个适当勺子直接从搅拌锅里将胶砂分两层装入试模，装第一层时，每个槽里约放 300g 胶砂，用长拨料器垂直架在模套顶部沿每个模槽来回一次将料层拨平。

（9）启动振动台，砂浆将随着 60 次的振动而被振实。

（10）停机后装入第二层胶砂。用短拨料器拨平。将剩余砂浆放回搅拌锅中。

（11）再次启动振动台，振动 60 次将砂浆振实。

（12）停机后，将三联试模移至平台上，用金属直尺以近似 90° 的角度从模具中间沿模具长度方向分别向两侧以横向锯割动作慢慢移动，清除多余的砂浆。

（13）在移动和放置的过程中应保证砂浆和模子是水平的。

（14）做好样品记录，把模具和标识送至养护箱内，以备 6h 或 24h 后进行抗压抗弯测试。

（15）脱模时间应在破型实验前 20min 内，破型时间允许偏差为：6h±4min，24h±15min。

（16）振动过程中如发现紧固螺栓松动，必须停下后才能紧固。

《铝酸盐水泥》（GB 201—2000）与法国 AFNOR 标准检验结果对照，分别见表 13-4-5 和表 13-4-6。

表 13-4-5   《铝酸盐水泥》（GB 201—2000）检验结果

凝结时间			流动值		抗折强度		抗压强度	
W/C（%）	初凝 IST（min）	终凝 FST（min）	W/C	T0 （mm）	24h （MPa）	72h （MPa）	24h （MPa）	72h （MPa）
29.1	167	227	0.42	145	7.1	7.6	51.7	60.4
29.1	167	233	0.42	144	7.0	7.5	50.5	59.2
29.1	171	253	0.42	142	7.1	7.6	50.5	59.2
29.1	167	220	0.42	142	7.0	7.5	52.6	61.2
29.1	165	213	0.42	141	7.0	7.5	51.9	60.6
29.1	166	217	0.42	143	7.1	7.6	51.4	60.1
28.9	167	217	0.42	143	7.2	7.7	52.4	61.0
28.9	167	210	0.42	143	7.2	7.7	53.4	62.1
28.9	165	213	0.42	142	7.2	7.7	52.8	61.4
28.9	164	203	0.42	143	7.2	7.7	52.7	61.3
29.1	167	223	0.42	143	7.0	7.5	49.8	58.5
29.1	168	230	0.42	145	7.1	7.6	51.3	60.0
29.1	167	220	0.42	146	7.2	7.8	51.1	59.8
29.1	167	223	0.42	143	7.2	7.8	52.7	61.3
29.1	167	227	0.42	141	7.3	7.9	54.0	62.7

表 13-4-6   法国 AFNOR 标准检验结果

AFNOR							
凝结时间		流动度/mm		抗折		抗压	
初凝 /min	终凝 /min	T0	T30	6h /MPa	24h /MPa	6h /MPa	24h /MPa
185	230	91	61	3.3	5.6	15.4	38.2
185	240	96	69	2.9	5.4	13.4	37.0
205	270	83	57	2.9	5.5	13.4	37.0
180	220	94	63	3.0	5.4	13.7	39.1
170	210	91	61	3.5	5.4	17.3	38.4
175	215	93	63	3.0	5.5	15.7	37.9
185	215	87	65	3.2	5.7	17.7	38.9
185	205	93	59	3.1	5.8	15.6	40.0
170	210	85	63	3.5	5.7	17.9	39.3
165	195	83	63	3.6	5.7	18.0	39.2
180	225	95	61	2.8	5.4	13.6	36.2
190	235	87	67	3.0	5.6	14.3	37.8
180	220	90	71	3.1	5.9	13.8	37.6
180	225	83	67	3.2	5.9	14.8	39.2
185	230	87	63	3.3	6.0	15.9	40.6

表 13-4-5 和表 13-4-6 对比结果可以看出，两种检验方法由于灰砂比、加水量的差异，检验结果是有差异的。凝结时间的差异不明显，水泥的流动性、1d 的物理强度较大。

六、美国铝酸盐水泥生产企业的产品质量检验方法

美铝（Alcoa）铝酸盐水泥 CA-70/80 的实验方法，仅针对产品的化学成分、水泥细度、凝结时间、放热反应、水泥实验灰浆流动性和强度等项目，建立的产品质量检测方法。

实验方法采用的是欧洲标准 EN-196《水泥实验方法》（European Norm EN-196 "Methods of Testing Cement"），适用于硅酸盐水泥。为此只需将 EN-196 所规定的"标准砂骨料改为片状氧化铝骨料"即可（Tabular Alumina grog），简称标准铝（NORTAB）。这样做是因为标准砂的主要原料氧化硅不是耐火混凝土的主要成分。由于砂基混凝土中水泥的凝结一般比标准铝要快，会使水泥的水硬性差异被掩盖起来。

标准铝（NORTAB）的粒度级配和标准砂相同。根据标准 E-96 的要求，把标准铝（NORTAB）应用到铝酸盐水泥的实验中，是为了更接近现场的需求。标准铝灰浆由 80％骨料与 20％水泥和水组成；由于不同的水泥型号具有不同的和易稠度，所以不同的水泥添加的水量也不相同：对于 CA-14、CA-25 水泥，加水 10％；CA-270、CA-25C 水泥，加水 9％。

本标准是铝酸盐水泥（CAC）实验的最新修订版，反映出在标准铝实验中用水量的减少。对于 CA-14 水泥，用水量从 12％减为 10％；对于 CA-25C 水泥，用水量从 10％减为 9％。这些进步的取得，与以下几点分不开：

①在开发 CA-270 的过程中，学会了生产高稳定性、低用水量的熟料；

②通过严格控制水泥相，达到准确控制凝结时间的目的；

③在贯彻美铝生产体系的过程中，奇迹般地降低了相对应的时间，增加了生产的自由度和预见性。

1　化学分析

1.1　目标

本节主要阐述铝酸盐水泥美铝世界化学分析法，所有条件均以"欧洲标准 EN-196 部分 2 1987.5"为基础。

1.2　美铝世界化学分析法的主要特点

此方法确定了铝酸盐水泥中 CaO、Al_2O_3、Fe_2O_3、Na_2O、SiO_2 和 MgO 的分析方法。将水泥试样在硼砂玻璃杯中烧熔，把熔炼物溶解到盐酸中，所得溶液的一部分可用于确定 Fe_2O_3 和 SiO_2 的含量。另一部分溶液中加入镧系氯化物，用于确定 CaO、Al_2O_3、Na_2O 和 MgO 的含量。上述所有元素都可以用原子吸收光谱仪进行测量。

1.3　实验室和设备

实验室条件和蒸馏水均要符合标准 EN-196 1987.5 的要求。化学分析设备如图 13-4-3 所示。

1.4　实验过程

取 1.000g 铝酸盐水泥和 1.6g 四硼酸锂放入碳精坩埚内加热至 1100℃，维持 90min。冷却后，将熔炼物放入一个盛有 50.0mL 盐酸（1∶1）和 150.0mL 蒸馏水的烧杯中。熔炼物经煮沸 2h 溶解，接着进行冷却。之后给溶液中添加蒸馏水至 250mL。此溶液用于检验 Fe_2O_3 和 SiO_2。

取上述溶液 10.0mL，20.0mL 的盐酸

图 13-4-3　X-射线荧光化学分析仪

（1∶1）和 10.0mL 镧的氯化物混合到一起，加蒸馏水到 250mL。这个溶液用于检测 CaO、Al_2O_3、Na_2O 和 MgO。

母溶液由标准浓溶液制得，各种母溶液的数据详见表 13-4-7。这些母溶液用于制得与各种参考曲线对应的稀溶液，其浓度见表 13-4-7。

表 13-4-7　母液和参考曲线的浓度

	母液/（g/L）	参考曲线浓度/质量%
CaO	1.0000	0~35.0
Al_2O_3	2.0000	0~94.5
Fe_2O_3	1.0000	0~0.21
Na_2O	0.5000	0~1.01
SiO_2	1.0000	0~0.43
MgO	0.5000	0~0.34

各种溶液的试样和参考曲线都是由原子吸附光谱法来测定完成的。用于水泥的溶液试样浓度是通过参考曲线来确定的。

2　用激光衍射仪测定细度

2.1　目标

本试验方法采用美铝世界化学分析法来确定铝酸盐水泥粒度分布的具体过程。所需的各种条件应尽可能地接近欧洲标准 EN-196 部分 1 1987.5. 的要求和规定。

2.2　主要特点

此方法主要叙述用 Cilas1064 型激光衍射仪测定铝酸盐水泥粒度分布的过程。粒度分布的检测是利用异丙基醇中的铝酸盐水泥可使超声波发生散射的原理来实现的。当含有水泥的异丙基醇液体通过激光衍射仪的测量元件时，有两束激光会通过测量元件到达检测器，其中的水泥粉尘会使激光发生散射。散射的形式和尘粒的大小、尘粒的数量存在函数关系。散射的形式由检测器进行测量并翻译成粒度分部报告，其中含有合计曲线及累计曲线。

2.3　实验室和设备

实验室的条件按照标准 EN-196 部分 1 1987.5 的 4.1 执行。带自动取样器的激光衍射仪（型号是 Cilas 激光衍射仪 1064 型）如图 13-4-4 所示，试样经异构丙基醇处理。

2.4　实验过程

激光衍射仪是使用具有粒度分布值的标准样进行校验的。由于各种品级的水泥都有它们自己的粒度分布特性，所以在测定之前要对标准样进行校验。

图 13-4-4　颗粒分布测量仪

给自动取样器注入 0.3~0.5g 的铝酸盐水泥后，铝酸盐水泥将会同异丙基醇在一起进行 240s 的"超声波洗浴"而得到充分混合，然后进行粒度分布的测定。

粒度分布用 d90、d50、d10 来表示，d90、d50、d10 反应的是物料的粒径大小。在这里 90%、50%、10% 是指小于 45μm（－325 目）的物料的百分数，它们也是由激光衍射仪一起进行计算和记录的。常见的水泥颗粒见图 13-4-5 所示。

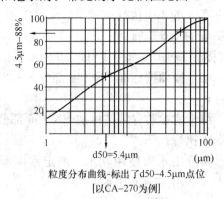

粒度分布曲线-标出了d50-4.5μm点位
[以CA-270为例]

d50=5.4μm

粒度分布psd-μm图

图 13-4-5　颗粒分布曲线图

3　维卡法测定凝结时间

3.1　目标

本试验采用美铝世界化学分析法来确定铝酸盐水泥灰浆的凝结性能的过程。各种条件应尽可能地符合欧洲标准 EN-196 部分 3 1987.5. 的要求和规定。

3.2　主要特点

本方法主要是指将水泥灰浆灌注入维卡模及其凝结时间的测定过程。维卡模是截顶圆锥形，高度 40mm，顶端内径 80mm，底部内径 90mm。

灰浆含有 20％（质量）的铝酸盐水泥和 80％（质量）的标准片状氧化铝 T-60 骨料（简称标准铝）。灰浆的水灰比是：对于 CA-14、CA-25R 为 0.5，对于 CA-270、CA-25C 为 0.45。

灰浆通过机械混合进行制备，向维卡模内灌注时不能压缩也不能振动。被灌注的模子要置于潮湿的环境中。灰浆的凝结状况是通过观察一只维卡针插入灰浆的深度的逐渐减少来确定的。当维卡针维持在基板以上：10mm 时为初凝，30mm 时为终凝。标准铝骨料的粒度分布和灰浆的组成见表 13-4-8。

表 13-4-8　标准铝骨料的粒度分布和灰浆的组成

标准铝的粒度分布	
方筛孔/mm	累积筛余/％
2.00	0
1.60	7±5
1.00	33±5
0.50	67±5
0.16	87±5
0.08	99±5

生料：片状氧化铝 T-60

标准铝灰浆的组成：80％标准铝和 20％水泥

10％H_2O 对于 CA-14 水泥

10％H_2O 对于 CA-25R 水泥

9％H_2O 对于 CA-270 水泥

9％H_2O 对于 CA-25C 水泥

3.3 实验室和设备

实验室和设备须按标准 EN-196 部分 1 1987.5 的 4.1 执行；

实验用筛子须按标准 EN-196 部分 1 1987.5 的 4.3 执行；

霍巴特混合器（带有 5L 的容器钵）须按标准 EN-196 部分 1 1987.5 的 4.4 执行；

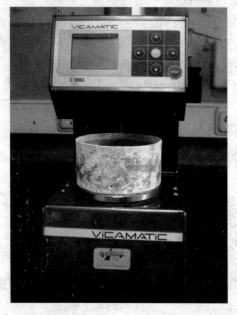

图 13-4-6　凝结时间测量仪

维卡模须按标准 EN-196 部分 3 1987.5 的 5.1 执行；

维卡实验装置须按标准 EN-196 部分 3 1987.5 的 5.1 执行；

实验用水须使用软水。测定水泥凝结时间的维卡仪如图 13-4-6 所示。

3.4 灰浆

标准铝骨料（用纯片状氧化铝 T-60 制成）用于测定铝酸盐水泥的维卡凝结时间，方法按本规定进行。标准铝骨料的粒度分布和含水量须符合标准 EN-196 部分 1 1987.5 的规定指标。标准铝骨料的筛分和灰浆的组成见表 13-4-9。

标准铝骨料每次只预混合（2000±5）g，分次供应。

3.5 实验过程

添置一套维卡仪装置，除了检测模具外，还要有柱状维卡针，针的有效长度＝（50±1）mm，直径＝（1.13±0.05）mm；移动部件的总质量为（1000±1）g。测定凝结时间的灰浆：水泥：标准砂：水的比例见表 13-4-9。

表 13-4-9　水泥：标准铝：水的比例

灰浆组成	对于水泥 CA-14，CA-25R	对于 CA-270，CA-25C
	（2000±5）g 标准铝	（2000±5）g 标准铝
	（500±2）g 水泥	（500±2）g 水泥
	（250±1）g 水	（250±1）g 水

钵中的水称重后将水泥加入其中，然后立即启动混合器使其低速运转，记下启动时间，作为时间的起点。1min 以后加入标准铝骨料，3min 以后将混合器停运并将黏附在钵子四壁上的灰浆刮下来，并置于钵子的中间，然后重新启动混合器。待总运转时间达到 5min 以后，将混合器停下来。

（注：总的搅拌时间是指净运转时间，不包括停车刮钵子上黏附料的时间。）

将灰浆立即加入维卡模中，不得压缩和振动，大端朝上，盖好后倒个方向。然后将模子垂直放在一个托盘上，在模子的上面覆上一层 1～2mm 厚的软化水，以防止检测时使表面干燥。把维卡模及托盘放到经过校验的自动维卡装置的维卡针下方。从模子上边缘算起，全部维卡针刺入的深度为 10mm，相互间也是 10mm。

混合后 10min 开始启动自动维卡装置，记录下与时间对应的刺入深度。对于 CA-14 和

CA-270 水泥，是每隔 10min 记录一次；对于 CA-25R 水泥是每隔 5min 记录一次；对于 CA-25C 水泥是每隔 2min 记录一次。

初凝时间测定。从物料混合时开始计时，到维卡针同托盘间的距离为（10±1）mm 时的那一时刻为止，这个时间间隔称作初凝时间〔Initial Setting time（IS）〕。维卡针同托盘间的距离要反复测量准确或稍多一点亦可。

终凝时间测定。从物料混合时开始计时，到维卡针同托盘间的距离为（30±1）mm 时的那一时刻为止，这个时间间隔称作终凝时间〔Final Setting time（FS）〕。维卡针同托盘间的距离要反复测量准确或稍多一点亦可。维卡仪测定凝结时间如图 13-4-7 所示。

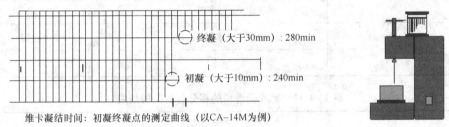

终凝（大于30mm）：280min
初凝（大于10mm）：240min
维卡凝结时间：初凝终凝点的测定曲线（以CA-14M为例）

图 13-4-7　维卡仪测定凝结时间测定装置示意图

4　水化放热反应

4.1　目标

本节主要阐述采用美铝世界化学分析法来确定铝酸盐水泥灰浆的放热性能。各种条件应尽可能地符合欧洲标准 EN-196 部分 3 1987.5. 的要求和规定。

4.2　本方法的主要特点

本方法主要讲述了浇注用灰浆样本发生水合反应时所放出热量的测定过程。浇注试样的质量是 1.5kg。

灰浆含有 20％（质量）的铝酸盐水泥和 80％（质量）的标准片状氧化铝 T-60 骨料（标准铝）。对于 CA-14 和 CA-25R 水泥，水灰比为 0.5；对于 CA-270 和 CA-25C 水泥，水灰比是 0.45。

4.3　实验室和设备

实验室和设备须按标准 EN-196 部分 1 1987.5 的 4.1 执行；

实验用筛子须按标准 EN-196 部分 1 1987.5 的 4.3 执行；

霍巴特混合器（5升的容器钵）须按标准 EN-196 部分 1 1987.5 的 4.4 执行；

振动台须按标准 EN-196 部分 1 1990.3 执行；

用于记录放热反应引起的温度升高的记录装置；

实验用水须使用软水。

放热反应试验仪如图 13-4-8 所示。

图 13-4-8　放热反应试验仪

223

4.4 灰浆

标准铝骨料（用纯片状氧化铝 T-60 制成）用于测定铝酸盐水泥在此过程中的放热性能。标准铝骨料的粒度分布和含水量须符合标准 EN-196 部分 1 1987.5 的规定指标。标准铝骨料的筛分和灰浆的组成见表 13-4-10、表 13-4-11。

标准铝骨料每次只预混合（2000 ± 5）g，分次供应。

表 13-4-10　标准铝骨料的粒度分布和灰浆的组成

灰浆组成	对于水泥 CA-14，CA-25R	对于 CA-270，CA-25C
	（2000 ± 5）g 标准铝	（2000 ± 5）g 标准铝
	（500 ± 2）g 水泥	（500 ± 2）g 水泥
	（250 ± 1）g 水	（250 ± 1）g 水

表 13-4-11　标准铝骨料的筛分和灰浆的组成

标准铝的粒度分布	
方筛孔/mm	累积筛余/%
2.00	0
1.60	7 ± 5
1.00	33 ± 5
0.50	67 ± 5
0.16	87 ± 5
0.08	99 ± 5

生料：片状氧化铝 T-60

标准铝灰浆的组成：80%标准铝和 20%水泥

10%H_2O 对于 CA-14 水泥

10%H_2O 对于 CA-25R 水泥

9%H_2O 对于 CA-270 水泥

9%H_2O 对于 CA-25C 水泥

4.5 实验过程

钵中的水称重后将水泥加入其中，然后立即启动混合器使其低速运转，记下启动时间，作为时间的起点。1min 以后加入标准铝骨料，3min 以后将混合器停运并将黏附在钵子四壁上的灰浆刮下来，将灰浆搅拌一下并置于钵子的中间，然后重新启动混合器。待总运转时间达到 5min 以后，将混合器停下来。

（注：总的搅拌时间是指净运转时间，不包括停车刮钵子上粘料的时间。）

将 1500g 灰浆迅速倒入一个盒子里，然后将其振动 10s，使之变密实些。将一只热电偶（J 型）插进灰浆中，并将其同数据记录仪（电脑记录仪）连接到一起，然后把模子盖好。从灰浆混合开始直至水合反应结束的全过程对灰浆逐时进行温度测量。

从物料的混合开始计时直至因放热而使温度升至 5℃ 为止，这个测定时间段记录为 EXO +5（放热+5）。对于 70%Al_2O_3水泥、CA-14 M/S 和 CA-270 水泥而言，这一点与其维卡仪终凝时间相对应。

从物料的混合开始计时直至因放热反应最高温度的获得为止，这个测定时间段记录为 EXO_{max}（放热$_{max}$）。它与脱模强度的足量增长相对应。水泥放热反应试验，温度曲线如图 13-4-9 所示。

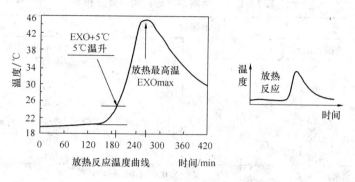

图 13-4-9　水泥放热反应试验温度曲线

5　振动流动性

5.1　目标

本节主要阐述采用美铝世界化学分析法来确定铝酸盐水泥灰浆的流动性能。各种条件应尽可能地符合欧洲标准 EN-196 部分 1 1987.5 的要求和规定。

5.2　主要特点

本办法主要叙述水泥灰浆流动性的检测方法。维卡模是个截顶圆锥形，高度 40mm，上端内径 70mm，底部内径 80mm。

灰浆含有 20％（质量）的铝酸盐水泥和 80％（质量）的标准片状氧化铝 T-60 骨料（标准铝）。对于 CA-14 和 CA-25R 水泥，水灰比为 0.5；对于 CA-270 和 CA-25C 水泥，水灰比是 0.45。

将足量的灰浆注入三个维卡模子中，注入灰浆时模子不得振动。将注完灰浆的模子盖好并置于潮湿的气氛中。经过规定的时间间隔后，即可将维卡模放到振动台上，将模子升起拿开，对灰浆进行振动。振动后的直径就表明所对应时间的流动性。

5.3　实验室和设备

实验室和设备须按标准 EN-196 部分 1 1987.5 的 4.1 执行；

实验用筛子须按标准 EN-196 部分 1 1987.5 的 4.3 执行；

霍巴特混合器（5L 的容器钵）须按标准 EN-196 部分 1 1987.5 的 4.4 执行；

振动台须按标准 EN-196 部分 1 1990.3 执行；三个维卡模[①]须按标准 EN-196 部分 3 1987 的 5.1 执行；

实验用水须使用软水；

六个普勒克斯玻璃板。

5.4　灰浆

标准铝骨料（用纯片状氧化铝 T-60 制成）用于测定铝酸盐水泥在此过程中的振动流动性能。标准铝骨料的粒度分布和含水量须符合标准 EN-196 部分 1 1987.5 的规定指标。标准

---

① 测量流动性维卡模尺寸：高 40mm，上端直径 70mm，下端直径 80mm。

铝骨料的粒度和灰浆的组成见表 13-4-12，表 13-4-13。

标准铝骨料每次只预混合（2000±5）g，分次供应。

表 13-4-12　标准铝（砂）的粒度分布

标准铝的粒度分布	
方筛孔/mm	累积筛余/%
2.00	0
1.60	7±5
1.00	33±5
0.50	67±5
0.16	87±5
0.08	99±5

生料：片状氧化铝 T-60

标准铝灰浆的组成：80%标准铝和20%水泥

10%H$_2$O 对于 CA-14 水泥

10%H$_2$O 对于 CA-25R 水泥

9%H$_2$O 对于 CA-270 水泥

9%H$_2$O 对于 CA-25C 水泥

表 13-4-13　标准铝骨料的粒度分布和灰浆的组成

灰浆组成	对于水泥 CA-14，CA-25R	对于 CA-270，CA-25C
	(2000±5)g 标准铝	(2000±5)g 标准铝
	(500±2)g 水泥	(500±2)g 水泥
	(250±1)g 水	(250±1)g 水

5.5　实验过程

取出三个维卡模子和六个普勒科斯玻璃盘，把每只维卡模置于一个玻璃盘上，并使维卡模大端朝上。

钵中的水称重后将水泥加入其中，然后立即启动混合器使其低速运转，记下启动时间，作为时间的起点。1min 以后加入标准铝骨料，3min 以后将混合器停运并将黏附在钵子四壁上的灰浆刮下来，将灰浆搅拌一下并置于钵子的中间，然后重新启动混合器。待总运转时间达到 5min 以后，将混合器停下来。

（注：总的搅拌时间是指净运转时间，不包括停车刮钵子上粘料的时间。）

灰浆经混合后即刻将其注入维卡模中，每个模中加入 450g 水泥。用普勒科斯玻璃托盘将模子盖好。

从开始混合计算 9min 后，将第一个模子置于振动台上，大端朝下。然后把托盘和模子移开。

从开始混合计算 10min 以后，将灰浆样振动 30s，振幅 0.5mm，振动频率 50Hz，从四个方向进行测量，记录下平均值，叫做振动流动性 F10（即 F10＝16cm 高、16cm 直径的灰浆样，从混合开始计时，10min 后进行实验）。如图 13-14-10 所示。

按照一定的时间间隔对另外两个试样重复上述实验，详见表 13-4-14。

当流动直径和模具内径相等时，说明试样已凝固了。

表 13-4-14　重复做实验

实验时间间隔	记录值
10min	F10
30min	F30
60min	F60

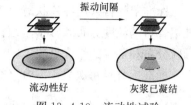

图 13-4-10　流动性试验

经过振动台测试后的标准铝灰浆如图 13-4-11 所示。

图 13-4-11　经过振动台测试后
的标准铝灰浆

6　冷强度

6.1　目标

本节主要阐述采用美铝世界化学分析法来确定铝酸盐水泥灰浆的冷破裂模量［the cold modulus of rupture（CMOR）］和冷压碎强度［cold crushing strength（CCS）］。各种条件应尽可能地符合欧洲标准 EN-196 部分 1 1987.5. 的要求和规定。

6.2　主要特点

此方法用于确定冷压碎强度和非强制性的实验试块挠性强度，实验试块的尺寸是 40mm×40mm×160mm。

使用的灰浆含有 20%（质量）的铝酸盐水泥和 80%（质量）的标准片状氧化铝 T-60 骨料（标准铝）。对于 CA-14 水泥和 CA-25R 水泥，水灰比为 0.5；对于 CA-270 和 CA-25C，水灰比为 0.45，见表 13-4-15、表 13-4-16。

灰浆是通过机械混合而制得，并在模中振动而压缩。试块在潮湿环境中养护 24h 脱模。试块：（1）直接进行强度实验；（2）实验前在 105℃条件下干燥 24h，进行强度实验；（3）实验前在 1000℃的条件下加热 5h，进行强度实验。试块在弯曲条件下将会断裂成两段，这时的指示值就是它的冷破裂模量。试块的每一段再来做冷压碎强度实验。

6.3　实验室和设备

实验室、混合器、试块磨具、挠性强度和压碎强度试验机均须符合标准 EN-196 部分 1.1987.5。

振动台须符合 DIN-EN-196 部分 1.1990.3。

金属刮勺需用高强金属制成。

挠性强度和压碎强度试验机如图 13-4-12

图 13-4-12　挠性强度和压碎强度试验机

所示。

6.4 灰浆

标准铝骨料（用纯片状氧化铝 T-60 制成）用于测定铝酸盐水泥在此过程中的强度。标准铝骨料的粒度分布和含水量须符合标准 EN-196 部分 1 1987.5 的规定指标。标准铝骨料的颗粒分布和灰浆的组成见表 13-4-15 和表 13-4-16。

标准铝骨料每次只预混合（2000±5）g，分次供应。

表 13-4-15　标准铝骨料的颗粒分布

标准铝的粒度分布	
方筛孔/mm	累积筛余/%
2.00	0
1.60	7±5
1.00	33±5
0.50	67±5
0.16	87±5
0.08	99±5

生料：片状氧化铝 T-60

标准铝灰浆的组成：80% 标准铝和 20% 水泥

10% H_2O 对于 CA-14 水泥

10% H_2O 对于 CA-25R 水泥

9% H_2O 对于 CA-270 水泥

9% H_2O 对于 CA-25C 水泥

表 13-4-16　物理实验砂浆的组成

灰浆组成	对于水泥 CA-14，CA-25R	对于 CA-270，CA-25C
	（2000±5）g 标准铝	（2000±5）g 标准铝
	（500±2）g 水泥	（500±2）g 水泥
	（250±1）g 水泥	（250±1）g 水泥

6.5 实验过程

上述物料组成制作三个试块。

将一只涂了油脂的空模子放到振动台上，为制作三个试块做好准备。

钵中的水称重后将水泥加入其中，然后立即启动混合器使其低速运转，记下启动时间，作为时间的起点。1min 以后加入标准铝骨料，3min 以后将混合器停运并将黏附在钵子四壁上的灰浆刮下来，将灰浆搅拌一下并置于钵子的中间，然后重新启动混合器。待总运转时间达到 5min 以后，将混合器停下来。

（注：总的搅拌时间是指净运转时间，不包括停车刮钵子上粘料的时间。）

使振动台运转起来，振幅为 0.75mm。将预制好的灰浆分两次注入模中，第一次倒入的灰浆可借助一只抹子在 20s 内将灰浆分布到三个间隔室里，然后振动 20s；第二次注入的灰浆也要在 20s 内完成，然后振动 60s。

将模子从振动台上移开，用刮刀将灰浆的连接处切开，然后用抹子将表面抹平整。

把模子置于温度为（20±1）℃、相对湿度≤90％的养护室内养护 24h，然后进行脱模（如果需要可使用橡胶锤）。

试块 1：脱模后的 20min 以内要测定出其养护强度，采用标准 EN-196 部分 1 1987.5。

试块 2：把脱模后的试块直接放入温度为 105℃的烘干室内加热 24h。把烘干后的试块取出，使其冷至 20℃。然后按照标准 EN-196 部分 1 1987.5 来测定试块烘干后的强度。

试块 3：将养护脱模后的试块放入一个冷状态的加热炉内，加热炉在 5h 内加热到 1000℃，保温 5h，然后把炉子关掉。取出被加热的试块并使之冷却至 20℃，然后按标准 EN-196 部分 1 1987.5 测定其加热后的强度。

标记：强度值以 MPa 记录。1MPa＝145psi［145 磅/平方英寸——译者注］。

参考文献

［1］ 陈运春，等. 水泥生产质量控制检测新技术实用手册［M］. 北京：当代中国音像出版社，2005.
［2］ 凯诺斯. 铝酸盐水泥实验方法.
［3］ 美国安迈（原美铝化学）公司. 铝酸盐水泥检验方法. 王建军翻译.
［4］ 中华人民共和国国家标准《铝酸盐水泥》GB 201—2000.

附　录

附录一　参考文献

1. 低温煅烧矾土水泥的研究

时　钧　杨南如

（南京工学院）

矾土水泥是法国工程师 Jules Beid 在 1908 年首先制造的，他把石灰石与铁矾土在水套式的高炉内用熔融法制成[1][2]。

矾土水泥与矽酸盐水泥的主要差别是矾土水泥中以铝酸钙的含量为主，它的化学成分波动范围如下：

$$CaO：28\%～47\%；Al_2O_3：45\%～70\%；SiO_2：2\%～12\%$$

生产矾土水泥的主要原料是矾土和较纯的石灰石，其中最有害的杂质是 SiO_2，因为它与 CaO 及 Al_2O_3 生成无水硬性的 $2CaO·Al_2O_3·SiO_2$ 而减少铝酸钙的含量，因此在生产矾土水泥时，要尽可能地选用 SiO_2 较少的原料。MgO 也生成无水硬性的镁尖晶石而消耗有用 Al_2O_3 的含量。TiO_2 则无害。至于氧化铁含量的影响则视 SiO_2 的含量而定[3][4]。

矾土水泥的生产方法很多，早期一般都用电炉熔融法生产，因此在文献中常有熔融水泥及电熔水泥的名称。而后又有在回转窑内烧结法，低温烧结法，高炉熔融法和电炉还原法等[3][4][5][6]，生产方法的选择主要视原料的质量电源等条件而定。若原料中含 SiO_2 较多，则采用低温烧结法较好（或用电炉还原法），因为此时不可能生成 $2CaO·Al_2O_3·SiO_2$。

矾土水泥的特点是凝结快，早期强度大，好的矾土水泥昼夜强度即达 $450kg/cm^2$ 甚至更高。用矾土水泥建成的建筑物常常经 8～12h 后即可使用。矾土水泥的用途亦很广，可用于修路，堵塞油井，修堤坝，修建船坞、军港及其他军事工程。另外它还可以用于受盐水侵蚀的建筑物，直接在机器下修基础等，同时它的水化热较大，故可用于冬季施工。

我国矾土原料分布很广，质量好，蕴藏量大，但尚未大规模生产矾土水泥。建筑材料工业部曾在倒焰窑内试制，并用回转窑烧结法试制，获得初步成功。

矾土水泥在大规模建设时是不可缺少的建筑材料，因此掌握矾土水泥的生产，进行生产方法的试验，进行煅烧及水化过程的研究，了解它的特性是很有意义的。

本文的目的在以国产矾土为原料，找寻低温（1200℃左右）烧成矾土水泥的条件。

理　论　部　分

1. **矾土水泥在 $CaO—SiO_2—Al_2O_3$ 三元系统相图上的区域**

从相图上（图 1）可看出，矾土水泥因化学成分不同，生成不同的矿物组成。矾土水泥生成范围内有三个矿物组成区域：$C_2S—C_2AS—CA$；$C_2AS—CA—CA_2$ 和 $CA—C_5A_3—C_2S$。根据熟料的化学分析，可在相图上找出它落于那一区域来计算它的矿物组成。矾土水

泥中的其他杂质如 Fe_2O_3，MgO，TiO_2 等则生成 $2CaO \cdot Fe_2O_3$，$CaO \cdot Fe_2O_3$，Fe_3O_4，FeO，$MgO \cdot Al_2O_3$ 及 $CaO \cdot TiO_2$ 等。

2. 矾土水泥的形成过程

关于铝酸钙形成过程的机理，曾经有过长时期的研究，最后确定，不论 $CaCO_3$ 与 Al_2O_3 之比例如何，在 $950\sim1250℃$ 下煅烧 $CaCO_3$—Al_2O_3 系统时，首先生成 $CaO \cdot Al_2O_3$ 以及少量的 $5CaO \cdot 3Al_2O_3$[⑦]，B. K. ЮНГ 认为在 $900\sim1000℃$ 生成 $CaO \cdot Al_2O_3$，在 $1200℃$ 生成 $5CaO \cdot 3Al_2O_3$ 而 $3CaO \cdot 5Al_2O_3$ 的生成则需较高的温度（X-射线分析认为以 $C_{12}A_7$ 及 CA_2 代替 C_5A_3 及 C_3A_5 较更为合理）[⑥⑦]。

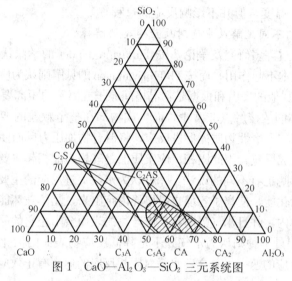

图 1　CaO—Al_2O_3—SiO_2 三元系统图

从上述结论可以看出，铝酸钙的生成温度比它的熔融温度要低得多（Ca 在 $1600℃$ 熔融），因此就完全有可能在低温下借助固相反应来烧结制成矾土水泥。

3. 影响固相反应速率的因素

固相反应的机理可概述如下：在某一温度（各物质不同），原子在晶格中的振荡程度已能使它产生位移，特别是容易填充晶格间缺陷空点，甚至离开晶格出去。若邻近有一晶体亦存在缺陷时，则个别原子就能发生交换位置的作用[⑧⑨]。所以它实质上就是两个互相接触的固相的原子或离子，因相互交换位置而发生反应。因此，在这里扩散就起了很重要的作用[⑩]，这样，在开始时，两晶界相接触的地方反应比较容易生成，当经过一定的时期后，在反应物颗粒表面已生成一层新化合物，扩散作用较难进行，特别是当生成物的熔点高时，反应甚至不可能继续进行。

所以影响固相反应速率的因素也较多，现分述如下：

首先是反应物分散度的影响，当然颗粒的直径愈小，反应物相互之间的接触点多，反应进行的必然较快。另外，由于在细磨过程中容易引起的晶体表面的缺陷，在表面生成微细裂缝，而易于进行扩散作用，同时根据 Bogue 的资料，在煅烧 CaO—SiO_2—Al_2O_3 三组成混合物时，变动石灰或 Al_2O_3 的细度，对反应速率的影响不大，而变动氧化硅的分散度时，则影响极大[④]，这也说明，不同的物质由于晶格结构不同，反应的能力也就不同。

温度以及在该温度下保持的时间，对固相反应的速率影响非常大。前面已经提到过，当温度升高，则晶格内的原子或离子的振荡大，容易产生它们的位移及互变位置，当然也就使反应容易发生。同时，保温的时间愈长，反应的时间也愈长，就可能使反应进行得更完全。然而若颗粒太粗，则在颗粒表面生成新化合物阻止了以后的扩散作用，所以在某一时间后就可能不再继续进行反应。

将固体混合物加以压力也应当对反应有影响，按理加压力可使固体粒子间的接触点增多，接触得紧密（距离减小），就容易产生固相反应，但是根据 П. П. Будников 院士所引数据，混合物预加压力反而使反应速率减低[11]。

在固相混合体中加矿化剂，对反应速率的影响极大，例如 В. Ф. Журавлев 在 CaO∶Al₂O₃ 及 3CaO∶Al₂O₃ 混合物中加 2％ CaF₂ 进行研究证明，矿化剂 CaF₂ 能显著地促进反应，降低反应开始的温度及熔融温度，但并不影响反应的过程[7]。

4. 固相反应理论的不同见解及水气对反应速率的解释

关于这一点，曾有过许多研究及争论，按 Tammann-Jander 的学派认为在固相反应中液相与气相的数量极少，根本不起作用。而按 П. П. Будников 的见解则认为应当是中间相（液相与气相）起主要的作用[11]。他的理由和根据是：晶格间原子或离子的距离要比分子接触点间的距离小 $10^5 \sim 10^7$ 倍，固体间的接触点非常少，而生成物却在整个颗粒的四周出现。另外，根据实验，在反应混合物中加入惰性物质能促进反应，将混合物加压力反而使反应缓慢，将物质相隔一定距离放置亦能生成反应，因此固相反应实质上是气相与液相起主要的作用。

水气促进反应的影响也有不同的说法，一种认为水气促进反应的主要原因是水汽冷凝在反应物表面，降低表面活化能，使离子容易自晶格界内跑出来，晶体破坏能力显著降低，离子也就容易渗入邻近的晶体内，并且水气吸附在反应产物的表面会阻止它的晶体长大，使表面增加就便于扩散作用[9][10]。另外一种则认为水气并不是降低反应物表面的活化能，而只增加它的扩散作用，所以能促进反应的速率。总之，水气对固相反应的速率有正效应是肯定的。

实 验 部 分

1. 原料

矾土：巩县的 9 号矾土。

石灰石：苏州 石灰石。它们的化学成分见表1。

表1　石灰石与矾土的化学成分

	SiO₂	Al₂O₃	Fe₂O₃	TiO₂	CaO	MgO	灼减	总量
石灰石	0.22	0.25	0.06	—	55.16	0.14	43.55	99.38
矾　土	8.33	74.5	0.67	2.03	0.79	—	13.49	99.84

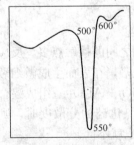

图2　矾土脱水曲线
（差热分析）

将矾土进行差热分析的脱水曲线如图2所示。

因为研究的不是原料，所以不作几种配料的试验，而只按普通公式，用同样原料及同样的配合比进行不同条件的试验。

2. 配料

$$\frac{石灰石}{矾土} = \frac{1.857S_{矾} + 0.55A_{矾} + 0.5F_{矾} - CaO_{矾}}{CaO_{石} - (1.857S_{石} - 0.55A_{石} + 0.5F_{石})}$$

$$= \frac{61.12}{54.91}$$

∴　石灰石％＝61.12/116.03＝52.62％

矾土％＝54.91/116.03＝47.38％

按此比例将石灰石与矾土混合所得的生料及煅烧后的熟料的化学成分如下（表2）。

表2 矾土水泥的生料与熟料的化学成分（按配合料计）

	SiO₂	Al₂O₃	Fe₂O₃	TiO₂	CaO	MgO	灼减
52.62％石灰石	0.17	0.03	0.03	—	29.10	0.07	23.00
47.38％矾土	3.97	38.95	0.32	0.96	0.37	—	6.38
生　料	4.14	36.08	0.35	0.96	29.47	0.07	29.38
熟　料	5.86	51.11	0.50	1.36	41.75	0.10	—

从熟料化学成分将 $CaO+SiO_2+Al_2O_3$ 变为 100％时。得 SiO_2—5.90％；Al_2O_3—51.90％，CaO—42.20％。所以这一组成在相图上是在 C_5A_3 的区域内。它的矿物组成计算如下。

表3 按熟料化学成分计算的化学成分

	重量/％	分子数	CaO·TiO₂	MgO·Al₂O₃	CaO·Fe₂O₃	2CaO·SiO₂	5CaO·3Al₂O₃	CaO·Al₂O₃
SiO₂	5.86	97				97		
Al₂O₃	51.11	501		3			51	447
CaO	41.75	746	17		3	194	8	447
MgO	0.10	3		3				
TiO₂	1.36	17	17					
Fe₂O₃	0.50	3			3			
分子数			17	3	3	97	17	447
重量/％			2.34	0.43	0.65	16.7	9.96	70.79

若仅按配料计算看，矾土熟料中的 CA 占 70％强，因此它完全有可能在低温烧成。前面已经说过 1000℃时，CA 已有相当剧烈的反应，亦能生成部分 C_2A_3。在 1000～1200℃ 之间，不仅 CA 已完全生成，而且 C_5A_3 与 C_2S 亦可能反应完全。

3. 原料预先热处理后的影响

本实验所用的石灰石及矾土均为通过 16000 孔/厘米² 筛的细粉，它们的颗粒组成见表4。

表4 石灰石及矾土的颗粒组成

	颗　粒　组　成			
石灰石	0～5μm: 33.03％；　5～10μm: 28.73％；　10～15μm: 9.32％；　15～20μm: 7.73％；　20～25μm: 4.32％；　25～30μm: 2.64％；　30～35μm: 1.75％；　35～40μm: 11.96％			
矾　土	0～5μm: 3.29％；　5～10μm: 21.23％；　10～15μm: 14.5％；　15～20μm: 8.12％；　20～25μm: 4.00％；　25～30μm: 3.85％；　30～35μm: 2.12％；　35～40μm: 15.45％			

---

* 　35～40μm 的百分数所以较大，是由于该测定方法的计算方法不准，所以比实际的要大得多。

按前面配料百分比在天平上分别称取石灰石及矾土以不同的方法处理而分成 A、B、C、D 四种情况：

A——矾土在 600～650℃脱水 30min，石灰石在 900～920℃煅烧 45min 烧成石灰；

B——矾土不脱水，石灰石烧成石灰；

C——矾土脱水，石灰石不烧；

D——矾土与石灰石均不经预先热处理。

将矾土与石灰石按上述四种情况配好，放在小玻璃瓶内加小木球机械混合 15～20min，用放大镜检查其均匀程度。以干法加压成型，成型压力为 1500kg/cm²。做成 $\phi 0.8 \times 1.0 \sim 1.2cm$ 的小柱体，放在小匣钵内，在不同温度煅烧一定的时间，取出试样空气冷却磨细后用甘油-酒精法测定游离氧化钙的含量，实验的结果见表 5。

表 5　原料不同热处理煅烧后游离氧化钙含量测定结果（实验一）

温度 /℃	试样编号	游离氧化钙含量/%				
		2h	4h	6h	8h	10h
1000	A661	17.14	15.18	6.54	5.43	4.07
	B661	23.30	13.88	8.11	4.68	4.17
	C661	24.20	22.10	12.69	9.15	—
	D661	22.60	20.75	9.66	5.78	—
1050	A662	19.51	12.95	4.56	2.92	2.35
	B662	17.47	9.67	2.89	2.45	1.32
	C662	22.61	11.05	5.08	2.83	2.15
	D662	22.60	14.75	5.86	3.46	2.38
1100	A663	1.18	0.59	0.25	0.24	0.10
	B663	1.82	0.70	0.37	0.21	0.02
	C663	3.37	1.13	0.55	0.20	0.04
	D663	2.13	0.52	0.20	0.06	0.00
1150		一达1150℃	2h	3h	4h	
	A664	2.95	0.069	0.032		
	B664	3.92	0.086	0.016		
	C664	4.64	0.074	0.00		
	D664	4.98	0.067	—		
1200		一达1200℃	30min	1h	1.5h	
	A665	1.66	0.22			
	B665	2.94	0.52	0.08	0.00	
	C665	3.60	0.48	0.32	0.00	
	D665	2.54	0.29	0.00		

编号说明：A、B、C、D 的意义如上述，后 2 个数字表示原料的细度。6 表示原料全部通过 160000 孔/厘米² 筛。第一字表示石灰石；第二字表示矾土，最后数字表示温度。1——代表 1000℃；2——代表 1050℃；3——代表 1100℃；4——代表 1150℃；5——代表 1200℃。

另外还取 A664、B664、C664、D664 经 2h 煅烧的样品做不溶残渣的分析，结果列于表 6。

表 6 不溶残渣含量的结果

	A664	B664	C664	D664
不溶残渣含量/%	6.00	6.68	7.73	8.74

从上面的数据看来，在较低温度或在较高温度的初期各试样的反应速率相差很大。以 A、B 好，而 C、D 较差，特别是 C 最差，分析这原因可归结如下：

由于矾土水泥生成反应主要是 CaO 与 Al_2O_3 起作用，因此将原料预先处理以后，从开始时反应物的浓度来讲是有利于反应的。从热消耗来讲，不需要有一部分热供矾土脱水及石灰石分解，而能供反应用。在 A、B 之间，理论上看应当是 B 较好，因为矾土脱水消耗的热不大，温度较低，并不因为它而影响反应组成浓度，同时矾土脱水时能生成水蒸气，促进反应，然而因为它含量极少，同时脱水后即刻蒸发，不可能停留在表面，它的促进作用必然是要在煅烧过程中一直通水蒸气方能有效，因而 B 与 A 的差别不大。另外石灰石预先煅烧的温度不高，保温时间不久，不可能使 CaO 的晶体长大而影响它的活性。C、D 的反应速率较差的原因与上相反，要供相当量的热将 $CaCO_3$ 分解，开始的浓度较小，同时放出 CO_2 以后，使物料间接触较疏。而在以后保温较久或高温下则由于液相出现，烧结剧烈，而使它们之间的差别逐渐趋小。

至于熔融温度还是一致的，当 1250℃时全部熔融。

从外表上看，在低温下 1000℃、1050℃时虽有烧结现象，可是仍然很疏松，小柱体较易粉碎。而在 1100℃煅烧时看出试体有收缩现象，颜色也变为褐色，而不是微浅红或黄色。在 1200℃煅烧 1.5h 则为深褐色，且是试体收缩很剧烈。

4. 成型压力对反应速率的影响

根据上实验的结果，应当将原料加以预先热处理。但是由于预先处理使操作复杂，同时，石灰在空气中容易消解，成型后，稍搁置即使小试体松散不便及早成型，在较高温度下及保温较久，预先热处理影响不大，因此仍决定用 D 号生料（细度亦同均为 66）。共分三种（生料制备情况与实验一同）：

D 66——加 1500kg/cm² 压力；

D′66——加 750kg/cm² 压力；

D″66——不加压力，以粉末状煅烧。

同样将物料在各温度，煅烧一定时间后测游离氧化钙的含量，结果见表 7。

表 7 游离氧化钙含量测定结果（实验二）

温度 /℃	试样编号	游离氧化钙含量/%				
		2h	4h	6h	8h	10h
1000	D 661	22.60	20.75	9.66	5.78	—
	D′661	20.40	17.70	11.30	10.00	8.20
	D″661	23.90	19.40	16.40	14.91	11.76
1050	D 662	22.60	14.75	5.86	3.46	2.38
	D′662	21.80	14.10	10.45	6.19	3.75
	D″662	22.41	15.40	12.40	9.16	6.25

温度 /℃	试样编号	游离氧化钙含量/%				
		2h	4h	6h	8h	10h
1100	D 663	2.13	0.52	0.20	0.06	0.00
	D′663	3.96	1.56	0.67	0.37	0.14
	D″663	4.93	2.97	1.81	0.65	0.34
		—达1150℃	1h	2h	3h	4h
1150	D 664	4.98		0.067	0.00	—
	D′664	1.27	1.01	0.22	0.00	
	D″664	2.86	2.09	0.27	0.54	
		—达1200℃	30min	1h	1.5h	
1200	D 665	2.54	0.29	0.00	—	
	D′665	1.38	0.32	0.00		
	D″665	3.35	0.70	0.00		

按分析结果看,成型压力加大,由于反应物颗粒间的接触紧密,而能促进反应,尤其是在低温及高温初期,压力的作用特别显著,这也合乎固相反应的机理的。因而 П. П. Будников 院士在《固态物质混合物中反应机构和动力学的研究》一文中,曾提到将硫酸铜与氧化锌加不同压力的结果,在 500℃ 使相互作用的结果是压力大小与反应速度成反比,因而确定预先紧压混合物,不仅不能增加反应速度,反而使它减小的结论,不能作为一普遍的规律。

在温度升高及保温较久后,例如在 1100℃ 6h 以后,1150℃ 3h 或 1200℃ 30min 后,压力的影响就趋小,这是由于液相出现后,反应的进行,主要不靠原子或离子的固态扩散,而是借助于液相的缘故。

另外,也根据游离氧化钙不存在的 D 号试体,做不溶残渣的分析,结果见表 8。

分析的结果说明,当氧化钙基本上全部被吸收后,保温时间对不溶残渣的含量减少影响不大,至于 D663$_{10}$,D664$_5$ 及 D665$_{1.5}$ 的不溶残渣的含量所以反而比同温度保温时间少的增加的原因,是因为它们是最后采取了电炉内慢冷却的关系,从而也说明在煅烧时,快冷却比慢冷却的效果好。

表 8　不溶残渣含量的结果

试样编号	不溶残渣含量/%	试样编号	不溶残渣含量/%
D663$_8$	6.62	D664$_5$	7.24
D663$_{10}$	6.70	D665$_{0.5}$	7.18
D664$_2$	8.74	D665$_1$	4.52
D664$_3$	6.98	D665$_{1.5}$	5.66
D664$_4$	6.36		

5. 反应物细度的影响

除了前面用的 6 号细度（全部通过 16000 孔/厘米^2）之外,另又分出 8 号及 9 号细度的石灰石及矾土。

8号细度表示通过10000孔/厘米² 筛而留在16000孔上的部分。

9号细度表示通过4900孔而留在10000孔上的。

所以它们颗粒的平均直径各为$52\mu m$ 及$72\mu m$，不同细度按同样配料而做成 9 种试料，即 99、98、96、88、86、69、68 及 66，与前面一样按比例混合，但是全部不成型，因为颗粒互相之间无粘结力，干法成型不可能，亦不加预先热处理，同时，由于 99、98、89、88 四样品颗粒太粗，石灰石与矾土的密度又不同，所以混合也极不均匀。混合后稍一震动即产生分粒现象。因此煅烧后所测得的游离石灰的含量极不稳定，只能作为一般参考，同样在不同温度煅烧后，测定它们游离氧化钙的含量，见表9。

表9　游离氧化钙含量测定

温度/℃	试样编号	游离氧化钙含量/%				
		2h	4h	6h	8h	10h
1000	991	—	—	—	—	—
	981	—	—	—	—	—
	961	34.38	33.06	32.57	32.16	—
	981	—	—	—	—	36.62
	881	—	—	35.95	35.05	34.38
	861	(29.90)	32.56	31.38	29.22	28.55
	691	42.20	40.20		40.20	39.60
	681	41.10	39.60	46.20	38.60	37.90
	661	23.90	19.40	16.40	14.91	11.76
1050	992	—	—	—	41.25	36.01
	982	—	—	—	37.85	28.41
	962	33.19	31.45	31.10	28.85	28.80
	892	—	—	—	30.15	30.95
	882	—	—	—	—	34.40
	862	32.95	30.38	26.25	25.25	23.02
	692	35.70	37.80	35.15	33.40	33.00
	682	34.30	33.40	30.58	32.50	28.10
	662	22.41	15.40	12.40	9.16	6.25
1100	993	28.04	23.70	15.90	13.40	9.85
	983	27.50	22.00	16.20	12.80	9.25
	963	21.30	13.78	7.36	5.15	3.39
	893	19.50	19.56	17.20	13.60	9.55
	883	20.30		13.00	8.65	6.15
	863	15.50	8.65	2.52	0.85	0.34
	693	30.50	25.20	19.40	17.90	9.75
	683	24.70	24.39	16.10	11.99	8.49
	663	4.93	2.97	1.31	0.65	0.34

续表

温度 /℃	试样编号	游离氧化钙含量/%				
		2h	4h	6h	8h	10h
		1h	2h	3h	4h	5h
1150	994	—	26.80	17.05	15.04	—
	984	—	24.46	19.02	11.99	—
	964	—	16.51	10.04	5.73	—
	894	﹥	22.91	15.68	12.75	—
	884	—	24.46	18.40	10.00	—
	864	—	5.64	3.62	1.03	—
	694	23.75	22.42	14.51	13.65	9.17
	684	17.40	17.70	8.15	7.76	6.22
	664	2.86	2.09	0.27	0.54	0.00
1200		一达1200℃	30min	1h	1.5h	
	995	31.15	20.69	10.13		
	985	28.25	18.71	10.08		
	965	19.75	6.46	0.99		
	895	30.79	17.00	11.05		
	885	26.01	15.87	7.66		
	865	16.35	3.44	0.00		
	695	16.75	14.25	8.20		
	685	16.00	13.08	7.21		
	665	3.35	0.70			

这一组实验的结果,说明原料的细度,对反应速度的影响是非常大的,例如 691 在1000℃ 保温 10h 以后的游离氧化钙的含量尚有 39.6%,可以说基本上未起反应,而 695 在 1200℃ 保温 1h 后也还有 0.20%CaO(游)。

另一方面保温的时间对粗颗粒反应的影响也较小,例如 1000℃时 661,2h 与 10h 的游离石灰数相差一倍,而其他 681、691、861、961 则相差有限。在升高温度时的情况亦然。这也说明,当反应物颗粒增大,互相之间接触较少,距离增大,不易有机会进行交换作用,同时即使有作用产生,在反应物颗粒的表面生成新的化合物,就阻止以后的扩散作用,因而使时间的因素影响变小。

最后石灰石与矾土的细度不同,对于反应速度的影响也不同。按分析结果,一般情形是矾土的细度对反应速率的影响大于石灰石细度的影响。例如以 96 与 69 号或 86 号与 68 号比较,则可见 96 号与 86 号的反应速度远大于 69 号与 68 号的反应速度。这一方面固然是由于在配料中 CaO 的含量比 Al₂O₃ 的含量少,另一方面也由于石灰石在分解后,生成疏松的结构,较易进行反应,而且根据其他的资料[3][4]以及建筑材料工业部研究院在苏州试烧矾土水泥的经验,也都确立石灰石的细度可以略粗于另一组分的细度。

6. 强度的试验及熟料的化学成分

根据前面所做的试验结果，选择了最细的原料石灰石与矾土，按同样比例配合后煅烧，生料放在蜡石坩埚内用电炉在 1200℃ 及 1225℃ 煅烧 1h，过 1h 后即刻自炉内取出空气冷却。将熟料粉磨至完全通过 4900 孔/厘米² 筛，进行以下各项试验。

由于每一坩埚放 100g 生料，所以传热不够良好，以至在上述条件下煅烧所得的熟料中仍含有游离 CaO 在 1.0% 左右，但由于粉磨较细，所以并不会引起体积变化不均匀性，估计在实际生产中，在那样的条件时不可能有游离氧化钙。各项试验结果列于表 10。

表 10 试烧矾土水泥的物理性能

试样编号	煅烧温度/℃	游离CaO	标准稠度/%	凝结时间		安定性	
				初凝	终凝	煮	蒸
1	1200	1.24	52.5	1h30min	2h17min	合格	有一个有小裂缝
2	1225	0.98	50.0	55min	1h55min	合格	合格

强度试验的情况不够良好，耐压强度是用小试体(1.41cm×1.41cm×1.41cm)进行，抗张强度用八字模，3d、28d 耐压强度比 1d 的强度高，可是抗张强度却下降 20% 左右，说明用烧结法煅烧时不能用 Журавлев 的经验公式。

另外，为求得不溶残渣中的化学成分，亦曾选择了几个样品做化学分析，除了上面二个样品外，还取了 665_0，$665_{0.5}$ 及 665_1，其结果见表 11。

表 11 几种熟料的化学分析数据 %

试样编号	不溶残渣	SiO_2	Al_2O_3	Fe_2O_3	TiO_2	CaO	MgO	游离CaO
665_0	7.18	4.50	54.66	0.60	0.00	41.28	0.68	2.54
$665_{0.5}$	4.52	5.12	48.12	0.62	0.00	40.79	0.68	0.29
665_1	5.66	5.05	47.24	0.66	0.00	40.58	0.84	0.00
1	9.55	5.86	45.30	0.62	0.23	38.68	0.41	1.24
2	9.99	5.83	45.40	0.63	0.28	38.40	0.42	0.98
计算值		5.86	51.11	0.50	1.36	41.75	0.10	

从化学分析可知，几乎所有的 TiO_2 均留于不溶残渣中。按 O. M. Астреева 的意见是生成不溶的 $CaO \cdot TiO_2$；另外还有相当一部分的游离 Al_2O_3 未与 CaO 起作用，分析中 Fe_2O_3 和 MgO 的含量所以比计算值高的原因，可能是因为用比色法测定，稍有误差，同时矾土中的 MgO 是用重量法测定，因此未能测出。

结　论

已进行的实验仅是初步探讨性的工作，但可以确定在低温煅烧矾土水泥是可能的，唯一的条件是生料所要求的细度较高，这在生产实际上有困难，因此今后还将继续研究如何用粒度较粗的原料，加入某种矿化剂以达到此目的。

同时水泥煅烧的温度不高，在 1200℃ 仅烧 30min，如在 1225℃，少量样品则仅数分钟即可，这为在悬浮式窑内煅烧矾土水泥建立了可能性。

烧结法配料的公式要略加修改，不能用 Журавлев 的熔融法经验公式。

在煅烧时，石灰石的细度可以放粗，而矾土细度要求较高。

混合物的成型压力，只在低温时影响较大，升高温度，影响逐渐弱，因而在实际上不必成型。

原料的预先热处理也有相当大的影响（特别在低温时），但到 1200℃ 以后，效果不显著。同时，将石灰石预先煅烧成石灰，不仅热消耗较多，而且石灰对工人操作的劳动条件也不好，所以实际操作也不必采取这一措施。

烧结法制成的矾土水泥的矿物结构相当细，因此想用普通岩相分析来测定它的矿物组成是比较困难。可是水泥矿物组成对它的物理性能影响又很大，所以，用化学相分析[13]及 X-射线分析法来求得烧结矾土水泥中的矿物组成是值得进行研究的。

参考文献

1. Spackman, Henry S.：Ceramic Abrastracts，1，337(1922).

2. Edivin, C. Eckel：Ceramic Abrastracts，3，237(1924).

3. А. М. Кузнецов：Технология Вяжуших Вешеств 南工讲义，(1956).

4. R. H. Bogue：Chemistry of poltland cement ，33-34 页，206 页，(1955).

5. М. Ф. Чебуков：Глиноземистый цемент(1938).

6. В. Н. ЮНГ：Основа Технологии Вяжущих Вешеств(1952).

7. В. Ф. Журавлев；И. Г. Лесохин и Р. Г. Телепельман：ЖПХ，21，№ 9，887.

8. П. П. Будников и А. С. Бережной：Реакция в твердом состоянии，5～ 22 ：40～41 页(1949).

9. О. К. Ботвинкин：Физическая Химия Силикатов，263～278 页(1956).

10. Nelson Taylor；J. Am. Ceram. Soc. 17，155(1934).

11. П. П. Будников и А. С. Бережной усиехи Химии，23，491(1954).

12. T. Heilmann：Proceedings of the International Symposium al te Cemistry of Cement，711～749(1952).

13. С. М. Рояк，Э. И. Нагерова，Г. Г. Корниенко：Труд Сешдния по Химии Цемента. стр . 42(1956).

原载《矽酸盐》（第一卷，第一期，1957 年）

2. 回转窑烧结法制造矾土水泥

左万信　王幼云　胡秀森　田其晾

一、制造方法

现在制造矾土水泥的方法基本上有两种：一种方法是熔融法；另外一种是烧结法。熔融法一般采用电炉、高炉、反射炉和回转窑炉等窑炉，将适宜的原料混合物烧融制得矾土水泥。有的方法还能同时生产硅铁或其他合金等产品。在少数情况下，也有用化铁炉熔融的。烧结法方面，主要有用回转窑和倒焰窑等进行烧结。各种制造方法都有优缺点，至于用何种方法为最好，需要根据具体情况和技术经济指标来确定。用干式回转窑烧结矾土水泥的生产流程，基本上与硅酸盐水泥相似。原料矾土与石灰石经过分别粉磨磨成细粉，按适当比例配成生料，生料入窑煅烧成熟料后再经粉磨即得到矾土水泥（图 1）。

1. 熟料矿物组成的选择及配料原则

矾土水泥的主要矿物组成是弱铝酸钙盐。这种盐类一般有三种：三铝酸五钙（C_5A_3、$C_{12}A_7$）、铝酸一钙（CA）和二铝酸一钙（CA_2）。C_5A_3 含量如果较多，则有快凝和强度低的缺点；CA_2 含量如果过多，水泥的后期强度（28d 龄期）虽然高，长期龄强度也比较稳定，但是早期强度（1d、3d）却较低，势将减弱矾土水泥的快硬性能；CA 含量如果高，水泥的早期强度是很好的，但是后期强度的增进率却不显著。因此，质量优良的矾土水泥熟料，可以采用以 CA 和 CA_2 为主的矿物组成。

用回转窑烧制矾土水泥有很多优点，消耗燃料少，电力少，机械化程度高，产量大，因此生产成本较低。但是这种制造方法的主要困难是熟料的烧结温度范围狭窄，难于掌握。烧成温度较低，熟料不能烧好，温度稍高，熟料液相会突然大量增加，很容易生成大块并且在窑内形成严重的结圈现象，使煅烧工作不能正常进行。因此，如何扩大熟料烧结温度范围大于 40℃以上，以便适应目前生产上所用的回转窑的特点，就成为能否采用此种方法制造矾土水泥的关键问题。

实验和生产结果指出（表 1），CA 和 CA_2 的比值（CA/CA_2）是影响熟料烧结温度范围大小的主要因素之一。CA 含量愈高，CA/CA_2 的比值愈大，熟料烧结温度范围就愈小。当太窄小时，就不适宜用回转窑煅烧，但是，如果比值太小，熟料内 CA 含量就太小，这又不利于矾土水泥的快硬性能。根据实际生产情况，恰当的 CA/CA_2 重量比值约为 1.2。

二氧化硅（SiO_2）在矾土水泥内是有害成分。用此种方法制得的熟料，一般情况，SiO_2 是以硅铝酸二钙（C_2AS——缺乏水硬性）存在，少数的或者不正常的煅烧情况下，有 C_2AS 和硅酸二钙（C_2S）共存的现象。除此之外，熟料内 SiO_2 的含量对熟料的烧结温度范围大小的影响也很显著，含量愈高，烧结温度范围就愈窄小。为了保证水泥具有优良的强度性能和

矾土　石灰石

粉磨　粉磨

按比例倒库混合

混合成生料

入窑煅烧

熟料

粉磨得矾土水泥

图 1　生产流程

熟料煅烧情况正常，研究和生产的结果指出，矾土水泥熟料内 SiO_2 的含量应不超过 9% 为宜。

表 1　矾土水泥熟料内 CA/CA₂ 矿物比值与烧结温度范围的关系

CaO/%	Al₂O₃/%	CA/%	CA₂/%	CA/CA₂	具有烧结温度范围/℃
33.1	56.1	40	35	1.14	50~60
35.0	56.2	60	20	3	40
36.7	52.0	65	10	6.5	<30

回转窑煅烧铝矾土水泥熟料内所含的二氧化钛（TiO_2），一般是形成非水硬性质的钛酸钙（$CaO \cdot TiO_2$），因此，熟料内的 TiO_2 的含量不宜过高，应小于 3%。

回转窑烧结的矾土水泥熟料内所含有的三氧化二铁（Fe_2O_3），其形成的矿物为铁酸二钙（$2CaO \cdot Fe_2O_3$），这种矿物缺乏水硬性能。另外，如果在熟料内 Fe_2O_3 含量过多（如 4% 以上），往往容易使熟料产生夹馅现象；观察熟料的表面，煅烧情况正常，但是内部却没有烧好；制成的水泥凝结即快，强度也较低。因此，熟料内 Fe_2O_3 的含量应小于 2.5%。

综合以上所述，回转窑烧结的矾土水泥的主要矿物为：

铝酸一钙 $CaO \cdot Al_2O_3$（CA），钛酸钙 $CaO \cdot TiO_2$（CT），

二铝酸一钙 $CaO \cdot 2Al_2O_3$（CA₂），铁酸二钙 $2CaO \cdot Fe_2O_3$（C₂F），

硅铝酸二钙 $2CaO \cdot Al_2O_3 \cdot SiO_2$（C₂AS）。

其中，CA/CA₂ 的恰当重量比值是 1.2。因此，在熟料内：

CA 应占 CA+CA₂ 和的 55%，

CA₂ 应占 CA+CA₂ 和的 45%。

为了提出配料计算的公式，现将各矿物内有关的氧化物所需要的 CaO 或 Al_2O_3 的数量列举如下：

CA 内，每份 Al_2O_3 需要 CaO：$CaO/Al_2O_3 = 56/102 = 0.549$ 份；

CA₂ 内，每份 Al_2O_3 需要 CaO：$CaO/2Al_2O_3 = 56/204 = 0.275$ 份；

CT 内，每份 TiO_2 需要 CaO：$CaO/TiO_2 = 56/79.9 = 0.7$ 份；

C₂F 内，每份 Fe_2O_3 需要 CaO：$2CaO/Fe_2O_3 = 112/159.8 = 0.7$ 份

C₂AS 内，每份 SiO_2 需要 CaO：$2CaO/SiO_2 = 112/60 = 1.87$ 份；

每份 SiO_2 需要 Al_2O_3：$Al_2O_3/SiO_2 = 102/60 = 1.7$ 份。

回转窑烧结的矾土水泥熟料内，CA 矿物的含量以占 CA+CA₂ 矿物和的 55% 与 CA₂ 以占 45% 为恰当。因此，熟料内能形成 CA 和 CA₂ 矿物的每一份 Al_2O_3 所需要的 CaO 数量就可以计算如下：

0.55 份重量 CA 内含有：

$$Al_2O_3 \text{ 为 } 0.55 \times \frac{Al_2O_3}{CaO \cdot Al_2O_3} = 0.55 \times \frac{102}{158} = 0.355 \text{ 份}$$

CaO 为 $0.55 - 0.355 = 0.195$ 份

0.45 份重量 CA₂ 内含有：

$$Al_2O_3 \text{ 为 } 0.45 \times \frac{2Al_2O_3}{CaO \cdot 2Al_2O_3} = 0.45 \times \frac{204}{260} = 0.353 \text{ 份}$$

CaO 为 0.45－0.353＝0.097 份

熟料内能形成 CA 和 CA_2 矿物的每一份 Al_2O_3 所需要的 CaO 数量，则应为：

$$\frac{0.195+0.097}{0.355+0.353}=0.292/0.708=0.412 \text{ 份}$$

从上面所列举的数据，就可以得出回转窑烧结矾土水泥熟料所需要的配料公式如下：

$$\frac{\text{石灰石}}{\text{矾土}}=\frac{[1.867SiO_2+0.415(Al_2O_3-1.7SiO_2)+0.7(Fe_2O_3+TiO_2)]-CaO}{CaO-[1.867SiO_2+0.412(Al_2O_3-1.7SiO_2)+0.7(Fe_2O_3+TiO_2)]}$$

公式内所列的 SiO_2，Al_2O_3，Fe_2O_3，TiO_2 和 CaO 等为各种化合物在矾土内的重量百分数。

分母内所列的 CaO，SiO_2，Al_2O_3，Fe_2O_3 和 TiO_2 等为各种化合物在石灰石内的重量百分数。

上述公式适用于燃料灰分小于 8% 的生料配料计算。但是，当燃料的灰分大于 8% 时候，则应根据上述配料原理，考虑燃料灰分进行配料，王赞和田其瞭所指出的配料公式适于采用[4]。

熟料内由于原料带来的其他少量化合物，如碱金属氧化物和氧化镁（主要以镁铝尖晶石存在—$MgO \cdot Al_2O_3$）等[4]，都不宜多。(K_2O+Na_2O) 应小于 0.7%，MgO 应小于 2%。

2. 原料与燃料

用回转窑烧结法制造矾土水泥所需要的原料与其他制造方法相似，主要原料为矾土与石灰石两种。对原料质量的要求，根据上一节所述的各项原则确定。但是，由于优质矾土比较难于获得，在一般情况下，为了解决矾土的来源问题，对石灰石的质量要求高一些，碳酸钙的含量应大于 97%，SiO_2 的含量应小于 1%。使用这样质量的石灰石，配以含 Fe_2O_3 量少，氧化铝与氧化硅（Al_2O_3/SiO_2）比值等于或大于 7 的矾土，就可以生产 400 号以上的优质矾土水泥。反之，如果石灰石内 SiO_2 含量高，为了使熟料内 SiO_2 含量能符合要求，就势必要提高矾土的氧化铝与氧化硅的比值，这就提高了矾土的质量要求。一般说根据制造工厂的实际条件来确定，上述的一般原则是可以改变的。生产中可以用来制造矾土水泥的原料成分见表 2。

表 2　矾土，石灰石和煤灰的化学成分

原料种类	烧失量	SiO_2	Al_2O_3	Fe_2O_3	TiO_2	CaO	MgO	R_2O	Al_2O_3/SiO_2
矾土	13.05	10.30	71.14	0.84	3.14	0.20	0.03	1.24	6.91
石灰石	43.60	0.20	0.07	0.05		55.50	0.30	0.19	
烟煤煤灰		53.94	31.46	8.89		2.23	0.57		

回转窑烧结法制造矾土水泥所用的燃料，可以是轻柴油、重柴油或煤气，也可以用烟煤。用油质的燃料最好。如果用烟煤，则烟煤质量应符合下列的质量要求：

灰分小于 10%；挥发分 25%～32%；发热量大于 7000kcal/kg。

如果烟煤具有过多的灰分，灰分内 Fe_2O_3 含量高和灰分的熔点低，则由于在窑内部分的灰分将沉降于粒状物料（已结粒但未烧好的熟料）表面；这样，物料的表面与内部比较，就形成了外部的熔点低，很容易使窑内熟料结成大块和结圈。再者，如果煤的灰分高，为了降低熟料内 SiO_2 含量，对原料矾土或石灰石内 SiO_2 的含量，就必须要求的更严，这会增加原料供应上的困难。因此，用烟煤作燃料，上述的质量要求必须予以考虑。生产中可以用的烟煤质量见表 2。

表 2 内的烟煤是弱粘结煤，其工业分析成分如下：水分 3.6%；灰分 5.8%，挥发分 28.6%，固定碳 62%。

3. 生料

一般情况，矾土比石灰石难于磨成细粉。氧化铝与氧化硅比值愈高的矾土，愈难于粉磨。此外，不同产地的矾土，虽然化学成分相似，但是，往往由于它们的物理结构不同，粉磨难易的程度有时相差却很大。因此，在通常情况下，生料的制备，采取矾土与石灰石分开粉磨，再按重量配比混合成生料是比较合理的。个别情况下，如果所用的矾土易磨性与石灰石接近，质量又稳定，则生料的制备可以采取混合粉磨的方法。

采取分别粉磨制备生料时，粉碎的磨机可采用雷蒙磨或带有选粉机的两仓管式磨机。为了克服粉磨矾土时易于发生的钢球和磨内衬板粘结厚皮等缺点，对入磨矾土的附着水分必须严格控制在 0.5% 以下，出磨的物料温度应小于 100℃，可以采用水冷却磨机外部胴体的办法来降低磨内物料的温度。此外，粉磨矾土及石灰石，还可以掺加 0.5%～1.0% 的烟煤作助磨剂。采取了上述种种方法，就可以防止粘磨，提高磨机的产量。

已有研究结果指出，矾土粉和石灰石的细度和比面积值，以采取表 3 所列的范围较为合适。

表 3 矾土粉和石灰石粉的质量指标

磨机种类 原料粉 质量项目	雷蒙磨机		管式磨机	
	矾土粉	石灰石粉	矾土粉	石灰石粉
4900 孔筛筛余	<5	<5	<9	<9
透气法比面积 /(cm²/g)	>4000	>4000	>5000	>5000

符合质量要求的矾土粉和石灰石粉，按重量配合，经过混合机或空气搅拌混合仓混合后，即得生料。对生料的质量要求，除化学成分符合熟料要求外，对生料瞬间试样的碳酸钙波动范围应控制小于上下 0.4% 误差。

4. 熟料

(1) 熟料的煅烧：采用干式回转窑烧结矾土水泥熟料(图 2、表 4)，其情况与煅烧硅酸盐水泥熟料相似。两种物料的绝大部分烧失量和游离石灰的消失以及熟料矿物组成的形成，均分别在离窑尾 13～18m 之间基本完成。因此，煅烧两种熟料所需要的空间与时间也基本接近。从矾土水泥熟料在窑内游离石灰石的消失速率衡量，此种矿物形成速度比硅酸盐水泥熟料要快一些。在距离窑尾 15.3～16m 处，矾土水泥熟料的游离石灰由 10.21% 下降至 8.48%，而硅酸盐水泥熟料的游离石灰却由 23.2% 上升至 38.63%。由上可见，用回转窑烧结矾土水泥是可行的。

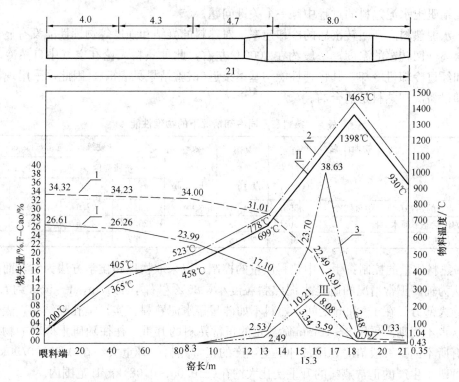

图2　1.17/0.914×21m 干法回转窑的物料温度，烧失量和 f-CaO 含量变化曲线

1—烧失量（硅酸盐水泥）；2—物料温度（硅酸盐水泥）；3—f-CaO（硅酸盐水泥）；

Ⅰ—烧失量（矾土水泥）；Ⅱ—物料温度（矾土水泥）；Ⅲ—f-CaO（矾土水泥）

表4　窑内物料温度、烧失量和 f-CaO 含量的测定

	从喂料端起的距离/m	0	4.0	8.3	13.0	15.3	16.0	17.5	18.0	21.0
硅酸盐水泥	1. 烧失量/%	34.32	34.23	34.00	31.01	22.49	18.91		0.73	0.43
	2. 物料温度/℃	20	365	523	778			1465		1000
	3. f-CaO/%	0	0	0	2.53	23.20	38.63		2.48	1.04
矾土水泥	1. 烧失量/%	26.61	26.26	23.99	17.10	3.74	3.59		0.33	0.35
	2. 物料温度/℃	20	405	458	699			1390		930
	3. f-CaO/%	0	0	0	2.49	10.21	8.48		0	0

　　在文内所述的配料情况下，矾土水泥熟料的烧成温度，用光学高温计测定，一般约为1360～1410℃。如果熟料内的 CaO 与 SiO₂ 含量高一些，要求的烧成温度就低一些。反之，就要高一些。熟料在煅烧方面的特点，除了在前面熟料矿物组成的选择及配料原则一节里已有部分叙述外，研究与生产结果还指出，在正常的煅烧情况下，窑皮是细颗粒组成，易长易落。为了避免在窑内结圈和熟料形成大块，除了应该控制烧成带热力强度最好不要超过27000kcal/(m³·h)之外，还必须经常密切注意窑内熟料的粒度和其表面的液相程度以及窑皮温度与发粘等情况。对火焰长度、火点位置、燃料用量和窑速等，应根据窑内的情况及时予以适当的调整，保持熟料煅烧正常。在需要增加燃料用量时，要采取逐步慢慢增加的调整操作。如果一次突然增大燃料，往往由于控制不当，加入量太多，会使窑内温度猛升，超过需要，这样就很容易形成熟料大块和窑皮长厚等情况。因此，燃料用量的调整恰当与否，在

回转窑烧结矾土水泥熟料的过程中是一个关键问题。

矾土水泥熟料离开回转窑后的冷却速率，对熟料的凝结和强度等物理性能没有显著的影响。熟料离开回转窑的温度，一般约在1000℃左右，此种熟料无论在空气中自然冷却，用水急冷和经过冷却机冷却，其物理性能均基本接近（试验结果见表5）。因此，采用现有的回转窑冷却设备冷却熟料是适合的。

表5　熟料在不同冷却情况下的物理性能

物理性能 冷却方法	比面积 透气法 /(cm²/g)	初凝 /h：min	终凝 /h：min	1：3硬练砂浆强度/(kg/cm²)			
				抗张强度		抗压强度	
				1d	3d	1d	3d
900~1000℃的熟料在空气中自然冷	3555	3：01	3：49	23.9	27.5	452	556
熟料在灼红状态下喷水急冷	4505	2：30	3：05	25.3	25.6	444	572
熟料经冷却机冷却	3372	2：18	3：02	23.7	28.1	416	618

（2）熟料质量的控制：生产中熟料质量的控制，以采取物理和化学方法为主，而以岩相鉴定方法为辅。正常情况的矾土水泥熟料粒度小，85%左右小于1cm，1~5cm约有15%，其中，绝大部分又在1~2cm之间。熟料不如硅酸盐水泥熟料密实，呈孔隙结构，表面不圆滑，形状也不规则。采用3~10mm筛测定的正常熟料的升重，往往随矾土原料的物理性质不同而有所不同。一般情况，用各种矾土生产的正常熟料的升重大约在0.65~0.90kg/L之间。一种矾土生产的正常熟料的升重变化大约在(±0.05~0.08)kg/L范围内。

生产过程中，随时观察熟料的色泽，判断熟料是否烧好这是控制熟料质量既简便及时而又可靠的方法。正常熟料的色泽，一般是红色。没有烧好的熟料是白、黄或浅红等色。黑红和黑色熟料一般是过火的熟料，烧融化了的熟料。没有烧好的熟料，C_5A_3含量高，水泥凝结快，强度低。过火的熟料，一方面说明窑内烧成温度比需要的高了，如果较大量的生产这种熟料，窑内会出现结圈现象。另外一方面这种熟料的1d、3d强度往往比正常的熟料要低一些。因此，不宜生产色泽不正常的熟料。

熟料在生产中的例行化学分析，主要是测定游离石灰、不溶质、CaO、SiO_2和Al_2O_3等。可以采用硅酸盐水泥熟料测定游离石灰含量的方法测定游离石灰。

正如大家所知道的，一般熔融法制造的矾土水泥，不存在游离石灰。但是，用此方法，如果煅烧不好，熟料内往往会有少量的游离石灰，并且C_5A_3矿物的含量比较多。这些因素将会促使矾土水泥产生急结和强度很低的缺点。因此，用回转窑烧结的矾土水泥熟料，不允许含有游离石灰。熟料的粉末经稀酸溶解后，遗留下的不溶质的组成主要是钛酸钙、游离氧化铝和少量的铝酸钙盐等。其化学成分见表6。

表6　矾土水泥熟料内不溶质的化学成分　　　　　　　　　　　　%

SiO_2	Al_2O_3	Fe_2O_3	TiO_2	CaO	MgO	总和
2.19	38.42	4.10	25.41	27.43	1.92	99.47

注：表内所用熟料，其不溶质含量为6.02%。

熟料内不溶质含量如果过多，则熟料中惰性氧化铝将增加；同时，不溶质的含量多少与熟料煅烧是否正常有着密切的关系。轻烧的熟料，不溶质就高，有的能达到9%以上。因此，不溶质含量如果过高，就会破坏设计的熟料矿物组成。以上因素，将降低熟料的活性和其他性质。所以，熟料内不溶质含量应该越低越好，根据研究的结果指出正常的熟料不溶质含量应最好小于7%。

熟料内的 CaO，SiO_2 和 Al_2O_3 的含量应该进行例行的化学分析，以便能按照前面"熟料矿物组成的选择及配料原则"一节所叙述的要求，对生料和燃料进行及时的调整与控制，生产出符合设计的熟料。

生产过程中，对矾土水泥熟料的矿物鉴定，主要是检查 CA、CA_2、C_5A_3、C_2AS 和 C_2S 等矿物的存在情况，以及它们的大约含量、尺寸、形态和分析情形等，用来辅助推断熟料的成分、煅烧和质量等情况，以便能很好地保证生产中熟料的质量。

按照以上的要求所得的熟料，根据表7、表8所列1~5号，质量均是优良的。同时，还可以看出，如果各种制造工艺指标控制得正确，熟料的质量在很大程度上决定于 SiO_2 的含量。这一点与用熔融法制造矾土水泥情况基本上是一致的。一般来说，熟料内 SiO_2 的含量小于8%，可以制得 500 号矾土水泥熟料；小于9%，可以制得 400 号的矾土水泥熟料。

将烧结正常的熟料，不掺加任何外加物，经带有选粉机的圈式管磨粉磨，即得矾土水泥。矾土水泥的细度，4900 孔筛余应小于10%，比面积应控制在 3000~4000cm²/g 之间。在生产过程中，还应该进行例行的水泥强度、凝结时间和安定性实验。工厂生产的矾土水泥质量表见7、表8内6、7号水泥。

表7　矾土水泥熟料及水泥的化学成分　　　　　　　　　　%

熟料编号	烧失量	SiO_2	不溶质	Al_2O_3	Fe_2O_3	TiO_2	CaO	MgO	R_2O	f-CaO
1	0.31	5.44	5.80	59.26	1.08	1.49	32.35	0.04		
2	0.31	6.43	5.45	57.45	1.07	1.32	32.85	0.31	0.49	0
3	0.27	7.10	6.65	55.54	1.20	1.79	33.42	0.18		0
4	0.18	7.87	5.89	54.94	1.47	1.69	33.55	0.27	0.56	
5	0.37	9.33	6.79	51.65	1.66	1.53	33.50	0.13		
6		8.15		54.02	0.97	2.07	34.79			
7		7.85		54.89	1.46	2.00	34.28			

表8　矾土水泥熟料及水泥的净浆和砂浆强度性能

熟料编号	4900孔筛余/%	比面积/(cm²/g)	标准稠度用水量/%	凝结 初凝/(h:min)	凝结 终凝/(h:min)	安定性	1:3硬练砂浆强度/(kg/cm²) 抗张强度 1d	抗张强度 3d	抗张强度 28d	抗压强度 1d	抗压强度 3d	抗压强度 28d	熟料标号(抗压强度/抗张强度)
1	3.2	3868	20.3	3:48	4:48	及格	33	34	39	584	730	958	>500/>500
2	4.4	3635	21.8	2:33	3:38	及格	27	30	31	461	641	752	500/500
3	3.4	3605	22.0	4:52	5:25	及格	28	28	28	520	662	820	500/500
4	3.1	3555	21.5	3:01	3:49	及格	24	28	30	452	556	746	500/500
5	2.8	4135	21.5	4:21	5:41	及格		28	28	430	548	738	400/400
6	6.6	3348		1:35	2:00	及格	23	24		401	483		400/400
7	5.3	3267		2:11	2:35	及格	25	24		456	597		500/500

二、回转窑烧结法所得的矾土水泥熟料的矿物组成

回转窑烧结法所得的矾土水泥熟料的主要矿物组成，经水泥研究院任详泰、赵宇平等研

究指出：是铝酸一钙、二铝酸一钙和硅铝酸二钙。质量优良的熟料，所含 $CA+CA_2$ 的和在 60% 以上。有关熟料的化学成分和各种主要矿物的形状、尺寸及含量见表 9、表 10。

表 9 矾土水泥熟料的化学成分 %

编号	烧失量	SiO_2	Al_2O_3	Fe_2O_3	TiO_2	CaO	MgO	K_2O	Na_2O	不溶质
6	0.45	5.64	56.10	1.70	2.22	33.13	0.27	0.09	0.07	4.95
7	0.44	3.29	56.19	2.17	2.25	35.03	0.56	0.07	0.05	4.47

表 10 矾土水泥熟料的主要矿物情况

编号	$CaO \cdot Al_2O_3$ 形状	尺寸/μm	含量/%（估量）	$CaO \cdot 2Al_2O_3$ 形状	尺寸/μm	含量/%（估量）	$2CaO \cdot Al_2O_3 \cdot SiO_2$ 形状	尺寸/μm	含量/%（估量）
6	粒状，柱状	5～20	40	柱状，粒状	3～17	35	粒状	5～25	10
7	粒状，板状，柱状	4～20	60	柱状，粒状	10～30	20	粒状，片状	5～15	10

烧结法所得的矾土水泥熟料的主要矿物，其结晶形状不如熔融法所得者完整，颗粒尺寸也小得多。这一区别，主要是由于烧结法对晶体形成过程所需要的温度、高温煅烧时间和冷却速度等方面，都不如熔融法有利于晶体的发育和成长的缘故。烧结法的矾土水泥熟料的主要矿物含量，也难于完全符合如熔融法使用的 $CaO-Al_2O_3-SiO_2$ 三元的相平衡图所计算的含量。这是因为烧结法仅有部分熔融，熟料并不是由完全熔融的物质凝固生成。因此，生料的不同细度、不同的均匀程度和烧成温度的变化等，都势必会引起熟料内主要矿物的含量发生变化。所以，严格地讲，文中所列的配料公式，也不能正确无误地反映出用回转窑烧结的矾土水泥熟料的矿物含量，只是比较接近于实际情况而且适用于生产。

三、燃料消耗，电耗与主机产量

此种生产方法生产矾土水泥时的燃料消耗和电耗，以及主机生产矾土水泥时与硅酸盐水泥时的产量对比，见表 11。

表 11 燃料消耗、电耗与主机产量

工厂序号	生产方式	生料磨 磨机类型	生料磨 矾土水泥生料产量/硅酸盐水泥生料产量	回转窑 矾土水泥熟料产量/硅酸盐水泥熟料产量	回转窑 煤耗：标准煤公斤 吨矾土水泥熟料	水泥磨 矾土水泥产量/硅酸盐水泥产量	电耗度/吨矾土水泥
1	干法	雷蒙磨	约0.54	1	约250	0.95	188
2	干法	管式磨	约0.46	0.77	243	—	—

虽然表 11 内所列的两个工厂的设备有所不同，使用的原料也是来自不同的产地。但是，一般地讲，此种方法制造矾土水泥的煤耗与电耗是较低的，每吨熟料仅需标煤的 250kg，每吨水泥熟料电耗约为 190°。

四、结语

（1）用干法回转窑烧结矾土水泥熟料，生产矾土水泥，通过 1957 年以来的生产实践证明是可行的。这种方法与电炉、高炉熔融法比较,具有电耗少、煤耗少、成本较低以及能利用现有适合的硅酸盐水泥工厂设备进行生产等优点;其缺点是对原料要求含铁量低,增加了矾土来源的困难。

(2) 用干法回转窑烧结矾土水泥熟料,主要困难是烧结温度范围窄小,窑内容易结圈,熟料容易结成大块。此种困难可以通过采取合适的原料,适当的配料,均匀的生料成分和掌握稳定的烧成温度等予以克服。正确执行文中所述的制造工艺要求,就能使回转窑烧结矾土水泥熟料的允许温度范围达 50℃ 左右,这就为成功的烧结熟料创造了条件。但是今后尚应进一步研究制造工艺的一些问题,使能更有利于熟料的烧结。如采用生料成球后入窑煅烧,有可能减少熟料内低熔点物质分布不均匀,形成熟料表面液相过多的缺点,采用两端喂料可以避免烧成带窑皮温度过高等。

(3) 回转窑烧结法制得的矾土水泥熟料,其主要的水硬性矿物为铝酸一钙与二铝酸一钙。因此,用此种熟料制造的矾土水泥具有良好的胶凝性能。采用氧化铝与二氧化硅的比值等于或大于 7 的矾土配合以适宜质量的其他原料,可以生产出 400 号以上的矾土水泥。

原载《北京科技讨论会(国际会议)论文集》(1964 年)

3. 矾土水泥混凝土强度下降问题的研究

张汉文　陈金川　白瑞峰　游来录

一、前言

矾土水泥是一种以铝酸钙为主要成分的水硬性胶凝材料。它具有快硬、早强、耐热、耐硫酸盐侵蚀等一系列普通硅酸盐水泥所不具备的优良性能。但它的最大缺陷是后期强度下降。

关于矾土水泥混凝土后期强度下降问题，国外许多学者作过大量的研究工作。但由于各自采用的原材料和实验方法的差异，除了轻度下降这倾向一致外，还存在着不少相互矛盾、彼此不能印证的情况。

F. M. Rea[1]很早就得出水化产物的晶型转化导致强度下降的结论。J. Talaber[2]认为无论烧结法还是熔融法生产的矾土水泥都免除不了后期强度下降。T. D. Robson[3]推荐以38℃水中养护6d作为"完全转化"强度使用。A. M. Neville[4]虽广泛收集了来自实验室和工地的资料，结果却认为工程师并不能审查和保证高铝水泥混凝土的安全问题。Ryuichi等[5]测定了晶型转化对矾土水泥混凝土性质的影响。M. Peban[6]提出用水泥石空隙率变化的原理预测矾土水泥混凝土的强度下降。有的认为"半转期"强度最低，并列出了不同温度条件下的"半转期"以资警戒[7/8]。有的还试用18℃下，5～20年间的强度下降率来推测以后的使用寿命[9]。总之，至今仍缺乏在使用条件下矾土水泥混凝土后期性能指标的全面的定量估算方法。

我国于20世纪50年代研制成功用回转窑烧结法生产矾土水泥[10]，也进行了水化方面的研究[11]。1966年以后矾土水泥在建筑工程方面应用较广，它的长期强度下降问题日益引起有关方面的密切注视。为此，我们以强度变化为主要参数进行了大量水热养护法快速实验和长期性能实验[12-15]，并进行了物相鉴定。本文试就国产回转窑烧结法生产的矾土水泥混凝土强度下降问题及最低强度估算方法提出一些看法。

二、实验内容、结果和分析

实验采用河砂、河卵石做骨料，拌和水为北京管庄自来水，水泥为郑州503厂的矾土水泥，按比例配置成混凝土。为了测定矾土水泥的强度变化规律，我们选择几种化学成分都在回转窑烧结法生产控制范围内的矾土水泥(表1)进行实验。

表 1　水泥化学成分和矿物组成

编号	化学成分/%									计算矿物组成/%		
	烧失量	SiO$_2$	Al$_2$O$_3$	Fe$_2$O$_3$	CaO	MgO	TiO$_2$	K$_2$O	Na$_2$O	碱度系数	CA$_2$	CA
生产控制范围	—	<10	<50～58	<2.5	32～35	<2	1～3	—	—	—	—	—
1#	0.20	4.57	58.48	1.27	32.02	0.48	2.59	—		0.763	29.92	40.36
2#	0.37	5.93	54.46	1.63	33.64	0.74	2.92	0.24	0.08	0.829	18.54	43.36
3#	0.73	2.77	57.79	1.34	32.74	0.54	2.86	0.07	0.06	0.866	17.67	58.67
4#	0.39	7.06	51.95	2.73	34.57	0.55	2.48	0.07	0.06	0.836	16.13	40.17

注：矿物组成按洛阳耐火材料研究所推荐的计算公式求得。
　　CA$_2$：CaO·2Al$_2$O$_3$　　CA：CaO·Al$_2$O$_3$

1. 温度对强度的影响

由表 2 可见，矾土水泥混凝土在不同水热条件下，随期龄的增长，最初阶段强度增加、继而强度下降，并在某一期龄降到最低值，随后强度又有一个小量的回升，并趋于稳定。这是由于水泥继续水化，水泥石结构的充实和完善所表现的强度增长与水化产物晶型转化表现出强度降低的综合反映。实验表明在 20～60℃ 温度范围内，水热温度越高，强度开始下降的期龄和到达最低强度的期龄越短，且相同水灰比在不同水热养护温度的混凝土最低强度绝对值很相近，只是出现的期龄不同。其作用机理在下节将借助实验结果的图 1、图 2 及表 4 进一步阐述之。

表 2　各种水热养护条件下的强度

水灰比	水热温度	强度 $R(kg/cm^2)/\dfrac{R}{R_3}(\%)$②								
		1d	3d	4d	7d	14d	28d	60d	80d	180d
0.40	30℃	374.0 / 97.8	412.3 / 107.8			488.8 / 127.8	517.6 / 135.3	331.5 / 86.7	—	251.2 / 65.7
	40℃	355.3 / 92.9	422.5 / 110.5	461.6 / 120.7		295.8 / 77.3	233.8 / 61.1	270.3 / 70.7		
	50℃	439.5 / 96.8	411.4 / 90.6	280.5 / 61.8	256.7 / 56.6		295.8 / 65.2	294.1 / 64.7	313.6 / 9.1	332.4 / 73.2
0.65	30℃	210.0 / 84.6	255.9 / 103.1			309.4 / 124.7	280.5 / 113.0	160.7 / 64.7		109.7 / 44.2
	40℃	204.9 / 82.6	229.5 / 92.5	208.3 / 83.9	184.5 / 74.3	88.4 / 35.6	96.1 / 38.7	105.4 / 42.5	—	—
	50℃	209.1 / 74.5	96.6 / 34.5	77.7 / 27.7	79.9 / 28.5		99.5 / 35.5	98.6 / 35.2	102.0 / 36.4	102.9 / 36.7

① 系成型 8h 后脱模，在多个期龄强度中选取一部分，但最低强度已列在表中（以下同）。

② 分母为该期龄强度（R）与雾室养护 3d 强度（R_3）之比值（以下同）。

表 3　不同温度养护下混凝土的强度

水灰比	养护条件（成型 8h 后脱模置入）	强度 $R(kg/cm^2)/\dfrac{R}{R_3}(\%)$								
		1d	3d	4d	7d	14d	21d	28d	60d	90d	180d
0.40	50℃水热	439.5 / 96.8	411.4 / 90.6	280.5 / 61.8	256.7① / 58.6	—	—	295.8 / 65.2	294.1 / 64.9	313.7 / 69.1	332.4 / 73.2
	50℃干热	—	498.1 / 90.2				413.1 / 74.8	481.1 / 86.9	495.6 / 89.7	516.8 / 93.5	495.6 / 89.7
	40℃水热	355.3 / 92.9	422.5 / 110.5	461.6 / 120.7			295.8 / 77.3	233.8 / 61.1	270.3 / 70.7		
	40℃干热				541.5 / 127.7		523.0 / 123.3	432.7 / 102.0	505.8 / 119.2	521.1 / 122.8	

续表

水灰比	养护条件（成型8h后脱模置入）	强度 $R(\mathrm{kg/cm^2})/\dfrac{R}{R_3}(\%)$									
		1d	3d	4d	7d	14d	21d	28d	60d	90d	180d
0.65	50℃水热	209.1 / 74.5	96.9 / 34.5	77.7 / 27.7	79.9 / 28.5	—	—	99.5 / 35.5	98.6 / 35.2	102.0 / 36.4	102.9 / 36.7
	50℃干热	262.7 / 84.7		188.7 / 60.8	222.7 / 71.8		238.9 / 77.0	219.3 / 70.7	253.7 / 81.8		
	40℃水热	204.9 / 82.6	229.5 / 92.5	208.3 / 83.9			88.4 / 35.6	96.1 / 38.7	105.4 / 42.5		
	40℃干热	—					329.8 / 106.3	345.1 / 112.1	334.9 / 107.9	363.8 / 117.2	381.6 / 123.0

① 实为5d强度，即该条件下最低强度值。

除强度实验外，还用 X-射线衍射法对不同条件下的水泥净浆水化产物进行了分析（图1、图2和表4）。

表4 矾土水泥净浆的不同条件下的水化产物

水灰比	养护条件	3d 水化产物	3d 未水化矿物	7d 水化产物	7d 未水化矿物	14d 水化产物	14d 未水化矿物	28d 水化产物	28d 未水化矿物
0.40	硬化后入 50℃水热	AH_3晶体多 C_3AH_6多 CAH_{10}多 C_2AH_8少 $C_2AH_{8\sim12}$中	C_2AS多 CA_2多 CT CA少	AH_3晶体多 C_3AH_6多 $C_3AH_{8\sim12}$中 CAH_{10}中	C_2AS CT CA_2微	AH_3晶体多 C_3AH_6多 $C_3AH_{8\sim12}$中 CAH_{10}中	C_2AS减少 CT	AH_3晶体多 C_3AH_6多 CAH_{10}微	C_2AS减少CT
	硬化后 50℃干热	CAH_{10}中 $C_3A\cdot CaCO_3\cdot 11H_2O$中 AH_3晶体少	CA多 CA_2多 C_2AS CT	CAH_{10}中 $C_3A\cdot CaCO_3\cdot 11H_2O$中 AH_3晶体中	CA多 CA_2多 C_2AS CT	—	—	CAH_{10}多 $C_3A\cdot CaCO_3\cdot 11H_2O$中 AH_3晶体多	CA多 CA_2多 C_2AS CT
0.65	硬化后 50℃水热	CAH_{10}大量 C_3AH_6多 AH_3晶体多 C_2AH_8少	C_2AS CT	AH_3晶体大量 C_3AH_6多 CAH_{10}少 $C_3AH_{8\sim12}$中 C_2AH_8微	C_2AS CT	AH_3晶体大量 C_3AH_6多 CAH_{10}少 $C_3AH_{8\sim12}$中 C_2AH_8微	C_2AS减少 CT	AH_3晶体大量 C_3AH_6大量 $C_3AH_{8\sim12}$少 CAH_{10}微 C_2AH_8微	C_2AS减少 CT
	硬化后 50℃干热	CAH_{10}多 $C_3A\cdot CaCO_3\cdot 11H_2O$中 AH_3晶体少 C_2AH_8少	CA多 CA_2多 C_2A_5 CT	CAH_{10}多 $C_3A\cdot CaCO_3\cdot 11H_2O$中 C_2AH_8少 AH_3晶体中	CA多 CA_2多 C_2AS CT	—	—	CAH_{10}多 $C_3A\cdot CaCO_3\cdot 11H_2O$中 $C_3A\cdot CaCO_3\cdot 32H_2O$少 AH_3晶体多 C_2AH_8微	CA多 CA_2多 C_2AS CT

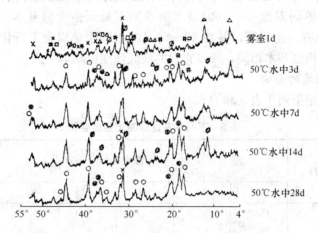

△ - CAH$_{10}$:14.3 、7.16、3.72、2.55	□-CA:2.97、2.52、1.93
O-C$_2$AH$_6$:5.14 、2.30、2.04	Ø - CA$_2$:3.50、2.60、2.97、3.09
Ø-C$_3$AH$_{8-12}$:7.65、3.77、2.86	X-C$_2$AS:2.85、2.30、2.41、1.75
⊕- AH$_3$: 4.85 、4.37、2.46	# -CT:2.70、1.91、5.40

图1　2号水泥净浆水化体经不同条件养护的 X—射线衍射曲线(W/C＝0.40)

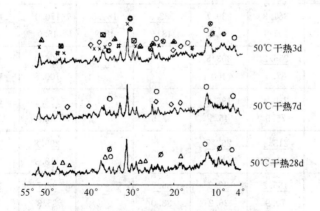

O -CAH$_{10}$:14.3、7.16、3.72、2.55	⊕- C$_3$A・CaCO$_3$11H$_2$:7.66 、3.78、2.86
⊡- C$_2$AH$_8$:10.7、5.30、2.87	Ø - C$_3$A・3CACO$_3$・32H$_2$O:9.41、2.51、3.80
⊕-C$_3$AH$_{8-12}$:7.65、3.77、2.86	△ - AH$_3$:4.83 、4.35、2.46、2.04
◇-Al(OH)$_3$:4.79、4.33、2.39、2.26	X CA$_2$:3.50、2.60、3.09、4.46
X- C$_2$AH: 2.85 、2.30、2.41、1.75	⊠- CA:2.97、2.52、2.41、1.92

图2　2号水泥净浆水化体经不同条件养护的 X—射线衍射曲线(W/C＝0.65)

从实验结果可见，水热养护的矾土水泥混凝土比干热养护者晶型转化剧烈，强度损失大。水热养护促使水化铝酸盐产生晶型转化、铝胶结晶；而干热养护则以铝胶结晶为主，铝酸盐的水化产物转化较少。干热养护早期水化产物增多和强度增长是由于试件内部水分蒸发了一部分使其环境具有一定的湿度。这有利于水化的进行及晶体的结构。水泥石中出现碳铝

253

酸钙是由于环境中有 CO_2 引起水化铝酸钙碳化而生成的。实验还可以说明亚稳态的 $CaO \cdot Al_2O_3 \cdot 10H_2O(CAH_{10})$ 和 $2CaO \cdot Al_2O_3 \cdot 8H_2O(C_2AH_8)$，要充分完成晶型转化，相应的湿度和温度是必不可少的条件，所以水热养护作为快速实验方法是可行的。

从表 4 可以看出，晶型转化后生成的 $3CaO \cdot Al_2O_3 \cdot 6H_2O(C_3AH_6)$ 和 $Al_2O_3 \cdot 3H_2O(AH_3$ 晶体$)$ 是稳定的。国外学者早已证明[3,5,11]它们是有强度的，所以晶型转化引起的强度下降不是无止境的。这可用不同温度（30～60℃）水热养护下最低强度值基本一致得以证明。因为 C_3AH_6 和铝胶结晶有一定强度，并在 20～60℃ 的不同水热温度下转化的结果都是 C_3AH_6 和结晶铝胶，其结构也基本相同，所以它们的最低强度也基本一致。

2. 水灰比对强度的影响

代表性的实验结果列于表 5 和表 6。

表 5　不同水灰比混凝土强度变化

水灰比	养护条件	强度 R(kg/cm²)$/\dfrac{R}{R_3}$(%)						
		1d	3d	4d	5d	7d	28d	60d
0.40	雾室	410.6 90.5	453.9 100	—	—	462.4 101.9	566.1 124.7	584.0 128.7
	50℃水	439.5 96.8	411.4 90.6	280.5 61.8	256.7 56.6	258.4 56.9	295.8 65.2	294.1 64.1
0.45	雾室	312.8 91.8	342.5 100			352.7 103.0	391.8 114.4	452.2 132.0
	50℃水	274.6 80.2	245.5 71.7	177.6 51.9	—	187.0 54.6	204.0 59.6	207.4 60.6
0.50	雾室	342.6 90.8	377.4 100	—		398.7 105.6	490.5 130.0	483.7 128.2
	50℃水	381.8 101.1	239.7 63.5	182.8 48.4	184.5 48.9	170.0 45.0	198.5 52.7	214.2 56.8
0.55	雾室	256.2 87.4	303.5 100			306.0 100.8	350.5 115.4	270.6 122.1
	50℃水	230.4 75.9	136.9 45.1	113.9 37.5		124.1 40.9	136.0 44.8	147.1 48.5
0.60	雾室	213.4 81.2	262.7 100			299.2 113.9	269.5 102.6	259.3 98.7
	50℃水	186.2 70.9	95.2 36.2	86.7 33.0		92.7 35.3	101.2 38.5	102.9 39.2
0.65	雾室	227.8 81.2	280.5 100	—		295.4 105.3	327.3 116.7	274.6 97.3
	50℃水	209.1 74.5	96.9 34.5	77.7 27.7	83.3 29.7	79.9 28.5	99.5 35.5	98.6 35.2

表 6　水灰比和水泥用量对强度的影响

编号	水泥用量/(kg/m³)	水灰比	养护条件	抗压强度/(kg/cm²)							标准强度/(kg/cm²)①
				1d	3d	7d	10d	14d	28d	180d	
1号	385	0.40		446.3	657.9	342.6	286.5	292.4	292.0	301.3	548.3
2号	445	0.40		467.3	573.8	353.6	279.7	268.6	261.8	273.7	546.6
3号	505	0.40	8h脱模后入50℃水中	514.3	661.3	289.9	291.6	282.2	258.4	295.4	495.6
4号	385	0.45		387.6	472.6	227.8	215.5	215.1	233.6	232.5	492.2
5号	385	0.50		338.7	402.9	166.6	175.1	170.0	182.8	191.3	458.2
6号	385	0.55		277.1	279.7	118.2	117.7	121.6	122.0	122.0	386.8

① 即雾室 3d 混凝土强度。

实验结果(表 5)表明混凝土强度变化也是由增长到下降和再回升的过程。雾室养护下水灰比大于 0.60 者，60d 内出现强度下降。50℃水热养护 28d 内强度已达最低值。就最低强度而言，强度随水灰比的增大而降低。由表 6 可见，不同水灰比而水泥用量相同的混凝土，其强度仍随水灰比而变化，而水灰比相同，水泥用量即使变化 100kg/m³，最低强度值仍近似。这是因为相同水灰比使水泥浆的固液相体系组成相近似的缘故。

3. 水泥成分对强度的影响

混凝土性能与水泥性能关系极大，而水泥性能必然受成分的影响。为了搞清其规律，我们选择了几种不同成分的水泥进行研究。实验结果列于表 7。

表 7　不同成分的矾土水泥混凝土的强度变化

水泥编号	水灰比	养护条件	强度 $R(\text{kg/cm}^2)/\dfrac{R}{R_3}$ (%)								
			1d	3d	4d	5d	7d	14d	28d	90d	180d
3号	0.40	雾室	332.8 / 76.2	436.9 / 100			451.8 / 103.3		567.8 / 130.0	604.4 / 138.0	625.6 / 143.2
		50℃水	389.0 / 89.0	296.2 / 67.8			302.1 / 69.1	351.1 / 80.3	369.8 / 84.7	394.8 / 90.4	422.5 / 96.7
2号	0.40	雾室	410.6 / 90.5	453.9 / 100			462.4 / 101.9		566.1 / 124.7		
		50℃水	439.5 / 96.8	411.4 / 90.6	280.5 / 61.8	256.7 / 56.6	258.4 / 58.9		295.8 / 65.2	313.7 / 69.1	332.4 / 73.2
4号	0.40	雾室	327.3 / 85.4	383.0 / 100			463.3 / 121.0		540.2 / 141.00	509.2 / 133.0	589.9 / 154.0
		50℃水	358.7 / 93.7	167.5 / 43.5			181.1 / 47.3	208.3 / 54.5	221.0 / 57.8	235.5 / 61.4	241.4 / 63.0
3号	0.65	雾室	291.1 / 78.7	369.8 / 100			409.7 / 110.8		459.9 / 124.4	481.1 / 130.1	485.2 / 123.9
		50℃水	255.2 / 77.1	142.8 / 38.6			134.7 / 36.4	146.2 / 39.5	157.7 / 42.6	162.4 / 43.9	149.6 / 40.5

水泥编号	水灰比	养护条件	强度 R(kg/cm²)/ $\frac{R}{R_3}$ (%)								
			1d	3d	4d	5d	7d	14d	28d	90d	180d
2 号	0.65	雾室	227.8 / 81.2	280.5 / 100	—	—	295.4 / 105.3	—	327.3 / 116.7	—	—
		50℃水	209.1 / 74.5	96.9 / 34.5	77.7 / 27.7	83.3 / 29.7	79.9 / 28.5	—	99.5 / 35.5	102.0 / 36.4	102.9 / 36.7
4 号	0.65	雾室	231.2 / 84.5	273.7 / 100	—	—	300.9 / 109.9	—	364.2 / 133.1	303.5 / 110.9	276.3 / 100.9
		50℃水	192.1 / 70.2	65.0 / 23.7	—	—	78.2 / 28.6	79.5 / 29.0	87.6 / 32.0	88.0 / 32.2	80.8 / 29.5

矾土水泥水化产物的转化，是由低钙铝酸盐转变为高钙铝酸盐。所以我们针对水泥成分对强度变化的影响问题进行了研究。由表 1 可知，水泥钙铝比（CaO/Al₂O₃）为 3 号＜2 号＜4 号；而水泥的有效矿物成分（包括 CA＋CA₂）则 3 号＞2 号＞4 号。由表 7 可见，水灰比相同时，水泥成分的变化对最低强度也有影响，其规律为最低强度值随有效矿物成分含量的增多而提高，即 3 号＞2 号＞4 号。结合其他试验结果得出，矾土水泥最低强度与水泥中 CA₂ 含量及 CA₂＋CA 的总量有关。因为水泥有效矿物（CA＋CA₂）的总量和比例不同，水化后水化产物的总量和比例便不同，晶型转化后最终的强度组分 C₃AH₆ 和 AH₃ 晶体的摩尔比也不同。且因 CA 水化较快，在其水化产物转化过程中可由水化较慢的 CA₂ 所增加的强度来补偿。所以宏观表现的强度为这些过程综合作用的总和，其结果也随有效矿物（CA＋CA₂）总量及其比例的变化而异。

4. 矾土水泥混凝土的长期强度

用国产回转窑烧结法生产的矾土水泥制作的混凝土，在全国有代表性气候条件的地区进行了长期性能试验。已经得出的结果列于表 8。

表 8　不同自然养护条件的长期龄强度

地区	养护条件	以雾室养护 3d 强度为 100 的相对强度						
		1 年	2 年	3 年	5 年	6 年	7 年	10 年
哈尔滨	室内空气	101	125	122	—	—	90.1	87.0
	露天空气	137	110	95.0	—	—	103	84.0
北京	室内空气	84.8	79.6	86.5	100	86	78.4	87.0
	露天空气	71.2	70.8	67.3	73.5	70.5	82.0	71.0
永登	室内空气	104	135	140	—	—	106.7	107
	露天空气	129	92.5	100	—	—	94.7	103
南京	室内空气	77.5	74.6	72.3	—	—	68.8	69.0
	露天空气	59.7	58.7	64.6	—	—	69.2	69.0

地区	养护条件	以雾室养护3d强度为100的相对强度						
		1年	2年	3年	5年	6年	7年	10年
重庆	室内空气	—	97.9	92.3		—	83.8	82.0
	露天空气	—	72.2	80.3		—	83.8	92.0
广州	室内空气	77.0	85.0	74.4		—	85.8	84.0
	露天空气	66.9	67.0	80.6	—		85.0	84.0
	室外水中	113.4	116.0	105.0		—	105.0	90.0

注：试验采用1水泥，水灰比为0.55的混凝土。

因制作试件工作量大，分批制作时间和条件控制不严，又矾土水泥混凝土强度。发展环境变化敏锐，各批强度绝对值波动较大。所以表8按其与雾室3d强度的相对强度取值，另外重点列出各地区十年内出现过的最低绝对强度值于表9。

表9　六个地区十年内出现过的最低强度

地区	最低强度/(kg/cm²)
哈尔滨	300～360
北京	290～350
永登	395～430
南京	290～320
重庆	350～380
广州	240～280

从试验结果可以看出，混凝土长期强度在自然条件下也会下降，但下降的速度远比水热养护为慢。露天养护比室内空气养护强度下降的速度快。哈尔滨平均气温低，室内养护十年尚未达到其他地区的最低值。永登地区气温较低，气候干燥，十年强度仍接近雾室3d强度，广州地区平均气温较高，湿度也较大，室内养护试体三年已出现最低强度。由表8可见，一般情况下露天养护1～3年已出现最低强度，但其绝对值比快速养护所得强度绝对值高得多。这是因为晶型转化慢，晶体排列较好，水泥石结构破坏较小的缘故。

5. 物相鉴定

我们还对矾土水泥石进行电子显微镜观察和高压水银孔鉴定。测其结果分别如图3、图4所示。

由图3可见，在晶型转化前水泥石结构中晶体呈针状、纤维状，并有胶体充填其中，而晶型转化后，晶体呈立方状且连接不好。从图4可见在晶型转化前孔径小、总孔少。而晶型转化后孔峰右移，说明大孔增多；曲线包围面积增大说明孔总量增加。这些都是强度降低的原因。

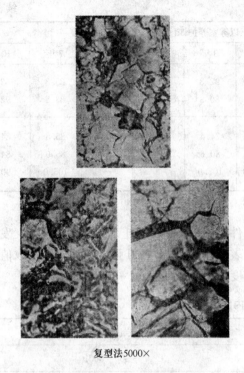

复型法5000×

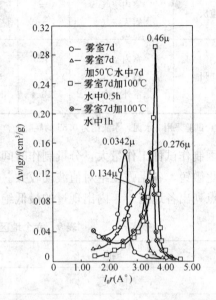

图 3　水灰比为 0.35 的水泥净浆水化体 在不同处理点的电显照片

图 4　水灰比为 0.35 的水泥净浆水化体 在不同处理点的孔分布

三、讨论

1. 关于最低强度值的确定

尽管影响矾土水泥强度下降的内外因素很多，但对于一定成分和组成、符合质量要求的矾土水泥混凝土，其最低强度值还是可以在水热养护法试验结果的基础上得到了解和掌握的。根据我们的经验，水热养护温度低了，如 30～40℃，出现最低强度值的期龄太长（表2），不能尽快得出结果，也不容易准确把握；水热温度过高了，如 60～100℃，最低强度值出现和保持的期龄极短[15]，难于测得，而且水泥石已受到损伤。考虑到一般建筑工程所处的环境极少超过 50℃的湿热条件；并且随着组成和操作条件的不同，最低强度值出现的期龄还在一定范围内波动。因此，对国产回转窑烧结法矾土水泥配制的混凝土，我们提出用50℃水热养护 7d 和 14d，取其中较低一组值乘以环境条件系数作为设计强度。这样确定的值，对比表8、表9自然条件下的长期强度看，也还有相当的安全度。

2. 关于最低强度值的估算

我们对以 2# 水泥为主的试验结果进行分析，认为最低强度值主要受水灰比的影响，与水灰比成反比。同时还对水泥成分和环境条件（包括不同温、湿度养护和自然养护长期龄强度对比）的影响进行分析，认为可以水热养护结果乘以系数，粗略加以统一化。经数学分析处理，最低强度可以公式（关于公式的推导，限于篇幅，将另外介绍），表示为[14,15]

$$R_{\mathrm{mfn}} = K\left(\frac{161k}{W/C} - 175\right)$$

式中　R_{mfn}——最低强度值（kg/cm²）；

W/C——混凝土水灰比（适用范围 0.35～0.65）；

K——环境条件系数；

k——水泥成分系数。

环境系数 K：在温度经常处于 20℃ 以下或短时间可高至 35℃，但相对湿度经常低于 50％时，可取 1.3（如永登地区）；若温度经常低于 30℃时，取 1.15（如哈尔滨）；若经常处于 30℃ 以上，且湿度较大时，取 1.00（如南京、广州）。

水泥成分系数 k：指水泥成分在国产回转窑生产控制范围内的变化造成水泥质量上的差别。在烧成质量正常的前提下，可以其矿物含量确定。当水泥中（CA＋CA₂）≥70％（如 3#），取 1.10～1.15；（CA＋CA₂）≥60％时（如 2#），取 1.0；（CA＋CA₂）＜60％时（如 4#），取 0.90～0.95。

3. 关于既往工程的处置和今后适用问题

我们的一系列试验证实[13,15]，随着其矿物组成的不同，最低强度值不一；同一组成的混凝土，在不同温、湿度的使用环境条件下，其出现的最低强度值亦各异。

过去用于建筑工程中的矾土水泥混凝土，设计时都没有考虑后期强度下降这一不利因素。因此，现在都面临既往工程的处置问题，而首先是判断最低强度值问题。我们通过试验研究认为，如果施工时遵守了标准中的使用规则，便没有必要采取某些文献[4]推荐的那些烦琐的办法，而可以根据当时的原始资料和施工记录，按前述经验公式进行最低强度估算。

关于矾土水泥混凝土的使用问题，只要以最低强度值作为设计强度，就不存在限制使用范围的问题。但矾土水泥的原料资源可贵，成本较高，且由于要考虑后期强度下降因素，亦即要把早期的高强度按降低标号来使用，这些显然在经济上都是不合算的。故能用其他品种水泥的场合，应尽量不予采用，在特殊情况下定要采用时，则应以其最低强度值为设计依据，并需严格遵守标准中有关使用方法的规定。

四、结论

(1) 矾土水泥混凝土由于水化产物的晶型转化，即 CAH_{10} 及 C_2AH_8 转化为 C_3AH_6 和 $Al_2O_3 \cdot 3H_2O$ 结晶，造成水泥石晶体间结合力降低、孔隙率增大、有害的大孔增多，而导致强度降低。

(2) 矾土水泥混凝土强度下降不是无止境的。下降幅度主要受水灰比的影响，也与环境条件和水泥成分有关；强度下降的速度则主要与环境的温、湿度有关。

(3) 晶型转化引起强度下降的最低强度值，可由水热法快速检验测定。用 50℃ 水养护 7d 和 14d，取其中的较低一组值乘以环境条件系数作为设计强度。从自然条件下混凝土的长期强度看这是安全的。

(4) 国产回转窑烧结法矾土水泥配制的混凝土，在不同使用条件下的最低强度值可以用经验公式估算：

$$R_{\text{mfn}} = K\left(\frac{161k}{W/C} - 175\right)$$

式中　R_{mfn}——混凝土最低强度值（kg/cm²）；

W/C——混凝土实际水灰比（适用于 0.35～0.65），

K——环境条件系数，建议取 1.0～1.3；

k——水泥成分系数，建议取 0.9～1.15。

5）对既往工程质量的判断，凡具备原始资料和施工记录者，可按当初实际水灰比依公式估算最低强度，否则需采取其他办法处置。从资源和经济上考虑，今后凡是能用其他品种水泥的场合，矾土水泥应尽量不予采用；特殊情况下定要采用时，应以其最低强度值为使用依据，并在操作中遵循标准规定。

• 周正、沈慕泰同志曾参加部分试验工作；孔分布、电子显微镜、x射线分析由我院水泥物化室协助完成。

原载《硅酸盐学报》（1980年，第8卷第8期）

附录二 《铝酸盐水泥》GB 201—2000

前 言

铝酸盐水泥是在 GB 201—1981《高铝水泥》和 JC 236—1981（1996）《高铝水泥-65》基础上综合近年常用的铝酸盐水泥特点修订而成。本标准技术要求和试验方法参考了法国 FNP 15-315：1991《铝酸盐水泥》、日本 JIS R2511：1995《耐火用铝酸盐水泥》等标准。

本标准与原 GB 201—1981 和 JC 236—1981（1996）相比主要修改有：

——水泥名称由"高铝水泥"改为"铝酸盐水泥"；取消原高铝水泥限定在回转窑生产的规定；

——按 Al_2O_3 含量进行分类；

——增列了 R_2O、S、Cl 含量等指标；

——取消分标号的规定；

——同时规定比表面积和 0.045mm 筛余，由用户自行选择；

——凝结时间采用了 1∶1 胶砂并按国际通用的方法测定；

——强度测定采用 GB/T 17671—1999《水泥胶砂强度检验方法（ISO 法）》；

——验收规则、包装、运输、贮存等与通用水泥一致。

本标准自 2000 年 6 月 1 日起实施，GB 201—1981《高铝水泥》、JC 236—1981（1996）《高铝水泥-65》自 2000 年 12 月 1 日起废止，过渡期间以 GB 201—1981、JC 236—1981（1996）为准。

本标准附录 A 为标准的附录，附录 B 为提示的附录。

本标准由国家建筑材料工业局提出。

本标准由全国水泥标准化技术委员会归口。

本标准起草单位：中国建筑材料科学研究院水泥科学与新型建材研究所、河南中国长城铝业公司水泥厂、郑州登峰熔料有限公司、石家庄特种水泥厂。

本标准主要起草人：张大同、张秋英、周季楠、张宇震、王建亭、李乃珍。

本标准首次发布于 1963 年，1981 年第一次修订。

本标准委托中国建筑材料科学研究院水泥科学与新型建材研究所负责解释。

1 范围

本标准规定了铝酸盐水泥的定义、分类、要求、试验方法和验收规则以及使用注意事项。

本标准适用于铝酸盐水泥的生产和质量验收。

2 引用标准

下列标准所包含的条文，通过在本标准中引用而构成为本标准的条文。本标准出版时，所示版本均为有效。所有标准都会被修订，使用本标准的各方应探讨使用下列标准最新版本的可能性。

GB/T 205—2000　铝酸盐水泥化学分析方法

GB/T 1345—1991　水泥细度检验方法（$80\mu m$ 筛筛析法）

GB/T 1346—1989　水泥标准稠度用水量、凝结时间、安定性检验方法（neq ISO/DIS 9597）

GB/T 2419—1994　水泥胶砂流动度测定方法

GB/T 8074—1987　水泥比表面积测定方法（勃氏法）

GB 9774—1996　水泥包装袋

GB 12573—1990　水泥取样方法

GB/T 17671—1999　水泥胶砂强度检验方法（ISO 法）（idt ISO 679：1989）

JC/T 681—1997　行星式水泥胶砂搅拌机

3 定义与分类

3.1 定义

凡以铝酸钙为主的铝酸盐水泥熟料，磨细制成的水硬性胶凝材料称为铝酸盐水泥，代号 CA。

根据需要也可在磨制 Al_2O_3 含量大于 68％的水泥时掺加适量的 $\alpha\text{-}Al_2O_3$ 粉。

3.2 分类

铝酸盐水泥按 Al_2O_3 含量百分数分为四类：

CA-50　　50％≤Al_2O_3<60％

CA-60　　60％≤Al_2O_3<68％

CA-70　　68％≤Al_2O_3<77％

CA-80　　77％≤Al_2O_3

4 要求

4.1 化学成分

铝酸盐水泥的化学成分按水泥质量百分比计应符合表 1 要求。

表1 化学成分

类型	Al_2O_3	SiO_2	Fe_2O_3	R_2O ($Na_2O+0.658K_2O$)	$S^{1)}$ （全硫）	$Cl^{1)}$
CA-50	≥50，<60	≤8.0	≤2.5			
CA-60	≥60，<68	≤5.0	≤2.0	≤0.40	≤0.1	≤0.1
CA-70	≥68，<77	≤1.0	≤0.7			
CA-80	≥77	≤0.5	≤0.5			

1) 当用户需要时，生产厂应提供结果和测定方法

4.2 物理性能

4.2.1 细度

比表面积不小于 $300m^2/kg$ 或 0.045mm 筛余不大于 20%，由供需双方商订，在无约定的情况下发生争议时以比表面积为准。

4.2.2 凝结时间（胶砂）应符合表2要求。

表2 凝结时间

水泥类型	初凝时间不得早于，min	终凝时间不得迟于，h
CA-50、CA-70，CA-80	30	6
CA-60	60	18

4.2.3 强度

各类型水泥各龄期强度值不得低于表3数值。

表3 水泥胶砂强度

水泥类型	抗压强度，MPa				抗折强度，MPa			
	6h	1d	3d	28d	6h	1d	3d	28d
CA-50	$20^{1)}$	40	50	—	$3.0^{1)}$	5.5	6.5	—
CA-60	—	20	45	85	—	2.5	5.0	10.0
CA-70	—	30	40	—	—	5.0	6.0	—
CA-80	—	25	30	—	—	4.0	5.0	—

1) 当用户需要时，生产厂应提供结果

5 试验方法

5.1 化学成分 按 GB/T 205 进行。

5.2 比表面积 按 GB/T 8074 进行（全硫和氯除外）。

5.3 0.045mm 筛余 按 GB/T 1345 进行，但要改用筛孔尺寸为 0.045mm 筛子。

5.4 凝结时间 按附录 A（标准的附录）进行。

5.5 强度 按 GB/T 17671 进行，但其中水灰比作如下修改：

1）CA-50 成型时，水灰比按 0.44 和胶砂流动度达到 130～150mm 来确定。当用 0.44 水灰比制成的胶砂流动度正好在 130～150mm 时即用 0.44 水灰比，当胶砂流动度超出该流动度范围时，应在 0.44 基数上以 0.01 的整倍数增加或减少水灰比，使制成胶砂流动度达到 130～140mm 或减至 150～140mm，试件成型时用达到上述要求流动度的水灰比来制备胶砂。

CA-60、CA-70、CA-80 成型时，水灰比按 0.40 和胶砂流动度达到 130～150mm 来确定，若用 0.40 水灰比制成胶砂的流动度超出上述范围时按 CA-50 的方法进行调整。

胶砂流动度试验，除胶砂组成外，操作方法按 GB/T 2419 进行。

2）试体成型后连同试模一起放在 20℃±1℃，相对湿度大于 90% 的湿气养护箱中养护 6h 脱模，除 6h 龄期试体外，脱模后的试体应尽快放入 20℃±1℃ 水中养护。养护时不得与其他品种水泥试体放在一起。

当因脱模可能影响试体强度试验结果时，可以延长养护时间，并作记录。

3）各龄期强度试验时间如下：

6h±15min；

1d±30min；

3d±2h；

28d±4h。

6 验收规则

6.1 编号及取样

水泥出厂前按同类型进行编号和取样。每一个编号为一个取样单位，每个编号不得超过 120t。日产量小于 120t 的水泥厂，应以不超过日产量为一个编号。取样应有代表性，可连续取，也可从 20 个以上不同部位取等量样品，总量至少 15kg。

注：水泥在编号取样后，超过 45d 出厂时须重新取样，并以此样品为准。

6.2 交货与验收

6.2.1 交货时水泥的质量验收可抽取实物试样以其检验结果为依据，也可以水泥厂同编号水泥的检验报告为依据。采取何种方法验收由买卖双方商定，并在合同或协议中注明。

6.2.2 以抽取实物试样的检验结果为验收依据时，买卖双方应在发货前或交货地共同取样和签封。取样方法按 GB 12573 进行，取样数量为 15kg，缩分为二等份。一份由卖方保存 15d，一份由买方按本标准规定的项目和方法进行检验。

在 15d 以内，买方检验认为产品质量不符合本标准要求，而卖方又有异议时，则双方应将卖方保存的另一份试样送国家认可的国家级水泥质量监督检验机构进行仲裁检验。

6.2.3 以水泥厂同编号水泥的检验报告为验收依据时，在发货前或交货时买方（或委托卖方）在同编号水泥中抽取试样，双方共同签封后保存二个月。

在两个月内，买方对水泥质量有疑问时，则买卖双方应将共同签封的试样送国家认可的国家级水泥质量监督检验机构进行仲裁检验。

6.2.4 当仲裁检验结果可能涉及第三方时，应让第三方参与仲裁检验的全过程。

6.3 废品与不合格品

当 R₂O 指标达不到要求时为废品，其余要求中任一项达不到时为不合格品。

6.4 试验报告

试验报告内容应包括本标准规定的各项要求及试验结果。当用户需要时，水泥厂应在水泥发出之日起 6d 内，寄发水泥检验报告。报告中应包括本标准第 4 章所列各项检验结果，并应附有该水泥的品质标准和出厂日期，如用户要求，CA-60 应补报 28d 强度结果。

7 包装、标志、运输、贮存和使用

7.1 包装

水泥袋装时应采用防潮包装袋，每袋净重 50kg 且不得少于标志质量的 98%，随机抽取 20 袋总质量不得少于 1000kg，其他包装形式由供需双方协商确定。

水泥包装袋应符合 GB 9774 的规定，防潮性能达到 A 级。

7.2 标志

袋装水泥应在水泥袋上清楚标明：工厂名称和地址、水泥名称和类型、包装年、月、日和编号。包装袋两侧应印有黑色字体的水泥名称和类型。

散装时应提供与袋装标志相同内容的卡片。

7.3 运输、贮存和使用

铝酸盐水泥运输和贮存时应特别注意防潮和不与其他品种水泥混杂。

铝酸盐水泥的主要用途见附录 B（提示的附录）。

附录 A

（标准的附录）

铝酸盐水泥胶砂标准稠度用水量与凝结时间的测定方法

A1 范围

本附录规定了铝酸盐水泥胶砂标准稠度用水量与凝结时间测定的仪器、方法、结果表达等。

本附录适用于本标准规定的铝酸盐水泥凝结时间的测定。

A2 方法原理

在水泥砂浆凝结硬化过程中塑性逐渐消失，抵抗外力强度逐渐增加，用维卡仪的针入度变化来反映这个过程中的初凝与终凝状态。

A3 试验用设备和材料

A3.1 维卡仪

维卡仪如图 A1 所示，试杆、试针等滑动部分的总质量 300g±1g。

A3.2 胶砂搅拌机

符合 JC/T 681 行星式水泥胶砂搅拌机的要求，

A3.3 天平

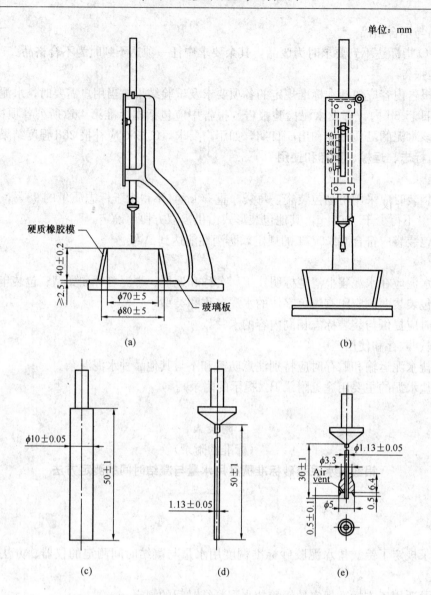

图 A1　测定水泥标准稠度和凝结时间的维卡仪

(a) 测初凝时间时用试模正位测视图；(b) 终凝时间测定时把模子翻过来的正视图；

(c) 标准稠度试杆；(d) 初凝针；(e) 终凝针

最大称量为 1000g，分度值不大于 2g。

A3. 4　标准砂

符合 GB/T 17671—1999 中 5.1 条 0.5～1.0mm 砂要求。其中 SiO_2 不小于 98%，粒径大于 1.0mm 和小于 0.5mm 的含量各小于 5%。

A3. 5　水泥样品

水泥试样应事先通过 0.9mm 方孔筛并记录筛余物，试验时要充分拌匀。

A3. 6　试验用水

试验用水为饮用水，若需对结果进行仲裁时用蒸馏水，温度为 20℃±2℃。

A4 试验室和养护箱温、湿度

试体成型试验室的温度应保持在 20℃±2℃，相对湿度不低于 50％。

养护箱或雾室温度保持在 20℃±1℃，相对湿度不低于 90％。

试验设备和材料温度应与试验室温度一致。

A5 胶砂标准稠度用水量的测定

有两种方法可供选择使用，但当结果有疑义时以基准法为准。

测定前检查仪器设备试验条件是否符合要求。

测定标准稠度用水量时的维卡仪应用图 A1 中的标准稠度试杆或 GB/T 1346 中的试锥和锥模。

A5.1 称取 450g 水泥样品和 450g 标准砂，将标准砂倒入搅拌机的砂斗里，把一定量的水倒入搅拌锅内，再将称好的水泥样加入，把锅放在搅拌机的搅拌位置上固定，开动机器，按 ISO 胶砂搅拌程序完成搅拌。

A5.2 基准法：将搅拌好的胶砂立即装入圆模内用小刀插划振动数次，刮去多余砂浆，放在维卡仪试杆下面的位置上，将试杆放至浆体表面拧紧固定螺丝，记下标尺读数，然后突然放松，让试杆自由沉入砂浆中，30s 后记下标尺读数。当试杆沉入深度达到距底板 6mm±1mm 时，所加水量为该水泥 1∶1 砂浆的标准稠度用水量，用水泥质量的百分数来表示。

当试杆达不到上述深度时，重新称取样品改变加水量，按上述规定重新拌制胶砂。测定试杆下沉深度，直至达到距底板 6mm±1mm 时为止。

每一次测定应在完成搅拌后 1.5min 内完成。

A5.3 标准法：用 5.1 拌制的胶砂，按 GB/T 1346—1989 中 6.5.1 的方法操作，测定试锥的下沉深度。当试锥下沉深度为 26mm±2mm 时的胶砂用水量，即为 1∶1 砂、浆的标准稠度用水量，用水泥质量的百分数来表示。

每一次测定应在完成搅拌后 1.5min 内完成。

A6 凝结时间的测定

按 A5.2 用标准稠度用水量搅拌，装模、振实、刮平、编号后的圆模放入湿箱中养护。也可用测定标准稠度用水量时试杆已经达到规定下沉深度的砂浆，接下去进行凝结时间的测定。凝结时间的测定用维卡仪上的试针来进行。

A6.1 初凝时间测定

在加水后 20min 时开始按 GB/T 1346 规定的操作进行凝结时间的测定。测定初凝时间应用图 A1 中的初凝针，当试针沉入深度距底板 4mm±1mm 时为初凝状态，从加水开始至达到初凝状态所需时间为初凝时间，用 min 来表示。测定应重复二次，以下落深度大的为准。

A6.2 终凝时间测定

当测完初凝时间后即将圆模从玻璃板上取下，把它翻过来放在玻璃板上，用图 A1 中的终凝针测定终凝时间。

当试针下沉在浆体表面没有外圈压痕只留下针眼时为达到终凝状态，从加水开始至达到终凝状态所需时间为终凝时间，用 h 来表示。测定应重复二次，以下沉深度大的为准。

附录 B

（提示的附录）

铝酸盐水泥的主要用途和用于土建工程的注意事项

B1　主要用途

配制不定形耐火材料；配制膨胀水泥、自应力水泥、化学建材的添加料等；抢建、抢修、抗硫酸盐侵蚀和冬季施工等特殊需要的工程。

B2　CA-50 用于土建工程时的注意事项

1）在施工过程中：为防止凝结时间失控一般不得与硅酸盐水泥、石灰等能析出氢氧化钙的胶凝物质混合，使用前拌和设备等必须冲洗干净。

2）不得用于接触碱性溶液的工程。

3）铝酸盐水泥水化热集中于早期释放，从硬化开始应立即浇水养护。一般不宜浇注大体积混凝土。

4）铝酸盐水泥混凝土后期强度下降较大，应按最低稳定强度设计。

CA-50 铝酸盐水泥混凝土最低稳定强度值以试体脱模后放入 50℃±2℃ 水中养护，取龄期为 7d 和 14d 强度值之低者来确定。

5）若用蒸汽养护加速混凝土硬化时，养护温度不得高于 50℃。

6）用于钢筋混凝土时，钢筋保护层的厚度不得小于 60mm。

7）未经试验，不得加入任何外加物。

8）不得与未硬化的硅酸盐水泥混凝土接触使用；可以与具有脱模强度的硅酸盐水泥混凝土接触使用，但接茬处不应长期处于潮湿状态。

附录三 美国 ASTM 标准

1. ASTM C191-82 用维卡测定水硬性水泥 凝结时间的标准试验方法

1 范围

1.1 本方法包括用维卡针的方法测定水硬性水泥的凝结时间。

【注】用吉尔摩针[2]测定水硬性水泥凝结时间的方法,见 ASTM C266 用吉尔摩针测定水硬性水泥凝结时间的方法。

2 适用文件

2.1 ASTM 水准:

C305 水硬性水泥净浆和砂浆的塑性稠度的机械搅拌方法[2]。

C490 用于测定硬化的水泥净浆、砂浆和混凝土长度变化的仪器规范[2]。

C670 结构材料试验方法精密度报告提出的方法[2]。

3 仪器

3.1 天平——天平应符合以下要求:对于荷重为 9.8N 的天平允许误差为 ±0.01N。对于新的天平允许误差为上述数值的一半。灵敏度倒数 3 波动范围不应该大于允许误差的两倍。

3.2 砝码——称量水泥用的砝码允许误差见表 1 的规定。对于新的砝码,允许误差应为表中规定数值的一半。

3.3 玻璃量杯,应符合 C490 规范要求的 200ml 和 250ml 的容器。

3.4 维卡仪——维卡仪如图 1 所示,由铁座 A 和可以自由滑动的试杆 B 组成。试杆重 300g,插入端 C 是一直径 10mm,长至少 50mm 的圆杆,另一端是可以取下的钢针 D,试针的直径 1mm,长 50mm。试杆 B 可以取下颠倒,并可以用松紧螺丝 E 固定在设计好的任意点上。铁座 A 上附有刻度板(毫米刻度),在刻度板上有一个可以自由调节的指针 F。将装满水泥净浆的截锥形环放在面积约 100mm² 的玻璃板 H 上。截锥形环必须用不受腐蚀、不吸水的材料制成。环的底部内径为 70mm,环的顶部内径为 60mm。除上述条件外,维卡仪应符合下列要求:

插入杆重 300g±0.5g (0.661 磅±8 喱)

注:1. 本方法属美国材料试验标准协会 C-1 水泥委员会管,直属于有关凝结时间的 C03、30 分会管。本版于 1982 年 10 月 29 日批准,1982 年 12 月公布。原版为 C191-44。前次版本 C191-79。

　　2. 见 C187-83 标准稠度测定法的说明 2 和 3。

插入杆大端直径　10g±0.05mm（0.394吋±0.02吋）

试针直径　1mm±0.05mm（0.039吋±0.002吋）

环底内径　70mm±3mm（2.75吋±0.12吋）

环顶内径　60mm±3mm（1.57吋±0.04吋）

刻度板　刻度板上的刻度和精确至0.1mm的标准刻度比较时，刻度板上任意点的误差应不大于0.25mm。

4　温度和湿度

4.1　拌和板附近的空气、干水泥、试模和底板都应保持在20~27.5℃（68~81.5℉），拌和水湿箱或养护室的湿度为23℃（73.4℉）±1.7℃（3℉）。

4.2　实验室相对湿度应不小于50%，供养护试体用的养护箱、养护室的相对湿度不小于90%。

5　水泥浆的制备

5.1　用650g水泥按重量百分数加水拌和，拌和水的量按C305方法中描述过的步骤找出标准稠度需水量。拌和水用蒸馏水更好，而在所有仲裁和对比试验时应该用蒸馏水。

5.2　用于标准稠度测定的试体，也可用于6.2节中描述的方法用维卡针测定凝结时间。

6　操作步骤

6.1　试体成型——用戴着手套的手，尽快地将按第5节中描述的方法制得的水泥浆捏成球，把水泥从一只手到另一只手，抛6次，两手间的距离保持在6吋（152mm）。把搁在手掌上的水泥浆握住在另一只手中的锥形环G的大端挤压，使净浆在环中完全充满，如图1所示。用手掌一次将大端净浆抹去，将环的大端放在玻璃板H上，同时使抹刀的刃边和环的顶部平面呈很小的角度，将环小端剩余的净浆一次抹去，抹光试体顶部平面。如有需要可用刮刀尖部轻轻地接触水泥1~2次，使表面光滑，在刮平和抹光的操作期间，要小心勿挤压水泥浆体。成型后立即把试体放入湿箱或雾室中，在整个试验过程中，试体应保存在锥形模里，锥形模放在玻璃板H上，除测定凝结时间时将试体拿出来外，其余时间均放在湿箱或雾室中养护。一个凝结时间测定试体和一个压蒸汽试体可以由同一次试样测得。

6.2　凝结时间的测定——测定凝结时间的试体必须在成型后即放入湿箱中养护30min，且试体不应受其他干扰。凝结时间每15min测定一次1mm针的沉入度。（Ⅲ水泥每10min测定一次）直到试针沉入净浆中等于或小于25mm。关于做沉入度试验，将试杆B上的试针D下降至与净浆表面接触，拧紧螺丝E，使

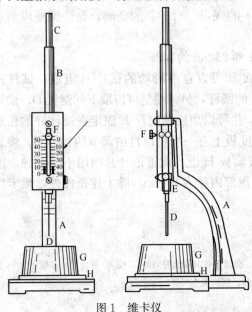

图1　维卡仪

指针 F 对准刻度板的最高点或者记下初读数，然后突然放松螺丝 E，使试杆很快的下降，当试针沉入净浆中 30s 时读取试针的沉入度。（在测定实际凝结时间时，松紧螺丝是使试杆下沉的唯一方法，在早期水泥体较软时，对试杆可以施加适当的阻力，以防止试杆上的毫米试针因撞击底板而弯曲）。每次试针沉入点与前一次试验的沉入点距离不得小于 1/4 吋（6.4mm）。所有的沉入点与模子内壁的距离要大于 3/8 吋（9.5mm）。记录全部的沉入度试验结果。用内插法决定试针的插入度为 25mm 的初凝时间。当试杆在水泥浆中不再下沉时，即终凝时间。

表 1　砝码的允许误差

砝码 G	砝码使用中的允许误差 ±g
500	0.35
300	0.30
250	0.25
200	0.20
100	0.15
50	0.10
20	0.05
10	0.04
5	0.03
2	0.02
1	0.01

6.3　注意事项——在整个试针沉入试验过程中，所有的仪器都要避免震动。要小心地保持 1mm 试杆的笔直和清洁，以防止附着在试针边上的水泥阻碍试针的插入，在针端的水泥可能使沉入度增加。凝结时间不但和水泥浆搅拌所用拌和水的重量、温度和水泥浆受揉搓的程度有关，而且也和搅拌时空气的温度和湿度有关。因此，这种测定仅仅是一个近似值。

7　精密度和精确度

按现行 C670 规定评价实验室之间的试验数据的精密度和精确度的方法，目前正由 C01、30 分委员会进行讨论。以后对这个方法的修订内容里将包括精密度和精确度的规定。

2. ASTM C348-80 水硬性水泥胶砂抗折强度标准试验方法

1 范围

1.1 这个方法包括水硬性水泥胶砂抗折强度的测定。

【注1】——按照本方法，胶砂棱柱体折断后的断块，可以按 ASTM C349 "水硬性水泥胶砂抗压强度试验方法"（用折断后的断块）来测定抗压强度。

1.2 凡以英寸——磅单位标明的数值均作为标准值。

2 引用的标准

2.1 ASTM 标准

C109 水硬性水泥胶砂（用2英寸或50mm立方试体）抗压强度试验方法。

C190 水硬性水泥胶砂抗拉强度试验方法。

C230 水硬性水泥试验用流动桌规范。

C349 水硬性水泥胶砂（用折后半截棱体）抗压强度试验方法。

C670 结构材料试验方法所用准备性精确度陈述惯倒。

C778 标准规范。

3 仪器

3.1 天平、砝码、筛子、玻璃量筒、搅拌机、搅拌锅和搅拌叶，应符合 ASTM C109 "水硬性水泥胶砂抗压强度试验方法［2吋（50mm）立方体]"中第3.1、第3.4及第3.6节的要求。

3.2 流动桌和流动模，应与 ASTM C230 "用于水硬性水泥试验的流动桌"的要求一致。

3.3 试模——1.575吋×1.575吋×6.3吋（40mm×40mm×160mm）棱柱体试模，应是三联模，其设计应使试体在模型里时其纵轴处于水平位置。楔子应由不受水泥胶砂侵蚀的硬质金属做成，金属的洛氏硬度不小于 HRB 55。模型的配件都应做上装配编号，从而使装配后能密缝并紧密地固定在一起。模型的边框应具有足够的刚性以防散开成弯曲。模型的内表面应是平面的，在一个面的任何2吋线上，其平面度的允许变度，对于新模型应在 0.001吋（0.03mm）以内，对使用中的模型在 0.002吋（0.05mm）以内。相对边之间的距离，新模型应为 1.575吋±0.005吋（40mm±0.13mm），使用中的模型为 1.575吋±0.01吋（40mm±0.3mm）。模型的高度应为1.575吋，允许变度对于新模型为+0.01吋和−0.005吋，对使用中模型为+0.10吋和−0.015吋（0.38mm）。模型的内侧长应为6.3吋±0.10吋（160mm±2.5mm）。相邻内表面以及和顶及摸底平面之间的夹角应为90°±0.5°，其测点应与这些面的交叉线稍偏离。模型底板约为 $\frac{3}{8}$ 吋（9.5mm）厚，并具有8吋×7吋

（203mm×178mm）水平面，在表面上的任一 2 吋
（50mm）线上允许变度为 0.001 吋。

3.4 捣棒——捣棒（图 1）由不吸水的和不易受磨
损的材料制成，例如用萧氏 A 硬度计硬度为 80 ± 10
的合成橡胶，或用在大约 200℃（392℉）石蜡中浸
过 15min 的不吸水的干栎树木做成。捣固面应为 $\frac{7}{8}$
吋 $\times 3\frac{1}{4}$ 吋（22mm×83mm）。

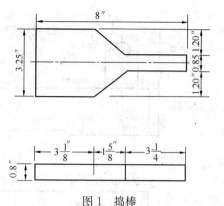

图 1　捣棒

3.5 导捣模套——导捣的模套（图 2）应不受水泥
胶砂侵蚀的金属（如硬度不小于 HRB 55 的黄铜）做
成。模套平放在模子上，其突出部分不超过模型任何内侧的边 0.015 吋（0.38mm）。模套
的高度应为 1 吋（25mm）。

3.6 削平刀——削平刀在长方向应有 $4\frac{1}{4}$ 吋 $\times 10$ 吋（114mm×254mm）的钢刀身，并具
有直边。

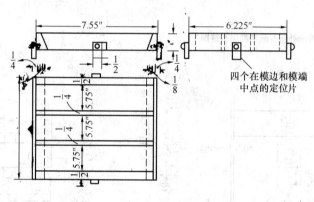

图 2　导捣模套

3.7 抗折试验装置——棱柱体的抗折试验用中心点加荷法。所用的装置其设计应使作用力
完全垂直地加在试体上而没有偏心矩。有两种装置可以做到这点：一种是在压力机上使用
（图 3）；一种是在"8"型抗拉试验机上（图 4）。胶砂试体抗折试验仪器的设计应符合下列
原则：

3.7.1 支点加到荷点之间的距离，对于给定仪器应该保持不变。

3.7.2 荷载应垂直地作用在试体受荷面上，应避免荷载出现偏矩。

3.7.3 在加荷的过程中，反作用的方向应平行于荷载的作用方向。

3.7.4　加荷应以均匀的速率进行，应避免出现骤然的动。

3.8 抗压试验机——如图 3 所示的带有抗折试验装置的抗压试验机应是液压型的，其上下
压板表面之间应有足够的张开距离，以便使用各种装置。

　【注 2】——大多数用来破碎 2 吋立方试体的液压型压力机具有一个较小直径的，对准上球座底中心的
下压板表面，在其上可密切地镶上适当商度的轴承台，这些高度适合于对 2 吋立方体，2 吋×4 吋（50mm
×100mm）或 5 吋×6 吋（75mm×150mm）圆柱体的破型试验。如图 3 所示的抗折试验装置的底板即安在

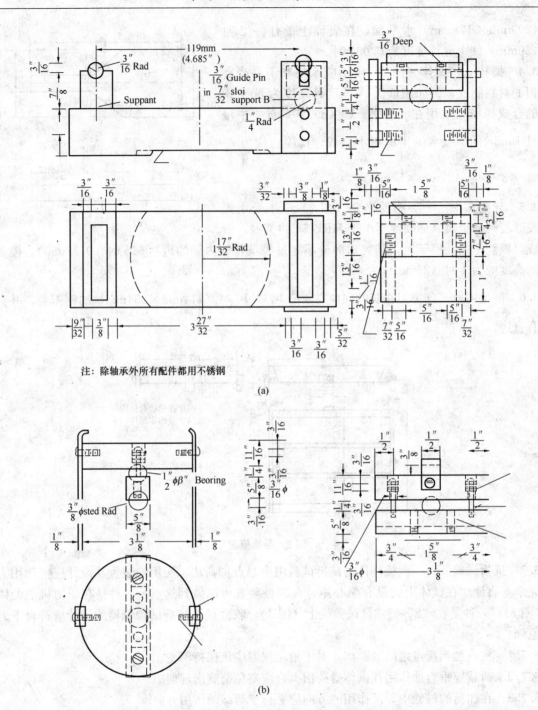

图 3　试验 40mm×40mm×160mm 棱柱体（抗折）时适用在压力机上的特殊装置

(a) 底板和支持辊；(b) 中心点荷载的构成

进行 3 吋×6 吋圆柱体试验时的轴承台上。

【注 3】对于有很大下压板表面的压力机，在缺少自动中心调节装置的情况下，应精确地将其上球座的中心直接定位到下压板表面的中心。在下压板上以中心点为圆心，刻划出适当直径的圆或若干同心圆，就能得到适当直径和高度的圆柱体轴承台。轴承台两端的面必须是平面和平行的，并与圆柱体的轴成 90°。

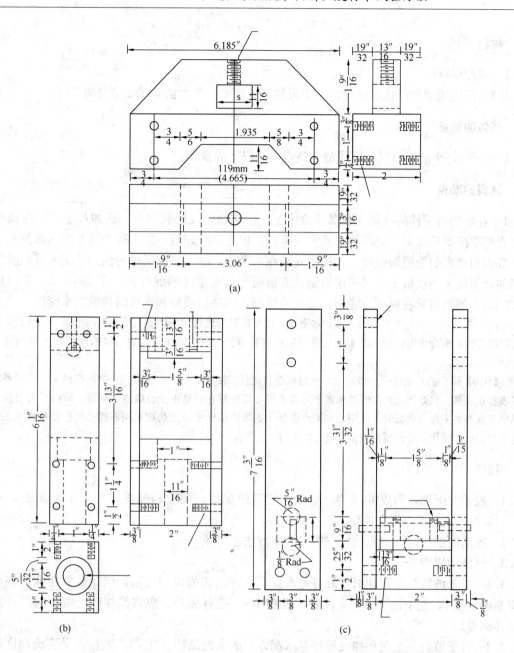

图 4 试验 40mm×40mm×160mm 胶砂棱柱体时适用在"8"型抗拉机上的特殊位置

(a) 横梁；(b) 中心点荷载的构成 (c) 悬杆的结构（要求有两个）

其上表面应具有 3.05 吋（77.5mm）的直径。

3.9 改装"8"型抗拉试验机——用"8"型抗拉试验装置改装的抗折试验机应符合 ASTM C190"水硬性水泥胶砂抗拉强度试验方法"2.7 节的要求，改装部分如图 4 所示。

【注4】——许多类型的"8"型抗拉试验机，其"8"型试体夹具与仪器构架间的空间不足以装配为了做棱柱体抗折试验所需要的较阔的空间，如图 4 所示。试验室在打算改装"8"型抗拉试验机作抗折试验用时应在购买之前核对这一尺寸。

4 材料

4.1 级配标准砂

4.1.1 试验用砂是以依利诺州渥太华天然砂，按 C 109 方法 3.1.1 节分级。

5 试体的数量

5.1 规定每个龄期的试验应成型三条或三条以上的试体。

6 试模的准备

6.1 在模型各配件的接触表面薄薄地涂上一层矿物油或轻润滑脂，例如凡士林。在模型的内表面则薄薄地涂上一层矿物油或轻润滑脂。模型装配好后，揩去每个模型内表面及上部和底部表面多余的油或润滑脂。将模型安装在水平的，涂上一薄层矿物油、凡士林或轻质润滑脂的，不吸水的底板上。用三份石蜡、五份松脂按重量比的混合物，在 230～248 ℉（110～120℃）下加热后涂在模型与底板接触线的外测，以达到模型和底板间接触的水密性。

【注5】改进模型与底板间的连接和水密性，可使模底与底板间不让沾上稀油或润滑脂，直到石蜡——树脂混合物起粘合作用以后。但必须注意以后在底板擦油时，应防止在模边与底板间的角落里剩有过多的油。

【注6】模型的水密性——指定用来密封模型和底板间接缝的石蜡和松脂混合物，在模型擦洗时可能会发现很难脱落。只要能达到接缝的水密，可以单用石蜡密封，但是由于石蜡的强度低，所以只有当模型不单单依靠石蜡来握住底板时才使用。如果将模型和底板刷接缝稍微加热则单用石蜡也可能使接缝水密，但这样处理后在使用前应使模型恢复到规定的温度。

7 程序

7.1 胶砂的配比，稠度和搅拌——标准胶砂的配比，稠度和搅拌应与 C 109 方法 8.1.1，8.1.2 和 8.2.1 各节规定的要求相一致。

7.2 流动度的测定——流动度应按 C 109 方法规定测定。

7.3 试体的成型

7.3.1 对于波特兰水泥和引气波特兰水泥，在开始装模成型之前，应让胶砂在搅拌锅里静置 90s，然后，在中速下再将全部胶砂搅拌 15s，搅拌完后，应将搅拌叶上留下的胶砂刮到搅拌锅里。

7.3.2 对于波特兰水泥和加气波特兰水泥以外的水泥品种（注7），紧接着做完流动度试验后将流动桌上的胶砂放回搅拌锅里，迅速地将锅边的胶砂刮在一起，然后，在中速下再拌和 15s。搅拌完了，应振动搅拌叶，将剩余的胶砂刮到搅拌锅里。

7.3.3 紧接着胶砂的再搅拌，放上导捣模套，在三联模的每个槽中均匀地铺上一层约 3/4 吋（19mm）厚的胶砂，然后，如同图 5 所示那样顺序在每个模型中捣固 12 下，即每遍捣四下，共三遍。在约 15s 内完成 12 下捣固。每次捣固时应将捣棒握在棒面距胶砂面上约 1 吋（25mm）的地方成水平位置，然后用足够的力直接往下捣，直至使少量胶砂从捣固面下挤出。再用胶砂填满模子，均匀分布并播平，同底层一样进行捣固。然后移走模

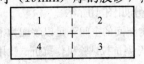

图5 试体成型时的捣固次序（三遍）

套，用削平刀的平面（刀口前边稍微向上翘）沿着模型的长边刮动一次将大部多余胶砂刮去。用削平刀的直边（以近乎垂直于模子的角度）沿模型长的方向来回移动将胶砂刮得和模子顶一样高。紧接着，修补试体表面的裂纹。然后，用削平刀在稍翘起前边的情况下沿试体纵向抹二三下，使试体表面成为光整面。

【注7】——如需增加试体，应立即重复配制胶砂，则流动度实验可以省去。在开始成形前，让胶砂在搅拌锅里静置90秒钟，然后中速下搅拌15秒钟。

7.4　试体的养护——试体的养护按C109方法8.5节的规定进行。

7.5　抗折强度测定

7.5.1　24h龄期的试体从湿箱里，其他龄期试体从养护水中，取出后尽快地进行抗折实验。对于各龄期试体的破碎实验应在以下规定的允许公差范围内进行，见表1。

表1　各龄期试体允许公差

龄期	允许公差/h
24h	±1/2
3d	±1
7d	±3
28d	±12

如果需用半截棱柱体按ASTMC349"水硬性水泥胶砂抗压强度实验"方法（用抗折破坏后的半截棱柱体）的规定作改型立方体抗压实验时，要将棱柱体实验时间尽量提前，以使改型立方体的破碎也在上述规定的时间范围内。对于24h龄期的试体如果从湿箱中同时取出一条以上的试体时，应用防水塑料布蒙住试体直到试验时为止。对于较长龄期的试体，如果同时从养护水中取出一条以上的试体做实验，则应将试体放在73.4°F±3°F（23℃±1.7℃）温度的水中，并有足够深度使每块试体完全浸没在水里，直到试验为止。

【注8】棱柱体的抗折强度会因干燥而很快在试体表面产生张力从而降低强度。因此，对于24h龄期的试体，应在到期脱模后立即进行试验，如果耽搁试验，应将试体用防水塑料布包起，直到做抗压试验。

7.5.2　将每块试体表面揩至面干状态，并清除表面任何松散的砂粒或水垢，以便试验时和支持点及加荷点的表面接触。用直尺测量试体受荷表面，如有明显的弯曲，应将这些面磨平，或者丢弃这个试体。对于24h龄期试体，应用不太湿的布揩干。

7.5.3　将放在压力机底板上的轴承台摆正，使直接坐落在球座中心的下面。同时将加压板和支持棍装在轴承台上。将中心加荷装置装在球座上。转动试体使试体保持为削平面的侧面向上，然后放到试验装置的支持棍上。试体的纵向中心线应在两个支持棍的中间点上面。调整中心点加荷装置，使它的加压棍与试体的长边严格地成直角，同时与试体的顶面平行，而加压棍的中心直接落在棱柱体的中心线和跨度的中点上面。注意保证加荷时，加荷棍与试体之间的接触是连续的。加荷速度为600磅力±25磅力（2640牛顿±110牛顿）/分，从表盘分度表示，增量不大于10磅力（44牛顿），精度在±1%范围内。总的最大荷载的估计精确至5磅力（22牛顿）。

8　计算

8.1　记下试验机指示的总荷载，并按以下方法计算磅/平方英寸的抗折强度（对于上述方法中规定的尺寸的试体和试验条件)。

8.1.1 英寸——磅

$$S_f = 1.8P$$

式中　S_f——＝抗折强度，磅/英寸2 (Psi)；

　　　P——总的最大荷载，磅力 (16f)。

8.1.2 SI 标准单位

$$S_f = 0.28P$$

式中　S_f——抗折强度，千帕 (kPa)；

　　　P——最大总荷载，牛顿 (N)。

9　试体的缺陷和复验

9.1　在测定抗折强度时，试体如有明显的缺陷，或在同一试样，同一龄期中，某一试体强度值与所有试体的平均值的差数大于 10% 时，不应计算在内。在削去试体或强度值后，如果剩下少于 2 个数值时，对于任何龄期的抗折强度测定都应重新进行。

10　精确度

10.1　当一个试验结果是从同一批胶砂和同一试验龄期三个棱柱体试验所得抗折强度平均值时，下面的精确度报告是适用的。它们适用于Ⅰ、IA、IS 或Ⅱ类水泥胶砂试验的 3d7d 或 28d (对于Ⅲ类水泥是 1d，3d，7d) 龄期。

10.1.1　实验室与试验体之间的精确度　　实验室与试验体之间的变异系数应是 8.4%。因此两个不同试验室对同样材料，按正确操作所得结果与它们平均值的差应不大于 23.8% (注 9)

【注 9】这些数字分别代表着按惯例 C670 所叙述的 1S% 和 D2S% 的范围。

10.1.2　单个实验室的精确度

单个试验室的变异系数值应为 5.1%，因此在同一天或同一星期内用同样材料制成的单一胶砂，按正确操作所得结果与它们平均值的差应不大于 14.4% (注 9)。

3. ASTM C 349-82 水硬性水泥胶砂抗压强度
（用折后棱柱体断块）
标准试验方法

1 范围

1.1 本法包括用 ASTM C348"水硬性水泥胶砂抗折强度试验方法"折断后半棱柱体来测定水硬性水泥胶砂的抗压强度。

1.2 凡以英寸——磅为单位的数值为标准值。

2 引用的文件

2.1 ASTM 标准

C 109 水硬性水泥胶砂（用 2 英寸或 50mm 立方试体）抗压强度试验方法。

C 348 水硬性水泥胶砂抗折强度试验方法。

C 670 结构材料试验方法所用准备性精确度陈述惯例。

3 适用性

3.1 本方法是用按 C 348 方法测定抗折强度提供的同一试块所得的抗压强度值。这个抗压强度值可以引用但不能正式代替由 C109 方法（用 2 英寸或 50mm 立方试体）获得的强度数值。

4 仪器

4.1 加压板——加压板由硬质金属做成，不小于 1 英寸（25mm）厚。按触试体的压板的面积应为（1.588±0.005）英寸×2.00 英寸 [（40.32±0.13）mm×50.8mm] 的矩形，2 英寸的一边应与棱柱体的纵轴成直角。加压板与试体接触的表面应具有不小于 HRC60 的洛氏硬度。当加压板是新的时候，这些表面的水平度不应超过 0.0005 英寸（0.013mm），以后应保持在 0.001 英寸（0.03mm）的允许变化范围内。

4.2 压板摆正装置——保证上压板与下压板处于正确位置的压板摆正成线装置如图 1 所示。如果上压板不能在对线板的范围内自由移动，则应用 0.002 英寸（0.05mm）铁片插入下压板两头以与对线板分离，同时，将上压板中的二个 $\frac{1}{4}$ 英寸（6.4mm）的销钉锉去些，使其恰好能在对线板上端的槽沟内自由滑动。

4.3 试验机——试验机应与 C 109 方法规定的要求一致，但应是液压式的。

5 试体

5.1 每个棱柱体折断破坏后，两个断块都被用来作抗压试验。但用来作抗压试验的棱柱体

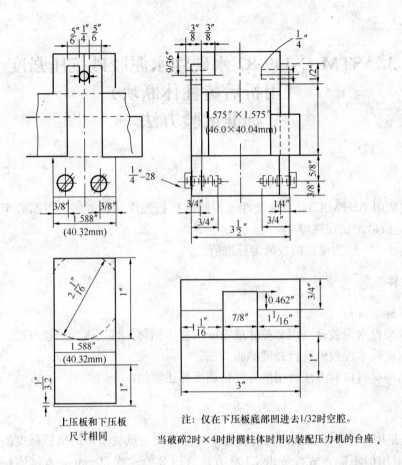

注：仅在下压板底部凹进去1/32时空腔。

当破碎2时×4时时圆柱体时用以装配压力机的台座．

图1　用于 40mm×40mm×160mm 棱柱体改型立方体的加压板和压板摆正位置

断块的长度不应小于 2.5 英寸（64mm），同时还不应有开裂，表面裂缝或其他明显缺陷。

6　程序

6.1　抗压强度的测定——在棱柱体抗折试验和改型立方体的抗压试验间的间隙时间，对于24h 龄期的试体应用塑料布盖住，其他龄期试体应浸在温度（73.4±3）℉ [23±1.7℃] 的水中，直到试验为止。揩干试体达到面干状态，同时将与加压板接触的试体表面上的砂子颗粒和其他水垢之类的沉淀物揩净。用直尺测量这些表面，如果有明显的弯曲，则应把表面磨平，或去弃不用 [注3] 对于破碎 2 时×4 时（50mm×100 mm）圆柱试体来说，直接将台座放在压力机的基座加压块上并对准中心，再将加压板放准在台座顶上中心．如果试验机不曾备有台座对准上球座压块中心的精确自动调节器，可用一个两端面平行的，具有适当直径和高度的硬质圆柱体钢块，但加压装置必须使得在试体放在加压板的适当位置后，能对准上压板的中心。将试体对线导板放在加压装置的对线板之一的外边，并使两头的突缘搁在底板受压面上或稍向上抬一下，使其削平垂直，然后放入加压装置内，并使成型时的底面与对线导板的突缘接触，用一只手拿住对线导板使其贴紧对线板。然后，在不扰动试体位置的情况下取走对线导板，并按 C 109 方法 7·6·3 节加荷。改型立方体的破型试验，对24h 龄期的试体来说，应在做完抗折后 10min 内进行，而其他龄期试体，则应在 30min 内进行。

公制对照

时	$\frac{1}{32}$	$\frac{1}{4}$	$\frac{5}{16}$	$\frac{3}{8}$	0.462	$\frac{1}{2}$	$\frac{9}{16}$	$\frac{5}{8}$	$\frac{3}{4}$	$\frac{7}{8}$	1	$1\frac{1}{16}$	$1\frac{3}{4}$	2	$2\frac{1}{16}$	$2\frac{1}{2}$	3
mm	0.3	6.4	7.9	9.5	11.7	13	14.3	16	19	22.2	25	27	44.5	51	52.4	64	76

【注 1】改型立方体的面——改型立方体的受荷表面，如果不是真正的面，获得的结果将比真实的强度要低得多。这是很重要的问题，因此，模型必须保持严格的清洁，否则会使试体表面出现严重的不规整。擦模工具应该比模子的金属软，以防模子受到磨损。如果必将改型立方体的面磨平，可将试体放在一张粘在平面上的砂纸或砂布上研磨，只要用适当的压力就行。但对于不平度大于千分之几英寸，或百分之几mm 的试体，进行这样的研磨是比较麻烦的，因此遇到这种情况，只有将试体丢弃不用。

7　计算

7.1　由试验机压力表记录下最高总荷载来计算抗压强度，以每平方 时磅来表示，精确到 10 磅/时^2。计算如下：

7.1.1　以英寸——磅为单位

$$S_c = 0.40P$$

式中　S_c——抗压强度，磅/英寸^2（psi）；
　　　P——最大总荷载，磅力（1bf）。

7.1.2　SI 标准单位

$$S_c = 0.062P$$

式中　S_c——抗压强度，千帕（kPa）；
　　　P——最大总荷载，牛顿（N）。

8　试体的缺损和复验

8.1　在测定抗压强度时试体有明显的缺损或对于同一试样，同一龄期中某一试体强度值与所有试体平均值之差大于 10％时不应计算在内。削去之后，如果剩下强度数值少于二个时，对于任何给定龄期抗压强度的测定都应重新进行。

【注 2】强度结果的可靠性取决于在整个试验过程中是否小心遵守操作规程和特定要求。给定龄期中出现的任何反常结果都表明了在试验过程中不曾小心注意遵守操作规程和特定要求。例如改型立方试体的试验在 3 和 4 节中的规定。由于试体在压力机上中心来摆正，或者加荷时任一压板的横向移动，都会造成试体的斜面破碎，其强度将低于正常的锥形破碎的试体。

9　精确度

9.1　当一个试验结果是从同一批胶砂和同一龄期六个改性立方体（用折断后棱柱体的断块）所得抗压强度平均值时，下面的精确度报告是适用的，它们适用于Ⅰ，IA，IS 或Ⅲ类水泥胶砂试验的 3d、7d 或 28d（对于Ⅲ类水泥为 1.3d 或 7d）。

9.1.1　试验室与试验室之间的精确度——试验室与试验室之间的变异系数应是 6.3％，因此两个不同试验室对同样材料按正确操作所得结果与它们平均值的差应大于 17.8％〔注 3〕。

【注 3】这些数字分别代表着按惯例 C 670 所叙述工 IS 和 D2S％的范围。

9.1.2　单个试验室精确度

单个试验室的变异系数值应为 3•5％，因此在同一天或同一星期内用同样材料制成的单一胶砂按正确操作所得结果与它们平均值的差应不大于 14.4％〔注 3〕。